Handbuch der Brennertechnik für Industrieöfen

Joachim G. Wünning (Hrsg.)

Handbuch der Brennertechnik für Industrieöfen

Grundlagen
Brennertechniken
Anwendungen

4. Auflage

Vulkan Verlag

PROZESSWÄRME EDITION

Bibliografische Information der Deutschen Nationalbibliothek
Die Deutsche Nationalbibliothek verzeichnet diese Publikation in der Deutschen Nationalbibliografie; detaillierte bibliografische Daten sind im Internet über **www.dnb.de** abrufbar.

Handbuch der Brennertechnik für Industrieöfen
Grundlagen / Brennertechniken / Anwendungen
Joachim G. Wünning (Hrsg.)
4. Auflage 2023

ISBN: 978-3-8027-3181-5 (Print)
ISBN: 978-3-8027-3182-2 (eBook)

Friedrich-Ebert-Straße 55, 45127 Essen, Deutschland
Telefon: 0201 82002-0, Internet: www.vulkan-verlag.de

Projektmanagement: Marie-Therese Hanschmann, Vulkan-Verlag GmbH, Essen

Lektorat: Marie-Therese Hanschmann, Vulkan-Verlag GmbH, Essen

Herstellung: Melanie Zöller, Vulkan-Verlag GmbH, Essen

Umschlaggestaltung: Melanie Zöller, Vulkan-Verlag GmbH, Essen

Satz: Schmidt Media Design, München

Titelbild: © WS Wärmeprozesstechnik GmbH, Renningen

Druck: Scandinavianbook c/o Druckhaus Nord GmbH, Neustadt a. d. Aisch

Vorwort

Die letzten Jahre haben uns deutlich vor Augen geführt, dass es in vielen Bereichen des Lebens keine absolute Planungssicherheit gibt. Wir haben aber auch gelernt, dass wir große Veränderungen gemeinsam stemmen können. Die beschlossene Abkehr von fossilen Brennstoffen ist eine dieser großen Aufgaben.

Ich bin davon überzeugt, dass Verbrennung auch langfristig eine wichtige Rolle spielen wird. Wir werden dann aber keinen fossilen Kohlenstoff mehr verbrennen, sondern biogene oder synthetische Brennstoffe verwenden. Noch weiß niemand, welche Energieträger sich in Zukunft durchsetzen werden. Elektrischer Strom wird sicher eine wesentliche Rolle spielen, wir brauchen aber wegen seiner eingeschränkten Transport- und Speicherfähigkeit auch chemische Energieträger für ein sicheres und bezahlbares Energieversorgungssystem.

Von der Politik einen Masterplan für die Energiewende und damit verbundene Großaufträge mit garantierten Gewinnen einzufordern, halte ich nicht für sinnvoll. Mit den richtigen Marktanreizen in Verbindung mit Forschungsförderung, sozialer Ausgewogenheit und der Akzeptanz von unternehmerischem Risiko, auch wenn damit in manchen Fällen der Verlust von Arbeitsplätzen einhergeht, werden bessere Lösungen gefunden als mit Planwirtschaft und massiven Subventionen bestimmter Branchen.

Meiner Einschätzung nach werden Industrieöfen zukünftig von Erdgas auf Wasserstoff umgestellt, wenn diese an ein Wasserstoffnetz angeschlossen sind. Ohne Netzanschluss kann auf Ammoniak-Spaltgas umgestellt werden. Eine Elektrifizierung kann dann sinnvoll sein, wenn die Anlagen flexibel betrieben werden können, um auf die fluktuierende regenerative Stromerzeugung reagieren zu können.

Dieses Buch soll dabei helfen, eine Brücke zwischen Theorie und Praxis zu schlagen und somit gleichzeitig dem engagierten Praktiker wie auch Personen aus dem Bereich Forschung und Lehre nützlich sein. Neben den Grundlagen, die in diesem Buch zusammengefasst sind, ist es notwendig, sich durch Fachbeiträge, Messen und Tagungen über den aktuellen Stand der Verbrennungstechnik zu informieren.

Mein besonderer Dank gilt dabei meinen beiden Lehrern aus meiner Aachener Studentenzeit. Mit den Beiträgen über die Verbrennungslehre (Prof. G. Woelk, † 2016) und Wärmeübertragung (Prof. U. Renz) werden die wesentlichen Grundlagen der Verbrennungstechnik fundiert behandelt. Zum Kapitel 8 haben eine Vielzahl von Personen und Firmen mit Beiträgen und Bildmaterial beigetragen. Auch Dr. Beneke und Herrn Wicker möchte ich dafür danken, dass sie das Kapitel 9, Normung, komplett übernommen haben.

Unsere Erde ist zu schön, um sie für uns Menschen unbewohnbar zu machen!

Renningen, 2023

Joachim G. Wünning

Autoren

Dr.-Ing. Wolfgang Bender
Hülsenbusch Apparatebau GmbH & Co. KG
Hülser Str. 49
47906 Kempen
Kapitel 7.1.1

Dr.-Ing. Franz Beneke
Postfach 101004
42010 Wuppertal
Kapitel 9

Dipl.-Ing. Jörg tom Felde
promeos GmbH
Gießener Straße 14
90427 Nürnberg
Kapitel 8.1.5

Dr.-Ing. Ambrogio Milani
Chemin de Haute-Brise 15
1012 Lausanne (Schweiz)
Kapitel 2, 4

Dipl.-Ing. Rainhard Paul
Linde AG (Linde Gas Deutschland)
Fangdieckstraße 75
22547 Hamburg
Kapitel 8.1.9

Univ.-Prof. em. Dr.-Ing. Ulrich Renz
Friedrich-Ebert-Allee 66
52066 Aachen
Kapitel 3.1-3.4

Dipl.-Ing. Martin Wicker
Karl Dungs GmbH & Co. KG
Karl-Dungs-Platz 1
73660 Urbach
Kapitel 9

Prof. Dr.-Ing. Günther Woelk †
Kapitel 1, 3.5

Dipl.-Ing. Gerrit Wohlschläger
Elster GmbH (Honeywell)
Strotheweg 1
49504 Lotte
Kapitel 8.1.1, 8.1.2

Dr.-Ing. Joachim G. Wünning
WS Wärmeprozesstechnik GmbH
Dornierstraße 14
71272 Renningen
Kapitel 2, 4 bis 8, 10

Inhalt

1. Verbrennungslehre

Günther Woelk †

1. Verbrennungslehre

Günther Woelk †

1.1 Stöchiometrie

1.1.1 Reaktionselemente technischer Brennstoffe

Technische Brennstoffe enthalten neben inerten (nicht an der Reaktion beteiligten) Bestandteilen in der Regel nur drei Elemente in wechselnder Zusammensetzung, die durch Reaktion mit dem Element Sauerstoff die erforderliche Energie für einen Prozess liefern. Es handelt sich um:

- Wasserstoff (H)
  als reiner Wasserstoff in molekularer Form oder in Verbindung mit den übrigen Reaktionselementen,
- Kohlenstoff (C)
  als reiner Kohlenstoff oder in Verbindung mit Wasserstoff und / oder Sauerstoff,
- Schwefel (S)
  in Verbindung mit den übrigen Reaktionselementen.

Als Reaktionspartner tritt immer Sauerstoff (O) in molekularer Form O_2 auf. In der Regel wird der Sauerstoff der Luft entnommen. Die Zusammensetzung der trockenen Luft wird vereinfacht wie folgt angenommen:

$$0{,}2099 \text{ mol } O_2 + 0{,}7901 \text{ mol N2} = 1 \text{ mol Luft} \tag{1.1}$$

Der Stoffmengenanteil des Sauerstoffes in der Verbrennungsluft $n(O_2)_\ell$ (Index ℓ für Luft) wird für die normale Luft mit dem Wert 0,2099 ≈ 0,21 angenommen.

Wird sauerstoffangereicherte Luft (a-Luft) verwendet, so gilt für die Zusammensetzung folgende Beziehung:

$$1 \text{ mol } O_2 + \frac{1-n(O_2)}{n(O_2)} \text{ mol } N_2 = \frac{1}{n(O_2)} \text{ mol a-Luft} = 4{,}76 \text{ mol Luft/mol } O_2 \tag{1.2}$$

Die wichtigsten chemischen Reaktionen sind in **Bild 1.1, Bild 1.2** und **Bild 1.3** sowie in der Gleichung (1.3) dargestellt

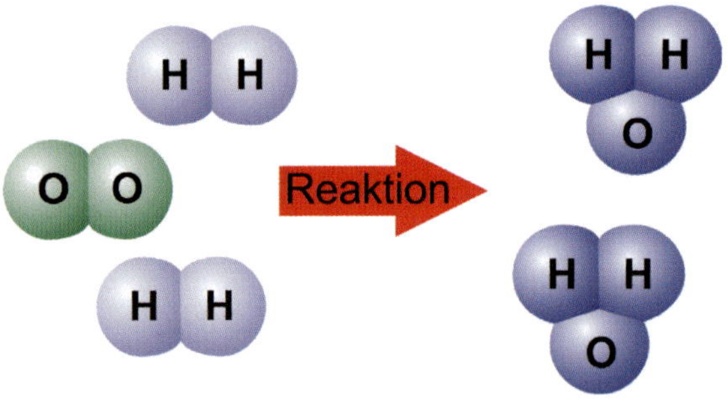

Bild 1.1: Wasserstoff-Sauerstoff-Reaktion

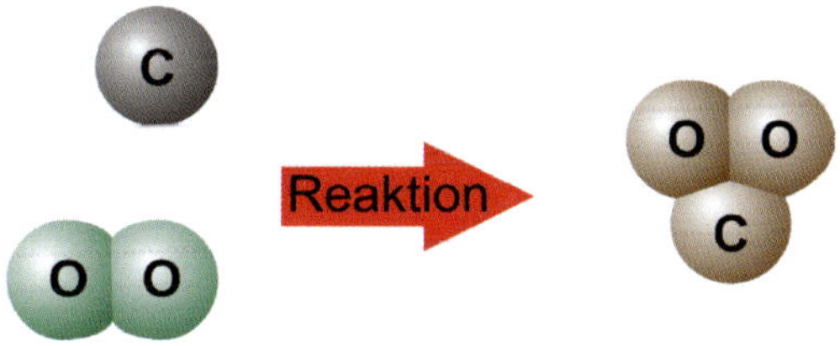

Bild 1.2: Kohlenstoff-Sauerstoff-Reaktion

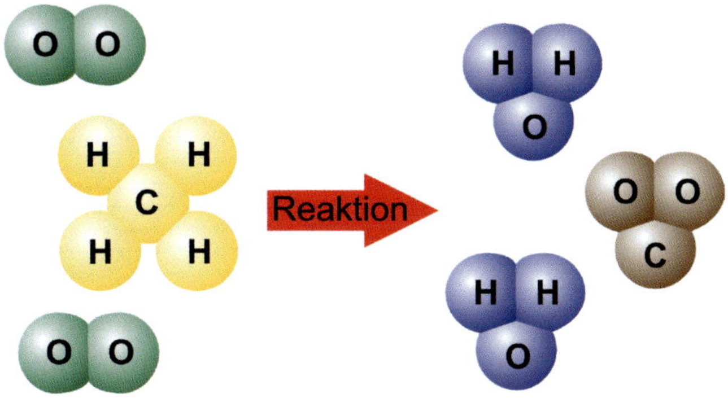

Bild 1.3: Methan-Sauerstoff-Reaktion

$$\begin{aligned} 2\,H_2 + O_2 &\Leftrightarrow 2\,H_2O \\ C + O_2 &\Leftrightarrow CO_2 \\ 2\,C + O_2 &\Leftrightarrow 2\,CO \\ 2\,CO + O_2 &\Leftrightarrow 2\,CO_2 \\ 4\,C_mH_n + (4 \cdot m + n)\,O_2 &\Leftrightarrow 4 \cdot m\,CO_2 + 2 \cdot n\,H_2O \\ S + O_2 &\Leftrightarrow SO_2 \end{aligned} \tag{1.3}$$

1.1.2 Charakteristische Größen für die Zusammensetzung von gasförmigen Brennstoffen

Bei der Reaktion eines Brennstoffes mit Sauerstoff ist es zur Berechnung des Luftbedarfes und der Abgasmenge nicht von Interesse, aus welchen chemischen Verbindungen der Brennstoff besteht. Bei der Verbrennung werden die meisten dieser Verbindungen aufgespalten.

Es hat sich als sehr günstig erwiesen, die Brennstoffe gedanklich in die Elementarbestandteile Kohlenstoff, Wasserstoff, Stickstoff, Sauerstoff und Schwefel so zu zerlegen, als ob diese Elementarbestandteile in atomarer Form vorliegen würden.

Die einzelnen Stoffmengen der Elementarbestandteile berechnen sich für gasförmige und für flüssige oder feste Brennstoffe auf unterschiedliche Weise.

1.1.2.1 Charakteristische Atomsummen bei gasförmigen Brennstoffen

Da flüssige und feste Brennstoffe nur selten in Industrieöfen eingesetzt werden, wird hier auf die relevanten Formeln verzichtet. Gasförmige Brennstoffe sind überwiegend dort im Einsatz, wo eine Versorgung durch Gasnetze gegeben ist. Gasförmige Brennstoffe stammen aus den

Tabelle 1.1: Analyse einiger technischer Gase in Stoffmengenprozent

Lfd. Nr.	Komponente		molare Masse in kg/kmol	Stadt-gas	Kokerei-gas	Erdgas L	Erdgas H	Flüssig-gas
1	Kohlenstoff	C	12,01					
2	Methan	CH_4	16,04	19	25	81,30	93,30	
3	Ethan	C_2H_6	30,07			2,85	3,38	
4	Propen	C_3H_6	42,08	2	2			
5	Propan	C_3H_8	44,10			0,37	0,88	57,2
6	Butan	C_4H_{10}	58,12			0,14	0,36	42,8
7	Pentan	C_5H_{12}	72,15			0,04	0,15	
8	Hexan	C_6H_{14}	86,18			0,05	0,07	
9	Heptan	C_7H_{16}	100,20				0,04	
10	Oktan	C_8H_{18}	114,23				0,01	
11	Kohlenmonoxid	CO	28,01	18	6			
12	Kohlendioxid	CO_2	44,01	4	2	0,89	1,06	
13	Wasserstoff	H_2	2,02	51	55			
14	Stickstoff	N_2	28,02	6	10	14,35	0,75	
15	Sauerstoff	O_2	32,00			0,01		

verschiedensten Quellen, teils natürlicher Art teils technischen Ursprungs. Die **Tabelle 1.1** enthält die Durchschnittsanalyse einiger wichtiger technischer Brenngase als Stoffmengenanteilen (Volumen oder Molaranteilen) in Prozent.

Die Zusammensetzung eines gasförmigen Brennstoffes wird gewöhnlich in der Form einer Standardanalyse angegeben:

$$\begin{aligned} & x(CH_4)_b + x(C_2H_4)_b + x(C_2H_6)_b + x(C_3H_6)_b + x(C_3H_8)_b + x(C_4H_{10})_b + x(C_5H_{12})_b \\ & + x(C_6H_{14})_b + x(C_7H_{16})_b + x(C_8H_{18})_b + x(CO)_b + x(CO_2)_b + x(H_2)_b + x(H_2O)_b \\ & + x(N_2)_b + x(O_2)_b + x(SO_2)_b = 1 \end{aligned} \tag{1.4}$$

Hierin bedeutet zum Beispiel $x(CO)_b$ den Stoffmengenanteil von Kohlenmonoxid im Brennstoff (Index b für Brennstoff).

Der Stoffmengenanteil x(i) ist das Verhältnis der Stoffmenge der Komponenten i zur Gesamtstoffmenge aller Komponenten in einer Mischung:

$$x(i) = \frac{N(i)}{\sum_j N(j)} \tag{1.5}$$

Die Stoffmengen der einzelnen Elemente in den Brennstoffbestandteilen lassen sich zu Atomsummen zusammenfassen.

So gilt für die Atomsumme der gesamten *Kohlenstoffmenge* im Brennstoff:

$$ASC_b = x(CH_4)_b + 2 \cdot \left[x(C_2H_4)_b + x(C_2H_6)_b\right] + 3 \cdot \left[x(C_3H_6)_b + x(C_3H_8)_b\right]$$
$$+ 4 \cdot x(C_4H_{10})_b + 5 \cdot x(C_5H_{12})_b + 6 \cdot x(C_6H_{14})_b + 7 \cdot x(C_7H_{16})_b + 8 \cdot x(C_8H_{18})_b$$
$$+ x(CO)_b + x(CO_2)_b \tag{1.6}$$

Für die Atomsumme der gesamten *Wasserstoffmenge:*

$$ASH_b = 4 \cdot \left[x(CH_4)_b + x(C_2H_4)_b\right] + 6 \cdot \left[x(C_2H_6)_b + x(C_3H_6)_b\right]$$
$$+ 8 \cdot x(C_3H_8)_b + 10 \cdot x(C_4H_{10})_b + 12 \cdot x(C_5H_{12})_b + 14 \cdot x(C_6H_{14})_b \tag{1.7}$$
$$+ 16 \cdot x(C_7H_{16})_b + 18 \cdot x(C_8H_{18})_b + 2 \cdot \left[x(H_2)_b + x(H_2O)_b\right]$$

Für die Atomsumme der gesamten *Stickstoffmenge:*

$$ASN_b = 2 \cdot x\,(N_2)_b \tag{1.8}$$

Für die Atomsumme der gesamten *Sauerstoffmenge*:

$$ASO_b = x(CO)_b + x(H_2O)_b + 2 \cdot \left[x(CO_2)_b + x(O_2)_b\right] \tag{1.9}$$

Für die Atomsumme der gesamten *Schwefelmenge*:

$$ASS_b = x\,(SO_2)_b \tag{1.10}$$

Da gasförmige Brennstoffe in der Regel nur sehr wenig Schwefel enthalten, kann der Schwefel im Allgemeinen unberücksichtigt bleiben.

Die charakteristischen Atomsummen sind bei gasförmigen Brennstoffen auf die Brennstoffmenge bezogene Größen und damit dimensionslos. Es ist jedoch zu beachten, dass ihre Zahlenwerte im Gegensatz zu den Stoffmengenanteilen größer 1 sein können. So ist zum Beispiel für den Brennstoff Erdgas L aus Tabelle 1.1:

$$ASC_b = 0{,}9006 \quad ASH_b = 3{,}4784 \quad ASN_b = 0{,}2870 \quad ASO_b = 0{,}0180 \quad ASS_b = 0{,}0000$$

1.1.3 Verbrennungsrechnung

Bei einer technischen Verbrennung unterscheidet man im Allgemeinen zwei Möglichkeiten:

- Die „vollkommene Verbrennung"

  Das ist eine Reaktion, die in ihrem Ablauf vollkommen stattgefunden hat. Bei der vollkommenen Verbrennung können im Abgas ohne Weiteres noch unverbrannte Bestandteile vorhanden sein, wenn die Verbrennung unter Luftmangel durchgeführt wurde. Es ist jedoch nicht möglich, dass Sauerstoff und unverbrannte Bestandteile nebeneinander vorkommen. In diesem Falle würde es sich um eine

- „unvollkommene Verbrennung"

  handeln, weil die Reaktion nicht vollkommen abgelaufen ist. Die unvollkommene Verbrennung ist in der Regel ein technisch ungewollter Vorgang.

Bei beiden Vorgängen ist die bei hohen Temperaturen auftretende Dissoziation der Verbrennungsgase außer Acht gelassen.

Eine weitere Unterscheidung der technischen Verbrennungen wird nach der Menge der zugeführten Verbrennungsluft vorgenommen. Aus der Chemie ist die Sauerstoffmenge bekannt, die erforderlich ist, damit jedes Brennstoffmolekül reagieren kann. Wird eine Verbrennung mit der dazugehörigen Luftmenge durchgeführt, so nennt man sie „stöchiometrisch". Wird eine größere Luftmenge als die stöchiometrische Luftmenge der Verbrennung zugeführt, so ist es eine „überstöchiometrische" oder „luftreiche" oder „arme" Verbrennung. Ist die Verbrennungsluft geringer als die stöchiometrische Menge, so spricht man von „unterstöchiometrischer" oder „luftarmer" oder „fetter" Verbrennung.

1.1.3.1 Berechnung des Luftbedarfs

Die Sauerstoffmenge $N(O_2)_{st}$ für eine stöchiometrische Reaktion mit einer Brennstoffmenge N_b oder Brennstoffmasse M_b ist:

$$N\left(O_2\right)_{st} = N_b \cdot \left(ASC_b + ASS_b + 0{,}25 \cdot ASH_b - 0{,}5 \cdot ASO_b\right) \tag{1.11}$$

Der Index „st" zeigt für die genannte Größe an, dass sie für eine stöchiometrische Reaktion gilt. Die zur stöchiometrischen Sauerstoffmenge zugehörige trockene Luftmenge ist:

$$N_{\ell,tr,st} = 4{,}764 \cdot N\left(O_2\right)_{st} \tag{1.12}$$

Der Index „tr" zeigt den trockenen Zustand an. Bezieht man diese Luftmenge $N_{\ell,tr,st}$ auf die Stoffmenge oder Masse des Brennstoffes, so erhält man die brennstoffbezogene trockene Luftmenge $l_{tr,st}$ für eine stöchiometrische Verbrennung.

$$\frac{N_{\ell,tr,st}}{N_b} = l_{tr,st} = 4{,}764 \cdot \left(ASC_b + ASS_b + 0{,}25 \cdot ASH_b - 0{,}5 \cdot ASO_b\right) \tag{1.13}$$

Wird die Verbrennung mit einer anderen als mit der stöchiometrischen Luftmenge betrieben, so nennt man das Verhältnis zwischen der verwendeten Luftmenge und der stöchiometrischen Luftmenge den „Luftfaktor λ". Es gilt:

$$\lambda = \frac{l_{tr}}{l_{tr,st}} \Rightarrow l_{tr} = \lambda \cdot l_{tr.st} \tag{1.14}$$

Die bisherige Berechnung wurde für trockene Luft durchgeführt. Nun besitzt die zur Verbrennung benutzte atmosphärische Luft immer einen wechselnden Anteil an Wasserdampf, der je nach Temperatur, Druck und relativer Feuchte verschieden ist.

Unter der relativen Feuchte φ eines Gases (in diesem Falle Luft) versteht man das Verhältnis der im Gas enthaltenen Wasserdampfmenge N_w zur maximalen Wasserdampfmenge $N_{w,s}$, die bei der gegebenen Temperatur und dem gegebenen Druck im Gas enthalten sein kann, ohne dass eine Kondensation eintritt (Sättigungsmenge).

Tabelle 1.2: Sättigungsdruck $p_{w,s}$ von Wasserdampf in Luft

$\frac{\vartheta}{°C}$	$\frac{p_{w,\vartheta}}{mbar}$	$\frac{\vartheta}{°C}$	$\frac{p_{w,s}}{mbar}$	$\frac{\vartheta}{°C}$	$\frac{p_{w,s}}{mbar}$	$\frac{\vartheta}{°C}$	$\frac{p_{w,s}}{mbar}$
-20	1,030	-5	4,011	10	12,271	25	31,666
-19	1,134	-4	4,368	11	13,117	26	33,598
-18	1,246	-3	4,754	12	14,015	27	35,637
-17	1,369	-2	5,172	13	14,966	28	37,785
-16	1,503	-1	5,621	14	15,974	29	40,041
-15	1,649	0	6,108	15	17,040	30	42,414
-14	1,808	1	6,565	16	18,169	31	44,914
13	1,980	2	7,054	17	19,363	32	47,533
-12	2,169	3	7,574	18	20,623	33	50,289
-11	2,373	4	8,129	19	21,957	34	53,181
-10	2,595	5	8,718	20	23,369	35	56,222
-9	2,833	6	9,346	21	24,850	36	59,399
-8	3,095	7	10,031	22	26,419	37	62,743
-7	3,376	8	10,721	23	28,076	38	66,244
-6	3,681	9	11,473	24	29,822	39	69,912
						40	73,746
Gesamtdruck: 981 mbar = 98,1 kPa							

Nach der Zustandsgleichung für ideale Gase ist ein Stoffmengenverhältnis gleich dem Verhältnis der Partialdrücke. Es gilt demnach:

$$\varphi = \frac{N_w}{N_{w,s}} = \frac{p_w}{p_{w,s}} \Rightarrow p_w = \varphi \cdot p_{w,s} \tag{1.15}$$

Der Sättigungsdruck $p_{w,s}$ von Wasserdampf in Luft ist in erster Linie eine Funktion der Temperatur $p_{w,s}(\vartheta)$ und als solche in der **Tabelle 1.2** wiedergegeben. Er lässt sich annähernd durch die Gleichung (1.16) beschreiben.

$$\frac{p_{w,s}}{\text{mbar}} = 5{,}87 \cdot \exp\left[0{,}078 \cdot \frac{\vartheta}{°C} - 0{,}00039 \cdot \left(\frac{\vartheta}{°C}\right)^2\right] \quad -20\,°C \le \vartheta \le 40\,°C \tag{1.16}$$

Nach der Zustandsgleichung gilt ebenfalls das Verhältnis:

$$\frac{N_w}{N_{\ell,tr}} = \frac{p_w}{p_{\ell,tr}} \tag{1.17}$$

Da sich der atmosphärische Druck $p_{\ell,ges}$ aus den Partialdrücken der trockenen Luft $p_{\ell,tr}$ und des Wasserdampfes p_w zusammensetzt, gilt mit $p_{\ell,ges} = p_{\ell,tr} + p_w$

$$w_\ell = \frac{N_w}{N_{\ell,tr}} = \frac{p_w}{p_{\ell,ges} - p_w} = \frac{\varphi \cdot p_{w,s}}{p_{\ell,ges} - \varphi \cdot p_{w,s}} \tag{1.18}$$

Bezieht man die Wasserdampfmenge in der Luft nicht auf die Luftmenge, sondern auf die Brennstoffmenge, so ergibt sich:

$$w_{\ell,b} = \frac{N_w}{N_b} = \frac{N_{\ell,tr}}{N_b} \cdot \frac{\varphi \cdot p_{w,s}}{p_{\ell,ges} - \varphi \cdot p_{w,s}} \tag{1.19}$$

Gleichung (1.19) gibt die Berechnungsmöglichkeit für die brennstoffbezogene Wasserdampfmenge (Wasserdampfmenge der Luft / Brennstoffmenge), die mit der Verbrennungsluft in die Verbrennung hineingebracht wird.

Der Bedarf an feuchter Luft, der kurz Luftbedarf genannt wird, ergibt sich aus der Gleichung (1.20).

$$l = l_{tr} + w_{\ell,b} = l_{tr} + l_{tr} \cdot (1 + w_\ell) \tag{1.20}$$

So wie man den Brennstoff in die Atommenge der einzelnen Elemente zerlegen kann, ist es auch für die Verbrennungsluft möglich.

So gilt für die Atomsumme der gesamten brennstoffbezogenen Sauerstoffmenge in der Verbrennungsluft:

$$ASO_\ell = l_{tr} \cdot \left(2 \cdot n\left(O_2\right)_\ell + w_\ell\right) \tag{1.21}$$

Für die Atomsumme der gesamten Wasserstoffmenge in der Verbrennungsluft:

$$ASH_\ell = 2 \cdot l_{tr} \cdot w_\ell \tag{1.22}$$

Für die Atomsumme der gesamten Stickstoffmenge in der Verbrennungsluft:

$$ASN_\ell = 2 \cdot \left(1 - n\left(O_2\right)\right) \cdot l_{tr} \tag{1.23}$$

1.1.3.2 Berechnung der Abgasmenge und der Abgaszusammensetzung

Bei der Verbrennung eines Brennstoffes mit Luft können folgende Verbrennungsprodukte auftreten:

CO; CO_2; H_2; H_2O; N_2; O_2; SO_2.

Dabei ist angenommen, dass alle Kohlenwasserstoffe während des Verbrennungsvorganges aufgespalten wurden. Als Spaltungsprodukt soll kein reiner Kohlenstoff auftreten (nichtrußende Flamme).

Zur Berechnung der Abgasmenge und der einzelnen Abgaskomponenten ist es üblich, diese Größen auf die Brennstoffmenge zu beziehen.

$$\frac{N_a}{N_b} = a \qquad \frac{N(i)_a}{N_b} = a(i) \tag{1.24}$$

Die gesamte, brennstoffbezogene Abgasmenge ist somit:

$$a = a(CO) + a(CO_2) + a(H_2) + a(H_2O) + a(O_2) + a(N_2) + a(SO_2) \tag{1.25}$$

Zur Vereinfachung der Formelschreibweise werden die Atomsummen des Brennstoffes und der Verbrennungsluft jeweils zusammengefasst:

$$\begin{aligned} ASC &= ASC_b \\ ASH &= ASH_b + ASH_\ell \\ ASO &= ASO_b + ASO_\ell \\ ASN &= ASN_b + ASN_\ell \\ ASS &= ASS_b \end{aligned} \tag{1.26}$$

Gleichung (1.25) enthält 8 Unbekannte, nämlich die 7 möglichen Abgaskomponenten a(i) und die gesamte Abgasmenge a. Zur Berechnung dieser Größen werden 5 Stoffbilanzen aufgestellt.

- Kohlenstoffbilanz:

$$a(CO) + a(CO_2) = ASC \tag{1.27}$$

- Wasserstoffbilanz:

$$2 \cdot a(H_2) + 2 \cdot a(H_2O) = ASH \tag{1.28}$$

- Sauerstoffbilanz:

$$a(CO) + a(H_2O) + 2 \cdot a(CO_2) + 2 \cdot a(O_2) + 2 \cdot a(SO_2) = ASO \tag{1.29}$$

- Stickstoffbilanz:

$$2 \cdot a(N_2) = ASN \tag{1.30}$$

- Schwefelbilanz:

$$a(SO_2) = ASS \tag{1.31}$$

Mit der Abgassummengleichung und den 5 Stoffbilanzen stehen vorerst nur 6 Gleichungen zur Bestimmung der 8 Unbekannten zur Verfügung. Mithilfe zweier thermodynamischer Gleichgewichte ist es möglich, die Zusammensetzung des Abgases zu berechnen. Hierbei wird vorausgesetzt, dass Stickstoff und Schwefel auf die Gleichgewichtsbildung der übrigen Elemente keinen Einfluss haben.

Die Formeln zur Gleichgewichtsberechnung der entsprechenden Reaktionen lauten (1.32) bzw. (1.33):

chemische Gleichung	Gleichgewichtsfunktion	
$H_2O \Leftrightarrow H_2 + \frac{1}{2} \cdot O_2$	$\frac{p_{H_2} \cdot \sqrt{p_{O_2} / p_{ges}}}{p_{H_2O}} = k_H$	(1.32)
$CO_2 \Leftrightarrow CO + \frac{1}{2} \cdot O_2$	$\frac{p_{CO} \cdot \sqrt{p_{O_2} / p_{ges}}}{p_{CO_2}} = k_C$	(1.33)

Eine allgemeine mathematische Funktion zur Beschreibung der Gleichgewichte in Abhängigkeit der thermodynamischen Temperatur lautet:

$$k = \exp\left(a_0 + \frac{a_1}{T} + \frac{a_2}{T^2} + \frac{a_3}{T^3}\right) \tag{1.34}$$

Für den Normdruck von 101,325 kPa und den Temperaturbereich von 500 bis 1.500 °C oder 773 bis 1.773 K sind die Koeffizienten der einzelnen Gleichgewichtsfunktionen in der **Tabelle 1.3** aufgelistet.

Tabelle 1.3: Koeffizienten der Gleichgewichtsfunktionen zur Gleichung (1.34) für p = 101,325 kPa (Ausgangswerte nach THERDAS, Thermodynamische Datenbank, RWTH Aachen, vom 28.07.86)

Koeffizient	a_0	a_1	a_2	a_3
k_H	$7{,}208765^3$	$-31{,}138434 \cdot 10^3$	$0{,}91346131 \cdot 10^6$	$-0{,}16926632 \cdot 10^9$
k_C	$9{,}970491^1$	$-32{,}635178 \cdot 10^3$	$-1{,}2141997 \cdot 10^6$	$0{,}3409479 \cdot 10^9$

Um einen Zusammenhang zwischen der Stoffmenge eines Bestandteils und dem Partialdruck dieses Bestandteils zu erhalten, ist die Kenntnis der gesamten Stoffmenge und des Gesamtdruckes des Abgases erforderlich.

Die einzelnen Bestandteile des Abgases können bei den Temperaturen in einem Industrieofen als ideale Gase angesehen werden. Für ideale Gase gilt der nachfolgende Zusammenhang zwischen den Stoffmengen und Partialdrücken

$$\frac{p_i}{p_{ges}} = \frac{N_i}{N_{ges}} = x_i \tag{1.35}$$

wobei x_i der Stoffmengenanteil der Komponenten i ist.

Gleichung (1.35) kann auch in der Form

$$p_i = p_{ges} \frac{N_i}{N_{ges}} = p_{ges} \cdot x_i \tag{1.36}$$

geschrieben werden.

Entsprechend Gleichung (1.35) lässt sich der Stoffmengenanteil x_i für das Abgas auch definieren als:

$$\frac{N_i}{N_{ges}} = \frac{N_i}{N_b} \cdot \frac{N_b}{N_{ges}} = \frac{a(i)}{a} \qquad (1.37)$$

Setzt man in die beiden Gleichgewichtsfunktionen k_C und k_H die Größen entsprechend den Gleichungen (1.36) und Gleichung (1.37) ein, so erhält man

$$\frac{a(CO) \cdot \sqrt{a(O_2)}}{a(CO_2) \cdot \sqrt{a}} = k_C \qquad (1.38)$$

und

$$\frac{a(H_2) \cdot \sqrt{a(O_2)}}{a(H_2O) \cdot \sqrt{a}} = k_H \qquad (1.39)$$

Mit den zuletzt genannten Gleichgewichtsfunktionen liegen 8 Gleichungen mit 8 Unbekannten vor. Das Gleichungssystem ist zwar nichtlinear, aber lösbar. Es ist wegen des großen rechnerischen Aufwandes nicht ratsam, eine analytische Lösung zu benutzen. Eine numerische Lösung mit einem Computer ist hierfür angebracht.

Für den Fall, dass die Verbrennung mit einem Luftüberschuss arbeitet, das heißt, dass der Luftfaktor λ größer 1 ist, kann man in 1. Annäherung davon ausgehen, dass die Abgaskomponenten a(CO) und a(H_2) gleich 0 sind. Durch diese Annahme reduziert sich das Gleichungssystem um 2 Unbekannte. Es liegt damit ein lineares Gleichungssystem von 6 Gleichungen mit 6 Unbekannten vor, das zu lösen ist.

$$\begin{aligned}
a(CO) &= 0 \\
a(CO_2) &= ASC \\
a(H_2) &= 0 \\
a(H_2O) &= 0{,}5 \cdot ASH \\
a(O_2) &= 0{,}5 \cdot ASO - 0{,}25 \cdot ASH - ASC - ASS
\end{aligned} \qquad (1.40)$$

Die brennstoffbezogene Abgasmenge ist:

$$a = \sum_i a(i)$$

Bei flüssigen und festen Brennstoffen ist eine Verbrennungsrechnung bei luftarmer Verbrennung nicht mehr ohne Weiteres durchzuführen, weil nicht von der Voraussetzung ausgegangen werden kann, dass aller Kohlenstoff wenigstens zu CO oxidiert wird. Bei luftarmer Verbrennung wird bei flüssigen und festen Brennstoffen in den meisten Fällen Ruß, das heißt elementarer Kohlenstoff anfallen. Hierfür sind aber die Gleichgewichtsbedingungen nicht in der einfachen Form wie in Gleichung (1.38) und Gleichung (1.39) zu fassen.

1.2 Energieströme im Ofenraum

1.2.1 Kennzeichnende Ofenflächen

Damit ein Industrieofen seinen Zweck erfüllen kann, muss er mit Energie versorgt werden. Hierzu ist ein Energiestrom erforderlich, den man auch mit dem gleichbedeutenden physikalischen Begriff

Leistung = Energie pro Zeit = Energiestrom

belegt. Bei brennstoffbeheizten Öfen besteht der Energiestrom aus der Zufuhr von Brennstoff und Luft, bei elektrisch beheizten Öfen aus der Zufuhr von elektrischer Energie. Da die Verhältnisse beim brennstoffbeheizten Ofen komplexer sind, soll dieser hier genauer betrachtet werden.

Verfolgt man die mit den Energieströmen verbundenen Stoffströme durch den Ofen, so kann man vier verschiedene, gedanklich fixierte Flächen angeben, durch die die Stoffströme hindurchfließen, und die für den Zustand der Stoffströme charakteristisch sind (**Bild 1.4**).

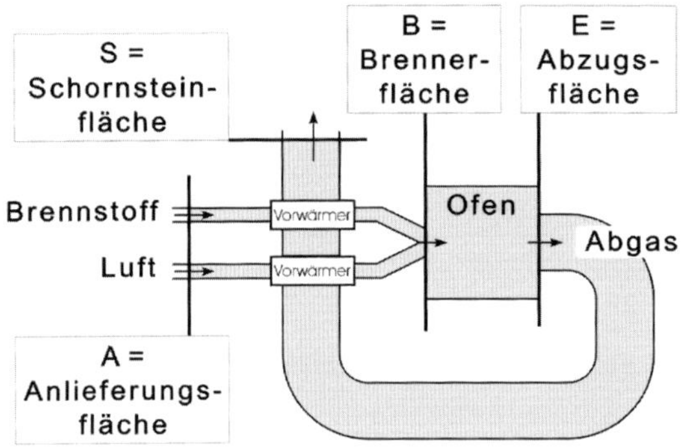

Bild 1.4: Charakteristische Durchtrittsflächen des Stoffstroms der Verbrennung

Bei der Anlieferung an den Ofen haben Brennstoff und Luft bestimmte Temperaturen und Drücke. Es wird eine Fläche geben, durch die die Stoffströme im Anlieferungszustand (Index A) hindurchfließen.

Ist der Ofen mit Wärmerückgewinnungsanlagen für Brennstoff und/oder Luft ausgerüstet, so ändern die Stoffströme auf ihrem Weg vom Ort der Anlieferung bis zum Ort der Reaktion im Brenner ihre Enthalpie. Zur Kennzeichnung des veränderten Zustandes wird eine zweite Fläche, die Brennerfläche (Index B) definiert. Sie wird unmittelbar vor die Reaktion von Brennstoff und Luft in den Brennermund gelegt.

Bei der Verbrennung eines Brennstoffes entstehen Reaktionsprodukte, die aus dem Ofen abtransportiert werden müssen. Auch diese haben einen Zustand, der von dem Bezugszustand (0 °C und 101,3 kPa) verschieden ist. Damit die abströmenden Reaktionsprodukte und die inerten Bestandteile zustandsmäßig beschrieben werden können, wird eine weitere Fläche definiert. Es ist die Abzugsfläche (Esse oder Exit) (Index E).

Da ein Ofen mit einer Vorwärmung für Brennstoff und/oder Luft ausgerüstet sein kann, ändert sich in diesem Fall der Zustand des Abgases auf seinem Weg von der Abzugsfläche bis zum Eintritt in den Schornstein durch die Wärmeabgabe im Vorwärmer. Um den Zustand des Abgases hinter dem Vorwärmer zu beschreiben, wird als vierte Fläche die Eintrittsfläche in den Schornstein, die Schornsteinfläche (Index S) definiert.

1.2.2 Charakteristische Leistungen und Wärmeströme

Zum Betrieb eines Industrieofens wird dieser mit Brennstoff und Luft versorgt. In den Ofen wird damit ein Brennstoffstrom (Brennstoffmassenstrom $\dot{M}_b$ oder Brennstoffmengenstrom $\dot{N}_b$) und ein

Luftstrom (Luftmassenstrom $\dot{M}_l$ oder Luftmengenstrom $\dot{N}_l$) gefördert. Mit diesen Strömen fließt dem Ofen eine chemisch gebundene Energie im Brennstoff und Enthalpie im Brennstoff und in der Luft zu.

Die Größe des Stromes der chemisch gebundenen Energie $\dot{H}u$ wird durch das Produkt von Brennstoffmengenstrom und molarem Heizwert beschrieben.

$$\dot{H}u_b = \dot{N}_b \cdot hu_{N,b} \tag{1.41}$$

Wählt man als Bezugsniveau für die Energiebetrachtung die Temperatur 0 °C (man könnte auch jede andere Bezugstemperatur wählen), so werden Brennstoff und Luft in der Regel mit einer anderen Temperatur als 0 °C angeliefert. Sie haben daher eine von dem Bezugszustand verschiedene Enthalpie, die zu berücksichtigen ist. Die Enthalpiebeiträge sind aber gegenüber der chemisch gebundenen Energie sehr gering.

Der Enthalpiestrom durch die Anlieferungsfläche ist:

$$\dot{H}_A = \dot{N}_b \cdot \left(h_{N,b,A} + l \cdot h_{N,l,A}\right) \tag{1.42}$$

Hierbei ist l das Verhältnis des Luftmengenstroms zum Brennstoffmengenstrom, das auch brennstoffbezogene Luftmenge genannt wird.

Es ist:

$$l = \frac{\dot{N}_l}{\dot{N}_b} \tag{1.43}$$

Die Summe aus dem chemisch gebundenen Energiestrom und dem Enthalpiestrom durch die Anlieferungsfläche nennt man die Anlieferungsleistung P_A (**Bild 1.5**).

$$P_A = \dot{N}_b \cdot \left(hu_{N,b} + h_{N,b,A} + l \cdot h_{N,l,A}\right) \tag{1.44}$$

Da zwischen dem Brennstoff und der Luft im Ofenraum chemische Reaktionen stattfinden, ist das Berechnen dieser Vorgänge unter Verwendung der Stoffmengenströme als Rechengröße einfacher als unter Verwendung der Massenströme. Wenn auch im Gegensatz zu den Massenströmen die Stoffmengenströme vor und nach der Reaktion im Allgemeinen nicht gleich sind, so sind aber Stoffmengenstrom und Volumenstrom unter der vereinfachenden Annahme von idealen Gasen direkt proportional, unter Berücksichtigung eines Temperaturverhältnisses als Proportionalitätsfaktor.

Durch eine Vorwärmung von Brennstoff und/oder Luft aus den Abgasen des gleichen Ofens tritt eine Enthalpiesteigerung der Stoffströme ein. Der im Rekuperator oder Regenerator übertragene Vorwärmestrom $\dot{Q}_v$ summiert sich zur Anlieferungsleistung. Die Summe beider ist die Heizleistung P_B. Wird eine solche Vorwärmung nicht durchgeführt, so sind Anlieferungsleistung und Heizleistung gleich.

$$P_B = P_A + \dot{Q}_v \tag{1.45}$$

Die im Ofenraum in Enthalpie der Heizgase – es sind dies die Reaktionsprodukte der Verbrennung und die inerten Bestandteile – umgewandelte Heizleistung teilt sich in zwei Energieströme auf. Entsprechend dem Sinn eines Industrieofens wird von dem Heizmittel ein Wärmestrom an das

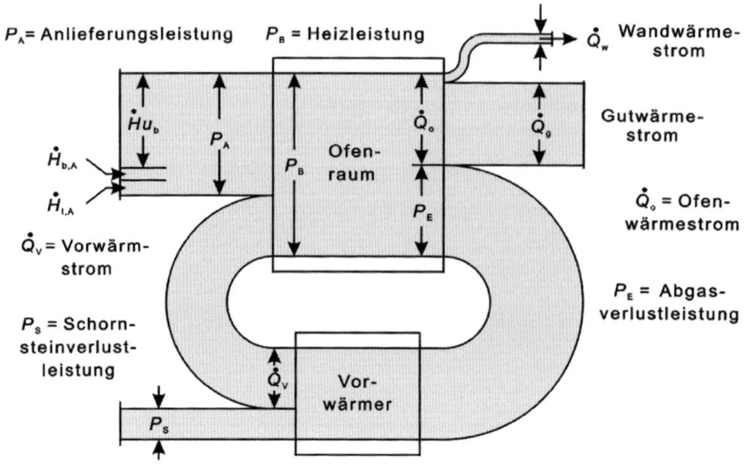

$\dot{H}u_b$ = chemisch gebundener Energiestrom des Brennstoffes
$\dot{H}_b$ = Enthalpiestrom des Brennstoffes
$\dot{H}_l$ = Enthalpiestrom der Verbrennungsluft
P_A = Anlieferungsleistung
P_B = Heizleistung

$\dot{Q}_o$ = Ofenwärmestrom
$\dot{Q}_w$ = Wandwärmestrom
$\dot{Q}_g$ = Gutwärmestrom
P_E = Abgasverlustleistung
$\dot{Q}_V$ = Vorwärmestrom
P_S = Schornsteinverlustleistung

Bild 1.5: Energieströme im Ofenraum

zu erwärmende Gut, der Gutwärmestrom $\dot{Q}_g$, und unvermeidlich auch ein Wärmestrom an die Ofenwände, der Wandwärmestrom $\dot{Q}_W$, übertragen.

Die Summe beider Wärmeströme nennt man Ofenwärmestrom $\dot{Q}_O$.

$$\dot{Q}_O = \dot{Q}_g + \dot{Q}_W \quad (1.46)$$

Bei einem brennstoffbeheizten Industrieofen muss aus dem Ofen zwangsläufig ein Abgas abgeführt werden. Damit eine Wärmeübertragung im Ofen überhaupt noch stattfinden kann, muss dieses Abgas eine höhere Temperatur als die niedrigste Guttemperatur haben.

Durch diese meist recht hohe Abgastemperatur wird auch ein großer Enthalpiestrom aus dem Ofen herausgetragen. Da er dem eigentlichen Ofenprozess verloren geht, wird er Abgasverlustleistung P_E genannt.

Durch die Reaktion von Brennstoff und Luft bildet sich ein Heizgas, dessen Stoffmenge im Allgemeinen nicht gleich der Summe aus Brennstoffmenge und Luftmenge ist. Die den Ofen verlassende Abgasmenge muss daher mithilfe der Verbrennungsrechnung bestimmt werden. Das Verhältnis der gebildeten Abgasmenge zur Brennstoffmenge wird mit a bezeichnet und brennstoffbezogene Abgasmenge genannt. Es gilt:

$$a = \frac{\dot{N}_a}{\dot{N}_b} \quad (1.47)$$

Unter zwei Voraussetzungen besteht die Möglichkeit, dass im Abgasstrom noch unverbrannte Bestandteile des Brennstoffes enthalten sind. Zum einen, wenn eine luftarme Verbrennung vorliegt, das heißt, wenn die Verbrennung unter Luftmangel abläuft, zum anderen, wenn Brennstoff und Luft nicht die genügende Zeit oder nicht die räumlichen Möglichkeiten hatten (schlechte

Mischung), miteinander zu reagieren. In solchen Fällen ist im Abgasstrom noch chemisch gebundene Energie vorhanden, die bei der Berechnung des mit dem Abgas ausgetragenen Energiestroms berücksichtigt werden muss. Das Abgas hat unter diesen Umständen noch einen Heizwert hu. Die Abgasverlustleistung berechnet sich somit:

$$P_E = \dot{N}_b \cdot \left(hu_a + h_{N,a,E}\right) \qquad (1.48)$$

1.2.3 Energiebilanz

Nach dem Satz von der Erhaltung der Energie (1. Hauptsatz der Thermodynamik) lässt sich folgende Bilanzgleichung aufstellen:

$$P_B = P_E + \dot{Q}_o \qquad (1.49)$$

Der Ofenwärmestrom, also der Energiestrom, der vom Stoffstrom der Verbrennung im Ofeninneren übertragen wird, geht teilweise an das Gut und teilweise an die Ofenwände und die Ofeneinbauten über.

Der Teil, der vom Gut aufgenommen wird, bewirkt eine Erhöhung der Enthalpie und damit der Temperatur des Gutes und dient zur Deckung des Energiebedarfes für Reaktionen oder sonstige Umwandlungsvorgänge, wenn es die Gegebenheiten erfordern. Man nennt diesen Teil des Ofenwärmestroms den „Gutwärmestrom" $\dot{Q}_g$.

Der andere Teil des Ofenwärmestroms, der in die Wände des Ofens und in Ofeneinbauten fließt oder durch Öffnungen direkt nach außen abgestrahlt wird, erhöht die Enthalpie der Ofenwände oder wird im Falle des stationären Ofenbetriebes nach außen an die Umgebung des Ofens abgegeben. Diesen Teil des Ofenwärmestroms nennt man den „Wandwärmestrom" $\dot{Q}_w$.

Somit ergibt sich die Gleichung:

$$\dot{Q}_o = \dot{Q}_g + \dot{Q}_w \qquad (1.50)$$

Die Energiebilanz für den Ofenraum lautet demnach:

$$P_B = P_A + \dot{Q}_v = P_E + \dot{Q}_g + \dot{Q}_w \qquad (1.51)$$

1.2.4 Wirkungsgrade

Unter einem Wirkungsgrad wird allgemein das Verhältnis von Nutzen zu Aufwand verstanden:

Wirkungsgrad = Nutzen / Aufwand

1.2.4.1 Feuerungstechnischer Wirkungsgrad

Will man eine Feuerung wirkungsgradmäßig beurteilen, so ist der Nutzen der Feuerung der von ihr abgegebene Wärmestrom, beim Industrieofen also der Ofenwärmestrom $\dot{Q}_o$. Der Aufwand der Feuerung ist die Anlieferungsleistung P_A. Es ist zu beachten, dass nicht die Heizleistung P_B als Aufwand angesehen wird, weil durch die Vorwärmung von Brennstoff und/oder Luft durch das Abgas keine neue Energie in das System hereingebracht wird. Damit ergibt sich ein feuerungstechnischer Wirkungsgrad zu:

$$\eta_f = \frac{\dot{Q}_o}{P_A} \qquad (1.52)$$

Wendet man hierauf die Bilanzgleichung (1.49) an, so ergibt sich mit $\dot{Q}_o = P_B - P_E$

$$\eta_f = \frac{P_B - P_E}{P_A} = \frac{P_A + \dot{Q}_V - P_B}{P_A} \Rightarrow \eta_f = 1 - \frac{P_E - \dot{Q}_V}{P_A} = 1 - \frac{P_S}{P_A} \qquad (1.53)$$

Der feuerungstechnische Wirkungsgrad ist gemäß der vorstehenden Gleichung nur von Größen abhängig, die den Zustand des Stoffstroms der Verbrennung am Eingang und am Ausgang der Ofenanlage beschreiben. Analysiert man diese Größen im einzelnen, so sieht man, dass der feuerungstechnische Wirkungsgrad in erster Linie von der Abgastemperatur hinter dem Rekuperator, wenn ein solcher vorhanden ist, von der Abgasmenge bestimmt wird (**Bild 1.6**, **Bild 1.7** und **Bild 1.8**). Die Abgasmenge wird ihrerseits von der Brennstoffart und der zugeführten Luftmenge bestimmt.

Eine Vorwärmung der Verbrennungsluft durch das Abgas des Ofens führt zu einer beachtenswerten Erhöhung des feuerungstechnischen Wirkungsgrades. Überall dort, wo es möglich ist, sollte man eine Luftvorwärmung einbauen.

Die Produktion einer möglichst geringen Abgasmenge ist für ein Energiesparen von großer Wichtigkeit. Man sollte daher versuchen, das Luft/Brennstoff-Verhältnis möglichst nahe dem stöchiometrischen Verhältnis einzustellen.

Zur Abschätzung der Abgasverluste oder auch des feuerungstechnischen Wirkungsgrades in Abhängigkeit der Abgastemperatur und des Luftüberschusses wird häufig eine Näherungsformel verwendet. Eine lineare Funktion wird zum Beispiel in der BImSchV herangezogen, die auch als Siegertsche Formel bekannt ist:

$$q_A = (t_A - t_L) \cdot \left(\frac{A}{21 - O_{2,A}} + B \right) \qquad (1.54)$$

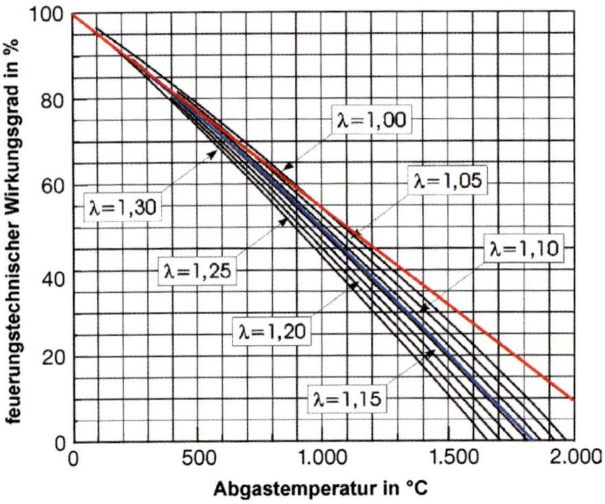

Anlieferungstemperatur des Brennstoffes = 20 °C
Anlieferungstemperatur der Luft = 20 °C
Wasserdampfbeladung der Luft = 1,39 %

Bild 1.6: Feuerungstechnischer Wirkungsgrad für Erdgas L (Luftfaktor $\lambda \geq 1$)

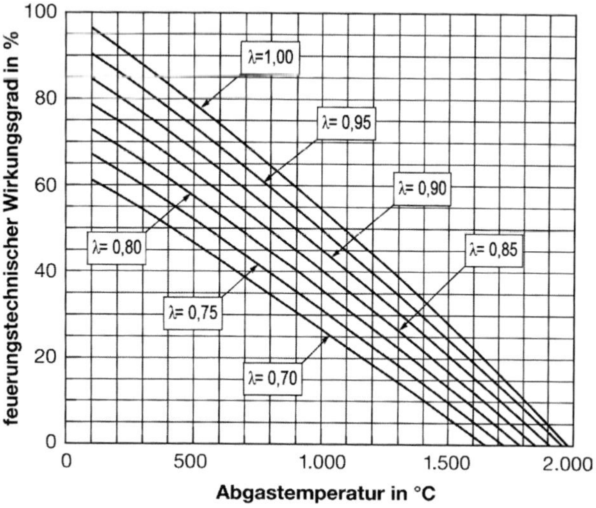

Bild 1.7: Feuerungstechnischer Wirkungsgrad für Erdgas L (Luftfaktor $\lambda \leq 1$)

Anlieferungstemperatur des Brennstoffes = 20 °C
Anlieferungstemperatur der Luft = 20 °C
Wasserdampfbeladung der Luft = 1,39 %

oder

$$\eta_f = 100 - \left(\left(t_A - t_L \right) \cdot \left(\frac{A}{21 - O_{2,A}} + B \right) \right) \tag{1.55}$$

mit:

q_A Abgasverlust in %
η_f feuerungstechnischer Wirkungsgrad in %
t_A Abgastemperatur in °C
t_L Verbrennungslufttemperatur in °C
$O_{2,A}$ Sauerstoffgehalt im trockenen Abgas in %
A Konstante (für Erdgas 0,66)
B Konstante (für Erdgas 0,009)

Vergleicht man die somit berechneten Werte mit Tabellenwerten oder Diagrammen, fällt auf, dass die Werte im unteren Temperaturbereich bis etwa 400 °C gute Übereinstimmung zeigen, oberhalb davon aber erhebliche Abweichungen aufweisen.

Eine modifizierte Formel liefert relativ genaue Werte im Temperaturbereich bis 1.400 °C und für Luftüberschuss im Bereich von 0 bis 100 %.

$$q_A = (C \cdot \lambda + D) \cdot (t_A - t_L) + E \cdot (t_A - t_L)^2 \tag{1.56}$$

oder

$$\eta_f = 100 - \left((C \cdot \lambda + D) \cdot (t_A - t_L) + E \cdot (t_A - t_L)^2 \right) \tag{1.57}$$

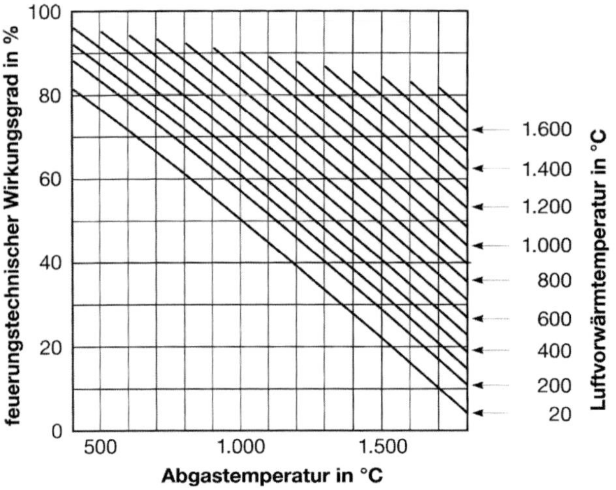

Anlieferungstemperatur des Brennstoffes = 20 °C
Anlieferungstemperatur der Luft = 20 °C
Wasserdampfbeladung der Luft = 1,39 %
Luftfaktor = 1,1

Bild 1.8: Feuerungstechnischer Wirkungsgrad für Erdgas L mit Luftvorwärmung

mit:

q_A Abgasverlust in %
η_f feuerungstechnischer Wirkungsgrad in %
t_A Abgastemperatur in °C
t_L Bezugstemperatur in °C
$O_{2,A}$ Sauerstoffgehalt im trockenen Abgas in %
λ Luftfaktor
C Konstante (für Erdgas 0,037)
D Konstante (für Erdgas 0,003)
E Konstante (für Erdgas 4,75 10^{-6})

alternative Schreibweise mit: $\lambda \approx \frac{21}{21 - O_{(2,A)}}$

$$q_A = \left(\frac{C \cdot 21}{21 - O_{2,A}} + D \right) \cdot (t_A - t_L) + E \cdot (t_A - t_L)^2 \qquad (1.58)$$

In Bild 1.6 sind Werte in ein Diagramm eingetragen. Die rote Linie zeigt Werte für 15 % Luftüberschuss nach Formel (1.55). Die blaue Linie zeigt Ergebnisse der modifizierten Formel (1.57) ebenfalls für 15 % Luftüberschuss. Während Formel (1.55) bei höheren Temperaturen die Wirkungsgrade um mehrere Prozentpunkte überschätzt, sind die Werte der Formel (1.57) nahezu deckungsgleich mit den im Diagramm dargestellten Werten.

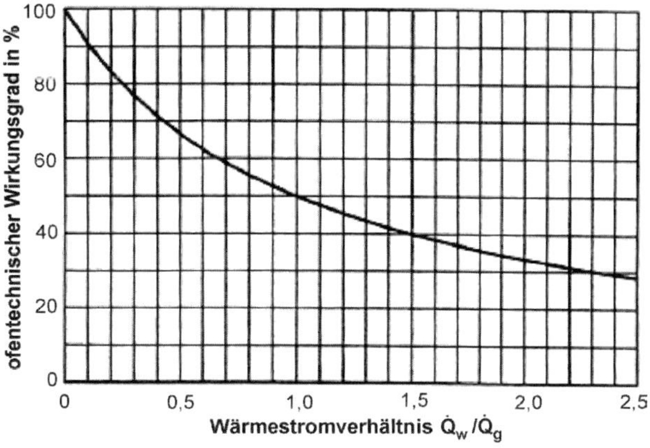

Bild 1.9: Ofentechnischer Wirkungsgrad

1.2.4.2 Ofentechnischer Wirkungsgrad

Eine wirkungsgradmäßige Beurteilung eines Industrieofens betrachtet als Nutzen eines solchen Ofens den Gutwärmestrom $\dot{Q}_g$, der von dem Ofenwärmestrom in das Gut übergeht. Der Aufwand ist in diesem Fall der Ofenwärmestrom $\dot{Q}_o$. Hiernach ergibt sich der ofentechnische Wirkungsgrad zu:

$$\eta_o = \frac{\dot{Q}_g}{\dot{Q}_o} \tag{1.59}$$

Der Ofenwärmestrom $\dot{Q}_o$ teilt sich in den Gutwärmestrom $\dot{Q}_g$ und in den Wandwärmestrom $\dot{Q}_w$ auf (siehe Gleichung (1.50)). Hiernach ergibt sich der ofentechnische Wirkungsgrad auch als:

$$\eta_o = \frac{\dot{Q}_g}{\dot{Q}_g + \dot{Q}_w} \Rightarrow \eta_o = \frac{1}{1 + \frac{\dot{Q}_w}{\dot{Q}_g}} \tag{1.60}$$

In **Bild 1.9** ist der ofentechnische Wirkungsgrad η_o als Funktion des Wärmestromverhältnisses $\dot{Q}_w/\dot{Q}_g$ dargestellt.

1.2.4.3 Wärmetechnischer Wirkungsgrad

Zur Beurteilung der Energieausnutzung eines Industrieofens verwendet man das Verhältnis des Gutwärmestromes $\dot{Q}_g$ zur Anlieferungsleistung P_A. Man erhält hiermit den wärmetechnischen Wirkungsgrad,

$$\eta_w = \frac{\dot{Q}_g}{P_A} = \frac{\dot{Q}_g}{\dot{Q}_o} \cdot \frac{\dot{Q}_o}{P_A} = \eta_o \cdot \eta_f \tag{1.61}$$

der das Produkt des ofentechnischen Wirkungsgrades und des feuerungstechnischen Wirkungsgrades ist.

1.2.5 Brennstoffersparnis bei Luftvorwärmung

Damit in einem Industrieofen ein Erwärmungsprozess ablaufen kann, muss bei einer vorgegebenen Ofenkonstruktion dem Ofen ein bestimmter Ofenwärmestrom zugeführt werden.

Bei einem brennstoffbeheizten Ofen ist der Ofenwärmestrom gleich dem Produkt aus dem feuerungstechnischen Wirkungsgrad mal der Anlieferungsleistung.

$$\dot{Q}_o = \eta_f \cdot P_A \tag{1.62}$$

Wird ein Erwärmungsprozess einmal ohne und einmal mit Luftvorwärmung betrieben, so hat die verschiedene Fahrweise nur einen Einfluss auf den feuerungstechnischen Wirkungsgrad. Der Ofenwärmestrom muss bei beiden Fahrweisen gleich bleiben, weil im Ofen der gleiche Erwärmungsprozess ablaufen soll.

Bei gleichem Ofenwärmestrom muss deshalb bei steigendem feuerungstechnischen Wirkungsgrad die Anlieferungsleistung und damit der Brennstoffmengestrom sinken.

Aufgrund dieser Tatsache lässt sich ein „Brennstoffeinspargrad" oder kurz eine „Brennstoffeinsparung" wie folgt definieren:

$$\eta_b = \frac{P_{A,O} - P_{A,V}}{P_{A,O}} = 1 - \frac{P_{A,V}}{P_{A,O}} \Rightarrow \eta_b = 1 - \frac{\eta_{f,O}}{\eta_{f,V}}, \tag{1.63}$$

wobei sich $P_{A,O}$ auf den Betrieb ohne Vorwärmung und $P_{A,V}$ auf den Betrieb mit Vorwärmung beziehen. Setzt man in die Gleichung (1.58) die Größen gemäß der Definitionsgleichung für den feuerungstechnischen Wirkungsgrad (Gleichung (1.53)) ein und beachtet, dass die Heizleistung P_B ohne Vorwärmung gleich der Anlieferungsleistung P_A ist, so erhält man:

$$\eta_b = 1 - \frac{(P_A - P_E)}{P_A} \cdot \frac{P_A}{(P_B - P_E)} \Rightarrow \eta_b = \frac{(P_B - P_A)}{(P_B - P_E)}. \tag{1.64}$$

Der Brennstoffeinspargrad ist in **Bild 1.10** dargestellt.

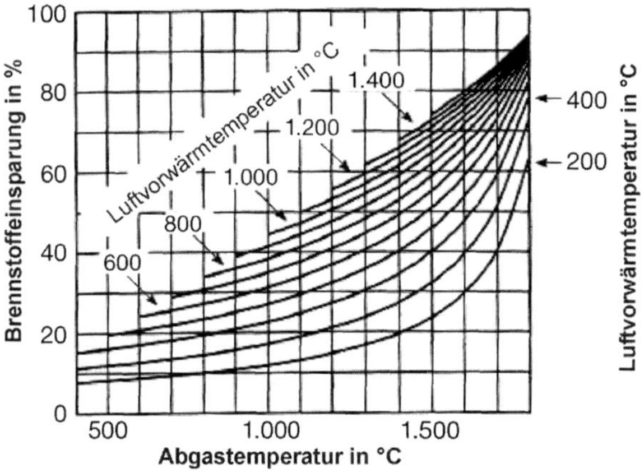

Anlieferungstemperatur des Brennstoffes = 20 °C
Anlieferungstemperatur der Luft = 20 °C
Wasserdampfbeladung der Luft = 1,39 %
Luftfaktor = 1,1

Bild 1.10: Brennstoffeinsparung durch Luftvorwärmung

Ein Rekuperator, auch wenn er verlustlos betrieben werden könnte, kann nicht die gesamte Enthalpie aus dem Abgas eines Ofens zurückführen. Das liegt darin begründet, dass der Kapazitätsstrom des Abgases fast immer größer ist als derjenige der Luft und dass die Vorwärmtemperatur der Luft beim idealen Rekuperator maximal bis zur Abgastemperatur treiben kann. Somit wird auch der beste Rekuperator nicht alle Abgasverluste kompensieren.

2. Strömungstechnik

Joachim G. Wünning, Ambrogio Milani

2. Strömungstechnik

Joachim G. Wünning, Ambrogio Milani

Strömungslehre ist ein sehr interessantes und komplexes Fachgebiet. Die Formgebung vieler Produkte leitet sich aus den strömungstechnischen Anforderungen ab. Eindeutiges Beispiel dafür sind Flugzeuge, Automobilrennsport und Segelyachten. Die strömungstechnische Auslegung erfordert gute Kenntnis der Strömungslehre, aber auch viel Erfahrung und Kreativität. Sehr oft sind strömungstechnisch günstige Formgebungen auch ästhetisch ansprechend.

Die Strömungstechnik ist in vielfacher Hinsicht auch für die Brennertechnik sehr relevant.

Beispiele sind:

- Bestimmung der Druckverluste in Rohrleitungen,
- Durchflussmessung,
- Gemischbildung,
- Brennerstrahlausbreitung.

In diesem Buch kann keine umfassende Einführung in die Strömungslehre gegeben werden. Es sollen aber einige im Hinblick auf die Brennertechnik wichtige Gesetzmäßigkeiten dargestellt werden.

2.1 Ideales Gas

Für die technische Auslegung und Einstellung von Brennersystemen ist die Annahme, dass sich Gase wie ideale Gase verhalten von ausreichender Genauigkeit.

Nach dem Satz von Avogadro gilt für ein ideales Gas, dass eine bestimmte Anzahl von Molekülen bei definiertem Druck und Temperatur ein bestimmtes Volumen einnimmt. Im ersten Kapitel (Verbrennungslehre) wurde über die Stöchiometrie bestimmt, wie viele Sauerstoffteilchen (Moleküle) zum vollständigen Verbrennen einer bestimmten Anzahl von Brennstoffteilchen notwendig sind. Dieses Teilchenverhältnis ist damit direkt proportional zum Volumenstromverhältnis. Diese Tatsache ist wohl auch der Grund dafür, dass in der Brennertechnik (Ausnahme Gasturbinenanwendungen) der Gebrauch von Normkubikmetern als Mengenangabe üblich ist. Ein Gasstrom wird dabei über die Angabe der Normkubikmeter pro Stunde (Volumenstrom bei einem Druck von 1.013 hPa und einer Temperatur von 0 °C) definiert.

Ferner gilt für ideale Gase, dass sich die Dichte bei konstanter Temperatur proportional zur Druckänderung verhält:

$$\frac{\rho_1}{\rho_2} = \frac{p_1}{p_2} \tag{2.1}$$

mit:

Dichte: ρ [kg/m^3]

Druck: p [Pa]

Analog gilt für konstanten Druck, dass sich die Dichte umgekehrt proportional zum Verhältnis der absoluten Temperaturen (Kelvin) verhält:

$$\frac{\rho_1}{\rho_2} = \frac{T_2}{T_1} \tag{2.2}$$

mit

absolute Temperatur: T [K].

Die absolute Temperatur bezieht sich auf den absoluten Nullpunkt von -273 °C und wird in Kelvin angegeben.

Für viele Materialien kann die Dichte von Diagrammen oder Tabellen abgelesen werden. Die Dichte von Gasen kann aber auch aus dem idealen Gasgesetz abgeleitet werden. Nur bei hohen Drücken und sehr niederen Temperaturen weicht das Verhalten realer Gase vom idealen Gasgesetz merklich ab.

$$\rho = \frac{p \cdot m}{R \cdot T} \tag{2.3}$$

mit:

molare Masse: m [kg/kmol]

allgemeine Gaskonstante: R = 8.314 Joule/(kmol K)

Für den Druck lässt sich in vielen Anwendungen mit guter Näherung der Normdruck von 1,013 bar einsetzen. Nur in größeren Höhen weicht dieser Druck merklich vom Normdruck ab. Da die Druckabnahme mit der Höhe von der Zusammensetzung und Temperaturverteilung in der Atmosphäre abhängt, wurde eine internationale Standardatmosphäre definiert. Wenn diese zugrunde gelegt wird, berechnet sich der Druck zu:

$$p(h) = 1{,}013{,}25 \cdot \left(1 - \frac{0{,}0065 \cdot h}{288{,}15}\right)^{5{,}225} \cdot \text{hPa} \tag{2.4}$$

mit der Angabe von h in Metern über dem Meeresspiegel. Sind genaue Werte für den Druck erforderlich, muss dieser gemessen werden, da der Luftdruck ja bekanntlich schon wetterabhängig um mehrere hundert Pa schwankt. Wird ein Brennersystem zum Beispiel in Mexiko an einem Standort, der in einer Höhe von 3.000 m über dem Meeresspiegel liegt, installiert, beträgt der Luftdruck nur noch etwa 700 hPa.

Die molare Masse ist die Masse einer bestimmten Anzahl von Molekülen eines Stoffes und lässt sich so für die meisten Stoffe einfach bestimmen.

Wasserstoff m_H = 1 kg/kmol

Kohlenstoff: m_C = 12 kg/kmol

Stickstoff: m_N =14 kg/kmol

Sauerstoff: m_O =16 kg/kmol

Die molare Masse der mehratomigen Moleküle ergibt sich aus der Anzahl der Atome im Molekül. So ist zum Beispiel die molare Masse von:

molekularem Wasserstoff m_{H2} = 2 kg/kmol

molekularem Sauerstoff m_{O2} = 32 kg/kmol

molekularem Stickstoff m_{H2} = 28 kg/kmol

molekularem Wasserdampf m_{H2O} = 18 kg/kmol

Für Gasmischungen gilt:

$$m = \sum_i x_i \cdot m_i$$

mit:

Molare Masse der Mischung: m [kg/kmol]

Stoffmengenanteil der Komponente i: x_i [1]
Molare Masse der Komponente i: m_i [kg/kmol]

Der Stoffmengenanteil entspricht bei idealen Gasen dem Volumenanteil.

So ergibt sich für Luft mit einem Sauerstoffanteil von 21 % und Stickstoff von 79 %:

Stoffmengenanteil des Sauerstoff: $x_{O2} = 0{,}21$

Stoffmengenanteil des Stickstoff: $x_{N2} = 0{,}79$

$m_{Luft} = 0{,}21 \cdot 32$ kg/kmol $+ 0{,}79 \cdot 28$ kg/kmol

$m_{Luft} \sim 29$ kg/kmol

Für Luft mit einem Druck von 1.013 mbar und 25 °C ergibt sich somit:

$$\rho_{Luft} = \frac{101.300 \cdot \mathrm{Pa} \cdot 29 \dfrac{\mathrm{kg}}{\mathrm{kmol}}}{8.314 \dfrac{\mathrm{joule}}{\mathrm{kmol} \cdot \mathrm{K}} \cdot 298 \cdot \mathrm{K}} = 1{,}19 \frac{\mathrm{kg}}{\mathrm{m}^3} \qquad (2.5)$$

Die molare Masse von Abgas kann analog bestimmt werden. Die molare Masse von Abgasen der Erdgasverbrennung beträgt etwa:

$m_{Abgas} \sim 28$ kg/kmol

2.2 Kontinuitätsgleichung

Die Kontinuitätsgleichung besagt, dass der Massenstrom in einem stationären Strom ohne Massenabzweigung oder Zuführung zwischen zwei Kontrollquerschnitten 1 und 2 konstant sein muss. Es gilt die Kontinuitätsgleichung:

$$\dot{M}_1 = \dot{M}_2 \qquad (2.6)$$

oder

$$w_1 A_1 \rho_1 = w_2 A_2 \rho_2 \qquad (2.7)$$

mit:

Massenstrom: $\dot{M}$ [kg/s]
Mittlere Strömungsgeschwindigkeit: w [m/s]
Strömungsquerschnitt: A [m²]
Dichte: ρ [kg/m³]

Beispiel:

Als Beispiel für die Kontinuitätsgleichung dient eine Rohrstrecke, in der ein Gas mit einer Geschwindigkeit von 10 m/s strömt. Der Rohrdurchmesser verengt sich, wie in **Bild 2.1** gezeigt, von $D_1 = 100$ mm auf $D_2 = 50$ mm. Da die Dichte als konstant angesehen wird, ergibt sich in der Verengung 2 mit:

$w_2 = w_1 (A_1 / A_2)$

oder

$w_2 = w_1 (D_1 / D_2)^2$

eine Strömungsgeschwindigkeit von $w_2 = 40$ m/s.

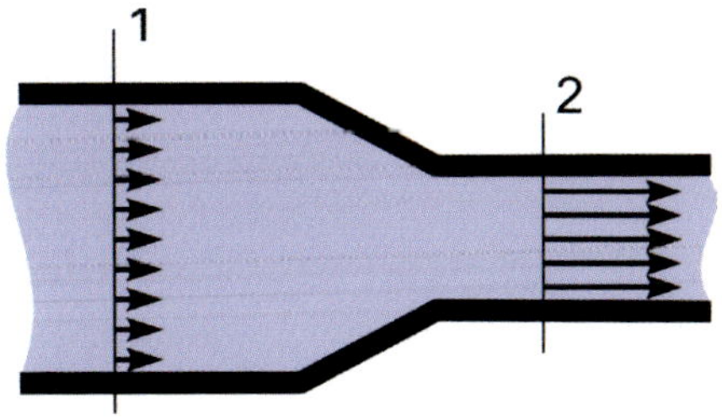

Bild 2.1: Kontinuitätsgleichung

2.3 Bernoullische Gleichung

Aus der Energiebilanz längs der Stromlinie einer reibungsfreien Strömung lässt sich die Bernoullische Gleichung ableiten:

$$| \rho \, w^2 + \rho \, g \, h + p_{st} = \text{konstant}$$

mit:

Dichte:	ρ [kg/m³]
Strömungsgeschwindigkeit:	w [m/s]
Erdbeschleunigung:	$g = 9{,}81$ m/s²
Höhe:	h [m]
Statischer Druck:	p_{st} [Pa]

Die Bernoullische Gleichung wird auch Druckgleichung genannt, weil sie besagt, dass die Summe aus statischem, dynamischem und hydrostatischem Druck konstant bleibt. Diese Summe wird auch Gesamtdruck genannt.

Am besten lässt sich die Aussage der Bernoullischen Gleichung an einem einfachen Beispiel erläutern. Aus einem großen Behälter mit der Füllhöhe von 1 m strömt Wasser aus (**Bild 2.2**). Wenn der Umgebungsdruck als Referenzdruck angesetzt wird, gilt:

Dichte des Wassers: $\rho_{Wasser} = 1.000$ kg/m³

Erdbeschleunigung: $g = 9{,}81$ m/s²

Höhe des Wasserspiegels über dem Auslass: $h = 1$ m

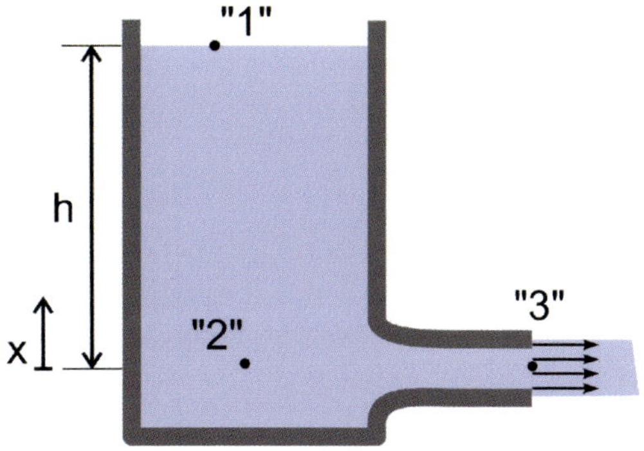

Bild 2.2: Bernoullische Gleichung

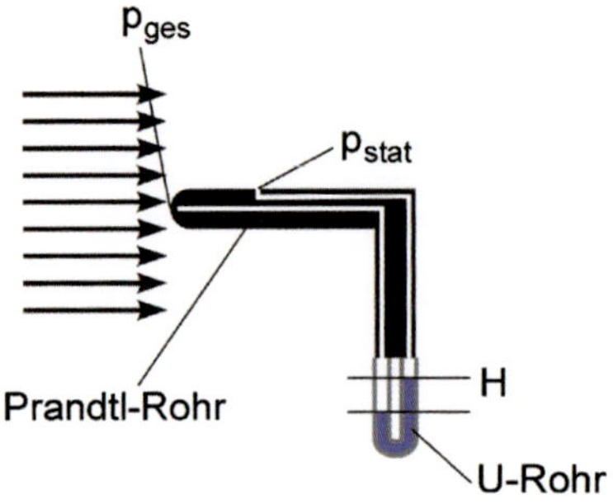

Bild 2.3: Prandtl-Rohr

An der Wasseroberfläche 1 :	$p_1 = 0$ Pa	$x_1 = 1$ m	$w_1 = 0$ m/s
Im Behälter auf Auslassniveau 2:	$p_2 = 9.810$ Pa	$x_2 = 0$ m	$w_2 = 0$ m/s
Am Auslass 3:	$p_3 = 0$ Pa	$x_3 = 0$ m	$w_3 = 4{,}4$ m/s

Ein weiteres praktisches Anwendungsbeispiel für die Bernoullische Gleichung ist die Messung der Strömungsgeschwindigkeit mit einer Prandtl-Sonde. Mit dem in **Bild 2.3** schematisch gezeigten Prandtl-Rohr wird der dynamische Druck als Differenz von Gesamtdruck und statischem Druck bestimmt. Bei bekannter Dichte des strömenden Mediums kann dann die Strömungsgeschwindigkeit bestimmt werden. Die Messung des Drucks kann beispielsweise mit einem U-Rohr erfolgen, wobei ebenfalls die Bernoullische Gleichung Anwendung findet.

Da der statische Druck in beiden Säulen des U-Rohres konstant ist, entspricht der hydrostatische Druck der Wassersäule dem dynamischen Druck der Strömung. Somit kann die Strömungsgeschwindigkeit direkt aus der Höhe der Wassersäule bestimmt werden.

$$\mathrm{I}\ \rho_1\, w^2 = \rho_2\, g\, H \tag{2.8}$$

oder

$$w_1 = \sqrt{\frac{2 \cdot \rho_2 \cdot g \cdot H}{\rho_1}} \tag{2.9}$$

Höhe der Wassersäule	H	$= 40$ mm
Dichte Wasser:	ρ_2	$= 1.000$ kg/m^3
Dichte der heißen Luft:	ρ_1	$= 0{,}4$ kg/m^3
Erdbeschleunigung	g	$= 9{,}81$ m/s^2

Es ergibt sich eine Strömungsgeschwindigkeit $w_1 = 44{,}3$ m/s

Auch Düsenaustrittsgeschwindigkeiten lassen sich mithilfe der Bernoullischen Gleichung unter Annahme einer verlustfreien Ausströmung einfach berechnen. Diese Annahme ist bei gut gerundetem Einlauf der Düse zulässig.

$$w = \sqrt{\frac{2 \cdot \Delta p}{\rho}} \tag{2.10}$$

Dabei entspricht Δp dem Düsenvordruck, also der Differenz des statischen Druckes vor und hinter der Düse. In **Bild 2.4** ergibt sich der Differenzdruck aus:

$$\Delta p = p_{Düse} - p_{Ofen}$$

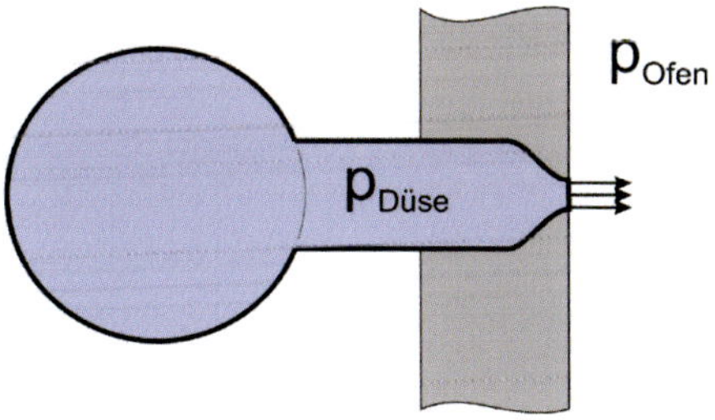

Bild 2.4: Düsenaustrittsgeschwindigkeit

Hierbei muss aber der Druck unmittelbar vor der Düse angesetzt werden. Eventuelle Druckverluste von der Rohrleitung zur Düse müssen berücksichtigt werden.

Es ergeben sich folgende Austrittsgeschwindigkeiten:

		Δp = 10 Pa	Δp = 100 Pa	Δp = 1.000 Pa
Kaltluft	ρ = 1,2 kg/m^3	w = 4,1 m/s	w = 12,9 m/s	w = 40,8 m/s
Heißluft	ρ = 0,4 kg/m^3	w = 7,1 m/s	w = 22,4 m/s	w = 70,7 m/s

Ein weiteres Beispiel mit Bezug auf Thermoprozessanlagen ist die Abschätzung des Kaminzuges (**Bild 2.5**). Für den Grenzfall, dass die Strömungsgeschwindigkeiten im Kamin sehr klein sind, gilt für die Berechnung des statischen Druckes (Ofendruckes):

ρ_{Ab} = 0,25 kg/m^3 Abgas ~ 1.000 °C

ρ_L = 1,2 kg/m^3 Umgebungsluft

h = 10 m Kaminhöhe

g = 9,81 m/s^2 Erdbeschleunigung

$$p_{st} = \rho_{Ab}\, g\, h - \rho_L\, g\, h = g\, h\, (\rho_{Ab} - \rho_L)$$

$$p_{st} = -93 \text{ Pa}$$

Sehr grob lässt sich also der Kaminzug in einem heißen Ofen mit 5 bis 10 Pa/m Kaminhöhe abschätzen. Diese Abschätzung gilt auch, wenn in einem Ofen Öffnungen auf verschiedenen Niveaus angebracht sind. Solche Öffnungen können zu einem erheblichen Falschlufteintritt in den Ofen führen. Wie im obigen Beispiel gezeigt, würde bei einem negativen Ofendruck von 10 Pa Falschluft mit bis zu 4 m/s durch eine Öffnung einströmen. Bei einer Ofenöffnung von nur 0,15 x 0,2 m entspricht dies einem Kaltluftstrom von 430 m^3/h. Um diesen Kaltluftstrom, der durch diese kleine Öffnung einströmt, auf 1.000 °C zu erwärmen, wird eine Nettowärmeleistung von etwa 200 kW benötigt.

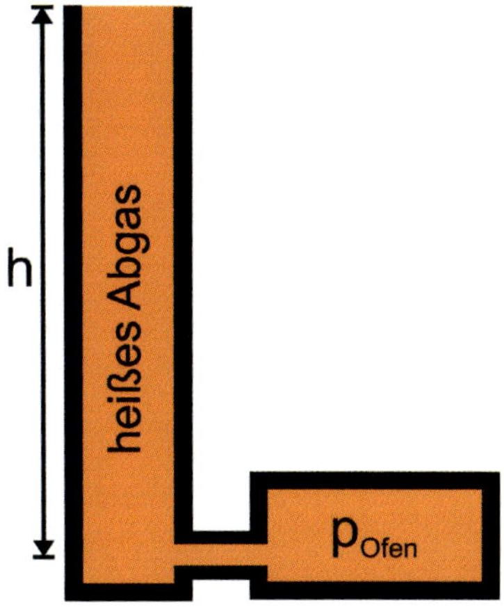

Bild 2.5: Kaminzug

2.4 Turbulenter Freistrahl

Der Strömungsimpuls von Brennern wird oft genutzt, um im Ofen eine Umwälzströmung zu erzeugen und die vom Brenner erzeugte Wärme gleichmäßig zu verteilen. Die Gesetzmäßigkeiten für Freistrahlen sind vielfach untersucht worden und geben gute Anhaltspunkte für die Auslegung und Anordnung von Brennern. Als Freistrahl wird eine Strömung aus einer Düse in einen großen Raum bezeichnet. Die Wände des Raumes sollen dabei so weit entfernt sein, dass sie die Strömung nicht beeinflussen. In **Bild 2.6** ist dargestellt, wie sich der Freistrahl im Raum ausbreitet. Zwischen dem ausströmenden Fluid und der ruhenden Atmosphäre im Raum bildet sich eine Scherschicht aus und Atmosphäre wird vom Strahl angesaugt und mitgerissen.

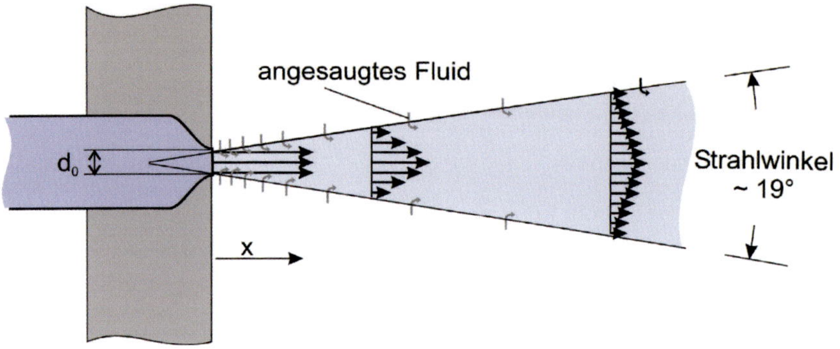

Bild 2.6: Freistrahl

Die Gesetzmäßigkeiten für den Freistrahl lassen sich aus dem Impulserhaltungssatz:

$$\dot{M} \cdot w = \text{konst} \tag{2.11}$$

ableiten. Im Freistrahl nimmt die mittlere Geschwindigkeit mit zunehmender Entfernung x von der Düse ab und der Massenstrom zu.

Der Strahlwinkel beträgt etwa 19°, wobei der Strahlrand wegen der asymptotisch abnehmenden Geschwindigkeit nicht exakt definiert ist. Der Scheitel dieses Winkels liegt 0,6 d_0 stromaufwärts von der Düsenmündung. Für den Strahldurchmesser im voll ausgebildeten Freistrahl ($x/d_0 > 10$) gilt somit:

$d = 0{,}33 \cdot x$

Die Masse des abgesaugten Umgebungsgases fern vom Ursprung kann mit dem experimentell ermittelten Ausdruck

$$\frac{\dot{M}_x}{\dot{M}_0} = 0{,}33 \frac{x}{d_0} \sqrt{\frac{\rho_x}{\rho_0}} \tag{2.12}$$

beschrieben werden.

Dabei steht $\dot{M}_x$ für den Massenstrom im Strahl an der Stelle x. Die Dichte ρ_x ist die mittlere Dichte des Strahls an der Stelle x. In der Regel kann diese Dichte gleich der Dichte der Umgebung ρ_∞ gesetzt werden.

Die mittlere Strahlgeschwindigkeit an der Stelle x lässt sich aus dem Impulserhaltungssatz direkt ableiten und ist umgekehrt proportional zum Massenstromverhältnis.

$$\frac{w_x}{w_0} = \frac{\dot{M}_0}{\dot{M}_x} \tag{2.13}$$

Beispiel:

Aus einer Düse mit einem Durchmesser von 10 mm strömt kalte Luft in einen kalten Raum. Der Massenstrom im Strahl beträgt dann in einer Entfernung von einem halben Meter:

$$\dot{M}_x = 0{,}33 \frac{500 \cdot mm}{10 \cdot mm} \cdot \dot{M}_o = 16{,}5 \cdot \dot{M}_o$$

Der Strahl hat dann also etwas mehr als das 15-Fache seines eigenen Massenstromes angesaugt.

Strömt aus der gleichen Düse heiße Luft mit einer Geschwindigkeit von 100 m/s und einer Temperatur von 1.000 °C in den kalten Raum von 20 °C, kann man abschätzen, ob man in einer Entfernung von einem halben Meter die Hand in den Strahl halten kann.

Dichte der kalten Luft: $\rho_\infty = 1{,}17\ kg/m^3$

Dichte der heißen Luft: $\rho_0 = 0{,}27\ kg/m^3$

$$\dot{M}_x = 0{,}33 \cdot \frac{500 \cdot mm}{10 \cdot mm} \cdot \sqrt{\frac{1{,}17}{0{,}27}} \cdot \dot{M}_o = 34 \cdot \dot{M}_o$$

Das bedeutet, dass der Strahl das 33-Fache seines ursprünglichen Massenstromes ansaugt. Unter der Annahme konstanter spezifischer Wärmekapazität errechnet sich dann die mittlere Strahltemperatur und Geschwindigkeit zu:

$$\vartheta_x = \frac{1 \cdot 1.000\ °C + 33 \cdot 20\ °C}{34} = 49\ °C$$

$$w_x = w_0 \cdot \frac{M_x}{M_0} = 2{,}95 \cdot \frac{m}{s}$$

Die Temperatur im Strahl hat sich also auf etwa 50 °C abgesenkt. Die mittlere Strahlgeschwindigkeit beträgt nur noch etwa 3 m/s. Die Hand verbrennt man sich somit nicht mehr. Aber Vorsicht, bei einer größeren Düse wird es recht bald zu warm an dieser Stelle. Analoge Überlegungen kann man natürlich auch für die Anordnung von Brennern in Ofenräumen anstellen und somit festlegen, welche Brennergrößen und wie viele Brenner eingesetzt werden sollen.

Weitaus detailliertere Beschreibungen von Freistrahlen finden sich in Literatur von Reichardt, Prandtl, Kremer und Günter.

2.5 Druckverluste in Rohrleitungen

Der Druckverlust lässt sich für viele Anwendungen durch die Angabe des Produktes von einem Widerstandsbeiwert und dem dynamischen Druck näherungsweise beschreiben.

$$\Delta p = \zeta \cdot \frac{\rho \cdot w^2}{2} \tag{2.14}$$

Bei Rohrströmungen wird der Widerstandsbeiwert mittels der Rohrreibungszahl und dem Längen- Durchmesser-Verhältnis definiert:

$$\zeta = \lambda \cdot \frac{L}{d} \tag{2.15}$$

Da der Druckverlust bei der Auslegung von Rohrleitungsnetzwerken eine große Rolle spielt, gibt es hier zahllose Diagramme und Berechnungsformeln. Werte für Rohrreibungszahlen in Abhängigkeit der Reynolds-Zahl und der Rohrrauigkeit finden sich zum Beispiel im VDI-Wärmeatlas. Für technische Anwendungen im Anlagenbau liegen die Rohrreibungszahlen oft im Bereich von 0,01 bis 0,05. Daraus ergeben sich Widerstandsbeiwerte für:

Rohrinnendurchmesser 12 mm (|-Zoll Rohr): $\zeta \sim 3$ je Meter Rohrlänge

Rohrinnendurchmesser 25 mm (1-Zoll Rohr): $\zeta \sim 1$ je Meter Rohrlänge

Rohrinnendurchmesser 50 mm (2-Zoll Rohr): $\zeta \sim 0{,}4$ je Meter Rohrlänge

Rohrinnendurchmesser 75 mm (3-Zoll Rohr): $\zeta \sim 0{,}25$ je Meter Rohrlänge

Für Rohrkrümmer, Armaturen oder andere Einbauten finden sich Widerstandsbeiwerte in der Literatur oder Herstellerangeben. Als grobe Anhaltspunkte mögen folgende Werte dienen. Die Strömungsgeschwindigkeiten beziehen sich dabei auf die Nennweite der Komponente.

Kugelhahn (offen): $\zeta \sim 3$

90°-Bogen: $\zeta \sim 0{,}4$

90°-Winkel: $\zeta \sim 1.5$

Austritt: $\zeta \sim 1$

In einer Rohrstrecke mit konstanter Nennweite können die Widerstandsbeiwerte zu einem Gesamtwiderstandsbeiwert aufsummiert werden.

Beispiel:

Abschätzung für die Rohrleitung entlang eines Ofens:

Nennweite: 50 mm

Rohrleitungslänge: 20 m ($\zeta \sim 8$)

Kugelhähne (offen): 2 Stück ($\zeta \sim 6$)

90°-Bogen: 5 Stück ($\zeta \sim 2$)

Wie groß ist der Druckverlust, wenn 50 m^3/h Kaltluft durch die Leitung geschickt werden sollen?

Gesamtwiderstandsbeiwert: $\zeta = 16$

Strömungsgeschwindigkeit: $w = 7$ m/s

Dynamischer Druck: $p_{dyn} = 28$ Pa

Druckverlust: $\Delta p \sim 448$ Pa

Der grob abgeschätzte Druckverlust beträgt somit etwa 5 mbar. Für eine korrekte Auslegung sollten genauere Widerstandbeiwerte aus der Literatur oder eigene Messungen benutzt werden oder aber große Sicherheiten eingeplant werden.

Für die Auslegung von Rohrleitungen an Thermoprozessanlagen hat sich die Begrenzung der Strömungsgeschwindigkeiten bewährt:

- Kurze Rohrstrecken und wenig Bögen, Umlenkungen etc.: $w < 10$ m/s
- Längere Rohrstrecken: $w < 5$ m/s

2.5.1 Druckverluste bei unterschiedlichen Brenngasen

Wenn bestehende Rohrleitungen für andere Brenngase umgewidmet werden, muss unter anderem geprüft werden, ob diese ausreichend dimensioniert sind. Einen ersten Anhaltspunkt kann der Wobbeindex der Brenngase bieten. Bei konstanter Brennerleistung und ähnlichen Wobbeindexen sind auch ähnliche Druckverluste zu erwarten.

Erdgas und Wasserstoff haben zwar stark unterschiedliche Heizwerte, aber da auch die Dichten sehr unterschiedlich sind, weichen die jeweiligen Wobbeindexe nur geringfügig voneinander ab. Eine großzügig dimensionierte Erdgasleitung wird, was den Druckverlust betrifft, auch für Wasserstoff funktionieren. Die Strömungsgeschwindigkeiten von Wasserstoff sind dann allerdings deutlich höher. Die oben genannten empfohlenen Strömungsgeschwindigkeiten können und dürfen bei Wasserstoff aber überschritten werden

Wasserstoff
Liquefied Natural Gas
Ammoniak
Erdgas
Gasgemische
© GWI

3. Wärmeübertragung

Ulrich Renz (Kapitel 3.1-3.4), Günther Woelk† (Kapitel 3.5)

3. Wärmeübertragung

Ulrich Renz, Günther Woelk† (Kapitel 3.5)

3.1 Mechanismen des Wärmetransports

Die Mechanismen, durch die Wärme in gasförmigen, flüssigen oder festen Medien transportiert oder von einem Medium in ein anderes übertragen wird, können eingeteilt werden in:

- Transport durch Wärmestrahlung,
- Transport durch Wärmeleitung,
- Transport durch Konvektion.

Die physikalischen Grundlagen dieser drei Mechanismen sollen im Folgenden skizziert werden.

Sind zwei Körper verschiedener Temperatur in einem evakuierten Behälter eingeschlossen, so wird sich nach einer gewissen Zeit ein Temperaturgleichgewicht einstellen. Dieser Ausgleichsprozess beruht auf einem Wärmetransport durch elektromagnetische Wellen, der Wärmestrahlung.

Thermodynamische Überlegungen zeigen, dass ein idealer Körper, ein „schwarzer" Körper, eine Strahlung emittiert, die proportional der 4. Potenz der absoluten Temperatur ist.

Beim Strahlungsaustausch zwischen technischen Oberflächen **(Bild 3.1)** muss die Abweichung von den Emissionseigenschaften des idealen „schwarzen" Körpers durch einen Korrekturfaktor F_ε und die Tatsache, dass meist die von einem Körper ausgesandte Strahlung aufgrund der gegenseitigen Anordnung nicht vollständig auf dem anderen Körper auftrifft, durch einen weiteren Korrekturfaktor F_A berücksichtigt werden.

Die Ermittlung der beiden Korrekturfaktoren kann sehr aufwendig sein und wird noch ausführlich besprochen werden. Noch komplexer sind die Zusammenhänge, wenn eine Gasatmosphäre zwischen den beiden Körpern am Strahlungsaustausch beteiligt ist.

Wenn in einem Körper ein Temperaturgefälle besteht, wird Wärme von einem Gebiet mit höherer Temperatur zu einem Gebiet mit niederer Temperatur transportiert. Der auf die Fläche bezogene Wärmestrom ist dabei dem Temperaturgefälle proportional. Der Proportionalitätsfaktor ist eine stoffspezifische Größe und wird als Wärmeleitfähigkeit λ [W/mK] bezeichnet:

$$Q/A = -\lambda \, dT/dx \qquad (3.1)$$

Das Vorzeichen weist darauf hin, dass die Wärme in Richtung des Temperaturgefälles fließt.

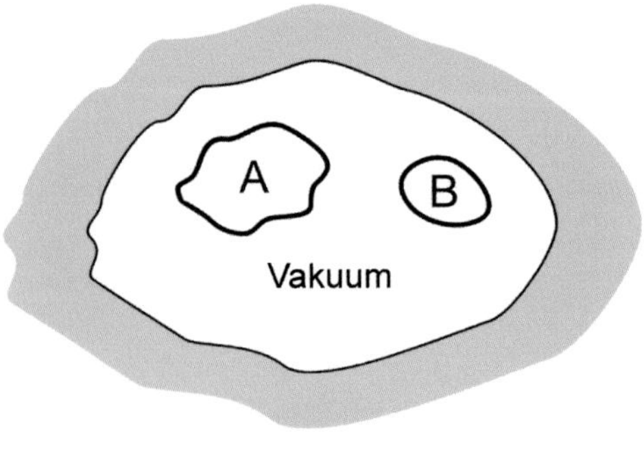

$$\frac{\dot{Q}}{A} \approx \left(T_A^4 - T_B^4\right) \quad \text{oder} \quad \frac{\dot{Q}}{A} = \sigma \left(T_A^4 - T_B^4\right)$$

Bild 3.1: Wärmeaustausch zwischen zwei Körpern durch Strahlung

Für quantitative Angaben des Wärmestroms muss die Wärmeleitfähigkeit bekannt sein. In Gasen wird die Wärmeleitfähigkeit durch Stöße der Gasmoleküle bestimmt, wobei man die kinetische Energie eines Gasmoleküls seiner Temperatur proportional setzen kann. Wenn ein Molekül sich aus einem Bereich hoher Temperatur in einen Bereich niederer Temperatur bewegt, wird es dort durch Stöße einen Teil seiner Energie und seines Impulses abgeben. Betrachtet man das Gas als Kontinuum, kann dieser Vorgang als Wärmeleitung im Gas verstanden werden.

Für einfache Gase und mäßige Temperaturen lässt sich die Wärmeleitfähigkeit auf der Basis der kinetischen Gastheorie berechnen. Bei flüssigen Medien und Festkörpern genügt die Genauigkeit der theoretischen Voraussagen im Allgemeinen nicht, sodass man auf experimentell ermittelte Werte der Wärmeleitfähigkeit angewiesen ist.

Um eine Vorstellung der Größenordnung der Wärmeleitfähigkeit zu vermitteln, sind diese für einige Medien in **Tabelle 3.1** zusammengestellt.

Tabelle 3.1: Wärmeleitfähigkeit einiger Stoffe bei 0 °C

Stoff	Wärmeleitfähigkeit λ (W/mK)
Metalle	
Silber	410
Kupfer	385
Kohlenstoff-Stahl	43
Chrom-Nickel-Stahl	16
Nichtmetallische Festkörper	
Quarz	2,4
Sandstein	1,8
Fensterglas	0,8
Flüssigkeiten	
Quecksilber	8,21
Wasser	0,56
Kältemittel R 12	0,07
Gase	
Wasserstoff	0,175
Luft	0,024
Wasserdampf	0,021

Es ist bekannt, dass sich ein heißer Körper schneller abkühlt, wenn er sich nicht in ruhender Luft befindet, sondern angeblasen wird. Der Wärmeleitungsmechanismus auf der Luftseite des Systems wird unterstützt durch den zusätzlichen Mechanismus des Wärmetransports durch die makroskopische Luftströmung entlang des Körpers (**Bild 3.2**). Die Intensität dieses sogenannten konvektiven Wärmeübergangs ist proportional der Temperaturdifferenz zwischen der Körperoberfläche und dem Kühlmedium.

Der Proportionalitätsfaktor, der Wärmeübergangskoeffizient α, ist von vielen Einflussgrößen, zum Beispiel von der Strömungsgeschwindigkeit, der Art des Mediums usw., abhängig. Die Bestimmung des Wärmeübergangskoeffizienten ist für einige, einfachere Probleme auf theoretischem Wege möglich. Dazu werden die Grundlagen der Strömungslehre benötigt. Für viele praktische Probleme bleibt jedoch nur seine experimentelle Ermittlung.

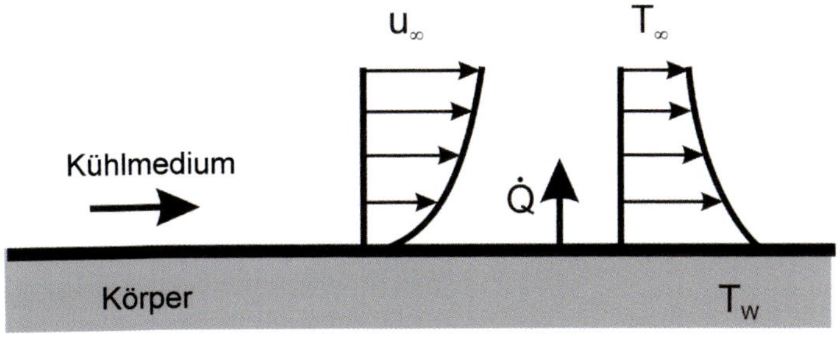

Bild 3.2: Wärmeabgabe eines überströmten Körpers

Tabelle 3.2: Größenordnung des Wärmeübergangskoeffizienten

Fall		Wärmeübergangskoeffizient α [W/m²K]
Natürliche Konvektion	Gase Wasser	3-20 100-600
Erzwungende Konvektion	Gase Wasser	10-100 500-10.000
Siedendes Wasser		2.000-25.000
Kondensation von Wasserdampf		5.000-100.000

Die Größenordnung des Wärmeübergangskoeffizienten zeigt **Tabelle 3.2**, in der einige typische Werte zusammengestellt sind.

Im Industrieofen treten die Wärmetransportmechanismen gleichzeitig auf. So geschieht beispielsweise der Wärmetransport im Wärmgut durch Wärmeleitung. Durch natürliche Konvektion und Strahlung wird die Ofenaußenwand gekühlt. Der Wärmetransport von den heißen Verbrennungsgasen an das Wärmgut erfolgt durch Strahlung und Konvektion, wobei der Strahlungswärmetransport bei hohen Ofentemperaturen klar dominiert. Der konvektive Wärmeübergang kann bei niederen Ofentemperaturen oder bei Wärmgut mit geringem Emissionsgrad durch Strömungsführung gezielt gesteigert werden. Sehr hohe konvektive Wärmeübergänge lassen sich durch Prallstrahlsysteme (**Bild 3.3**) erreichen. Je nach Düsenanordnung sind dabei Wärmeübergangskoeffizienten von weit über 100 W/m²K möglich. Prallstrahlsysteme werden sowohl zum Aufheizen als auch zum definierten Abkühlen eingesetzt.

3.2 Wärmestrahlung

3.2.1 Elektromagnetisches Spektrum

Während bei der Wärmeleitung und der Konvektion die Energie durch molekulare Vorgänge bzw. durch makroskopische Bewegung von Fluiden transportiert wird, ist die Wärmestrahlung nicht an Materie gebunden, sondern beruht auf elektromagnetischen Vorgängen. Die Intensität und die Art der von einem gasförmigen, flüssigen oder festen Körper abgegebenen Strahlung hängen von

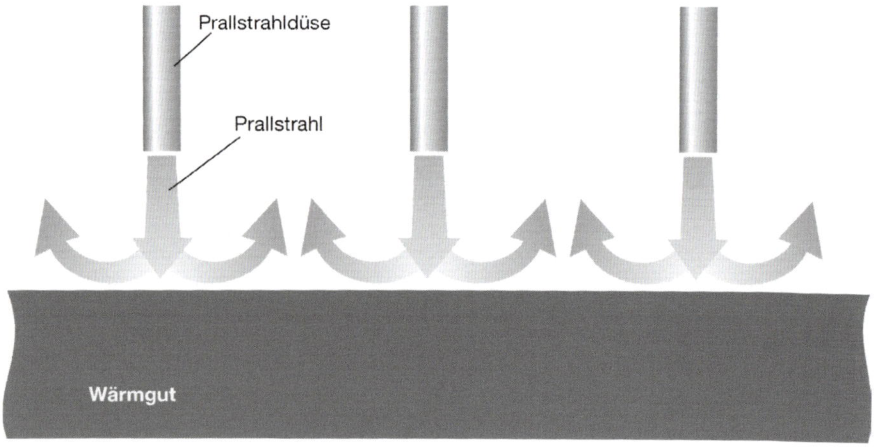

Bild 3.3: Erzwungene Konvektion durch Prallstrahlen

der Beschaffenheit und Temperatur dieses Körpers ab, und zwar unabhängig vom Zustand der Umgebung. Betrachtet man jedoch nicht separat die vom Körper emittierte Strahlung, sondern den Strahlungsaustausch dieses Körpers mit seiner Umgebung, spielen Art, Temperatur und geometrische Anordnung der umgebenen Körper eine wichtige Rolle. Obwohl bei den meisten zu lösenden Problemen der Wärmeübertragung des Energietransports gleichzeitig durch Wärmeleitung und/oder Konvektion und durch Wärmestrahlung stattfindet, wird hier so weit wie möglich die Wärmestrahlung getrennt behandelt.

Bild 3.4 gibt eine Übersicht über das Spektrum der elektromagnetischen Wellen und soll vor allem die Einordnung der Wärmestrahlung in den Gesamtbereich deutlich machen.

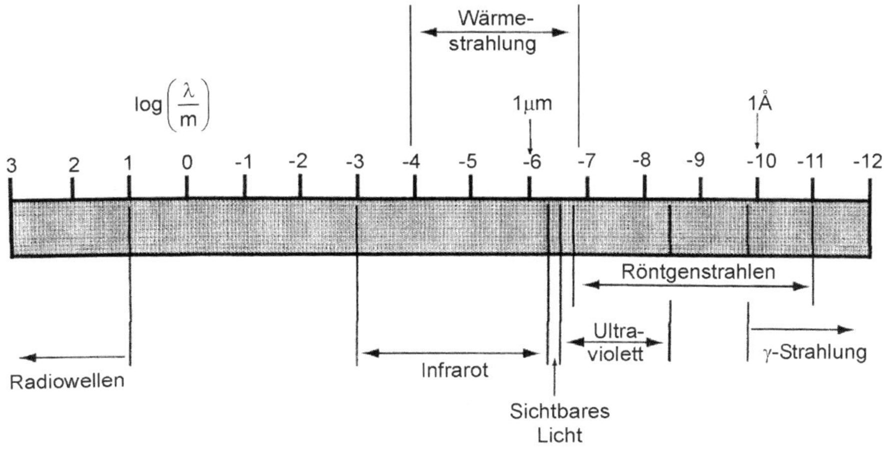

Bild 3.4: Spektrum elektromagnetischer Wellen

3.2.2 Stefan-Boltzmannsches Gesetz

Die von einer Körperoberfläche emittierte Strahlung ist von der absoluten Temperatur des Körpers abhängig. Der Zusammenhang zwischen der insgesamt von einem Körper emittierten Strahlung und der absoluten Temperatur lässt sich besonders einfach für den sogenannten „schwarzen" Körper angeben, der als ein Körper definiert ist, der alle ankommende Strahlung absorbiert. Für schwarze Körper gilt das Stefan-Boltzmannsche Gesetz:

$$\dot{q}_s'' = \sigma T^4 \qquad (3.2)$$

Dabei weist der Index s auf den schwarzen Körper hin. Die Boltzmann-Konstante hat den Zahlenwert $\sigma = 5{,}67 \cdot 10^{-8}$ [W/m²K⁴].

Bei den Technikern hat sich wegen der besseren Handlichkeit der Zahlen eine alternative Schreibweise des Stefan-Boltzmannschen Gesetzes eingebürgert:

$$q_s'' = C_s \left(\frac{T}{100}\right)^4$$
$$\text{mit } C_s = 5{,}67 \left[W/m^2K^4\right] \qquad (3.3)$$

3.2.3 Plancksches Verteilungsgesetz

Planck leitete aus der Quantentheorie eine Beziehung für die Verteilung der Strahlungsintensität eines schwarzen Körpers über die Wellenlänge ab. Das Plancksche Verteilungsgesetz für die in einem engen Wellenlängenbereich emittierte monochromatische oder spektrale Strahlungsintensität lautet:

$$\dot{q}''_{s\lambda} = \frac{c_1 \lambda^{-5}}{\exp\left[c_2 / (\lambda T)\right] - 1} \left[\frac{W}{m^2\, m}\right] \qquad (3.4)$$

$C_1 = 3{,}741 \cdot 10^{-16}$ Wm²

$C_2 = 1{,}439 \cdot 10^{-2}$ mK

In dem für die Wärmestrahlung interessanten Wellenlängenbereich ist das Plancksche Verteilungsgesetz für einige Temperaturen im **Bild 3.5** ausgewertet. Bild 3.5 zeigt, dass die emittierte Strahlungsenergie mit steigender Temperatur zunimmt und dass sich das jeweilige Maximum mit steigender Temperatur zu kleineren Wellenlängen verschiebt.

Durch Differentiation der Gl. (3.4) lässt sich eine Beziehung für die Lage der Maxima angeben. Man erhält das Wiensche Verschiebungsgesetz:

$$\lambda_{max}\, T = 2.898\ [\mu mK] \qquad (3.5)$$

Die Integration der spektralen Strahlungsemission über den gesamten Wellenlängenbereich führt zur insgesamt emittierten Strahlung des Körpers und ergibt damit den Zusammenhang zwischen dem Planckschen Verteilungsgesetz und dem *Stefan-Boltzmannschen* Gesetz.

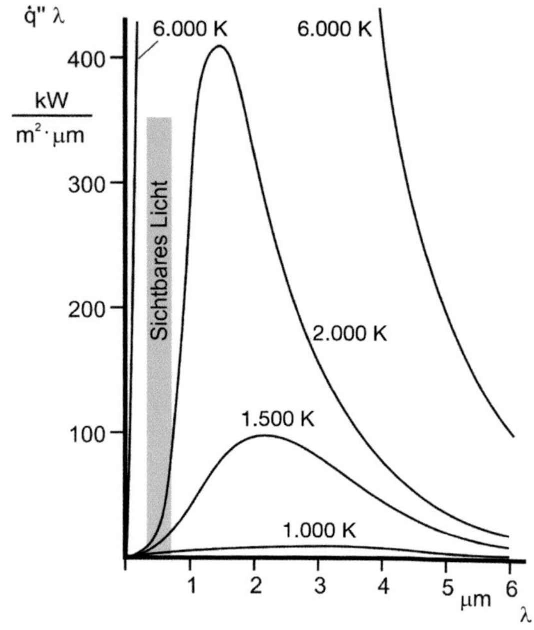

Bild 3.5: Spektrale Strahlungsstromdichte des schwarzen Körpers

3.2.4 Reflexion, Absorption, Transmission

Trifft Strahlung eines bestimmten Wellenlängenbereichs auf die Oberfläche eines (nicht schwarzen) Körpers, so wird diese einfallende Strahlung entweder von der Oberfläche reflektiert, vom Körper absorbiert oder vom Körper durchgelassen, wobei die Reflexion zum Beispiel spiegelnd (Einfallswinkel = Ausfallswinkel) oder diffus (in alle Richtungen gleich verteilt) erfolgen kann **(Bild 3.6)**.

Es gilt:

$$\rho(\lambda) + \alpha(\lambda) + \tau(\lambda) = 1 \qquad (3.6)$$

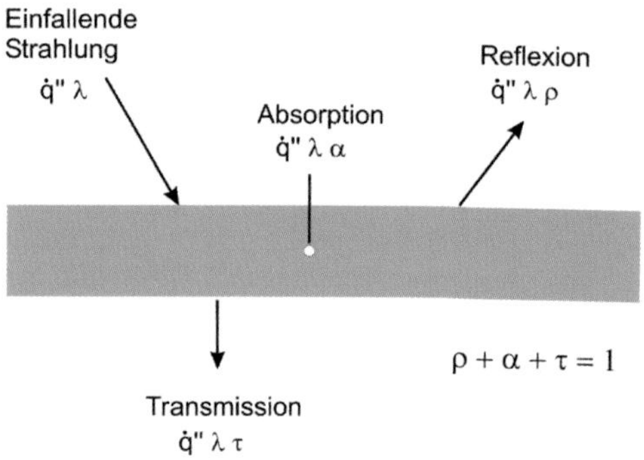

Bild 3.6: Beiträge zum Strahlungstransport

mit:

$\rho(\lambda)$ – spektraler Reflexionsgrad

$\alpha(\lambda)$ – spektraler Absorptionsgrad

$\tau(\lambda)$ – spektraler Transmissionsgrad.

Als Sonderfälle sind zu nennen:

- Festkörper, die strahlungsundurchlässig sind und bei denen die einfallende Strahlung teils reflektiert, teils in Schichtdicken von wenigen µm (elektrische Leiter) bis etwa 2 mm (elektrische Nichtleiter) absorbiert wird:

$$\rho(\lambda) + \alpha(\lambda) = 1 \tag{3.7}$$

- Festkörper, die alle Strahlung absorbieren, hatten wir schon als „schwarze" Körper kennengelernt

$$\alpha(\lambda) = \alpha = 1 \tag{3.8}$$

- „Graue" Körper dagegen sind Körper, die wellenlängenunabhängige Strahlungseigenschaften ($\alpha(\lambda) = \alpha$, $\rho(\lambda) = \rho$, $\tau(\lambda) = \tau$) haben und die außerdem diffus strahlen

$$\rho + \alpha + \tau = 1 \tag{3.9}$$

- Gase reflektieren im Allgemeinen die Strahlung nicht, für sie gilt

$$\alpha(\lambda) + \tau(\lambda) = 1 \tag{3.10}$$

3.2.5 Kirchhoffsches Gesetz

Das *Kirchhoffsche* Gesetz beschreibt den Zusammenhang zwischen der von einem Körper absorbierten und von ihm emittierten Strahlung.

Damit erhält man die übliche Schreibweise des Kirchhoffschen Gesetzes:

$$\alpha = \varepsilon \tag{3.11}$$

Streng genommen gilt das Kirchhoffsche Gesetz nur für monochromatische Strahlung, das heißt:

$$\alpha(\lambda) = \varepsilon(\lambda) \tag{3.12}$$

Deswegen kann das für den Gesamtemissionsgrad ε und Gesamtabsorptionsgrad α formulierte Kirchhoffsche Gesetz, wegen der verschiedenartigen Temperaturabhängigkeit und spektralen Verteilung der auftreffenden und emittierten Strahlung, nicht allgemeingültig sein.

Zwei Sonderfälle, für die das Kirchhoffsche Gesetz für die Gesamtstrahlungseigenschaften gültig bleibt, sind:

- der Strahler ist ein schwarzer oder grauer Körper und seine Temperatur ist gleich der des betrachteten Körpers, $T_{Str} = T_K$
- die Oberflächen des Körpers sind grau, das bedeutet, ihr Absorptionsgrad ist unabhängig von der Wellenlänge.

Vor allem durch den zweiten Sonderfall kann die Gültigkeit des Kirchhoffschen Gesetzes begründet werden. Bei hohen Genauigkeitsansprüchen ist die Kenntnis der monochromatischen Strahlungseigenschaften notwendig. In **Bild 3.7** ist die Strahlungsstromdichte eines wirklichen Körpers

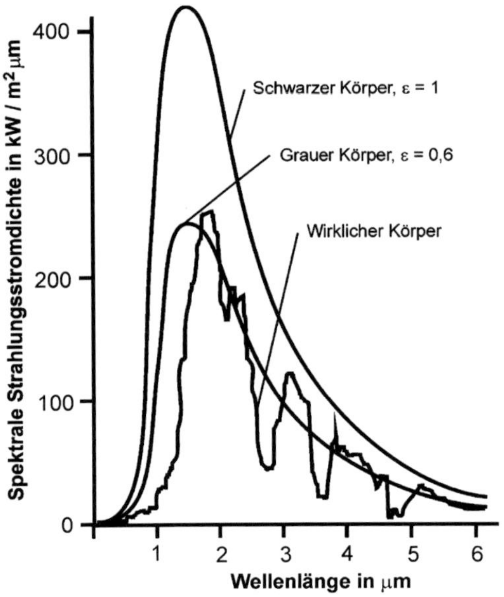

Bild 3.7: Strahlungsstromdichte eines wirklichen Körpers bei T = 2.000 K

bei T = 2.000 K dargestellt. Zum Vergleich ist das Ergebnis des Planckschen Verteilungsgesetzes für einen schwarzen und einen grauen Körper mit eingetragen.

3.2.6 Richtungsabhängige und diffuse Strahlung

Zusammenstellungen von Angaben zum Emissionsgrad verschiedener Stoffe geben meist Ergebnisse von Emissionsmessungen über den gesamten Halbraum wieder. Bei vielen technischen Oberflächen ist jedoch die Richtungsabhängigkeit zu beachten, denn nur ideale Oberflächen wie die des schwarzen oder grauen Körpers strahlen diffus, das heißt richtungsunabhängig.

Die im **Bild 3.8** wiedergegebenen Messergebnisse zeigen, dass beispielsweise bei elektrisch leitenden Materialien die richtungsabhängigen Emissionsgrade mit zunehmenden Betrachungswinkeln von sehr kleinen Werten zunächst zunehmen, um dann bei Winkeln nahe 90° schnell abzunehmen. Anders bei den Nichtleitern, die über einen weiten Bereich der Betrachungswinkel einen nahezu gleichen, relativ großen Emissionsgrad aufweisen.

3.2.7 Strahlungsaustausch

3.2.7.1 Strahlungsdichte

Bisher wurden die Strahlungseigenschaften betrachtet, die zur Beschreibung des von einem Körper abgegebenen Wärmestroms notwendig sind. Interessiert jedoch nicht der insgesamt vom Körper abgegebene Wärmestrom, sondern der Wärmeaustausch zwischen diesem und einem anderen im Raum angeordneten Körper, so ist die Kenntnis der in Richtung dieses Körpers abgestrahlten und von diesem empfangenen Strahlung notwendig.

Denkt man sich über einem Flächenelement dA eines Körpers eine Halbkugel mit dem Radius r angeordnet, in deren Zentrum sich das Element befindet, so wird der gesamte vom Flächenelement abgestrahlte Wärmestrom diese Halbkugel durchdringen.

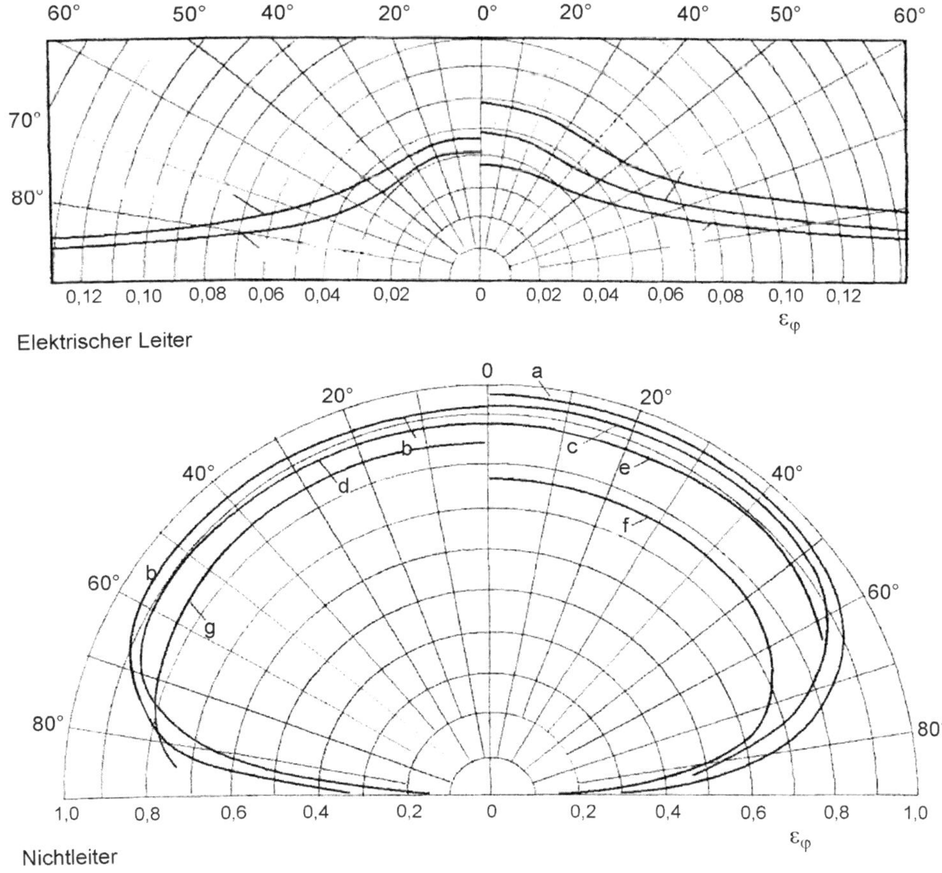

(a) nasses Eis, (b) Holz, (c) Glas, (d) Papier, (e) Kreide, (f) Kupferoxid, (g) Aluminiumoxid bei Raumtemperatur

Bild 3.8: Richtungsabhängigkeit des Emissionsgrades verschiedener Materialien nach Eckert

3.2.7.2 Strahlungsaustausch zwischen zwei Körpern

Senkrecht aufeinander stehende Flächen

Stehen zwei Körper verschiedener Temperatur mit diffus strahlenden Oberflächen im Strahlungsaustausch miteinander, strahlt der heißere Körper mehr Strahlungswärme an den kälteren ab als umgekehrt, sodass ein Nettowärmefluss vom heißeren zum kälteren Körper beobachtet werden kann. Bei einer beliebigen Anordnung der Körper wird von einem Flächenelement dA_l des Körpers 1 der Wärmestrom $dQ_{l\text{-}2}$ an das Flächenelement dA_2 des Körpers 2 abgegeben (**Bild 3.9**).

Die Einstrahlzahl Φ_{12} ist der Anteil des von der Fläche A_l abgegebenen Strahlungsstroms, der auf die Fläche A_2 trifft:

$$\Phi_{12} = \frac{\dot{Q}_{1\to 2}}{\dot{q}_1'' A_1} \tag{3.13}$$

Bild 3.9: Strahlungsaustausch zwischen zwei Flächen

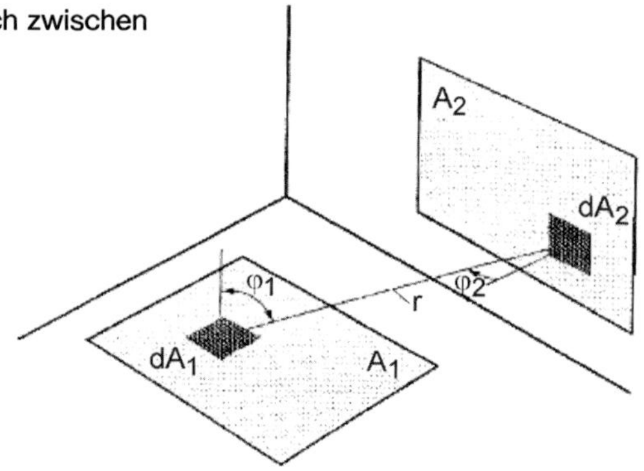

Hieraus ergibt sich

$$A_1\,\Phi_{12} = A_2\,\Phi_{21} \tag{3.14}$$

und schließlich

$$\dot{Q}_{1\rightleftarrows 2} = A_1\,\Phi_{12}\left(\dot{q}_1'' - \dot{q}_2''\right) = A_2\,\Phi_{21}\left(\dot{q}_1'' - \dot{q}_2''\right)$$

$$\dot{Q}_{1\rightleftarrows 2} = A_1\,\Phi_{12}\,C_S\left[\left(\frac{T_1}{100}\right)^4 - \left(\frac{T_2}{100}\right)^4\right] = A_2\,\Phi_{21}\,C_S\left[\left(\frac{T_1}{100}\right)^4 - \left(\frac{T_2}{100}\right)^4\right] \tag{3.15}$$

Handelt es sich bei den beiden Körpern um schwarze Körper, umfasst die Wärmestromdichte nur emittierte Strahlung. **Bild 3.10** zeigt beispielhaft ein Diagramm zur Ermittlung der Einstrahlzahlen von senkrecht aufeinander stehenden rechteckigen Platten.

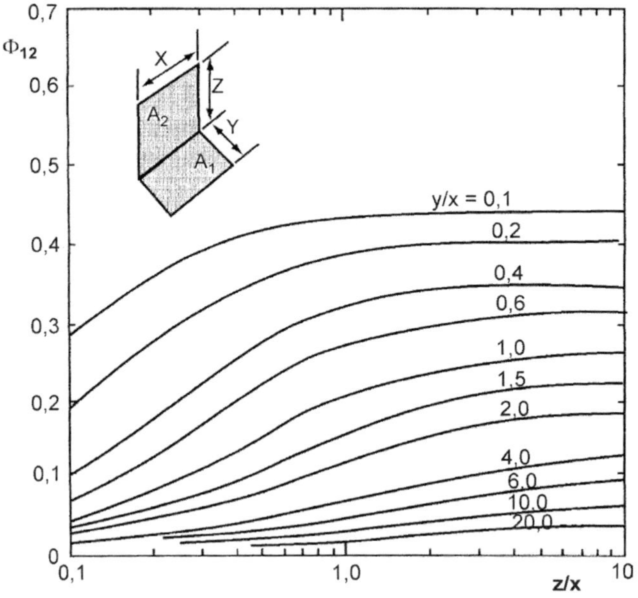

Bild 3.10: Einstrahlzahl für den Strahlungsaustausch zwischen senkrecht aufeinander stehenden rechteckigen Flächen

Strahlungsaustausch zwischen zwei grauen Oberflächen

Für den Sonderfall, dass die im Strahlungsaustausch miteinander stehenden Körper schwarz strahlen, lässt sich bei bekannter Einstrahlzahl der Strahlungsaustausch durch Einführung des Stefan-Boltzmannschen Gesetzes direkt die Abhängigkeit des Nettostrahlungsaustauschs von den Körpertemperaturen angeben. Bei grauen Körpern umfassen die Flächenhelligkeiten außer der Emission jedoch auch Anteile reflektierter oder transmittierter Strahlung, da die ankommende Strahlung nicht, wie bei einem schwarzen Körper, vollständig absorbiert wird. Es gilt für den Strahlungsaustausch zwischen zwei strahlungsundurchlässigen Festkörpem:

$$\dot{Q}_{1\rightleftarrows 2} = \Phi_{12}\,\dot{Q}_1 - \Phi_{21}\,\dot{Q}_2 \tag{3.16}$$

wobei zum Beispiel

$$\dot{Q}_1 = A_1\,\dot{q}_1'' = \dot{Q}_{1,\varepsilon} + \dot{Q}_{1,\rho} \tag{3.17}$$

ist.

Die Auswertung dieser Gleichungen ist im Allgemeinen sehr aufwendig. Für einige einfache, aber häufig vorkommende geometrische Anordnungen lassen sich jedoch geschlossene Beziehungen für den Strahlungsaustausch angeben.

Strahlungsaustausch zwischen zwei unendlich ausgedehnten grauen Platten

Aus **Bild 3.11** wird:

$$\dot{Q}_1 = A_1\,\dot{q}_1'' = \dot{Q}_{1,\varepsilon} + \dot{Q}_{1,\rho} = \varepsilon_1 A_1\,\dot{q}_{s1}'' + \rho_1 A_2\,\dot{q}_2'' \tag{3.18}$$

Mit $\rho + \alpha = 1$ und unter Berücksichtigung des Kirchhoffschen Gesetzes, $\alpha = \varepsilon$, erhält man

$$\dot{q}_1'' = \varepsilon_1\,\dot{q}_{s1}'' + (1-\varepsilon_1)\,\dot{q}_2'' \tag{3.19}$$

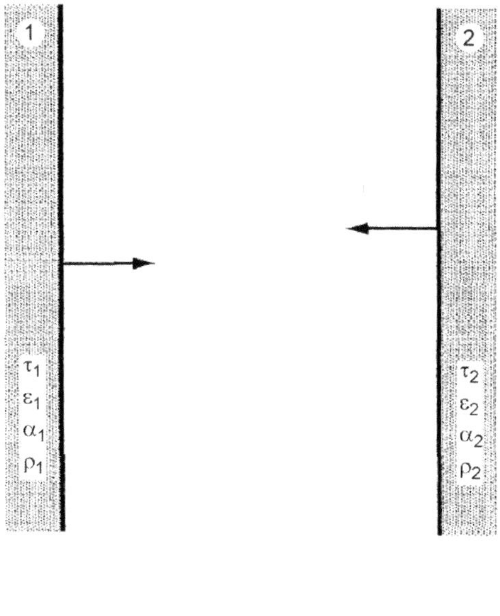

Bild 3.11: Strahlungsaustausch zwischen zwei grauen Körpern

und entsprechend

$$\dot{q}_2'' = \varepsilon_2 \dot{q}_{s2}'' + (1-\varepsilon_2)\dot{q}_1'' \qquad (3.20)$$

$$\dot{q}_{1\rightleftarrows 2}'' = \frac{1}{\frac{1}{\varepsilon_1}+\frac{1}{\varepsilon_2}-1}\left(\dot{q}_{s1}'' - \dot{q}_{s2}''\right) \qquad (3.21)$$

die schließlich noch durch Einführung des Stefan-Boltzmannschen Gesetzes, Gl. (3.2), in Abhängigkeit von den Körpertemperaturen geschrieben werden kann:

$$\dot{q}_{1\rightleftarrows 2}'' = \frac{1}{\frac{1}{\varepsilon_1}+\frac{1}{\varepsilon_2}-1} C_s \left(\left(\frac{T_1}{100}\right)^4 - \left(\frac{T_2}{100}\right)^4\right) \qquad (3.22)$$

Strahlungsaustausch zwischen zwei sich umschließenden grauen Körpern

Bei diesem Beispiel (**Bild 3.12**) wird

$$\dot{Q}_1 = A_1 \dot{q}_1'' = \dot{Q}_{1,\varepsilon} + \dot{Q}_{1,\rho} = \varepsilon_1 A_1 \dot{q}_{s1}'' + \rho_1\left(\Phi_{21} \dot{q}_2'' A_2\right) \qquad (3.23)$$

oder unter Berücksichtigung des Kirchhoffschen Gesetzes und der Reziprozitätsbeziehung

$$\Phi_{12} A_1 = \Phi_{21} A_2$$

$$\dot{Q}_1 = A_1 \dot{q}_1'' = A_1\left(\varepsilon_1 \dot{q}_{s1}'' + (1-\varepsilon_1)\Phi_{12} \dot{q}_2''\right)$$

Bei sich umschließenden Körpern nimmt die Einstrahlzahl Φ_{12} den Wert 1 an und damit

$$A_1 \dot{q}_1'' = A_1\left(\varepsilon_1 \dot{q}_{s1}'' + (1-\varepsilon_1)\dot{q}_2''\right) \qquad (3.24)$$

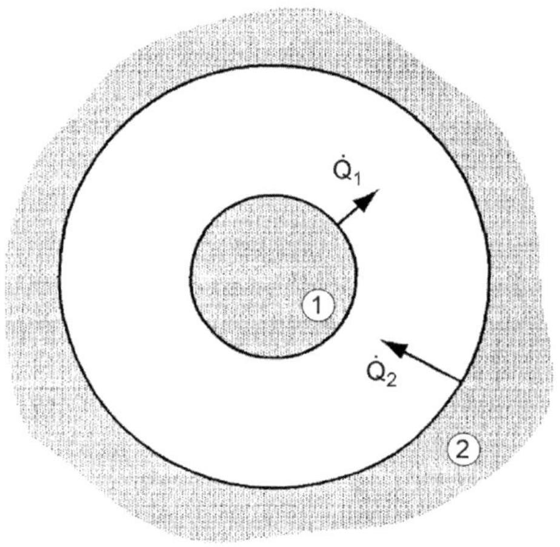

Bild 3.12: Strahlungsaustausch zwischen zwei sich umschließenden Körpern

Für den vom Körper 2 abgegebenen Wärmestrom erhält man zusätzliche Anteile der reflektierten Strahlung, die ihren Ursprung in der Flächenhelligkeit des Körpers selbst haben – der Körper sieht „sich selbst".

$$\dot{Q}_2 = A_2 \dot{q}_2'' = \varepsilon_2 A_2 \dot{q}_{s2}'' + \rho_2 \left(\Phi_{12} \dot{q}_1 A_1 \right) + \rho_2 \left(\Phi_{22} \dot{q}_2'' A_2 \right) \qquad (3.25)$$

Beachtet man hier, dass $\Phi_{12} = 1$ und $\Phi_{21} = \frac{A_1 \Phi_{12}}{A_2} = \frac{A_1}{A_2}$ ist, wird

$$A_2 q_2'' = \varepsilon_2 A_2 q_{s2}'' + \left(1 - \varepsilon_2\right) q_1'' A_1 + \left(1 - \varepsilon_2\right)\left(1 - \frac{A_1}{A_2}\right) q_2'' A_2 \qquad (3.26)$$

Aus den Gleichungen lassen sich die Flächenhelligkeiten der beiden Körper bestimmen, die nach einigen Umstellungen den Strahlungsaustausch ableiten:

$$\dot{Q}_{1\rightleftarrows 2} = \frac{1}{\frac{1}{\varepsilon_1} + \frac{A_1}{A_2}\left(\frac{1}{\varepsilon_2} - 1\right)} A_1 C_s \left(\left(\frac{T_1}{100}\right)^4 - \left(\frac{T_2}{100}\right)^4 \right) \qquad (3.27)$$

3.2.8 Gasstrahlung

Der Strahlungsaustausch zwischen einem Gas und einer wärmeaustauschenden Oberfläche ist erheblich komplizierter als der zwischen zwei Oberflächen. Im Gegensatz zu Festkörpern sind Gase in den meisten Fällen strahlungsdurchlässig. Wenn sie Strahlung absorbieren, dann ist die Absorption oft auf gewisse Wellenlängenbereiche begrenzt. Zu den am Strahlungsaustausch beteiligten Gaskomponenten gehören vor allem die Verbrennungsprodukte H_2O und CO_2, aber auch verschiedene Kohlenwasserstoffe.

3.3 Wärmeleitung

In diesem Abschnitt wird der einfachste Wärmetransportmechanismus, die Wärmeleitung ohne den oft überlagerten Einfluss von Konvektion und Strahlung, behandelt. Die zuständige Stoffeigenschaft, die Wärmeleitfähigkeit λ [W/m K] sei bekannt, sodass die Betrachtung der Molekülstruktur des wärmeleitenden Festkörpers oder Fluids nicht notwendig ist. Es genügt, das Medium als einen Körper zu verstehen.

3.3.1 Differentialgleichung des Temperaturfeldes

Werden in einem einfachen Versuchsaufbau die Oberflächentemperatur einer ebenen Platte mit der Dicke δ durch Heizung bzw. Kühlung auf die Temperaturen T_1 bzw. T_2 eingestellt, so zeigt die Auswertung des Experiments einen linearen Zusammenhang (**Bild 3.13**) zwischen der Wärmestromdichte $\dot{Q}/A$ und der auf die Plattendicke δ bezogenen Temperaturdifferenz (T_1-T_2).

Dieses Experiment lässt einen allgemeinen Zusammenhang, der schon von Fourier 1822 erkannt wurde, vermuten

$$\dot{q}'' = -\lambda \frac{\partial T}{\partial n} \quad \text{(Fouriersches Gesetz)} \qquad (3.28)$$

wobei $\frac{\partial T}{\partial n}$ der Temperaturgradient normal zu einer Fläche konstanter Temperatur ist.

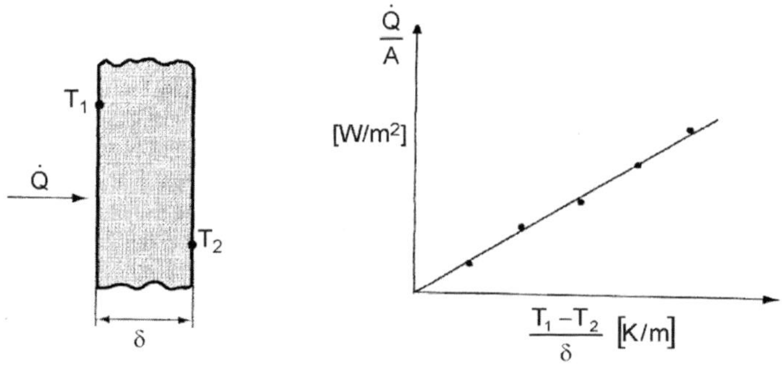

$$\frac{\dot{Q}}{A} = \dot{q}'' = \lambda \frac{T_1 - T_2}{\delta} \left[\frac{W}{m^2}\right]$$

Bild 3.13: Wärmestromdichte als Funktion der Temperaturdifferenz

Das negative Vorzeichen berücksichtigt die Vorschrift des 2. Hauptsatzes der Thermodynamik, dass Wärme immer nur von einer Stelle hoher Temperatur zu einer Stelle niedriger Temperatur fließen kann.

3.3.2 Stationäre, eindimensionale Wärmeleitung

3.3.2.1 Ebene Wände mit vorgegebenen Oberflächentemperaturen

Die Fouriersche Gleichung lässt sich für stationäre, eindimensionale Probleme ohne Wärmequellen für konstante Wärmeleitfähigkeit λ vereinfachen:

$$\frac{d^2T}{dx^2} = 0$$

Daraus leitet sich der Wärmestrom ab:

$$\dot{Q} = -\lambda A \frac{dT}{dx} = \lambda A \frac{T_1 - T_2}{\delta} [W] \tag{3.29}$$

Besteht die Wand aus mehreren Schichten verschiedener Dicken und Materialien, muss die obige Gleichung für jede Schicht aufgestellt werden. Der Wärmestrom, der in die Schicht 1 eintritt, wird bei stationären, eindimensionalen Problemen unverändert die Schicht 3 verlassen (**Bild 3.14**).

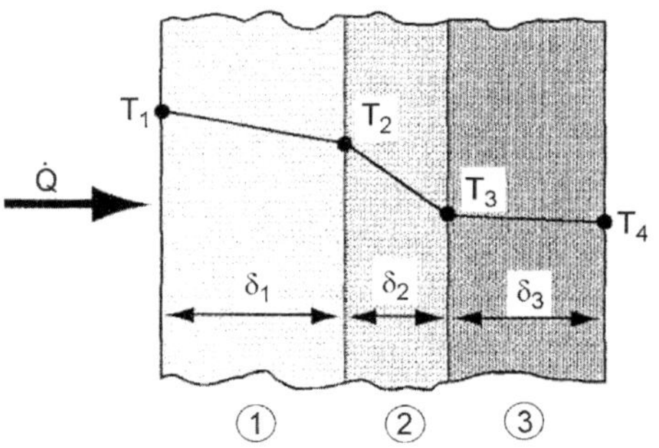

Bild 3.14: Wärmeleitung durch eine mehrschichtige Wand

Daraus folgt:

$$\dot{Q} = \lambda_1 \frac{A}{\delta_1}\left(T_1 - T_2\right) = \lambda_2 \frac{A}{\delta_2}\left(T_2 - T_3\right) = \lambda_3 \frac{A}{\delta_3}\left(T_3 - T_4\right)$$

$$\dot{Q} = \frac{A}{\frac{\delta_1}{\lambda_1} + \frac{\delta_2}{\lambda_2} + \frac{\delta_3}{\lambda_3}}\left(T_1 - T_4\right) \qquad (3.30)$$

3.3.2.2 Ebene Wände mit konvektivem Wärmeübergang

Obwohl wir hier nur Wärmetransport durch Leitung behandeln wollen, wird in diesem Unterabschnitt auf die Wärmeübertragung durch Konvektion eingegangen, da diese über die Randbedingungen auch bei Wärmeleitproblemen wichtig sein kann.

Es wurde schon darauf hingewiesen, dass der Energietransport in einem an der Oberfläche ent-langströmenden Fluid zu einer begrenzenden Wand nicht mehr allein von der Wärmeleitung übernommen wird.

Nur in der unmittelbaren Nähe der Wand, wo aufgrund der Zähigkeit des Fluids seine Geschwindigkeit vernachlässigbar klein ist, kann der Wärmestrom wie bisher nach

$$Q = -A\left(\lambda \frac{dT}{dx}\right)_{\text{Fluid, Wand}} \qquad (3.31)$$

durch den Temperaturgradienten im Fluid und die Wärmeleitfähigkeit des Fluids λ_{fl} beschrieben werden.

3.3.3 Instationäre Wärmeleitung

Die vorhergehenden Abschnitte befassten sich mit Wärmeleitvorgängen, bei denen sich ein Gleichgewichtszustand eingestellt hat. Das ermittelte Temperaturfeld war unabhängig von der Zeit.

Da eine allgemeine Lösung dieser Gleichungen nicht möglich ist, können wieder nur typische Anwendungsbeispiele gegeben werden.

3.3.3.1 Körper mit sehr großer Wärmeleitfähigkeit

Besitzt ein Körper eine so große Wärmeleitfähigkeit, dass der Wärmeleitwiderstand im Körper klein ist gegenüber dem Wärmeübergangswiderstand zwischen dem Körper und dem umgebenden Fluid, so wird sich beim Aufheiz- oder Abkühlvorgang zu jedem Zeitpunkt im Körper eine nahezu gleichmäßige Temperatur einstellen.

In diesem Fall ist es nicht notwendig, von der Differentialgleichung für das Temperaturfeld auszugehen und diese zu integrieren. Es ist einfacher, eine den gesamten Körper erfassende Energiebilanz aufzustellen, die aussagt, dass die Temperatur sich mit der Zeit an die innere Energie des Körpers durch Wärmeübertragung an der Oberfläche angleicht, in dem Energie an die Umgebung abgegeben oder von ihr aufgenommen wird (**Bild 3.15**).

Definiert man eine dimensionslose Übertemperatur $\theta^* = (T-T_0) / (T_u - T_0)$, wobei T die sich ändernde Temperatur des Körpers und T_0 die Anfangstemperatur des Körpers ist, so erhält man

$$\frac{d\theta^*}{dt} + \frac{\alpha}{\rho c}\frac{A}{V}\left(\theta^* - 1\right) = 0$$

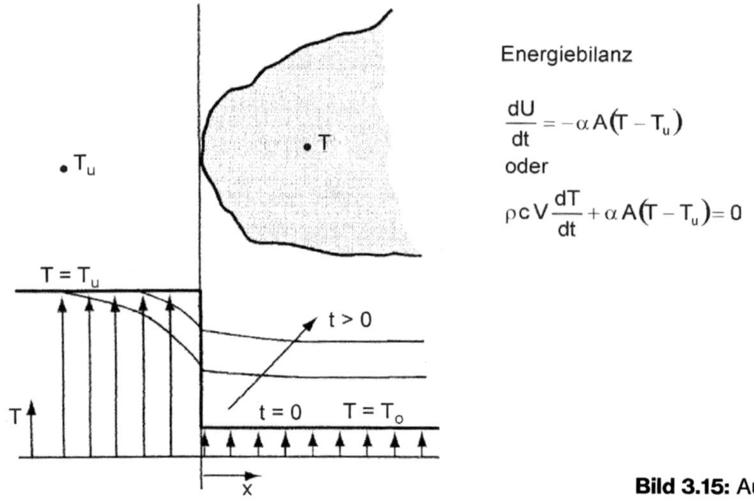

Bild 3.15: Aufheizen eines Körpers

und daraus

$$\frac{d\theta^*}{(\theta^* - 1)} = -\frac{\alpha}{\rho c} \frac{A}{V} dt \tag{3.32}$$

Diese Differentialgleichung lässt sich unter Beachtung der Anfangsbedingung (t = 0, $T = T_0$, das heißt $\theta^* = 0$)

für $0 \leq \theta^* \leq 1$ integrieren und führt auf

$$\frac{T - T_o}{T_u - T_o} = 1 - \exp\left[-\frac{\alpha}{\rho c} \frac{A}{V} t\right] \tag{3.33}$$

Durch Einführung zweier dimensionsloser Kennzahlen, der Biot-Zahl

$$Bi = \alpha L / \lambda \tag{3.34}$$

und der Fourier-Zahl

$$Fo = \lambda t / \rho c L^2 = a t / L^2 \tag{3.35}$$

lässt sich die Gl. (3.33) zusammenfassen, wobei die den Körper charakterisierende Länge L aus dem Verhältnis V/A gebildet wird.

Man erhält

$$\frac{T - T_o}{T_u - T_o} = 1 - \exp[-Bi\,Fo] \tag{3.36}$$

Der zeitliche Verlauf des Temperaturausgleichs (**Bild 3.16**) zwischen einem Körper mit großer Wärmeleitfähigkeit und seiner Umgebung ist somit für alle Probleme, deren Randbedingungen durch gleiche Biot-Zahlen beschrieben werden können, in der dimensionslosen Auftragung derselbe.

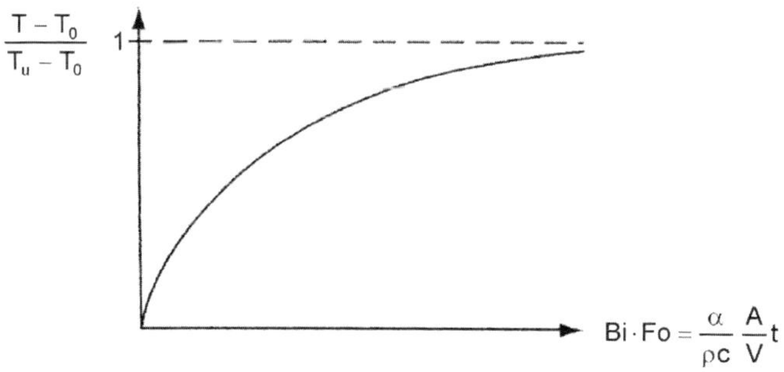

Bild 3.16: Zeitlicher Temperaturverlauf des Körpers

Nach den eingangs gemachten Voraussetzungen ist diese Aussage für alle Probleme mit kleineren Biot-Zahlen, Bi << 1, gültig. Die Gl. (3.36) wird aber auch für Fälle, bei denen diese Bedingung nicht erfüllt ist, zur Abschätzung einer oberen Grenze des Übergangsverhaltens eines Körpers nützlich sein.

Bei Körpern, bei denen der Wärmeleitwiderstand im Inneren nicht vernachlässigt werden kann, ist eine allgemeine analytische Losung nur für wenige Geometrien und Randbedingungen unter erträglichem Rechenaufwand möglich.

3.4 Konvektion

Im Kapitel 3.3 wurde der Energietransport in Körpern durch Wärmeleitung behandelt. Maßgebend für den Wärmetransport waren molekulare Eigenschaften, ausgedrückt als die Wärmeleitfähigkeit des Stoffes. In einigen Beispielen war als Randbedingung des Problems der Energietransport der Wärmeübertragung vom betrachteten Körper in das benachbarte strömende Fluid zu formulieren. Ohne im Einzelnen auf die physikalischen Zusammenhänge einzugehen, wurde ein Ansatz gewählt, wobei der Wärmeübergangskoeffizient α als bekannt angenommen wurde. In diesem Abschnitt werden die Grundlagen dieser Transportmechanismen behandelt (**Bild 3.17**).

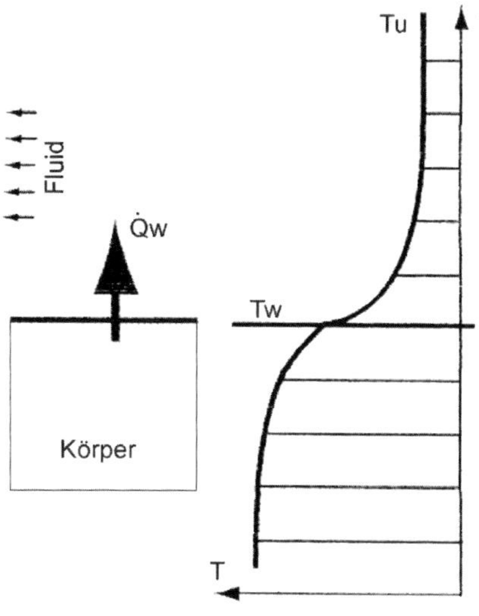

$$\frac{\dot{Q}_W}{A} \equiv \dot{q}''_w = \alpha\left(T_w - T_u\right)$$

Bild 3.17: Wärmeübertragung an einer Oberfläche

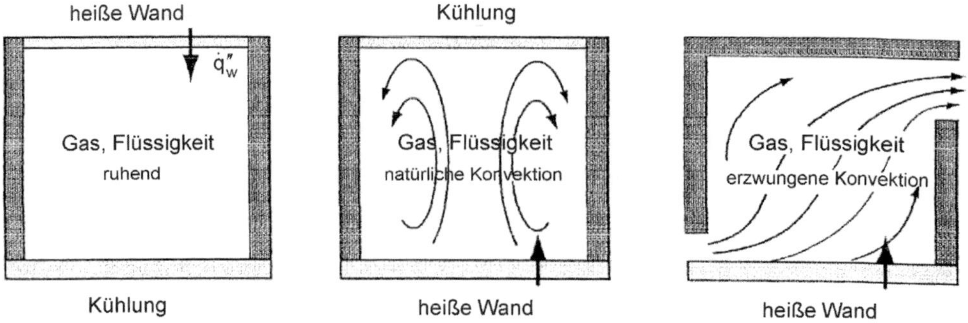

Bild 3.18: Kühlung einer heißen Oberfläche durch Wärmeleitung und Konvektion

Der wesentliche Unterschied zwischen den Transportmechanismen Wärmeleitung und Konvektion kann in einem einfachen Versuch, in dem eine heiße, horizontale Wand zu kühlen ist, gezeigt werden (**Bild 3.18**).

Im ersten Versuchsaufbau wird die zu kühlende Wand von unten durch ein kaltes Fluid, eine Flüssigkeit oder ein Gas, gekühlt. Bei dieser Anordnung stellt sich eine stabile Schichtung ein und die Wärme wird durch reine Wärmeleitung zur Wärmesenke transportiert. Ändert man die Anordnung so, dass die heiße Wand unten angeordnet ist, wird sich im Fluid eine instabile Schichtung einstellen. Die warmen unteren Zonen werden aufgrund der geringeren Dichte aufsteigen und dadurch eine Strömung im Fluid induzieren. Diese natürliche Konvektion verstärkt den Wärmetransport. Im dritten Versuchsaufbau wird die heiße Wand durch ein von einer Pumpe gefördertes Medium gekühlt. Wie im Fall der natürlichen Konvektion wird bei diesem Fall der erzwungenen Konvektion die Wärmeleitfähigkeit des Fluids nicht allein für den Wärmeübergang maßgebend sein. Ein wichtiger zusätzlicher den Wärmeübergang beeinflussender Parameter ist offensichtlich die Fluidgeschwindigkeit, die zum einen von den Dichteunterschieden und zum anderen von der Pumpenleistung abhängt.

3.4.1 Anwendung der Ähnlichkeitstheorie zur Darstellung von Wärmeübertragungsgesetzen

Obwohl durch die Entwicklung der Großrechner in den vergangenen Jahren enorme Fortschritte auf dem Gebiet der numerischen Voraussage der Wärmeübertragung möglich geworden sind, muss man auch heute noch bei der Apparateauslegung in den weitaus meisten technischen Anwendungsfällen auf empirische Wärmeübertragungsgesetze zurückgreifen.

Diese Gesetze ergeben sich aus Versuchswerten, die in geeigneter Art grafisch oder durch empirische Formeln dargestellt werden.

Wie in diesem Abschnitt gezeigt werden soll, ist es nicht notwendig, für jeden Anwendungsfall, das heißt, für das interessierende Fluid und die vorliegende Geometrie und Strömungsform im gesuchten Temperatur- und Geschwindigkeitsbereich jeweils erneut Versuche durchzuführen.

Bei erzwungener und bei natürlicher Konvektion können die Verhältnisse durch wenige dimensionslose Kennzahlen in der Form

Nu = Nu (Re, Pr) bei erzwungener Konvektion

Nu = Nu (Gr, Pr) bei natürlicher Konvektion

dargestellt werden. Die Lösungen ergaben nicht nur die den Vorgang beschreibenden Kennzahlen, sondern auch deren funktionalen Zusammenhang.

Der von einer Wand mit der Fläche A und der Temperatur T_W an ein Fluid mit der Temperatur T_{fl} abgegebene Wärmestrom errechnet sich aus:

$$\dot{Q}/A = \alpha\,(T_{fl} - T_W) \quad (3.37)$$

Zur Ermittlung des Wärmeübergangskoeffizienten α sind im Folgenden für einige wichtige Anwendungsfälle Nusselt-Kennzahl-Funktionen zusammengestellt.

Die Definitionen der Kennzahlen sind:

Nusselt-Zahl $$Nu \equiv \frac{\alpha L}{\lambda} \quad (3.38)$$

Reynolds-Zahl $$Re \equiv \frac{\rho u_\infty L}{\eta} \quad (3.39)$$

Grashof-Zahl $$Gr \equiv \frac{\rho^2 g \beta \left(T_W - T_{fl}\right) L^3}{\eta^2} \quad (3.40)$$

Prandtl-Zahl $$Pr \equiv \frac{\eta c_p}{\lambda} \quad (3.41)$$

Die Anwendbarkeit der angegebenen Kennzahl-Funktionen auf das zu lösende Problem muss in jedem Einzelfall anhand nachfolgender Kriterien überprüft werden.

Die Geometrie, die der gestellten Aufgabe zugrunde liegt, muss im Sinne der Ähnlichkeitstheorie mit der Geometrie des Experiments übereinstimmen, aus dem das Wärmeübergangsgesetz ermittelt wurde.

Die Strömungsform muss anhand der kritischen Reynolds- oder Grashof-Zahl, die den Bereich des Umschlags laminar/turbulent beschreibt, überprüft werden. Ein für eine laminare Strömung gültiges Gesetz ist nicht auf einen Anwendungsfall mit einer turbulenten Strömungsform anwendbar.

3.4.2 Längs und quer angeströmter Zylinder

So lange der Körperdurchmesser deutlich größer als die Grenzschichtdicke ist, kann ein längs angeströmter Zylinder wie eine Oberfläche behandelt werden.

Die im **Bild 3.19** wiedergegebene örtliche Nusselt-Zahl zeigt eine starke Abhängigkeit vom Umfangswinkel, bedingt durch den Umschlag laminar/turbulent und die Strömungsablösung.

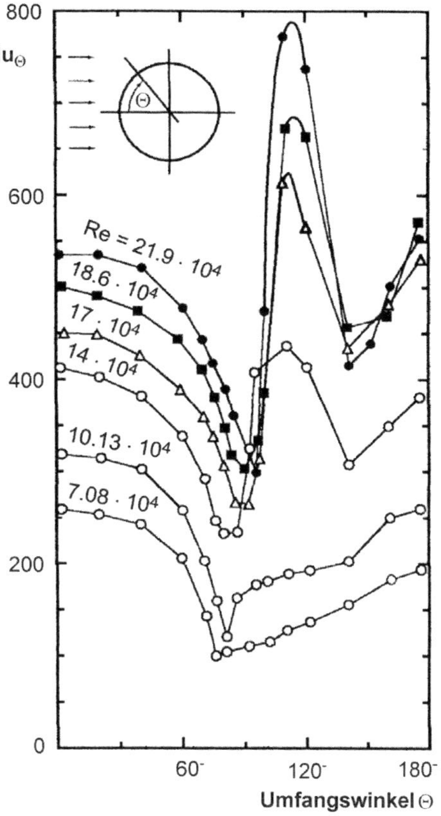

Bild 3.19: Örtliche Nusselt-Zahl am quer angeströmten Kreiszylinder nach Holmann

Mittlerer Wärmeübergang

Nusselt-Gesetz für den mittleren Wärmeübergang:

$$\overline{Nu_d} = C\, Re_d^m\, Pr^{0,4} \tag{3.42}$$

Örtlicher Wärmeübergang

Mit den in **Tabelle 3.3** betrachteten, dem Reynolds-Zahl-Bereich zugeordneten Konstanten C und m lässt sich der örtliche Wärmeübergang ermitteln.

Tabelle 3.3: Reynolds-Zahl-Bereich zugeordnete Konstanten C um m

Re_d	C	m
0,4-4	0,989	0,330
4-40	0,911	0,850
48-4.000	0,683	0,466
4.000-40.000	0,193	0,618
40.000-400.000	0,0266	0,805

Der funktionale Zusammenhang der Gl. (3.41) ist im **Bild 3.20** dargestellt.

Für den Gesamtbereich der Reynolds-Zahlen gilt die einfachere Näherungsgleichung nach Whitaker:

$$\overline{Nu_d} = \left[0,40\, Re_d^{1/2} + 0,06\, Re_d^{2/3}\right] Pr^{0,4} \left(\frac{\eta_\infty}{\eta_w}\right)^{1/4} \tag{3.43}$$

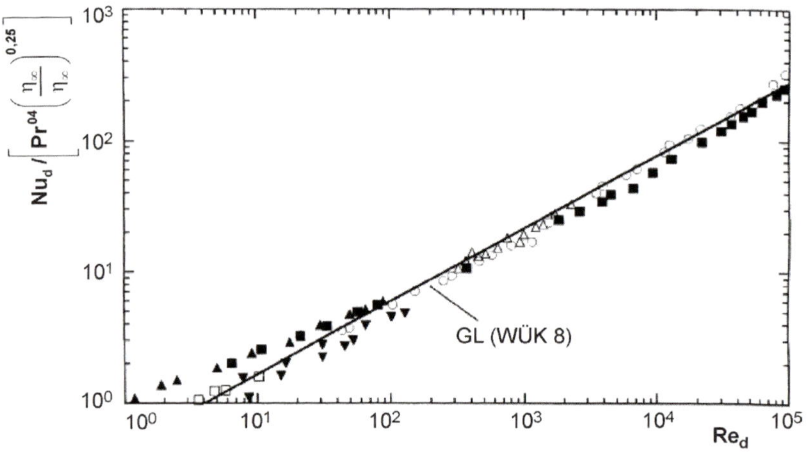

Bild 3.20: Mittlere Nusselt-Zahl für den quer angeströmten Kreiszylinder

3.5 Erwärmung und Abkühlung bei kleiner Biot- oder Sparrow-Zahl

Günther Woelk †

Die bereits in Kapitel 3.3.3.1 behandelte Berechnung der Körper mit kleiner Biot-Zahl wird in diesem Kapitel nochmals in abgewandelter und erweiterter Form dargestellt. Eine Betrachtung der Aufheiz- oder Abkühlung ist ein wesentlicher Faktor für die Auslegung eines Industrieofens. Zudem zeigen diese Berechnungen, dass die Größe der wärmeaufnehmenden oder wärmeabgebenden Fläche einen wesentlichen Einfluss auf die Erwärmungs- und Abkühlzeiten haben. Durch geeignete Umformung lassen sich auch die Produktionsleistungen von Durchlaufanlagen berechnen.

3.5.1 Erwärmung eines Gutes bei annähernd homogener Guttemperatur

3.5.1.1 Definition der Kennzahlen

Wärme, die einem Gut vom Ofen angeboten wird, muss in das Innere des Gutes abgeleitet werden. Geschieht die Ableitung der übertragenen Wärme sehr schnell, so werden im Gut nur sehr geringe Temperaturdifferenzen auftreten. In erster Näherung kann das Gut in einem solchen Fall als gleichtemperiert angesehen werden.

Maßgebend für die Größe der Temperaturunterschiede innerhalb eines Körpers bei der Aufheizung oder Abkühlung ist das Verhältnis des Wärmeleitwiderstandes zum Wärmeübergangswiderstand. Für die beidseitig beheizte Platte gilt als Wärmeleitwiderstand:

$$R_\mathrm{L} = \frac{s}{\lambda \cdot A} \tag{3.44}$$

und als Wärmeübergangswiderstand bei konvektiver Wärmeübertragung (Convection):

$$R_{\mathrm{Ü,C}} = \frac{1}{\alpha \cdot A} \tag{3.45}$$

mit *s* der halben Plattendicke (Wärmeweg) und *A* der Durchtrittsfläche des Wärmestroms. Das Verhältnis der beiden Widerstandsgrößen nennt man die Biot-Zahl *Bi*.

$$Bi = \frac{\alpha \cdot s}{\lambda} \tag{3.46}$$

Der Wärmeübergangswiderstand bei der Wärmeübertragung durch Strahlung (Radiation) ist

$$R_{\mathrm{Ü,R}} = \frac{1}{\varepsilon_\mathrm{ges} \cdot A \cdot \sigma \cdot T^3} \tag{3.47}$$

mit dem Gesamtstrahlungsaustauschfaktor ε_ges, der Stefan-Boltzmann-Konstante σ und einer charakteristischen thermodynamischen Temperatur *T*.

Das Verhältnis des Wärmeleitwiderstandes zum Wärmeübergangswiderstand bei Strahlung nennt man Sparrow-Zahl *Sp*

$$Sp = \frac{\varepsilon_\mathrm{ges} \cdot \sigma \cdot T^3 \cdot s}{\lambda} \tag{3.48}$$

Es gilt: Je kleiner die Biot-Zahl oder die Sparrow-Zahl bei einem Aufheiz- oder Abkühlungsvorgang ist, desto kleiner sind die Temperaturdifferenzen im Körper.

Bei sehr kleinen Biot-Zahlen oder Sparrow-Zahlen kann ein Gut in einem Ofen als gleichtemperiert angesehen werden. Als Richtwert hierfür gilt $Bi < 0{,}1$ oder $Sp < 0{,}1$. Treten beide Wärmeübergangsformen gleichzeitig auf, was der Normalfall ist, so sind *Bi*-Zahl und *Sp*-Zahl zu addieren.

Hat ein Gut während eines Aufheizvorganges über seine Dicke annähernd gleiche Temperatur, so lässt sich aus dem übertragenen Wärmestrom direkt die zeitliche Enthalpieänderung und damit die zeitliche Temperaturänderung bestimmen.

3.5.2 Erwärmung durch konvektiven Wärmeübergang

Der Wärmestrom durch die Oberfläche eines Gutes im Ofen durch konvektiven Wärmeübergang wird beschrieben durch:

$$\dot{Q}_\mathrm{g} = \alpha_\mathrm{hg} \cdot A_\mathrm{g} \cdot (\vartheta_\mathrm{h} - \vartheta_\mathrm{g,Oberfl}) \tag{3.49}$$

Da sich im vorliegenden Fall die Oberflächentemperatur des Gutes $\vartheta_\mathrm{g,Oberfl}$ von den übrigen Temperaturen im Gut nicht merklich unterscheiden soll, gilt:

$$\vartheta_\mathrm{g,Oberfl} \approx \vartheta_\mathrm{g,Kern} \approx \vartheta_\mathrm{g} \tag{3.50}$$

Der übertragene Wärmestrom ist gleich der zeitlichen Änderung der Gutenthalpie.

$$\dot{Q}_\mathrm{g} = \frac{\mathrm{d}H_\mathrm{g}}{\mathrm{d}t} \tag{3.51}$$

Die Gutenthalpie wird beschrieben durch

$$\mathrm{d}H_\mathrm{g} = c_\mathrm{g} \cdot \rho_\mathrm{g} \cdot V_\mathrm{g} \cdot \mathrm{d}\vartheta_\mathrm{g} \tag{3.52}$$

Aus den Gleichungen (3.49), (3.50), (3.51) und (3.52) ergibt sich

$$\alpha_\mathrm{hg} \cdot A_\mathrm{g} \cdot (\vartheta_\mathrm{h} - \vartheta_\mathrm{g}) = c_\mathrm{g} \cdot \rho_\mathrm{g} \cdot V_\mathrm{g} \cdot \frac{\mathrm{d}\vartheta_\mathrm{g}}{\mathrm{d}t} \tag{3.53}$$

oder

$$\frac{c_\mathrm{g} \cdot \rho_\mathrm{g} \cdot V_\mathrm{g}}{\alpha_\mathrm{hg} \cdot A_\mathrm{g}} \cdot \frac{\mathrm{d}\vartheta_\mathrm{g}}{\mathrm{d}t} + \vartheta_\mathrm{g} = \vartheta_\mathrm{h} \tag{3.54}$$

Der Koeffizient $c_\mathrm{g} \cdot \rho_\mathrm{g} \cdot V_\mathrm{g} / (\alpha_\mathrm{hg} \cdot A_\mathrm{g})$ in Gleichung (3.54) hat die Dimension einer Zeit. Er ist das Produkt einer Wärmekapazität und eines Wärmeübergangswiderstandes. In Anlehnung an Begriffe aus der Elektrotechnik soll er als Zeitkonstante T_C bei einer Erwärmung durch Konvektion (Index C) bezeichnet werden.

$$T_\mathrm{C} = C_\mathrm{g} \cdot R_\mathrm{Ü,hg} = \frac{c_\mathrm{g} \cdot \rho_\mathrm{g} \cdot V_\mathrm{g}}{\alpha_\mathrm{hg} \cdot A_\mathrm{g}} \tag{3.55}$$

Die Zeitkonstante T enthält neben den Stoffwerten c und ρ den Wärmeübergangskoeffizienten α und eine Größe V/A, welche die Körpergeometrie beschreibt.

Für die drei Körper Platte, Zylinder und Kugel lässt sich die Fouriersche Differentialgleichung

$$c \cdot \rho \cdot \frac{\delta \vartheta}{\delta t} \cdot dV = -\,div\,(-\,\lambda \cdot grad(\vartheta)) \cdot dV \tag{3.56}$$

auf eine einheitliche Form bringen:

$$c \cdot \rho \cdot \frac{\delta \vartheta}{\delta t} = \lambda \cdot \left(\frac{\delta^2 \vartheta}{\delta r^2} + \frac{K_F - 1}{r} \cdot \frac{\delta \vartheta}{\delta r} \right) \tag{3.57}$$

Die Körperformkennzahl ist

- für die Platte $K_F = 1$
- für den Zylinder $K_F = 2$
- für die Kugel $K_F = 3$

Die Formkennzahl lässt sich auch für andere Körper als für die Grundkörper Platte, Zylinder und Kugel bestimmen. Nach der Definition der Formkennzahl

$$K_F = \frac{r \cdot A}{V} \tag{3.58}$$

wobei für r die kürzeste Entfernung von der Oberfläche zum Körperkern zu wählen ist, ergibt sich zum Beispiel die Formkennzahl für einen Quader mit der Dicke d, der Breite b und der Länge l zu

$$K_{F,Quader} = \min(d,b,l) \cdot \left(\frac{1}{d} + \frac{1}{b} + \frac{1}{l} \right) \tag{3.59}$$

Nach dieser Gleichung hat ein Normstein, dessen geometrische Maße im Verhältnis 1:2:4 stehen, die Formkennzahl $K_F = 1{,}75$. Er liegt damit in seinem Erwärmungsverhalten näher an dem unendlich langen Zylinder als an der unendlich ausgedehnten Platte. Ist der Quader jedoch ein Würfel, ist also $d = b = l$, so wird $K_F = 3$. Somit hat ein Würfel das gleiche Erwärmungsverhalten wie eine ihm einbeschriebene Kugel.

Bezeichnet man bei der Platte die halbe Plattendicke s auch mit r, so wird die Zeitkonstante für die einfachen Körperformen einheitlich.

$$T_C = \frac{c_g \cdot \rho_g \cdot r_g}{\alpha_{hg} \cdot K_F} \tag{3.60}$$

Setzt man die Zeitkonstante T_C in Gleichung (3.54) ein, so schreibt sich diese Gleichung vereinfachend

$$T_C \cdot \frac{d\vartheta_g}{dt} + \vartheta_g = \vartheta_h \tag{3.61}$$

Zur Lösung wird von dieser Differentialgleichung der homogene Teil abgetrennt. Es ist dies die Gleichung

$$T_C \cdot \frac{d(\vartheta_g)_{hom}}{dt} + (\vartheta_g)_{hom} = 0 \tag{3.62}$$

mit der Lösung

$$(\vartheta_g)_{hom} = C \cdot \exp(-t / T_C) \tag{3.63}$$

Hierbei ist C eine Integrationskonstante, die später aus der Anfangsbedingung bestimmt wird.

Zur Ermittlung der vollständigen Lösung muss eine partikuläre Lösung gefunden werden. Dies geschieht am einfachsten mit dem Ansatz nach dem Störglied. Das Störglied ist in Gleichung (3.61) die Heizmitteltemperatur ϑ_h, die eine Funktion der Zeit $\vartheta_h = \vartheta_h(t)$ sein kann.

Der Einfachheit halber wird ϑ_h als lineare Funktion der Zeit angenommen. In der Technik lassen sich reale Funktionen meistens durch Geradenstücke gut annähern. Es sei

$$\vartheta_h = b_0 + b_1 \cdot t \tag{3.64}$$

Eine partikuläre Lösung von Gleichung (3.61) ist dann

$$(\vartheta_g)_{par} = b_0 - b_1 \cdot (T_C - t) \tag{3.65}$$

Eine vollständige Lösung ist die Summe der homogenen und partikulären Lösung. Es gilt

$$\vartheta_g = (\vartheta_g)_{hom} + (\vartheta_g)_{par} = C \cdot \exp(-t / T_C) + b_0 - b_1 \cdot (T_C - t) \tag{3.66}$$

Zur Bestimmung der Integrationskonstanten C dient die Anfangsbedingung $\vartheta_{g,A}$. Es ist dies die Temperatur des Gutes zu Beginn des Erwärmungsvorganges oder bei Unterteilung der Heizmitteltemperaturfunktion in mehrere Geradenstücke jeweils die Guttemperatur zu Beginn eines Abschnittes.

Hieraus ergibt sich

$$C = \vartheta_{g,A} - b_0 + b_1 \cdot T_C \tag{3.67}$$

und

$$\vartheta_g = b_0 + b_1 \cdot (t - T_C) + (\vartheta_{g,A} - b_0 + b_1 \cdot T_C) \cdot \exp(-t / T_C) \tag{3.68}$$

Besonders einfach wird die Berechnung, wenn die Heizmitteltemperatur während der Zeit konstant ist. In Gleichung (3.68) ist dann $b_0 = \vartheta_h$ und $b_1 = 0$ zu setzen.

$$\vartheta_g = \vartheta_{g,A} \cdot \exp(-t / T_C) + \vartheta_h \cdot [1 - \exp(-t / T_C)] \tag{3.69}$$

In praktischen Fällen wird häufig die Frage nach der Erwärmungsdauer t_E gestellt, die erforderlich ist, damit ein Gut unter den gegebenen Bedingungen die Endtemperatur $\vartheta_{g,E}$ erreicht.

$$t_E = T_C \cdot \ln\left(\frac{\vartheta_h - \vartheta_{g,A}}{\vartheta_h - \vartheta_{g,E}}\right) \tag{3.70}$$

Eine weitere praktische Fragestellung ist diejenige nach dem Wärmeübergangskoeffizienten, der erforderlich ist, um eine Aufwärmung oder Abkühlung in einer bestimmten Zeit durchzuführen. Hierfür gilt

$$\alpha = \frac{c_g \cdot \rho_g \cdot r_g}{t_E \cdot K_F} \cdot \ln\left(\frac{\vartheta_h - \vartheta_{g,A}}{\vartheta_h - \vartheta_{g,E}}\right) \tag{3.71}$$

3.5.3 Erwärmung durch Temperaturstrahlung

Wird ein Körper durch Strahlung erwärmt, so lässt sich der Wärmestrom durch seine Oberfläche mit der folgenden Gleichung beschreiben

$$\dot{Q}_{\mathrm{wg}} = \varepsilon_{\mathrm{ges,wg}} \cdot A_{\mathrm{g}} \cdot \sigma \cdot (T_{\mathrm{w}}^4 - T_{\mathrm{g}}^4) \tag{3.72}$$

Hierbei wird angenommen, dass das Gut seine Wärme von einer umgebenden Wand örtlich gleicher Temperatur erhält. Die Größe $\varepsilon_{\mathrm{ges,wn}}$ ist der Gesamtstrahlungsaustauschfaktor zwischen Wand und Gut. In dieser Größe sind die Emissionsgrade der Wand und des Gutes und die Einstrahlzahlen enthalten.

Setzt man wie im vorigen Abschnitt den übertragenden Wärmestrom gleich der zeitlichen Änderung der Gutenthalpie, so erhält man unter Berücksichtigung, dass $\mathrm{d}\vartheta_{\mathrm{g}} / \mathrm{d}t = \mathrm{d}T_{\mathrm{g}} / \mathrm{d}t$ ist, den Ausdruck

$$c_{\mathrm{g}} \cdot \rho_{\mathrm{g}} \cdot V_{\mathrm{g}} \cdot \frac{\mathrm{d}T_{\mathrm{g}}}{\mathrm{d}t} = \varepsilon_{\mathrm{ges,wg}} \cdot A_{g} \cdot \sigma \cdot (T_{\mathrm{w}}^4 - T_{\mathrm{g}}^4) \tag{3.73}$$

An dieser Stelle ist es angebracht, die thermodynamische Guttemperatur T_{g} mit der zeitlich konstant angenommenen Wandtemperatur T_{w} zu normieren. Es sei

$$\Theta = \frac{T_{\mathrm{g}}}{T_{\mathrm{w}}} \tag{3.74}$$

Führt man Θ in Gleichung (3.73) ein, so wird nach einer Umstellung

$$\frac{c_{\mathrm{g}} \cdot \rho_{\mathrm{g}} \cdot V_{\mathrm{g}}}{\varepsilon_{\mathrm{ges,wg}} \cdot A_{\mathrm{g}} \cdot \sigma \cdot T_{\mathrm{w}}^3} \cdot \frac{\mathrm{d}\Theta}{\mathrm{d}t} + \Theta^4 = 1 \tag{3.75}$$

wobei der Koeffizient $c_{\mathrm{g}} \cdot \rho_{\mathrm{g}} \cdot V_{\mathrm{g}} / (\varepsilon_{\mathrm{ges,wg}} \cdot A_{\mathrm{g}} \cdot \sigma \cdot T^3\mathrm{w})$ wiederum eine Zeitkonstante T_{R} diesmal bei der Erwärmung durch Temperaturstrahlung (Index R) ist. Somit wird

$$T_{\mathrm{R}} \cdot \frac{\mathrm{d}\Theta}{\mathrm{d}t} + \Theta^4 = 1 \tag{3.76}$$

Normiert man die Zeit t mit der Zeitkonstanten T_{R} über die Beziehung

$$\tau = \frac{t}{T_{\mathrm{R}}} \qquad \Rightarrow \qquad \mathrm{d}\tau = \frac{1}{T_{\mathrm{R}}} \cdot \mathrm{d}t \tag{3.77}$$

so ergibt sich für die Gleichung (3.76):

$$\frac{\mathrm{d}\Theta}{\mathrm{d}\tau} = 1 - \Theta^4 \tag{3.78}$$

oder umgestellt

$$\mathrm{d}\tau = \frac{\mathrm{d}\Theta}{1\text{-}\Theta^4} \tag{3.79}$$

In dieser Form lässt sich die Gleichung (3.79) integrieren und man erhält

$$\tau = \frac{1}{4} \cdot \left(\ln\left(\frac{1+\Theta}{1-\Theta}\right) + 2 \cdot \arctan(\Theta) \right) + C \tag{3.80}$$

Abkürzend soll geschrieben werden

$$f(\Theta) = \frac{1}{4} \cdot \left(\ln\left(\frac{1+\Theta}{1-\Theta}\right) + 2 \cdot \arctan(\Theta) \right) \tag{3.81}$$

Für den konvektiven Wärmeübergang ergibt sich aus Gleichung (3.61) nach der gleichen Normierung, wie sie für Gleichung (3.78) durchgeführt wurde, die folgende Gleichung

$$\mathrm{d}\tau = \frac{\mathrm{d}\Theta}{1-\Theta} \tag{3.82}$$

Diese hat die Lösung

$$\tau = -\ln(1-\Theta) + C \tag{3.83}$$

Abkürzend soll hierfür geschrieben werden

$$g(\Theta) = -\ln(1-\Theta) \tag{3.84}$$

In **Bild 3.21** sind die beiden Funktionen $f(\Theta)$ und $g(\Theta)$ dargestellt. Dabei ist zu beachten, dass Abszisse und Ordinate vertauscht sind. Es sind also die Umkehrfunktionen $\Theta = f \cdot (\Theta)$ und $\Theta = g \cdot (\tau)$ gezeichnet. Eine Übersicht findet sich in **Tabelle 3.4**.

Man erkennt aus dem Bild 3.21 deutlich, dass eine Aufheizung durch Strahlung bei gleichen Zeitkonstanten schneller abläuft.

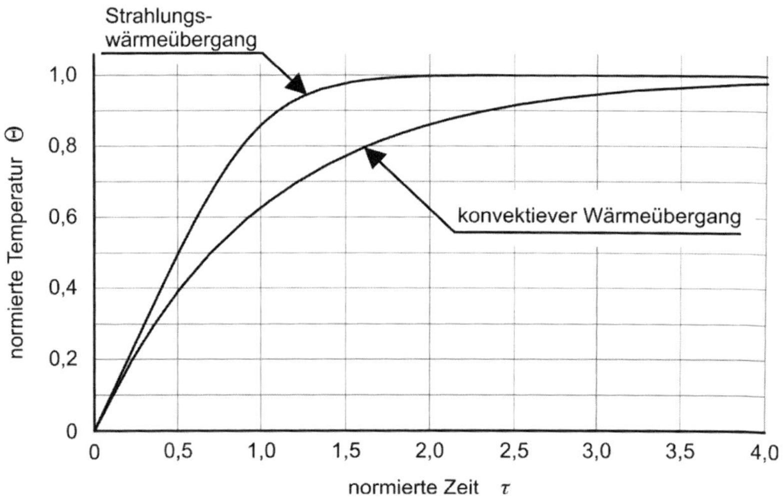

Bild 3.21: Aufheizfunktion bei örtlich gleicher Guttemperatur

Tabelle 3.4: Aufheizfunktion bei örtlich gleicher Guttemperatur

Θ	f(Θ)	g(Θ)	Θ	f(Θ)	g(Θ)	Θ	f(Θ)	g(Θ)	Θ	f(Θ)	g(Θ)
0	0	0	0,650	0,6758	1,0498	0,880	1,0487	2,1203	0,990	1,7135	4,6052
0,100	0,1000	0,1054	0,700	0,7390	1,2040	0,900	1,1025	2,3026	0,995	1,8887	5,2983
0,200	0,2001	0,2231	0,750	0,8082	1,3863	0,920	1,1664	2,5257	0,996	1,9449	5,5215
0,300	0,3005	0,3567	0,800	0,8867	1,6094	0,940	1,2463	2,8134	0,997	2,0172	5,8091
0,400	0,4021	0,5108	0,820	0,9218	1,7148	0,960	1,3555	3,2189	0,998	2,1189	6,2146
0,500	0,5065	0,6932	0,840	0,9599	1,8326	0,980	1,5364	3,9120	0,999	2,2926	6,9078
0,600	0,6168	0,9163	0,860	1,0018	1,9661	0,985	1,6103	4,1997	1	∞	∞

Die Integrationskonstante C in Gleichung (3.80) muss durch die Anfangsbedingung bestimmt werden. Diese lautet für $t = 0 \rightarrow \vartheta_g = \vartheta_{g,A}$, oder für die normierten Größen für $\tau = 0 \rightarrow \Theta = \Theta_A$. Es muss somit gelten

$$0 = f(\Theta_A) + C \tag{3.85}$$

oder

$$C = -f(\Theta_A) \tag{3.86}$$

Hieraus ergibt sich für die Aufheizzeit bei einem Wärmeübergang durch Strahlung nach Rückführung der Normierungen

$$t = \frac{c_g \cdot \rho_g \cdot V_g}{4 \cdot \varepsilon_{ges,wg} \cdot A_g \cdot \sigma \cdot T_w^3} \cdot \left[\ln\left(\frac{(T_w + T_g) \cdot (T_w - T_{g,A})}{(T_w - T_g) \cdot (T_w + T_{g,A})} \right) + 2 \cdot \arctan\left(\frac{T_w \cdot (T_g - T_{g,A})}{T_w^2 + T_g \cdot T_{g,A}} \right) \right] \tag{3.87}$$

oder in einfacher Weise unter Benutzung der vorher definierten Funktion

$$t = T_R \cdot \left[f(\Theta) - f(\Theta_A) \right] \tag{3.88}$$

3.5.4 Erwärmung durch Konvektion und Strahlung

Wird ein Gut durch Strahlung und Konvektion von einem Heizmittel gleichzeitig erwärmt, so ist der Wärmestrom, der durch die Oberfläche fließt

$$\dot{Q} = \alpha_{h,g} \cdot A_g \cdot \left(T_h - T_g\right) + \varepsilon_{ges,hg} \cdot A_g \cdot \sigma \cdot \left(T_h^4 - T_g^4\right) \tag{3.89}$$

Dieser Wärmestrom kann wiederum gleich der zeitlichen Enthalpieänderung des Gutes gesetzt werden. Es gilt

$$c_g \cdot \rho_g \cdot V_g \cdot \frac{dT_g}{dt} = \alpha_{hg} \cdot A_g \cdot \left(T_h - T_g\right) + \varepsilon_{ges,hg} \cdot \sigma \cdot A_g \left(T_h^4 - T_g^4\right) \tag{3.90}$$

Durch Division dieser Gleichung durch die Größen A_g und T_h ergibt sich

$$\frac{c_g \cdot \rho_g \cdot V_g}{A_g} \cdot \frac{d\Theta}{dt} = \alpha_{hg} \cdot (1 - \Theta) + \varepsilon_{ges,hg} \cdot \sigma \cdot T_h^3 \left(1 - \Theta^4\right) \tag{3.91}$$

wobei, wie in den vorigen Abschnitten, $\Theta = T_g / T_h$ ist. Die Erwärmung des Gutes findet durch einen Konvektionsanteil (1. Summand der rechten Seite der Gleichung (3.91)) und einen Strahlungsanteil (2. Summand der rechten Seite der Gleichung (3.91)) statt. Da es sich hierbei um zwei parallel fließende Wärmestromdichten handelt, liegt es nahe, die beiden Koeffizienten $\alpha_{h,g}$ und $\varepsilon_{ges,hg} \cdot \sigma \cdot T_h^3$ als Leitwerte (reziproke Widerstände) anzusehen. Bei parallel fließenden Strömen addieren sich die Einzelleitwerte G_i zu einem Gesamtleitwert $\Sigma G_i = G_{ges}$.

Um Gleichung (3.91) zu verallgemeinern, bietet es sich an, diese Gleichung durch den Gesamtleitwert zu dividieren. Es ergibt sich damit

$$\frac{c_g \cdot \rho_g \cdot V_g}{\left(\alpha_{hg} + \varepsilon_{ges,hg} \cdot \sigma \cdot T_h^3\right) A_g} \cdot \frac{d\Theta}{dt} = \frac{\alpha_{hg}}{\alpha_{hg} + \varepsilon_{ges,hg} \cdot \sigma \cdot T_h^3} \cdot (1 - \Theta) + \frac{\varepsilon_{ges,hg} \cdot \sigma \cdot T_h^3}{\alpha_{hg} + \varepsilon_{ges,hg} \cdot \sigma \cdot T_h^3} \cdot \left(1 - \Theta^4\right) \tag{3.92}$$

Der Koeffizient auf der linken Gleichungsseite ist, wie in den vorigen Abschnitten, die Zeitkonstante T_{CR} bei einer Aufwärmung durch Konvektion und Strahlung. Die Koeffizienten der rechten Gleichungsseite sind Wärmeübertragungsgrade, deren Werte zwischen 0 und 1 liegen. Sie werden mit Konvektionsgrad γ_C und Strahlungsgrad γ_R bezeichnet.

$$\gamma_C = \frac{\alpha_{hg}}{\alpha_{hg} + \varepsilon_{ges,hg} \cdot \sigma \cdot T_h^3} \qquad \gamma_R = \frac{\varepsilon_{ges,hg} \cdot \sigma \cdot T_h^3}{\alpha_{hg} + \varepsilon_{ges,hg} \cdot \sigma \cdot T_h^3} \qquad \gamma_C + \gamma_R = 1 \tag{3.93}$$

Normiert man ferner die Zeit mit der Zeitkonstanten durch Konvektion und Strahlung $\tau_{CR} = t/T_{CR}$ dann wird aus Gleichung (3.92)

$$\frac{d\Theta}{d\tau_{CR}} = \gamma_C \cdot (1 - \Theta) + (1 - \gamma_C)\left(1 - \Theta^4\right) = 1 - \gamma_C \cdot \Theta - (1 - \gamma_C) \cdot \Theta^4 \tag{3.94}$$

Für diese Differentialgleichung ist zwar eine analytische Lösung als unendliche Reihe bekannt, doch soll wegen der aufwendigen Bearbeitung auf eine numerische Lösung zurückgegriffen werden.

Es empfiehlt sich, für die numerische Behandlung die Anwendung des Runge-Kutta-Verfahrens. Bei diesem sehr genauen Verfahren zur Lösung gewöhnlicher Differentialgleichungen 1. Ordnung berechnet man aus einem Punkt $P(x_i,y_i)$ oder im vorliegenden Fall aus einem Punkt $P(\tau_i,\Theta_i)$ einen nachfolgenden Punkt $P(x_{i+1},y_{i+1})$ im Abstand Δx beziehungsweise $P(\tau_{i+1},\Theta_{i+1})$ im Abstand $\Delta\tau$. Der Algorithmus hierfür ist der einschlägigen Literatur zu entnehmen. Die Programmierung des Verfahrens zum Beispiel für MS-Excel bereitet keine übermäßigen Schwierigkeiten.

Für eine überschlägige Berechnung kann man die unten angegebenen Tabellen benutzen. Zwei Beispiele sollen dieses Vorgehen erläutern:

1. Beispiel

Es soll die Zeit ermittelt werden, nach der ein Kupferbolzen mit 0,1 m Durchmesser von 20 °C auf 690 °C bei 700 °C Heizmitteltemperatur aufgewärmt ist.

Die normierten Temperaturen ergeben sich zu

$$\Theta_A = \frac{20\,°C + 273\,K}{700\,°C + 273\,K} = 0{,}3011 \qquad \Theta_E = \frac{690\,°C + 273\,K}{700\,°C + 273\,K} = 0{,}9897$$

Die Stoffwerte des Kupferbolzens sind:

- Durchmesser d = 100 mm　　　Radius r = 50 mm
- Spezifische Wärmekapazität c = 440 J/(kg K)
- Dichte ρ = 8.940 kg/m^3
- Wärmeleitfähigkeit l = 380 W/(m K)
- Körperform-Kennzahl K_F = 2

Die Prozesswerte sind:

- Gesamt-Strahlungsaustauschfaktor $\varepsilon_{ges,hg}$ = 0,35
- Wärmeüberganskoeffizient α_{hg} = 40 W/(m^2 K)

Die Bi-Zahl und die Sp-Zahl sind entsprechend Gleichung (3.46) beziehungsweise Gleichung (3.48)

$$Bi = \frac{\alpha \cdot r}{\lambda} = \frac{40 \frac{\text{W}}{\text{m}^2 \cdot \text{K}} \cdot 0{,}05\,\text{m}}{380 \frac{\text{W}}{\text{m} \cdot \text{K}}} = 0{,}0053$$

$$Sp = \frac{\varepsilon_{ges} \cdot \sigma \cdot T^3 \cdot r}{\lambda} = \frac{0{,}35 \cdot 5{,}67^{-8} \frac{\text{W}}{\text{m}^2 \cdot \text{K}^4} \cdot 973^3\text{K}^3 \cdot 0{,}05\,\text{m}}{380 \frac{\text{W}}{\text{m} \cdot \text{K}}} = 0{,}00241$$

Die Summe von Bi und Sp ist $Bi + Sp$ = 0,00767. Da diese Zahl kleiner als 0,1 ist, kann man den Kupferbolzen beim Ablauf des Erwärmungsvorganges als gleichtemperiert ansehen.

Nach der Gleichung (3.93) ergibt sich der Konvektionsgrad γ_C zu

$$\gamma_C = \frac{\alpha_{hg}}{\alpha_{hg} + \varepsilon_{ges,hg} \cdot \sigma \cdot T_h^3} = \frac{40 \frac{\text{W}}{\text{m}^2 \cdot \text{K}}}{40 \frac{\text{W}}{\text{m}^2 \cdot \text{K}} + 0{,}35 \cdot 5{,}67^{-8} \frac{\text{W}}{\text{m}^2 \cdot \text{K}^4} \cdot 973^3\,\text{K}^3} = 0{,}6863$$

Die in der **Tabelle 3.5** dargestellte Lösungsfunktion der Differentialgleichung (3.94) für das Aufheizen ist für den Anfangswert $\tau(0) = 0$ und $\Theta(0) = 0$ berechnet. Da in der Praxis der Anfangswert die unterschiedlichsten Werte annehmen kann, bestimmt man die Wärmdauer durch die Differenz der Endzeit minus der Anfangszeit. Dieses Verfahren ist aus der Berechnung eines bestimmten Integrals allgemein bekannt.

Die Anfangszeit ermittelt man mit dem Konvektionsgrad γ_C = 0,6863 über die normierte Anfangstemperatur Θ_A = 0,3011. Man erhält eine normierte Anfangszeit von etwa $\tau_{CR,A}$ = 0,34. Auf die gleiche Weise bestimmt man über die normierte Endtemperatur Θ_E = 0,9897 die normierte Endzeit von etwa $\tau_{CR,E}$ = 2,88. Die Differenz zwischen normierter Endzeit und normierter Anfangszeit ist $\tau_{CR,E} - \tau_{CR,A}$ = 2,88 – 0,34 = 2,54.

Tabelle 3.5: Lösung der Differentialgleichung (3.94) für das Aufheizen

Norm. Zeit	Konvektionsgrad γ_C										
τ_{CR}	0,0	0,1	0,2	0,3	0,4	0,5	0,6	0,7	0,8	0,9	1,0
0,0	0,000000	0,000000	0,000000	0,000000	0,000000	0,000000	0,000000	0,000000	0,000000	0,000000	0,000000
0,1	0,099998	0,099500	0,099005	0,098514	0,098025	0,097540	0,097058	0,096580	0,096104	0,095632	0,095163
0,2	0,199936	0,197958	0,196005	0,194078	0,192176	0,190298	0,188445	0,186616	0,184811	0,183028	0,181269
0,3	0,299516	0,295132	0,290830	0,286608	0,282465	0,278399	0,274409	0,270494	0,266652	0,262882	0,259182
0,4	0,397975	0,390409	0,383014	0,375787	0,368726	0,361828	0,355091	0,348510	0,342083	0,335808	0,329680
0,5	0,493918	0,482689	0,471725	0,461027	0,450594	0,440427	0,430522	0,420877	0,411489	0,402355	0,393469
0,6	0,585288	0,570381	0,555774	0,541484	0,527527	0,513914	0,500652	0,487746	0,475201	0,463015	0,451188
0,7	0,669581	0,651562	0,633733	0,616153	0,598873	0,581937	0,565380	0,549230	0,533510	0,518235	0,503415
0,8	0,744336	0,724313	0,704166	0,684015	0,663973	0,644139	0,624599	0,605428	0,586686	0,568421	0,550671
0,9	0,807759	0,787153	0,765918	0,744234	0,722280	0,700229	0,678238	0,656450	0,634987	0,613952	0,593430
1,0	0,859179	0,839386	0,818366	0,796318	0,773467	0,750048	0,726297	0,702436	0,678671	0,655182	0,632121
1,1	0,899131	0,881224	0,861535	0,840219	0,817491	0,793611	0,768871	0,743570	0,718003	0,692442	0,667129
1,2	0,929045	0,913637	0,896048	0,876324	0,854605	0,831117	0,806158	0,780079	0,753252	0,726046	0,698806
1,3	0,950779	0,938048	0,922943	0,905363	0,885317	0,862932	0,838457	0,812239	0,784699	0,756292	0,727468
1,4	0,966206	0,956021	0,943458	0,928271	0,910309	0,889555	0,866142	0,840360	0,812630	0,783462	0,753403
1,5	0,976970	0,969022	0,958839	0,946051	0,930354	0,911560	0,889645	0,864781	0,837331	0,807820	0,776870
1,6	0,984387	0,978305	0,970215	0,959670	0,946235	0,929555	0,909426	0,885853	0,859088	0,829618	0,798103
1,7	0,989453	0,984868	0,978545	0,969993	0,958690	0,944136	0,925945	0,903930	0,878181	0,849090	0,817316
1,8	0,992894	0,989477	0,984596	0,977755	0,968378	0,955860	0,939649	0,919357	0,894877	0,866457	0,834701
1,9	0,995220	0,992697	0,988967	0,983554	0,975865	0,965227	0,950953	0,932462	0,909431	0,881921	0,850431
2,0	0,996788	0,994939	0,992112	0,987866	0,981622	0,972672	0,960231	0,943549	0,922083	0,895672	0,864665
2,1	0,997844	0,996496	0,994368	0,991062	0,986031	0,978564	0,967815	0,952897	0,933052	0,907884	0,877544
2,2	0,998553	0,997576	0,995982	0,993423	0,989396	0,983211	0,973994	0,960753	0,942542	0,918716	0,889197
2,3	0,999029	0,998324	0,997135	0,995165	0,991959	0,986867	0,979014	0,967339	0,950735	0,928314	0,899741
2,4	0,999349	0,998841	0,997959	0,996447	0,993907	0,989736	0,983083	0,972848	0,957795	0,936809	0,909282
2,5	0,999563	0,999199	0,998546	0,997391	0,995387	0,991985	0,986375	0,977448	0,963871	0,944322	0,917915
2,6	0,999707	0,999447	0,998964	0,998085	0,996508	0,993745	0,989033	0,981282	0,969092	0,950961	0,925726
2,7	0,999804	0,999618	0,999263	0,998594	0,997358	0,995120	0,991178	0,984474	0,973573	0,956824	0,932794
2,8	0,999868	0,999736	0,999475	0,998968	0,998002	0,996195	0,992907	0,987128	0,977415	0,961997	0,939190
2,9	0,999912	0,999818	0,999626	0,999243	0,998489	0,997033	0,994299	0,989333	0,980707	0,966560	0,944977
3,0	0,999941	0,999874	0,999734	0,999445	0,998857	0,997688	0,995419	0,991164	0,983524	0,970582	0,950213
3,2	0,999973	0,999940	0,999865	0,999701	0,999347	0,998596	0,997045	0,993941	0,987996	0,977248	0,959238
3,4	0,999988	0,999971	0,999932	0,999839	0,999627	0,999148	0,998094	0,995849	0,991262	0,982415	0,966627
3,6	0,999995	0,999986	0,999965	0,999913	0,999787	0,999483	0,998772	0,997158	0,993644	0,986416	0,972676
3,8	0,999998	0,999993	0,999982	0,999953	0,999878	0,999686	0,999209	0,998055	0,995378	0,989511	0,977629
4,0	0,999999	0,999997	0,999991	0,999975	0,999930	0,999810	0,999490	0,998669	0,996641	0,991904	0,981684
4,5	1,000000	1,000000	0,999998	0,999995	0,999983	0,999945	0,999830	0,999485	0,998488	0,995766	0,988891
5,0	1,000000	1,000000	1,000000	0,999999	0,999996	0,999984	0,999943	0,999801	0,999320	0,997788	0,993262
5,5	1,000000	1,000000	1,000000	1,000000	0,999999	0,999996	0,999981	0,999923	0,999695	0,998844	0,995913
6,0	1,000000	1,000000	1,000000	1,000000	1,000000	0,999999	0,999994	0,999970	0,999863	0,999397	0,997521
6,5	1,000000	1,000000	1,000000	1,000000	1,000000	1,000000	0,999998	0,999988	0,999938	0,999685	0,998497
7,0	1,000000	1,000000	1,000000	1,000000	1,000000	1,000000	0,999999	0,999996	0,999972	0,999836	0,999088
7,5	1,000000	1,000000	1,000000	1,000000	1,000000	1,000000	1,000000	0,999998	0,999988	0,999914	0,999447

Zur Bestimmung der Wärmdauer benötigt man die Zeitkonstante T_{CR}. Diese ist

$$T_{CR} = \frac{c_g \cdot \rho_g \cdot r}{\left(\alpha_{hg} + \varepsilon_{ges,hg} \cdot \sigma \cdot T_h^3\right) \cdot K_F} = \frac{440 \frac{J}{kg \cdot K} \cdot 8940 \frac{kg}{m^3} \cdot 0,05\,m}{\left(40 \frac{W}{m^2 \cdot K} + 0,35 \cdot 5,67 \cdot 10^{-8} \frac{W}{m^2 \cdot K^4} \cdot 973^3 K^3\right) \cdot 2} = 1687\,s$$

Damit ergibt sich eine Wärmdauer von

$t = (\tau_{CR,E} - \tau_{CR,A}) \cdot T_{CR}$ = 2,54 · 1.687 s = 4.285 s = 1h:11min:25s.

2. Beispiel

Es soll die Zeit ermittelt werden, nach der ein Kupferbolzen mit 0,1 m Durchmesser von 690 °C auf 100 °C bei 20 °C Kühlmitteltemperatur abgekühlt ist.

Die Aufgabenstellung ist der umgekehrte Fall des 1. Beispiels. Die Stoff- und Prozesswerte sollen die Gleichen wie im 1. Beispiel sein.

Die normierten Temperaturen ergeben sich zu

$$\Theta_A = \frac{690\,°C + 273\,K}{20\,°C + 273\,K} = 3,287 \qquad \Theta_E = \frac{100\,°C + 273\,K}{20\,°C + 273\,K} = 1,273$$

und der Konvektionsgrad ist

$$\gamma_C = \frac{\alpha_{hg}}{\alpha_{hg} + \varepsilon_{ges,hg} \cdot \sigma \cdot T_h^3} = \frac{40 \frac{W}{m^2 \cdot K}}{40 \frac{W}{m^2 \cdot K} + 0,35 \cdot 5,67^{-8} \frac{W}{m^2 \cdot K^4} \cdot 293^3\,K^3} = 0,9877$$

Die in der **Tabelle 3.6** dargestellte Lösungsfunktion der Differentialgleichung (3.94) für das Abkühlen ist für den Anfangswert $\tau(0) = 0$ und $\Theta(0) = 7,5$ berechnet. Da in der Praxis der Anfangswert die unterschiedlichsten Werte annehmen kann, bestimmt man die Kühldauer durch die Differenz der Endzeit minus der Anfangszeit.

Die Anfangszeit ermittelt man mit dem Konvektionsgrad $\gamma_C = 0,9877$ über die normierte Anfangstemperatur $\Theta_A = 3,287$. Man erhält eine normierte Anfangszeit von etwa $\tau_{CR,A} = 0,39$. Auf die gleiche Weise bestimmt man über die normierte Endtemperatur $\Theta_E = 1,273$ die normierte Endzeit von etwa $\tau_{CR,E} = 2,19$. Die Differenz zwischen normierter Endzeit und normierter Anfangszeit ist $\tau_{CR,E} - \tau_{CR,A} = 2,19 - 0,39 = 1,80$.

Zur Bestimmung der Kühldauer benötigt man die Zeitkonstante T_{CR}. Diese ist

$$T_{CR} = \frac{c_g \cdot \rho_g \cdot r}{\left(\alpha_{hg} + \varepsilon_{ges,hg} \cdot \sigma \cdot T_h^3\right) \cdot K_F} = \frac{440 \frac{J}{kg \cdot K} \cdot 8940 \frac{kg}{m^3} \cdot 0,05\,m}{\left(40 \frac{W}{m^2 \cdot K} + 0,35 \cdot 5,67 \cdot 10^{-8} \frac{W}{m^2 \cdot K^4} \cdot 293^3 K^3\right) \cdot 2} = 2428\,s$$

Damit ergibt sich eine Wärmdauer von

$t = (\tau_{CR,E} - \tau_{CR,A}) \cdot T_{CR}$ = 1,80 · 2.428 s = 4.370 s = 1h:12min:50s.

Das Aufheizen in Beispiel 1 und das Abkühlen in Beispiel 2 benötigen fast die gleiche Zeitdauer,

Tabelle 3.6: Lösung der Differentialgleichung (3.94) für das Abkühlen

Norm. Zeit	Konvektionsgrad γ_C									
τ_{CR}	0,000	0,200	0,400	0,600	0,800	0,900	0,950	0,980	0,990	0,995	1,000
0,000	7,500000	7,500000	7,500000	7,500000	7,500000	7,500000	7,500000	7,500000	7,500000	7,500000	7,500000
0,001	5,711036	5,940200	6,211403	6,540298	6,952457	7,202718	7,342349	7,431554	7,462271	7,477822	7,493503
0,002	4,926271	5,185648	5,510478	5,936440	6,535643	6,947077	7,196848	7,365383	7,425200	7,455850	7,487013
0,003	4,448664	4,709911	5,046557	5,507257	6,203120	6,723810	7,061937	7,301358	7,388768	7,434081	7,480529
0,004	4,115198	4,371497	4,707521	5,179934	5,928925	6,526340	6,936328	7,239356	7,352954	7,412512	7,474052
0,005	3,863728	4,113309	4,444346	4,918494	5,697199	6,349849	6,818947	7,179268	7,317740	7,391139	7,467581
0,006	3,664457	3,907070	4,231570	4,702743	5,497602	6,190709	6,708888	7,120990	7,283109	7,369959	7,461117
0,007	3,500985	3,736885	4,054413	4,520311	5,323055	6,046128	6,605381	7,064426	7,249042	7,348969	7,454659
0,008	3,363406	3,593007	3,903601	4,363117	5,168515	5,913915	6,507768	7,009490	7,215523	7,328166	7,448207
0,009	3,245314	3,469065	3,772965	4,225620	5,030278	5,792321	6,415480	6,956100	7,182537	7,307546	7,441762
0,010	3,142354	3,360684	3,658213	4,103865	4,905545	5,679930	6,328024	6,904179	7,150069	7,287107	7,435324
0,020	2,530475	2,711060	2,961378	3,347092	4,085007	4,879695	5,645490	6,452315	6,850916	7,092044	7,371291
0,030	2,225340	2,383834	2,605172	2,950236	3,627064	4,390528	5,177776	6,092088	6,590582	6,912229	7,307896
0,040	2,031622	2,174921	2,376023	2,691772	3,319985	4,047402	4,828196	5,794751	6,360781	6,745588	7,245131
0,050	1,893890	2,025746	2,211505	2,504691	3,093679	3,787461	4,552320	5,542956	6,155555	6,590432	7,182991
0,060	1,789234	1,911968	2,085461	2,360455	2,916947	3,580568	4,326339	5,325493	5,970488	6,445367	7,121469
0,070	1,706148	1,821326	1,984642	2,244472	2,773402	3,410124	4,136126	5,134734	5,802224	6,309235	7,060560
0,080	1,638105	1,746847	1,901489	2,148357	2,653451	3,266098	3,972670	4,965275	5,648160	6,181060	7,000256
0,090	1,581073	1,684216	1,831315	2,066889	2,551040	3,141997	3,829901	4,813156	5,506236	6,060012	6,940553
0,100	1,532406	1,630599	1,771029	1,996611	2,462120	3,033402	3,703550	4,675400	5,374798	5,945384	6,881443
0,200	1,266795	1,333522	1,431662	1,593856	1,939621	2,378603	2,914958	3,752812	4,427057	5,049427	6,321750
0,300	1,155345	1,204408	1,278826	1,405490	1,683592	2,044979	2,495310	3,220484	3,831610	4,428570	5,815318
0,400	1,096113	1,133128	1,191230	1,293337	1,524438	1,831175	2,218895	2,854475	3,403905	3,958139	5,357080
0,500	1,061355	1,089538	1,135475	1,219058	1,414397	1,679138	2,017862	2,580109	3,074120	3,582761	4,942449
0,600	1,039876	1,061379	1,097893	1,166864	1,333624	1,564468	1,863140	2,363760	2,808655	3,273188	4,567276
0,700	1,026202	1,042587	1,071657	1,128809	1,272048	1,474689	1,739690	2,187496	2,588835	3,012122	4,227804
0,800	1,017336	1,029784	1,052916	1,100368	1,223885	1,402584	1,638739	2,040640	2,403208	2,788469	3,920638
0,900	1,011521	1,020941	1,039320	1,078740	1,185517	1,343609	1,554721	1,916310	2,244230	2,594658	3,642703
1,000	1,007679	1,014778	1,029346	1,062087	1,154532	1,294716	1,483879	1,809795	2,106645	2,425270	3,391216
1,200	1,003428	1,007410	1,016492	1,039014	1,108460	1,219173	1,371775	1,637573	1,881301	2,144533	2,957762
1,400	1,001536	1,003735	1,009335	1,024743	1,076936	1,164669	1,288276	1,505764	1,706203	1,923538	2,602880
1,600	1,000689	1,001887	1,005305	1,015782	1,054960	1,124584	1,224937	1,403246	1,568236	1,747589	2,312327
1,800	1,000310	1,000955	1,003021	1,010102	1,039449	1,094720	1,176296	1,322656	1,458532	1,606479	2,074443
2,000	1,000139	1,000483	1,001723	1,006480	1,028411	1,072270	1,138621	1,258835	1,370763	1,492756	1,879679
2,200	1,000062	1,000245	1,000983	1,004163	1,020509	1,055283	1,109258	1,208032	1,300239	1,400799	1,720221
2,400	1,000028	1,000124	1,000561	1,002677	1,014829	1,042371	1,086270	1,167439	1,243399	1,326265	1,589667
2,600	1,000013	1,000063	1,000321	1,001722	1,010735	1,032521	1,068212	1,134913	1,197484	1,265753	1,482778
2,800	1,000006	1,000032	1,000183	1,001108	1,007778	1,024988	1,053992	1,108795	1,160333	1,216562	1,395265
3,000	1,000003	1,000016	1,000105	1,000714	1,005639	1,019215	1,042770	1,087791	1,130235	1,176539	1,323616
3,200	1,000001	1,000008	1,000060	1,000459	1,004090	1,014786	1,033903	1,070878	1,105828	1,143952	1,264954
3,400	1,000001	1,000004	1,000034	1,000296	1,002967	1,011383	1,026887	1,057246	1,086021	1,117405	1,216926
3,600	1,000000	1,000002	1,000019	1,000191	1,002154	1,008766	1,021331	1,046251	1,069938	1,095769	1,177604
3,800	1,000000	1,000001	1,000011	1,000123	1,001563	1,006753	1,016929	1,037377	1,056873	1,078131	1,145410
4,000	1,000000	1,000001	1,000006	1,000079	1,001135	1,005203	1,013438	1,030212	1,046256	1,063749	1,119052

jedoch sind die beiden Beispiele nicht zu vergleichen, weil die Temperaturunterschiede verschieden sind. Würde man in beiden Beispielen die gleichen Temperaturspannen einsetzen, nämlich in Beispiel 2 eine Gutanfangstemperatur von 700 °C und eine Gutendtemperatur von 30 °C bei einer Kühlmitteltemperatur von 20 °C, so wäre die Kühldauer 2h:34min:22s. Man sieht an diesen Beispielen, welchen Einfluss die Strahlung bei 700 °C Heizmitteltemperatur in Gegensatz zu einer Kühlmitteltemperatur von 20 °C hat. Dieser Effekt lässt sich auch aus der jeweiligen Betrachtung des Konvektionsgrades und des Strahlungsgrades erkennen.

	Konvektionsgrad	Strahlungsgrad
Beispiel 1	68,63 %	31,37 %
Beispiel 2	98,77 %	1,23 %

MultiMelter© mit EcoReg®-Regenerator

4. Brennertechnik

Joachim G. Wünning, Ambrogio Milani

4. Brennertechnik

Joachim G. Wünning, Ambrogio Milani

4.1 Verbrennungstechnik

Die Verbrennungstechnik, also das Wissen um die kontrollierte Verbrennung, hat die Entwicklung der Zivilisation wesentlich beeinflusst und wird das auch in Zukunft tun. Beispiele sind die Verhüttung von Metallen, die Zubereitung von Nahrungsmitteln, die Beheizung von Gebäuden sowie der Einsatz von Verbrennungskraftmaschinen. Auch drängende aktuelle globale Probleme, wie Treibhauseffekt, Luftverschmutzung sowie die Endlichkeit der fossilen Brennstoffe, sind eng mit der Thematik der Verbrennung verknüpft. Wie sich die Brennertechnik entwickelt hat und wie sie sich in die Verbrennung einordnen lässt, soll im Folgenden kurz dargestellt werden.

Die chemischen Reaktionen, die bei einer Verbrennung ablaufen, gehören zur Gruppe der Reduktions-Oxidations-Reaktionen oder kurz Redox-Reaktionen. Wie sich aus dem Namen erkennen lässt, wird bei diesen Reaktionen der eine Reaktionspartner oxidiert und der andere reduziert. Zu den Redox-Reaktionen gehören neben den Verbrennungsreaktionen auch langsam ablaufende Reaktionen, wie das Rosten von Eisen sowie die schnell ablaufenden Reaktionen in Explosionen (**Bild 4.1**). Als Verbrennung sollen hier die Vorgänge bezeichnet werden, die auch mit dem Begriff Feuerung beschrieben werden können, also beispielsweise nicht das „Verbrennen" von Fett im menschlichen Körper. Typische Verbrennungsvorgänge werden meist von einer Freisetzung von Wärme und Licht, in Form einer Flamme, begleitet. Als Flammen werden dabei die sichtbaren Zonen der Verbrennung bezeichnet. Die Flamme ist auch dadurch gekennzeichnet, dass die Temperatur im Bereich der Flamme höher ist als die Umgebungstemperatur. Die eigentliche, leuchtende Flammenfront ist eine dünne Schicht, in der ein Großteil der Verbrennungsreaktionen stattfindet. Auch außerhalb der sichtbaren Flammen laufen noch Reaktionen ab, so zum Beispiel ein Teil der vergleichsweise langsamen Reaktion von Kohlenmonoxid zu Kohlendioxid.

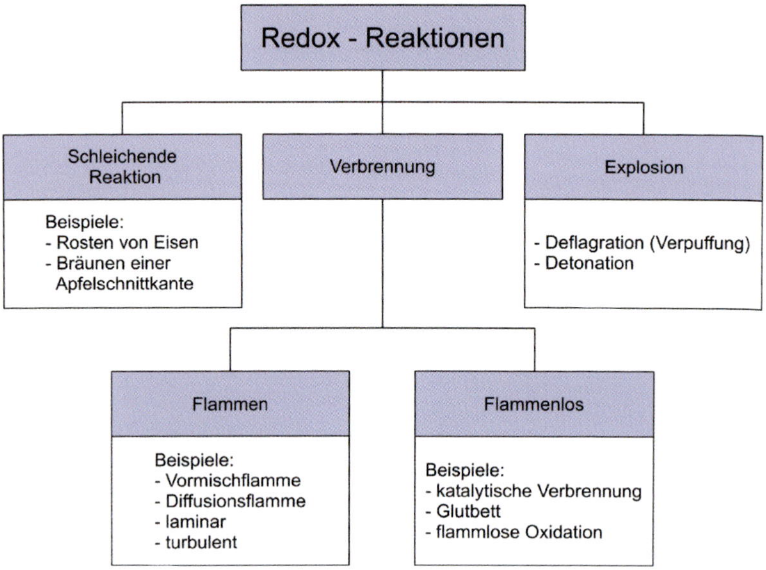

Bild 4.1: Redox-Reaktionen

Bei einer laminaren Strömung bildet sich die Flamme als gleichförmige Hülle aus. Anschauliches Beispiel ist eine Kerzenflamme. Bei turbulenter Strömung beginnt sich diese Hülle unregelmäßig zu falten und es kann auch zu Abrissen einzelner Flammenwirbel kommen. Die weithin sichtbaren Fackeln von Petrochemieanlagen oder Erdölfeldern zeigen diese Erscheinungen deutlich. In hochturbulenten Strömungen sind die Flammenfronten wegen der hohen Strömungsgeschwindigkeit und der kleinen Wirbelstrukturen nicht mehr mit dem Auge erkennbar. So ähnelt die Flamme eines Hochgeschwindigkeitsbrenners mehr einer laminaren Flamme, obwohl die Verbrennungsvorgänge dort grundsätzlich verschieden und deutlich schneller ablaufen.

Es gibt aber auch Verbrennungsvorgänge, die ohne Flammen ablaufen. Ein anschauliches Beispiel dafür ist ein Glutbett eines Grills. Auch nachdem die Flammen über der Holzkohle erloschen sind, finden im Glutbett weiterhin Reaktionen statt, so lange bis nur noch Asche übrig ist. Einen Umschlag in eine Verbrennung mit Flammen kann man deutlich ausmachen, wenn Fett in das Glutbett tropft. Weitere technische Formen der flammenlosen Verbrennung sind die katalytische Verbrennung sowie die flammlose Oxidation, auf die nachfolgend noch näher eingegangen wird.

Eine Flamme ist oftmals erwünscht, wenn die Flamme beispielsweise als Lichtquelle dient. Darüber hinaus waren die Flammen aber auch von ganz wesentlicher Bedeutung für die technische Weiterentwicklung von kontrollierten Verbrennungsvorgängen. Anhand der Flamme kann schnell, auch aus weiter Entfernung, kontrolliert werden, ob die Verbrennung noch stattfindet oder ob zum Beispiel Brennholz nachgelegt werden muss. Anhand der Flammenform und -farbe kann auch die Güte der Verbrennung beurteilt werden. Auch heute noch ist ein Schauloch in einem Ofen oftmals die beste Methode, um anhand der Flammengestalt zu beurteilen, ob die Feuerung wunschgemäß funktioniert.

Für eine Verbrennung sind immer drei, für eine kontrollierte Feuerung vier Elemente wesentlich. Es muss ein Brennstoff zur Verfügung gestellt werden, die Versorgung und Vermischung des Brennstoffes mit Sauerstoff muss gewährleistet sein und es muss eine Zündquelle vorhanden sein, die Reaktionen in Gang bringt. Bei einer kontrollierten Verbrennung muss dann auch noch eine Möglichkeit zur Überwachung der Verbrennung möglich sein.

4.1.1 Buschfeuer

Das Feuer wurde nicht von Menschen erfunden, sondern kommt vereinzelt auch in der Natur vor. Waldbrände oder Buschfeuer können durch Blitzeinschlag auch ohne die Einwirkung von Menschen entstehen. Das Feuer breitet sich dabei aus und sucht sich neuen Brennstoff. Durch die Wärmeentwicklung entsteht eine Auftriebsströmung, die frische Umgebungsluft, und damit den Sauerstoff für die Verbrennungsluft, anliefert. Kräftiger Wind kann die Intensität des Feuers noch wesentlich verstärken.

Brennstoffversorgung:	trockenes Gras, Holz
Luftversorgung:	Auftriebsströmung, Wind
Zündquelle:	z. B. Blitzschlag
Überwachung:	keine

4.1.2 Offenes Rostfeuer

Bei einem kontrollierten Feuer, zum Beispiel einem Lagerfeuer, wird der Brennstoff zur ortsfesten Feuerstelle gebracht. Die Luftversorgung stellt sich auch über die Auftriebsströmung ein. Die für die erstmalige Zündung erforderliche Wärme musste früher mühsam, z. B. durch Reibungshitze beim Drehen eines Stöckchens, erzeugt werden.

Brennstoffversorgung:	Hartholz, Tierdung, Kohle
Luftversorgung:	Auftriebströmung, Wind
Zündquelle:	z. B. Glut vom Vortag
Überwachung:	visuell

4.1.3 Einfacher Ofen

Durch eine Einhausung der Feuerstelle konnte man den Wärmeverlust der Feuerstelle vermindern und durch Anbringen eines Kamins die Luftzufuhr verbessern. Eine solche eingehauste Feuerstelle stellt die einfachste Form eines Ofens dar.

Brennstoffversorgung:	Holz, Holzkohle, Kohle
Luftversorgung:	Kaminzug, Blasebalg, Wind
Zündquelle:	z. B. brennender Holzscheit
Überwachung:	visuell

Feuerroste wurden auch vielfach für Kesselfeuerungen eingesetzt, so zum Beispiel in großen kohlegefeuerten Dampfkraftwerken oder zur Beheizung der Dampfkessel von Dampfkraftmaschinen. Heute werden große Rostfeuerungen fast nur noch für stückige Güter, wie zum Beispiel die Verbrennung von Hausmüll, eingesetzt. Für die Behandlung von problematischen Brennstoffen kommen auch Wirbelbettfeuerungen zum Einsatz.

4.1.4 Feuerung mit Brennern

Heutzutage wird der überwiegende Teil des Brennstoffes mithilfe von Brennern oder Motoren umgesetzt. Der Brenner übernimmt die Brennstoff- und Luftzufuhr sowie in den meisten Fällen die Zündung und eine automatische Überwachung. Als Brennstoff kommen fließfähige Brennstoffe wie Brenngase, Heizöl, aber auch fließfähig gemachte feste Brennstoffe, wie z. B. Kohlenstaub, zum Einsatz.

Brennstoffversorgung:	fließfähige Brennstoffe (Gas, Öl, Kohlestaub)
Luftversorgung:	Gebläse oder Injektorwirkung des Brennstoffes
Zündquelle:	Zündelektrode, Zündbrenner
Überwachung:	automatisch, z. B. Ionisation oder Bimetall

Motorische Verbrennung findet im Gegensatz zu den Feuerungen diskontinuierlich statt. Dies soll hier jedoch nicht weiter behandelt werden.

4.1.5 Entstehung der Flamme

Für die Umwandlung der chemischen Energie der Brennstoffe in Wärme werden Brenner benutzt, die entsprechend den technischen Anforderungen (Brennstoff, Verbrennungsraumgeometrie usw.) unterschiedliche Konstruktionsmerkmale aufweisen. So sind z. B. die Geschwindigkeit der Verbrennung, Flammenform und Flammenlänge in weiten Bereichen variierbar.

Nach **Bild 4.2** bestehen die wesentlichen Merkmale eines Brenners aus der Mischung von Brennstoff und Luft, der Erwärmung des Gemischs auf Reaktionstemperatur sowie der Zündung. Zum Brennerstart erfolgt die Zündung extern über eine geeignete Zündvorrichtung in Form einer Zünd-elektrode oder bei größeren Brennern auch über einen Zündbrenner. Beim stabilen Betrieb des Brenners wird diese Zündenergie dann durch die Verbrennung selbst bereitgestellt. Eine Überwachung der Flamme stellt sicher, dass der Brennstoff kontinuierlich verbrannt wird.

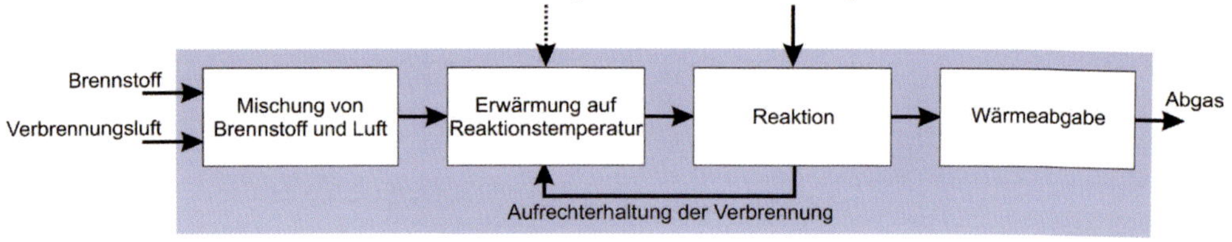

Bild 4.2: Wesentliche Merkmale eines Brenners

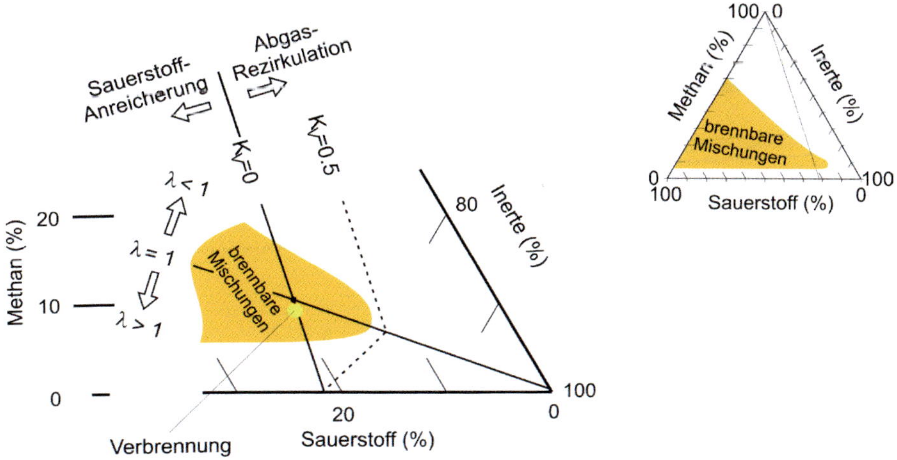

Bild 4.3: Verbrennungsdreieck

Beim Verlöschen der Flamme muss die Brennstoffzufuhr abgestellt werden, damit im Brennraum keine brennbaren Gemische entstehen, die zu einer Verpuffung oder Explosion führen könnten.

Voraussetzung für eine Verbrennung ist immer ein Brennstoff-Luft-Verhältnis innerhalb der Zündgrenzen, eine ausreichend hohe Zündtemperatur und eine Mischung von Brennstoff und Luft, wobei die Geschwindigkeit dieser Mischung Leistung, Flammenlänge und Strahleigenschaften der Flamme bestimmen.

Die Zündgrenzen von Gasgemischen werden häufig mithilfe von Verbrennungsdreiecken dargestellt (**Bild 4.3**). Die drei Achsen zeigen die Anteile von Brennstoff, Sauerstoff und inerten Gasen. Als inerte Gase zählen dabei der Stickstoff der Luft sowie die Reaktionsprodukte der Verbrennung, wie Kohlendioxid und Wasserdampf.

Der schon in vorangegangenen Kapiteln behandelte Referenzfall der stöchiometrischen Verbrennung mit Luft findet sich dabei im Verbrennungsdreieck am Schnittpunkt der Linien $\lambda = 1$ und $x_{O2} = 21$ %. Der überwiegende Teil der Verbrennungen arbeitet ohne Abgasrezirkulation oder Sauerstoffanreicherung und mit geringem Luftüberschuss. Der Arbeitsbereich (gekennzeichnet als Verbrennung) der meisten Brände, Feuerungen und Brenner ist also nur ein sehr kleiner Bereich des Diagramms.

Es wird deutlich, dass schon bei geringer Verdünnung des Gemisches mit Abgas, Luft oder Brennstoff der Bereich des brennbaren Gemisches verlassen wird. Nutzt man mit Sauerstoff angereicherte Luft oder reinen Sauerstoff, anstelle von Umgebungsluft werden die Grenzen für ein brennbares Gemisch deutlich größer. Damit wird die Konstruktion eines Brenners mit stabiler Flamme einfacher, aber die Sicherheitsanforderungen steigen. Man kann sich leicht vorstellen, welche Folgen ein anderer Sauerstoffgehalt in unserer Erdatmosphäre hätte.

Bei der Verbrennung mit Flammen findet ein Großteil der Verbrennung innerhalb sehr dünner zweidimensionaler Schichten, den Flammenfronten, statt. **Bild 4.4** zeigt schematisch den Verlauf einiger Parameter im Bereich der Flammenfronten. Die Flammenfront stabilisiert sich dort, wo die Flammengeschwindigkeit und die Strömungsgeschwindigkeit gleich groß sind und entgegengesetzt verlaufen. Die Temperatur steigt vor dem Erreichen der Flammenfront durch Wärmeleitung und Strahlung an.

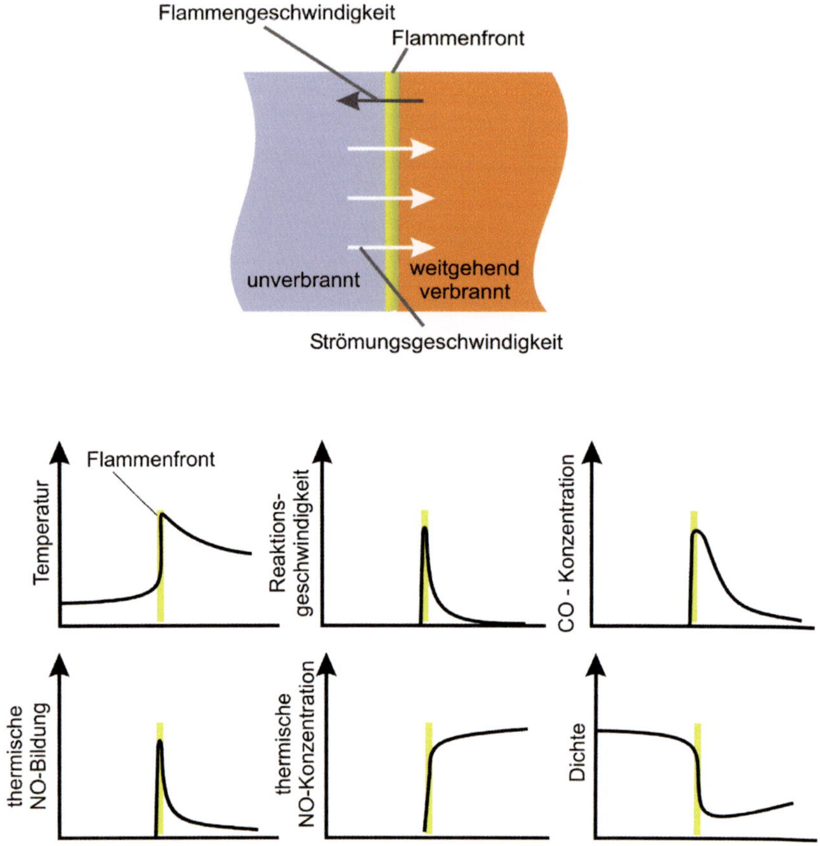

Bild 4.4: Vorgänge in und um die Flammenfront

Innerhalb der Flammenfront findet ein sprunghafter Temperaturanstieg statt. Anschließend gibt die Flamme und die heiße Strömung der verbrannten Gase Wärme an die Umgebung ab. Die Reaktionsgeschwindigkeit ist vor dem Erreichen der Flammenfront nahe Null. Erst wenn das Gemisch die Zündtemperatur erreicht, wächst die Reaktionsgeschwindigkeit rasch. Auch nach der sichtbaren Flammenfront finden noch Reaktionen statt. So wird Kohlenmonoxid recht langsam zu Kohlendioxid oxidiert. Somit befindet sich erst weit hinter der Flammenfront kein Kohlenmonoxid mehr im Abgas. Auch die thermische NO-Bildung findet hauptsächlich in der Flammenfront statt. Je nach Brennraumtemperatur kann aber auch noch außerhalb der Flamme nennenswerte NO-Bildung stattfinden. Die Dichte ändert sich vorrangig durch die Temperaturänderungen und beeinflusst das Strömungsbild.

4.1.6 Flammengeschwindigkeit

Als Flammen- oder Zündgeschwindigkeit bezeichnet man die Geschwindigkeit, mit der sich eine Verbrennungsfront in einem Brennstoff-Luft-Gemisch fortpflanzt. Dieser Wert ist wichtig für die Auslegung der Flammenstabilisierung, aber auch, um die Gefahr eines Flammenrückschlages in vorgemischten Systemen abzuschätzen.

Die Werte der Flammengeschwindigkeit hängen von einer Vielzahl von Parametern ab. Neben der Temperatur und der Strömungsform wird die Flammengeschwindigkeit wesentlich von der Gaszusammensetzung und dem Gas-Luft-Gemisch beeinflusst.

Bild 4.5 zeigt Daten der laminaren Flammengeschwindigkeit von verschiedenen Gasmischungen. Die Werte liegen in der Größenordnung von 1 m/s, wobei Wasserstoff einen deutlich höheren Wert als die üblichen Kohlenwasserstoffe aufweist. Außerhalb der Zündgrenzen tendiert die Flammengeschwindigkeit gegen Null und hat ihr Maximum im nahstöchiometrischen Bereich. Bei höheren Temperaturen nimmt die Flammengeschwindigkeit zu und die Flammenstabilität wird verbessert. Die niedrigen Werte der laminaren Flammengeschwindigkeit erklären auch, warum man eine laminare Flamme, beispielsweise die einer Kerze, einfach ausblasen kann.

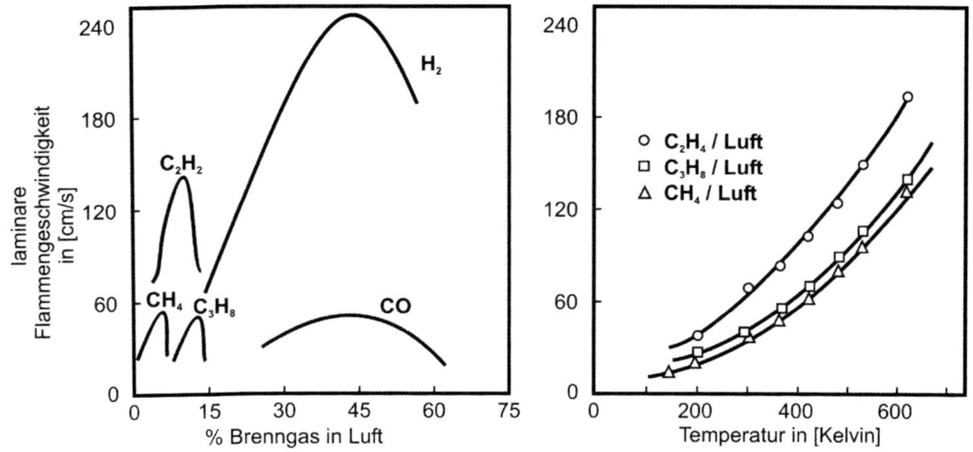

Bild 4.5: Flammengeschwindigkeit (nach Glassmann I.)

Die Werte der turbulenten Flammengeschwindigkeit hängen, außer von der Gasart, Temperatur, Druck etc., im Wesentlichen von der Strömungsform ab und können somit nicht ohne Weiteres in Form von Diagrammen dargestellt werden. Die turbulente Flammengeschwindigkeit kann ein Vielfaches der laminaren Flammengeschwindigkeit betragen.

Die Flammengeschwindigkeit ist ein wesentliches Kriterium für die Stabilität einer Flamme, also das stabile Aufrechterhalten der Reaktion, indem die Flamme selbst die Zündenergie für die Reaktion liefert. Nach Günter gilt: „Die Bedingung für die Stabilität einer Diffusionsflamme ist, ebenso wie bei einer Vormischflamme, Gleichgewicht zwischen Strömungs- und Flammengeschwindigkeit."

Eine wesentliche Aufgabe bei der Konstruktion eines Flammenbrenners besteht also darin sicherzustellen, dass an einem gewünschten Bereich des Brenners diese Forderung erfüllt ist und sich eine stabile Flamme ausbildet.

4.1.7 Einteilung von Flammen

Flammen können nach vielerlei Gesichtspunkten klassifiziert werden. Eine übliche Unterscheidung nach Mischung und Strömungsform ist die:

- laminare Vormischflamme,
- turbulente Vormischflamme,
- laminare Diffusionsflamme,
- turbulente Diffusionsflamme.

Laminare Diffusionsflammen finden sich nur bei Kleinbrennern mit geringen Austrittsquerschnitten. Beispiel für eine laminare Diffusionsflamme ist eine Kerzenflamme oder die Flamme eines Einwegfeuerzeuges. Zumindest bei Windstille bildet sich die Flamme als gleichförmige, ortsfeste Hülle aus. Beispiele für laminare Vormischflammen sind der Bunsenbrenner bei geringem Durchsatz sowie Kochstellenbrenner und die Flammen in Gasthermen.

Die meisten technischen Flammen sind turbulente Flammen. Bei Diffusionsflammen bildet sich die Flammenfront zumeist an der Grenze zwischen Brennstoff und Luft aus. Bei turbulenter Strömung ist die Mischung intensiver und auch die Grenzfläche zwischen Brennstoff und Luft deutlich größer als bei einer laminaren Strömung. Damit wird das für die vollständige Verbrennung notwendige Volumen der Brennkammer bei turbulenter Verbrennung um ein Vielfaches kleiner.

Bei Vormischflammen wird das Brennstoffgemisch vor der Verbrennung gemischt. Somit ist bei Vormischflammen keine hohe Verbrennungsluftvorwärmung möglich, da die Gefahr der Selbstzündung besteht. Bei Vormischflammen muss außerdem darauf geachtet werden, dass die Flamme nicht zurückschlagen kann.

4.2 Klassifizierung von Brennern und Flammen

Neben der Grundeinteilung in vorgemischt, nicht vorgemischt sowie turbulent und laminar können Flammen und Brenner nach einer Vielzahl von Merkmalen klassifiziert werden. Für die Bezeichnung des Brenners wird dabei das Merkmal gewählt, das als das charakteristische Merkmal angesehen wird, worüber es natürlich manchmal unterschiedliche Ansichten gibt und weshalb die Bezeichnung der Brennertypen nicht immer logisch und durchgängig ist. Selbstverständlich sind die hier angeführten Unterscheidungsmerkmale nicht vollständig, da auch Mischformen der hier genannten Brenner existieren.

4.2.1 Luftzufuhr

- Atmosphärischer Brenner
- Gebläsebrenner
- Zwangsluft-Brenner

Beim atmosphärischen Brenner wird nur der Brennstoff zugeführt, die Verbrennungsluft wird aus der Umgebung entnommen oder aber auch durch Injektorwirkung vom Brennstoff mit angesaugt. Beispiele für atmosphärische Brenner sind die üblichen Brenner von Gasherden, aber es gibt auch atmosphärische Brenner mit sehr großer Leistung, zum Beispiel in Öfen der petrochemischen Industrie. Der überwiegende Teil der Industriebrenner arbeitet mit Verbrennungsluft, die mit Gebläsen auf Drücke zwischen 10 und 100 mbar verdichtet wurde. Das Gebläse ist entweder Bestandteil des Gebläsebrenners, oder die Verbrennungsluft wird zentral verdichtet und dann über Rohrleitungen den Brennern zugeführt. Die letzte Variante ist die bei Industrieöfen am häufigsten anzutreffende Form der Verbrennungsluftzufuhr.

4.2.2 Brennstoff/Aggregatzustand

- Gasbrenner
- Ölbrenner
- Staubbrenner
- Mehrstoffbrenner

Brenner werden für den Betrieb mit einem bestimmten Brennstoff ausgelegt. Wichtig ist dabei, in welchem Aggregatzustand der Brennstoff zugeführt wird. Im einfachsten Fall, dem gasförmigen Brennstoff, kann das Brenngas über Düsen an passender Stelle zugegeben werden. Bei flüssigen Brennstoffen, in der Regel Öl, muss der Brennstoff zerstäubt oder verdampft werden, damit er sich definiert mit der Verbrennungsluft vermischt. Feste Brennstoffe, wie Holz oder Kohle, lassen sich nur dann in einem Brenner nutzen, wenn sie fießfähig gemacht wurden. Das geschieht dadurch, dass man sie bis auf eine bestimmte Körnung mahlt und dann zusammen mit einem Luftstrom zum Brenner führt. Stückige Brennstoffe können alternativ zur Verbrennung mittels Brenner auf einem Feuerrost oder in einem Wirbelbett verbrannt werden. Brenner, die je nach Bedarf mit unterschiedlichen Brennstoffen betrieben werden können, bezeichnet man auch als Zweistoff- oder Mehrstoffbrenner.

4.2.3 Stabilisierungsart

- Stauscheibenstabilisierter Brenner
- Brennersteinstabilisierter Brenner
- Drallbrenner
- Stützflammenstabilisierter Brenner

Die Stabilisierung der Verbrennung ist eine wesentliche Aufgabe des Brenners. Folglich werden Brenner auch nach dem gewählten Prinzip der Stabilisierung bezeichnet. Eine Stauscheibe (**Bild 4.6**) kann als Flammenhalter eingesetzt werden. Hinter der Stauscheibe bildet sich ein Gebiet verzögerter Strömungsgeschwindigkeit mit einer Rückströmzone. Wenn die Strömungsgeschwindigkeit gleich der Flammengeschwindigkeit ist, kann sich die Flamme an dieser Stelle stabilisieren. Man kann sich die Funktion der Stauscheibe so vorstellen, wie einen Kanufahrer hinter einem Brückenpfosten, der dem Kanufahrer erlaubt, ohne viel zu paddeln, an Ort und Stelle zu bleiben. Die Flamme kann auch in einem sich erweiternden Kanal, dem Brennerstein, stabilisiert werden. Nach der Kontigleichung aus dem obigen Kapitel vermindert sich die Strömungsgeschwindigkeit, wenn sich der Strömungsquerschnitt vergrößert. In einem Brennerstein kommt noch hinzu, dass sich das Gemisch an den heißen Wänden des Brennersteines entzünden kann. Bei einem Drallbrenner wird die Zone verzögerter oder eine negative Strömungsgeschwindigkeit durch eine Drallbeaufschlagung der Hauptströmung erzeugt. Durch Anpassen des Dralls kann auch Einfluss auf die Flammenform genommen werden. In manchen Fällen wird die Verbrennung durch eine Stützflamme stabilisiert oder sichergestellt. Diese Stabilisierung ist vor allem dann sinnvoll, wenn es zu kurzzeitiger Unterbrechung der Brennstoffzufuhr kommen kann oder wenn die Brennstoffzusammensetzung stark schwankt. Die Zünd- oder Stützflamme sichert dann ein zuverlässiges Wiederzünden der Hauptflamme.

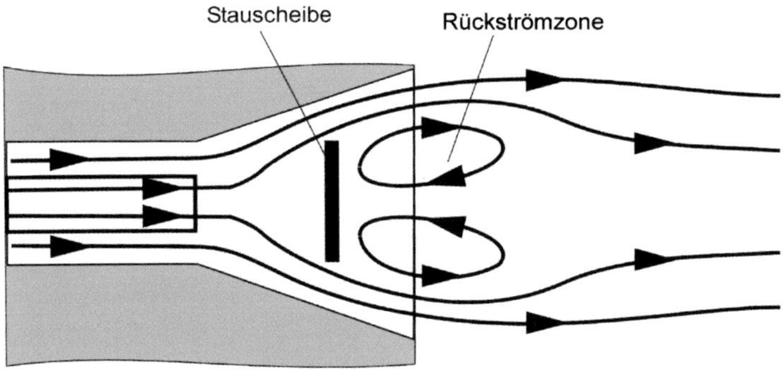

Bild 4.6: Stauscheiben-stabilisierung

4.2.4 Flammenfarbe

- Blaubrenner
- Gelbbrenner

Vor allem bei Ölbrennern ist es gebräuchlich, die Brenner nach der Farbe der Flamme zu bezeichnen. Bei den Blaubrennern wird das Öl verdampft, bevor es reagiert. Die Flamme ähnelt dann farblich der einer blassblauen Gasflamme. Werden die Öltröpfchen direkt verbrannt, bildet sich zumeist Ruß, der zu einer hellgelb leuchtenden Flamme führt.

4.2.5 Luft- oder Brennstoffstufung

- Luftgestufter Brenner
- Brennstoffgestufter Brenner

Bei der Luftstufung wird der Brennstoff mit der Primärluft in einer unterstöchiometrischen Primärverbrennungszone verbrannt. Der vollständige Ausbrand des Brennstoffes erfolgt dann mit der Sekundärluft, nachdem sich die Flamme abgekühlt hat. Bei der Brennstoffstufung wird die Luft zuerst mit Primärbrennstoff überstöchiometrisch, anschließend vollständig mit Sekundärbrennstoff verbrannt. Diese Maßnahmen helfen, die Spitzentemperaturen bei der Verbrennung zu vermeiden und die Stickoxidbildung zu reduzieren. Bei zu starker Luft- und Brennstoffstufung kann die Verbrennung instabil werden.

4.2.6 Flammenform

- Freistrahlbrenner
- Flachflammenbrenner
- Flächenbrenner

Häufig werden Brenner nach der, vorrangig durch die Strömungsverhältnisse beeinflusste, Form der Flamme bezeichnet. Brenner, bei denen der Brennerstrahl unverdrallt durch eine meist runde Düse eintritt, werden als Freistrahlbrenner bezeichnet. Freistrahlbrenner werden auch dazu genutzt, die Atmosphäre im Ofenraum umzuwälzen, ohne dass dazu mechanische Umwälzer notwendig wären. Vor dem Brenner sollte genügend Platz vorhanden sein, da der Brennerstrahl sonst Brennflecken auf dem Wärmgut oder der Ofenwand verursachen kann.

Ist dieser Platz nicht vorhanden, können Flachflammenbrenner (**Bild 4.7**) eingesetzt werden, bei denen sich durch starken Drall die Flamme tangential ausbreitet und an die Ofenwand anlegt. Je nach Einbauort werden die Flachflammenbrenner auch als Seitenwand- oder Deckenstrahlbrenner bezeichnet. Bei Flächenbrennern werden Brennstoff und Luft so zugeführt, dass sich die Flamme dicht an einer Oberfläche ausbreitet. Die Wärme wird dann von der heißen Oberfläche abgestrahlt. Flächenbrenner werden auch als Strahlungsbrenner bezeichnet. Die Oberflächen von Flächenbrennern sind zur Verbesserung der Verbrennung zum Teil katalytisch beschichtet.

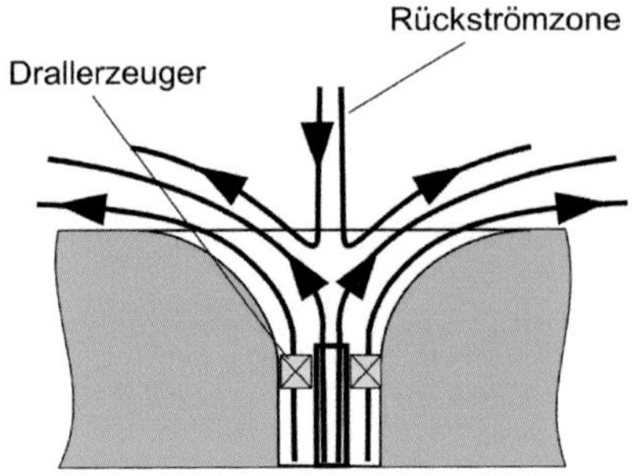

Bild 4.7: Flachflammenbrenner

4.2.7 Strömungsgeschwindigkeit

- Hochgeschwindigkeitsbrenner
- Mittelgeschwindigkeitsbrenner
- Niedergeschwindigkeitsbrenner

Bei Hochgeschwindigkeitsbrennern ist der Brennerimpuls gewünscht und wird zur Umwälzung der Ofenatmosphäre genutzt. Hochgeschwindigkeitsbrenner werden auch Impulsbrenner genannt. Hochgeschwindigkeitsbrenner arbeiten mit Austrittsgeschwindigkeiten von 100 m/s und mehr. Die kurzen, hochturbulenten Flammen vermischen die Flammen schnell mit Abgas und zeichnen sich deshalb oft durch geringe Stickoxidemissionen aus.

Bild 4.8 zeigt fünf Hochgeschwindigkeitsbrenner in einem Ofenraum, von denen die vorderen drei Brenner feuern und die hinteren zwei, zum Zeitpunkt der Aufnahme, nicht im Betrieb sind. Bei niederen Ofenraumtemperaturen können wegen der schnellen Abkühlung der Flamme hohe CO-Emissionen auftreten. Bei Niedergeschwindigkeitsbrennern soll eine starke Umwälzung im Ofen vermieden werden. Diese Forderung gilt zum Beispiel dann, wenn durch hohe Strömungsgeschwindigkeiten Partikel aufgewirbelt werden könnten. Nieder- und Mittelgeschwindigkeitsbrenner haben längere Flammen, oft in Verbindung mit Rußbildung, was zu gelb leuchtenden Flammen führt. Die turbulente Struktur der gelb leuchtenden Flammen wird dann anhand von sich ablösenden Flammenwirbeln deutlich.

Bild 4.8: Hochgeschwindigkeitsbrenner im Ofenraum

4.2.8 Direkte und indirekte Beheizung

- Offene Brenner
- Strahlrohrbrenner

Thermoprozessanlagen werden direkt oder indirekt beheizt (**Bild 4.9**). Die indirekte Beheizung ist dann erforderlich, wenn beispielsweise der Kohlenstoffgehalt in der Randschicht des Wärmgutes verändert werden soll. Im Ofenraum wird dann eine bestimmte Aufkohlungsatmosphäre eingebracht. Die Beheizung muss dann indirekt erfolgen, das bedeutet, dass der Verbrennungsraum vom Ofenraum getrennt ist. Die Trennung kann entweder über eine Muffel oder durch Strahlheizrohre erfolgen. Brenner, die direkt in den Ofenraum, aber auch in den Brennraum zwischen Ofenwand und Muffel, feuern, werden als direkte oder offene Brenner bezeichnet. Brenner, die in Strahlheizrohre feuern, bezeichnet man als Strahlrohrbrenner.

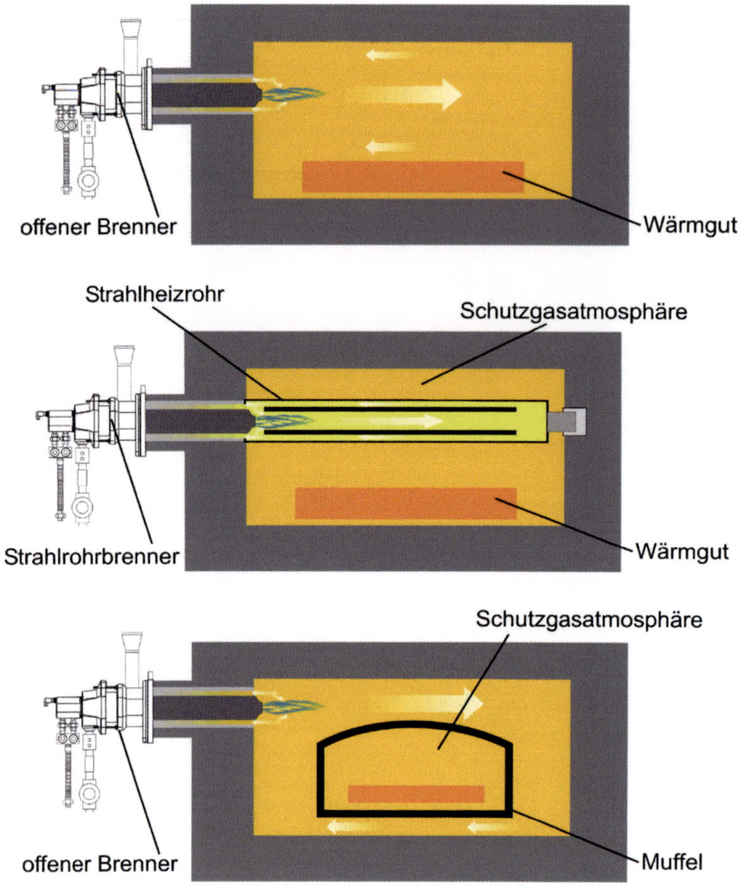

Bild 4.9: Direkte und indirekte Beheizung

4.2.9 Luftvorwärmung

- Kaltluftbrenner
- Warmluftbrenner
- Rekuperatorbrenner
- Regeneratorbrenner

Verbrennungsluftvorwärmung ist eine wirksame Methode zur Senkung des Brennstoffverbrauchs von Hochtemperaturprozessen. Kaltluftbrenner sind nicht für vorgewärmte Verbrennungsluft geeignet. Warmluftbrenner können mit vorgewärmter Verbrennungsluft aus einem externen Luftvorwärmer versorgt werden. Übliche Luftvorwärmtemperaturen liegen dabei um die 400 °C. Beim Rekuperatorbrenner bilden Brenner und rekuperativer Luftvorwärmer eine Baueinheit. Wärmeverluste und Einschränkungen der Warmluftleitungen entfallen und so sind hier Luftvorwärmtemperaturen von 500 bis 700 °C üblich.

Beim Regeneratorbrenner bilden Brenner und regenerative Luftvorwärmer eine Baueinheit. Wegen der höheren Wärmeübertragungsfläche, die bei kompakten Bauvolumen realisiert werden kann, werden Luftvorwärmtemperaturen von 800 bis 1.000 °C und höher erreicht. Regeneratorbrenner sind entweder als Regeneratorbrennerpaare ausgebildet oder aber die Regeneratoren werden zu einer Baueinheit als Kompakt-Regeneratorbrenner zusammengefasst.

4.2.10 Stöchiometrie

- Luftüberschussbrenner
- Luftunterschussbrenner

Die meisten Brenner werden nahstöchiometrisch betrieben, das heißt mit geringem Luftüberschuss. Wie viel Luftüberschuss eingestellt wird, hängt vom Brenner, vorwiegend aber von der Güte der Gas- und Luftmengenregelung, ab. Zu viel Luftüberschuss führt zu steigenden Abgasverlusten, zu geringer Luftüberschuss oder -unterschuss führt zu unvollständiger Verbrennung und zu hohen CO-Emissionen.

In manchen Fällen werden Brenner aber bewusst nicht nahstöchiometrisch betrieben. Luftüberschussbrenner werden eingesetzt, wenn bei hoher Prozesstemperatur der Brennerimpuls noch zur Umwälzung genutzt werden soll, dem Prozess aber weniger oder keine Energie zugeführt werden darf. Im Extremfall entspricht die adiabate Verbrennungstemperatur der Ofenraumtemperatur. Die Abgasverluste betragen dann 100 %. Diese Methode der Temperaturregelung ist zwar sehr wirkungsvoll, aber insbesondere wenn Kaltluftbrenner eingesetzt werden auch extrem ineffizient. Durch den Einsatz wirkungsvoller Wärmerückgewinnung durch Luftvorwärmung lassen sich die Verluste drastisch absenken. Luftunterschussbrenner oder Luftmangelbrenner werden dann eingesetzt, wenn in der Ofenatmosphäre wenig Sauerstoff erwünscht ist, um beispielsweise die Zunderbildung zu begrenzen. Unverbranntes sowie Kohlenmonoxid muss dann noch nachverbrannt werden.

4.2.11 Leistungsanpassung

- Proportional geregelter Brenner
- Ein-Aus-Brenner
- Klein-Groß-Brenner

Ein weiteres bezeichnendes Merkmal ist die Art der Leistungsanpassung eines Brenners. Bei Anlagen mit nur einem Brenner werden diese oft proportional gesteuert. In Thermoprozessanlagen mit einer hohen Anzahl von Brennern setzen sich die Ein-Aus-Brenner immer mehr durch. Der Vorteil liegt darin, dass die Brenner in einem optimierten Betriebszustand arbeiten.

Bei Hochgeschwindigkeitsbrennern steht zudem der volle Impuls zur Verfügung. Ein-Aus-Brenner werden meist in Verbindung mit einer Rundumsteuerung betrieben. Typische Feuerzeiten liegen dabei im Bereich von 20 Sekunden bis zu einigen Minuten. Bei voller Leistungsabnahme werden die Brenner im Dauerfeuer betrieben. Anstatt die Brenner in den Brennpausen abzuschalten, gibt es auch die Möglichkeit, die Brenner in Kleinstellung weiterzubetreiben.

Selbstverständlich gibt es neben den hier aufgeführten Brennerbezeichnungen noch eine Vielzahl von Spezialbrennern und die verschiedensten Firmenbezeichnungen für Brenner. So gibt es Sauerstoffbrenner, die mit reinem Sauerstoff oder mit sauerstoffangereicherter Luft betrieben werden. Ferner gibt es Kanalbrenner, die die Temperatur eines Luft- oder Gasstromes in einem Kanal anheben. Strahlheizrohre, die zur Hallenheizung eingesetzt werden, bezeichnet man als Dunkelstrahler, wohingegen man die offen brennenden Flächenbrenner als Hellstrahler bezeichnet.

4.3 Flammlose Oxidation

Die flammlose Oxidation wurde 1989 bei Versuchen zur NO_X-Minderung bei der Verbrennung mit hochvorgewärmter Luft entdeckt. Die Resultate zur NO_X-Minderung überstiegen alle Erwartungen und im Brennraum war weder eine Flamme zu sehen noch zu hören. Das **Bild 4.10** zeigt Abbildungen dieser Versuche. Auf dem linken Bild wird der Brenner im Flammenbetrieb gezeigt. Die stabilisierte Hochgeschwindigkeitsflamme leuchtet blassblau und verursacht die hohen Temperaturen der Brennermündung, die durch das helle Glühen gut sichtbar sind. Auf dem rechten

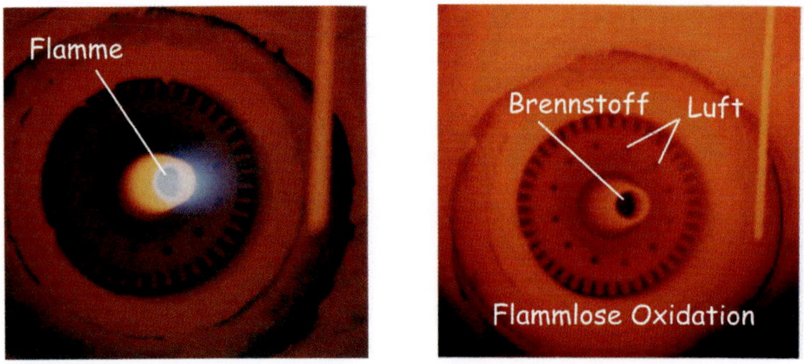

Bild 4.10: Flamme und flammlose Oxidation

Bild wird derselbe Brenner im flammlosen Betrieb gezeigt. Die heiße Zone an der Brennermündung entfällt, sodass keine Flamme mehr sichtbar ist.

Im Laufe der folgenden Jahre wurden die Phänomene der flammlosen Oxidation grundlegend untersucht, aber auch viele praktische Lösungen für die Umsetzung entwickelt. Wie weiter oben gezeigt, gibt es mehrere Arten der flammlosen Verbrennung, wobei hier die flammlose Oxidation als:

„Stabile Verbrennung ohne Flamme mit definierter Rezirkulation von heißen Verbrennungsprodukten"

definiert wird. In Experimenten, aber auch durch Computersimulation, konnte gezeigt werden, dass bei der flammlosen Oxidation nicht nur keine Flamme sichtbar ist, sondern andere wesentliche flammentypische Merkmale nicht vorhanden sind.

Flammlose Oxidation kann

- für gasförmige, flüssige und feste Brennstoffe,
- mit und ohne Luftvorwärmung,
- mit und ohne Brennstoffvorwärmung,
- für magere, nahstöchiometrische und fette Verbrennung (z. B. λ ~ 0,3 – 3) und
- für Diffusions-, teilvorgemischte und vorgemischte Verbrennung

eingesetzt werden. Bislang wird die flammlose Oxidation vorrangig für Erdgasbrenner in Verbindung mit hochvorgewärmter Luft eingesetzt.

In der Literatur finden sich einige Definitionen zur flammlosen Oxidation, die missverständlich sein können. Deshalb soll an dieser Stelle erwähnt sein, dass bei flammloser Oxidation

- die Verbrennungsluft nicht vorgewärmt sein muss,
- der Sauerstoffgehalt im Brennraum nicht niedrig sein muss,
- kein Katalysator benötigt wird,
- im Brennraum keine Wärmesenke vorhanden sein muss (adiabate Verbrennung),
- der Brennraum nicht groß sein muss und
- Brennstoff und Luft nicht räumlich getrennt in den Brennraum eingedüst werden müssen.

4.3.1 Prinzip

Abgasrezirkulation ist eine wirksame Methode zur Reduzierung der thermischen Stickoxidbildung. Durch die Einmischung von inertem Abgas in Verbrennungsluft oder den Brennstoff sinkt

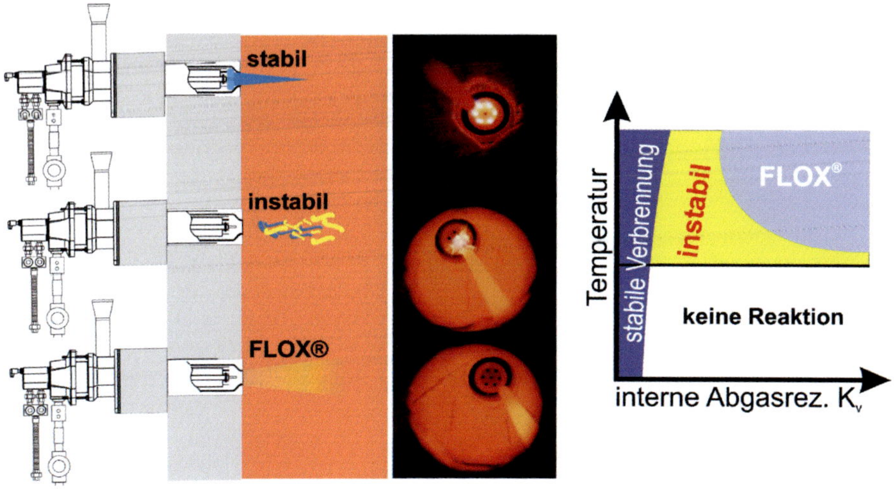

Bild 4.11: Verbrennungsbereiche

die adiabate Verbrennungstemperatur aufgrund des höheren Wärmekapazitätsstromes ab. Bei der Verbrennung von üblichen Brenngasen und Luft führt eine Einmischung von etwa 50 % Abgas noch immer zu brennbaren Gemischen. In technischen Anwendungen werden deshalb Abgasrezirkulationsraten bis 30 % angewendet. Höhere Werte steigern das Risiko von instabilen Flammen und Flammenabriss.

Die Abgasrezirkulationsrate K_V ist dabei wie folgt definiert:

$$K_V = \frac{\dot{M}_A}{\dot{M}_B + \dot{M}_L} \qquad (4.1)$$

mit den Indizes A für Abgas, B für Brennstoff und L für Verbrennungsluft.

Es wurde gefunden, dass unter bestimmten Voraussetzungen auch höhere Abgasrezirkulationsraten zu einer stabilen Verbrennung führen könnten.

Bild 4.11 zeigt ein Schema der verschiedenen Verbrennungszustände. Brenner mit stabilisierter Flamme können im gesamten Temperaturbereich und bei Abgasrezirkulationsraten bis etwa 30 % sicher betrieben werden. Bei höheren Abgasrezirkulationsraten wird die Verbrennung zunächst instabil und dann bei niederen Brennraumtemperaturen verlöschen. Mit abgehobenen und instabilen Flammen können reduzierte Stickoxidemissionen im Labor erreicht werden. Für einen sicheren Betrieb im industriellen Einsatz sind sie aber ungeeignet oder müssen aufwendig überwacht werden. Bei hohen Brennraumtemperaturen oberhalb der Selbstzündtemperatur und hoher Abgasrezirkulation wird wiederum ein Zustand stabiler Verbrennung erreicht. Unter idealen Bedingungen findet die Verbrennung dann ohne sichtbare oder hörbare Flamme statt und die Bildung von thermischen Stickoxiden wird nahezu vollständig unterdrückt.

Der Einfluss der Abgasrezirkulation auf die bei der Verbrennung auftretenden Spitzentemperaturen kann wie folgt grob abgeschätzt werden:

$$\vartheta_{max} = \vartheta_0 + \frac{\vartheta_{ad}}{K_V + 1} \qquad (4.2)$$

Dabei ist die Temperatur ϑ_0 die Mischungstemperatur des rezirkulierten Abgases und des unverbrannten Gemisches von Brennstoff und Luft. Diese Temperatur entspricht bei kleinen Rezirkulationsraten etwa der Verbrennungslufttemperatur und bei hohen Rezirkulationsraten der Abgastemperatur. Die adiabate Verbrennungstemperatur für gebräuchliche Brennstoffe, wie Erdgas, beträgt ca. 2.000 °C. Die einfache Abschätzung macht deutlich, dass sich die Temperaturerhöhung während der Verbrennung durch hohe Abgasrezirkulation drastisch reduzieren lässt. Durch die Vermeidung der Spitzentemperaturen lässt sich die thermische Stickoxidbildung auch dann wirkungsvoll unterdrücken, wenn die Verbrennungsluft hoch vorgewärmt wird.

Zur Beschreibung von Strömungszuständen bei Verbrennungsvorgängen werden oftmals die idealisierten Modelle einer Rohr- oder Kolbenströmung sowie eines idealen Rührkessels herangezogen. Für die Beschreibung der flammlosen Oxidation hat sich das Modell eines Schlaufenreaktors bewährt. **Bild 4.12** zeigt verschiedene Ausführungen von Schlaufenströmungen. Dabei können der Kolbenströmer ($K_V \to 0$) und der ideale Rührkessel ($K_V \to \infty$) als Grenzfälle eines Schlaufenreaktors angesehen werden.

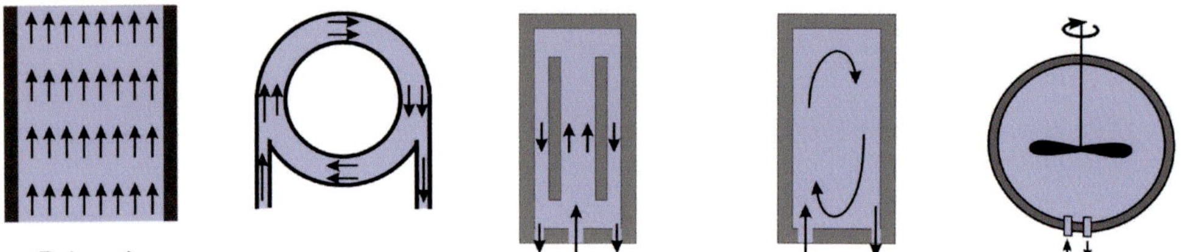

Bild 4.12: Schlaufenreaktoren

Anhand des Modells eines Schlaufenreaktors wird zum besseren Verständnis in **Bild 4.13** ein idealisierter Prozess dargestellt, der die Wirkungsweise der Abgasrezirkulation auf die maximalen Verbrennungstemperaturen verdeutlichen soll.

Im Schritt I vermischt sich die Verbrennungsluft mit rezirkuliertem Abgas. Nach der vollständigen Vermischung wird im Schritt II der Brennstoff zugegeben. Die maximale Temperaturerhöhung

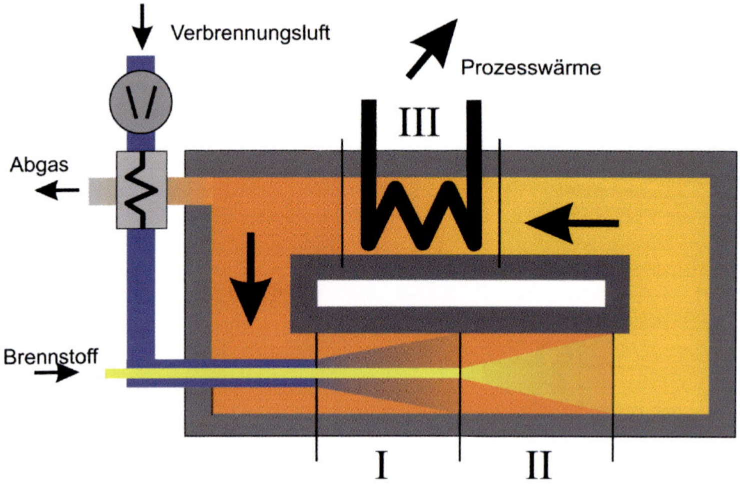

Bild 4.13: Idealisierter Prozess der flammlosen Oxidation

hängt dabei, wie oben beschrieben, im Wesentlichen von der Menge des rezirkulierten Abgases ab und ist in diesem idealisierten Prozess unabhängig von der Reaktionsgeschwindigkeit. Im Schritt III wird Wärme aus dem Prozess ausgekoppelt. Anschließend wird ein Teil des Abgases rezirkuliert und der verbleibende Anteil abgeführt.

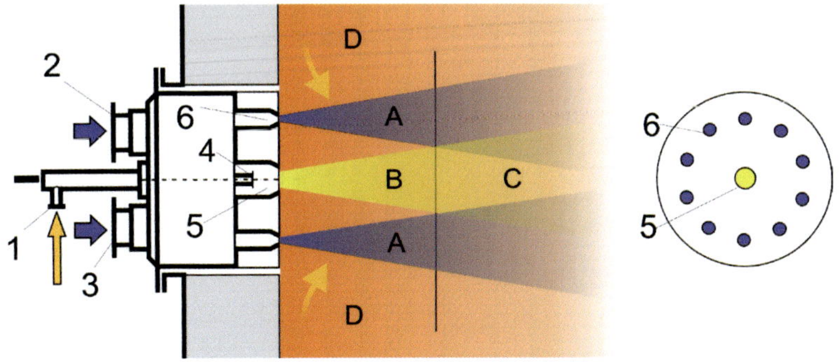

Bild 4.14: FLOX®-Brenner (FLOX® – eingetragenes Warenzeichen der Fa. WS Wärmeprozesstechnik GmbH)

Bild 4.14 zeigt nun, wie diese idealisierten Verfahrensschritte technisch realisiert werden können. Der gezeigte Brenner kann sowohl im Flammenbetrieb als auch bei flammloser Oxidation betrieben werden. Der Brennstoff wird über die Brennstoffzufuhr „1" und die Brennstoffdüse „4" in die zentral angeordnete Brennkammer „5" eingebracht. Im Aufheizbetrieb arbeitet der Brenner mit stabilisierter Flamme und die Luft wird über die Startluftzufuhr „4" ebenfalls der Brennkammer „5" zugeführt. Bis zum Erreichen der für die flammlose Oxidation notwendigen Brennraumtemperatur reagiert das elektrisch gezündete Gemisch in der Brennkammer und tritt mit hoher Geschwindigkeit aus dem Brennraum. Nach Beendigung des Aufheizvorganges kann die Startluftzufuhr geschlossen werden und die Luft wird dann durch die zweite Luftzufuhr „3" über konzentrisch um die Brennkammer „5" angeordnete Luftdüsen „6" in den Brennraum eingeblasen. Der Luftstrahl „A" saugt, ebenso wie der Brennstoffstrahl „B", Abgas aus dem umgebenden Brennraum „D" an. Erst nach dem Zusammentreffen der Strahlen in der Ebene „E" kann eine Reaktion von Brennstoff und Luft im Bereich „C" einsetzen. Die geometrischen Verhältnisse bestimmen dabei das Rezirkulationsverhältnis.

Wenn die Kinetik der Verbrennungsreaktionen mit einbezogen wird, ergeben sich auch noch andere Bauformen und Betriebsbereiche für FLOX®-Brenner. Die bei der flammlosen Oxidation unerwünschte spontane Reaktion von Brennstoff und Luft kann auch dadurch unterbunden werden, dass die Temperaturen im Bereich der Mischungszone niedrig und die Strömungsgeschwindigkeiten deutlich über der Flammengeschwindigkeit gehalten werden. Für die theoretische Betrachtung muss dabei die Vorstellung „gemischt ist gleich verbrannt" fallen gelassen und die chemische Kinetik der Brennstoffumsetzung mit in Betracht gezogen werden. Im Verlauf der Untersuchungen wurde ermittelt, dass räumlich nicht getrenntes Eindüsen und sogar das Eindüsen eines vorgemischten Brennstoff-Luft-Gemisches in den Brennraum, unter bestimmten Voraussetzungen, zur Erzeugung einer flammlosen Oxidation führt. Dabei muss der Vorgang der Abgaseinmischung, der Temperaturerhöhung durch Vermischen mit heißem Abgas und der Temperaturerhöhung durch Teilreaktion berücksichtigt werden.

Bild 4.15 zeigt zwei weitere mögliche Bauformen von Brennern, die vom Flammen- in den flammlosen Betrieb umschalten können. Beim 1-Düsen-Brenner werden im flammlosen Betrieb Brenngas und Luft konzentrisch in den Brennraum eingedüst. Beim gezeigten 6-Düsen-Brenner sind sechs Luftstrahlen konzentrisch um den zentralen Brenngasstrahl angeordnet. In beiden Fällen wird für den Flammenbetrieb die Gaszufuhr umgeschaltet, nicht die Luftzufuhr, wie beim in Bild 4.14 gezeigten Brenner.

Unter Beachtung der Reaktionskinetik kann sogar weit unter- oder überstöchiometrisch verbrannt werden, ohne dass sich stabile oder instabile Flammen ausbilden. Damit ergibt sich eine

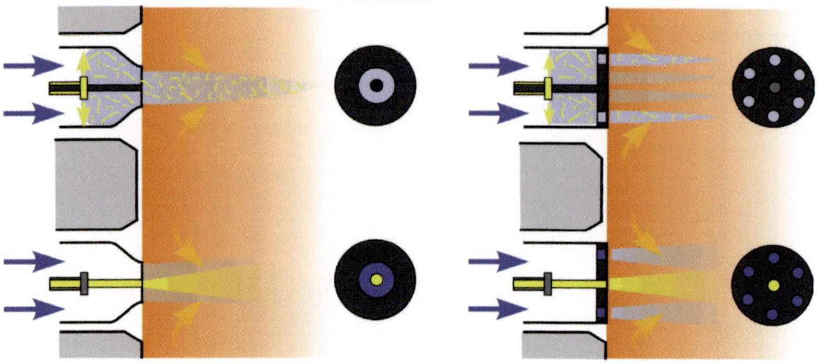

Bild 4.15: 1-Düsen- und Mehrdüsen-Flamme/FLOX®-Brenner

Möglichkeit der Temperaturkontrolle durch Luftüber- oder -unterschuss, auch in einer ganz oder teilweise adiabaten Brennkammer.

4.3.2 Berechnungen und Versuchsergebnisse

Im Folgenden werden Ergebnisse von Feldmessungen und Computersimulationen vorgestellt.

Die Berechnungen wurden mit einem kommerziellen CFD-Computerprogramm durchgeführt, wobei folgende Modelle eingesetzt wurden:

- Turbulenz: k-ε Modell
- Verbrennung: Einschritt-Arrhenius-Reaktion
- Strahlung: Fluss Modell
- Stickoxidbildung: Einschritt-Arrhenius-Reaktion
- Dichte: ideales Gas
- Wärmekapazität: stoff- und temperaturabhängig
- Viskosität: temperaturabhängig

Ein Vergleich von Verbrennungstemperaturen bei Flammen- und FLOX®-Betrieb soll die Reduzierung der auftretenden Spitzentemperaturen deutlich machen. **Bild 4.16** zeigt oben das Temperaturfeld eines 400-kW Flammen-Brenners, der bei einer Ofenraumtemperatur von 1.200 °C mit Kaltluft betrieben wird. Darunter wird der Brenner mit 600 °C Warmluft betrieben. Die Brennerleistung ist dabei auf 245 kW reduziert, um den Nettowärmeeintrag in den Ofen konstant zu halten. Unten ist das Temperaturfeld eines 200-kW FLOX®-Brenners dargestellt, der mit vorgewärmter Verbrennungsluft von 950 °C arbeitet.

Der Kaltluftbrenner zeigt die für Flammen typische Temperaturverteilung mit einer Spitzentemperatur von 1.840 °C. Die adiabate Verbrennungstemperatur wird nicht erreicht, da während der Verbrennung schon Wärme abgestrahlt wird. Wird der Brenner mit Warmluft betrieben, steigt die Spitzentemperatur erwartungsgemäß auf den Wert von 2.120 °C an. Im Fall des FLOX®-Brenners ändert sich das Temperaturfeld grundlegend und die höchste Temperatur findet sich nicht mehr in der Nähe der Brennermündung. Trotz der hohen Luftvorwärmung liegt die Spitzentemperatur mit 1.745 °C unter der des Kaltluftbrenners.

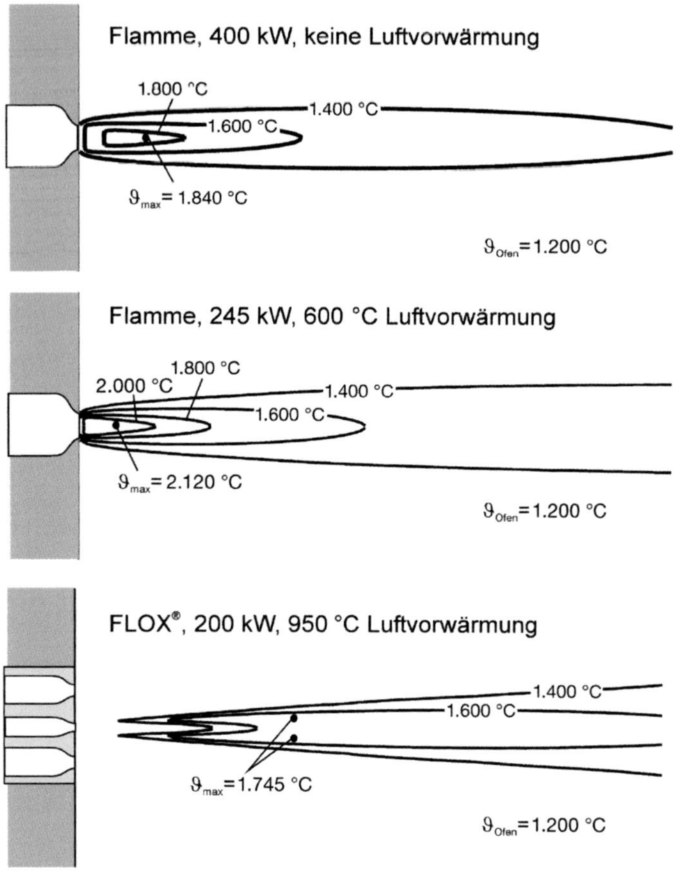

Bild 4.16: Berechntete Temperaturfelder

Die Spitzentemperaturen sind die wesentlichen Ursachen für die thermische Stickoxidbildung und erklären, warum mit FLOX®-Brennern, trotz hoher Luftvorwärmung, Stickoxidemissionen erreicht werden, die unterhalb derer von Kaltluftbrennern liegen.

Bild 4.17 zeigt die Ergebnisse von Parametervariationen für Lufteintrittsgeschwindigkeit, Luftvorwärmung und Luftverhältnis und deren Einfluss auf die axiale Temperaturverteilung eines FLOX®-Brenners.

4.3.3 Feldmessungen

Vergleichende Feldmessungen wurden in einem eigens dafür konstruierten Versuchsofen durchgeführt. Ein Rekuperatorbrenner wurde am Boden eingebaut und feuerte senkrecht nach oben. Die Messeinrichungen wurden von oben eingebracht. Zur Temperaturmessung diente ein dünnes Thermoelement (0,05 mm). Die axiale Strömungsgeschwindigkeit wurde über eine Staudruckmessung ermittelt. Zwei Brennertypen wurden untersucht:

- 1-Düsen-Flamme / FLOX®-Brenner
- 6-Düsen-Flamme / FLOX®-Brenner

Beide Brennertypen konnten sowohl mit stabilisierter Flamme als auch flammlos betrieben werden. Im Flammenbetrieb arbeitete der 1-Düsen-Brenner wie ein üblicher Hochgeschwindigkeits-

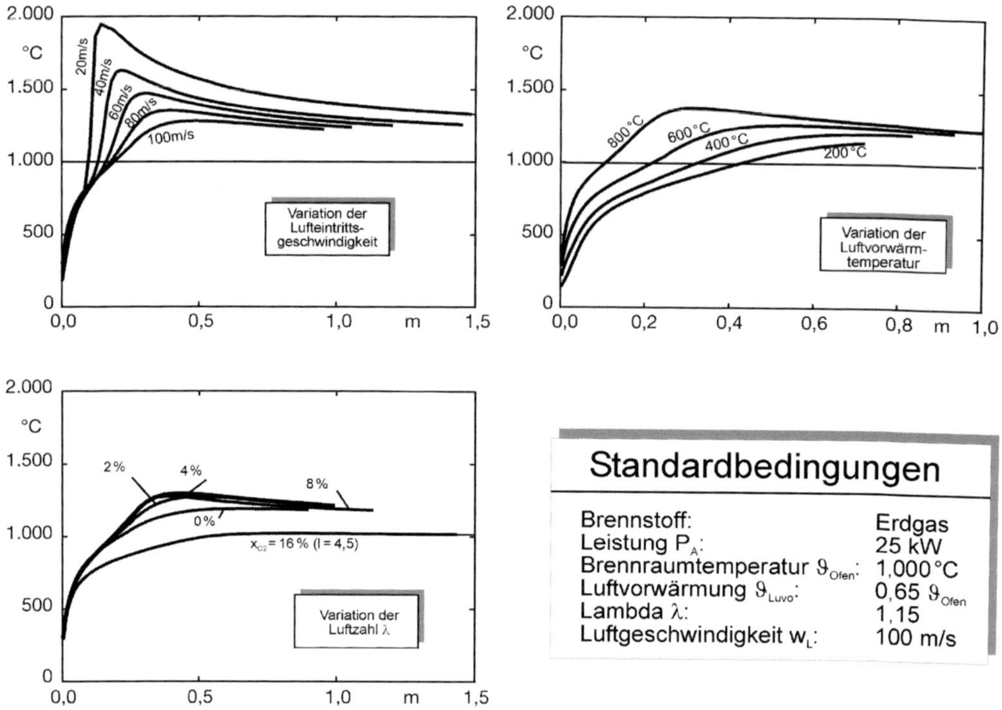

Bild 4.17: CFD-Parametervariationen

brenner. Dabei wurde das Brenngas radial in die vorgewärmte Verbrennungsluft eingedüst. Die Strömungsverhältnisse wurden so gestaltet, dass sich eine stabilisierte Flamme ausbildete, die durch Ionisation oder UV-Sensoren überwacht werden konnte. Die Flamme trat dann mit hoher Geschwindigkeit in den Brennraum ein.

Bild 4.18 zeigt gemessene Temperaturen, die zur Brennermündung ($y \rightarrow 0$, $z \rightarrow 0$) hin deutlich ansteigen. Der flammlose Betrieb wurde durch Umschalten der Brenngaszufuhr, parallel in den schnell strömenden Verbrennungsluftstrahl, erreicht. Das Temperaturprofil im Brennernahbereich änderte sich deutlich zu einem sanften Ansteigen der Temperaturen bis auf Brennraumtemperatur, ohne dass sich Temperaturspitzen ausbildeten. Die gemessenen Temperaturen stimmten dabei gut mit den berechneten Werten überein. Die Messungen zeigten auch, dass sich die Temperaturen im Brennraum, mit Ausnahme des Brennernahbereiches, kaum voneinander unterschieden.

Messungen am 6-Düsen-Brenner zeigten eine sehr ähnliche Charakteristik. Hier wurde der Brennstoff im Flammenmodus hinter der Düsenplatte stabilisiert und es traten sechs kleine Einzelflammen in den Brennraum ein. Im flammlosen Betrieb wurde das Brenngas zentral und axial, die Verbrennungsluft axial durch die konzentrisch angeordneten Düsen zugeführt. Durch die Einstellung bestimmter Parameter konnte dieser Brenner auch mit abgehobener, instabiler Flamme betrieben werden. Die Ergebnisse der Betriebszustände:

- stabile Flamme,
- instabile, abgehobene Flamme und
- flammlose Oxidation

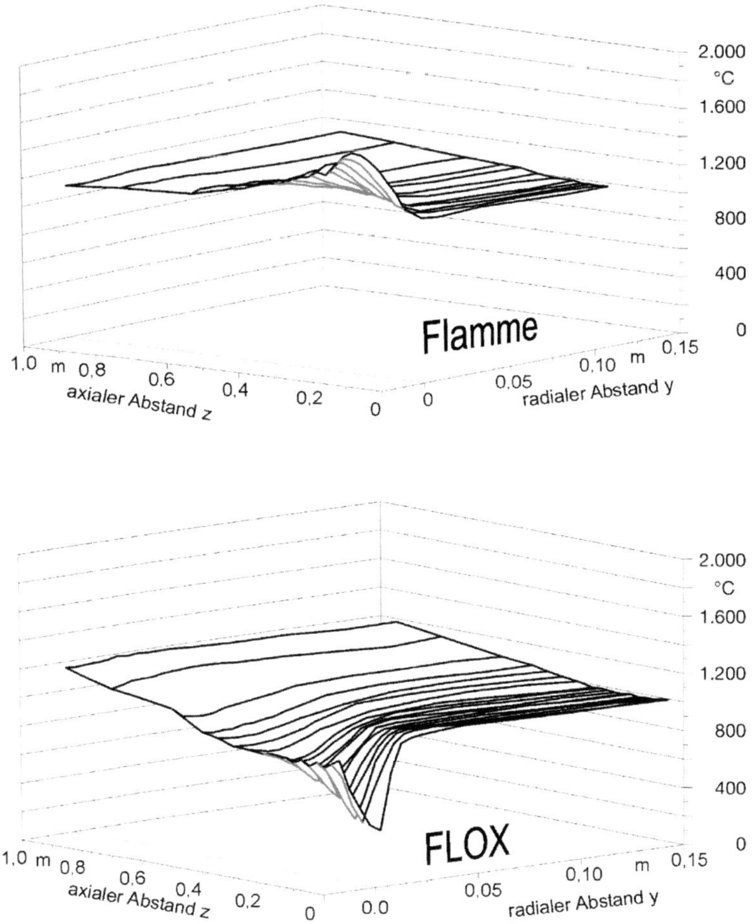

Bild 4.18: Gemessene Temperaturfelder

sind in **Bild 4.19** (siehe auch Bild 4.11) gezeigt. Die gezeigten Temperaturverläufe wurden in einem Abstand von 250 mm von der Brennermündung gemessen. Diese Position befindet sich stromabwärts der Hochgeschwindigkeitsflamme und innerhalb der abgehobenen Flamme. Die zugehörigen NO-Werte wurden im Abgaskanal gemessen.

Im Flammenbetrieb wurde ein Temperatursignal gemessen, das nur geringen zeitlichen Schwankungen ausgesetzt ist. Die abgehobene Flamme zeigte deutliche Temperaturfluktuationen, deren Frequenz im Bereich von wenigen Hertz lag. Die gemessenen Schwankungen betrugen mehrere hundert Kelvin. Im flammlosen Betrieb wurden wiederum stabile Temperaturen gemessen, die etwas unterhalb der Brennraumtemperaturen lagen.

Messungen des Schalldruckes sind ebenfalls charakteristisch für die Verbrennungszustände. Ohne Reaktion, d. h. einströmende Luft ohne Brennstoff, stellt sich ein Grundlevel von gemessenen 78 dB(A) ein. Im Flammenbetrieb werden fast 100 dB(A) erreicht. Bei der abgehobenen Flamme reduziert sich der Schalldruck auf 92 dB(A) und verschiebt sich zu niedrigeren Frequen-

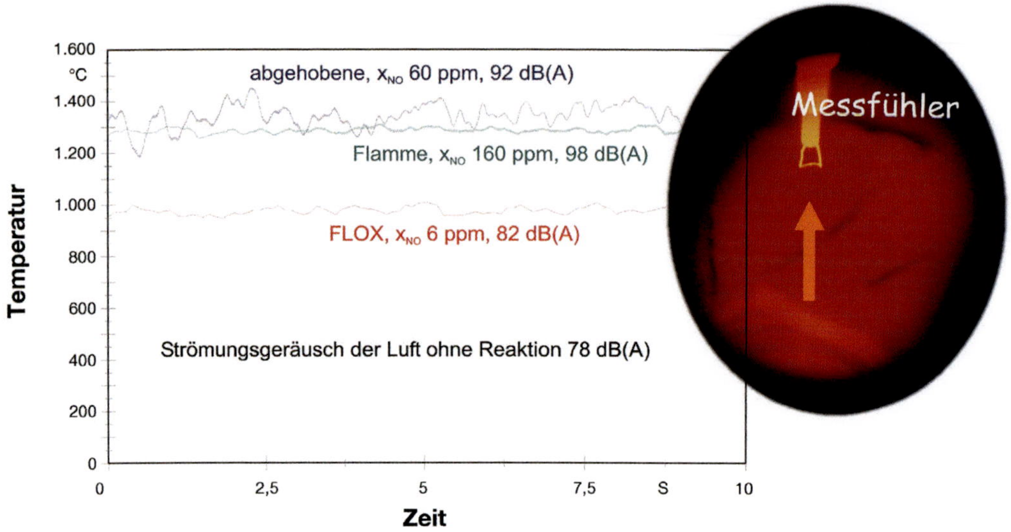

Bild 4.19: Gemessene Temperaturen

zen. Im flammlosen Betrieb liegt der Schalldruck mit 82 dB(A) nur noch knapp über dem Grundlevel. Drastische Unterschiede werden auch bei den Stickoxidemissionen deutlich. Bei flammloser Oxidation werden in diesem Fall die Werte von etwa 160 ppm im Flammenbetrieb auf unter 10 ppm reduziert. Die Werte für die abgehobene Flamme liegen dazwischen und sind auch starken Schwankungen unterworfen.

Bild 4.20 zeigt das NO_X-Minderungspotenzial der flammlosen Oxidation. Die Werte sind in ein logarithmisches Diagramm eingetragen, da die Stickoxidemissionen stark temperaturabhängig sind. Als Referenzwerte sind die Stickoxid-emissionen von luftgestuften Hochgeschwindigkeitsbrennern eingetragen. Die NO_X-Werte von Brennern ohne NO_X-mindernde Maßnahmen sind bei Verwendung von vorgewärmter Verbrennungsluft noch deutlich höher.

Die erreichbaren NO_X-Werte hängen nicht nur vom Brenner ab, sondern auch sehr stark von den Einsatzbedingungen. So ist es in einem hochbelasteten Strahlrohr deutlich schwieriger, die für die flammlose Oxidation erforderlichen Rezirkulationsraten wirtschaftlich zu erzielen. Die niedrigsten NO_X-Werte

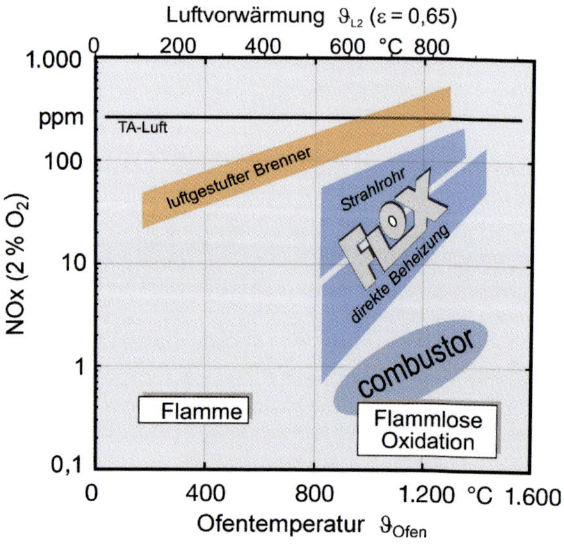

Bild 4.20: NO_X-Emissionen

von unter 1 ppm wurden mit Brennern erreicht, bei denen auch die Brennräume speziell für die flammlose Oxidation optimiert wurden (combustor). In Anwendungen für die direkte Beheizung von Industrieöfen mit Luftvorwärmtemperaturen von 600 bis 900 °C sind kleinere Werte von 50 ppm typisch. Bei indirekter Beheizung mit Strahlrohren werden je nach Einsatzfall NO_X-Werte von 20 bis 100 ppm erreicht.

4.3.4 Anwendungen

Die flammlose Oxidation kann überall dort eingesetzt werden, wo sich eine geeignete Abgasrezirkulation mit einer hohen Temperatur der rezirkulierten Abgase realisieren lässt. Dies ist bei einer Vielzahl von Thermoprozessanlagen ohne eine Modifikation der Anlage möglich, d. h. bestehende Brennersysteme können auf flammlose Oxidation umgerüstet werden. In anderen Prozessen, vor allem auch bei Niedertemperaturprozessen, muss die Anlage oft entsprechend angepasst werden, was sich meist nur bei Neuanlagen lohnt.

Neben den niederen Stickoxidemissionen, die mit flammloser Oxidation selbst bei höchsten Verbrennungslufttemperaturen erreicht werden können, sind auch noch andere Aspekte interessant. Diese sind unter anderem:

- Brennstoffflexibilität,
- Temperaturgleichmäßigkeit,
- keine Zündung,
- keine Flammenüberwachung,
- keine hohen Temperaturen im Bereich des Brenners und
- einfache Brennergeometrie.

Die Brennstoffflexibilität leitet sich daraus ab, dass bei flammloser Oxidation keine Flamme stabilisiert werden muss. FLOX®-Brenner arbeiten mit den unterschiedlichsten Brennstoffen bis hin zu extrem niederkalorischen Brennstoffen. Vorrangig werden gasförmige Brennstoffe eingesetzt, aber auch mit flüssigen und festen Brennstoffen ist eine flammlose Oxidation möglich. Die Temperaturgleichmäßigkeit ist für viele Prozesse wichtig, um eine gleichförmige Temperatur des Wärmgutes zu erreichen und lokale Überhitzung zu vermeiden. Die hohen Strömungsgeschwindigkeiten, ohne dass Temperaturspitzen auftreten, tragen zu der guten Temperaturgleichmäßigkeit bei.

Zündung und Flammenüberwachung sind häufig der Grund für Betriebsstörungen. Eine Zündung ist bei flammloser Oxidation nicht nötig, eine Flammenüberwachung mit herkömmlichen Sensoren nicht möglich. Die Prozesssicherheit wird analog zu Prozessanlagen mit explosiver Atmosphäre über eine Temperaturüberwachung gewährleistet. Diese fehlersichere Temperaturüberwachung muss sicherstellen, dass im Brennraum Temperaturen vorliegen, die eine Selbstzündung eines brennbaren Gemisches sicherstellen. Bei flammloser Oxidation wird hier zumeist eine Temperatur von 850 °C gewählt. Unterhalb dieser Temperatur muss der Brenner abschalten oder in einen überwachten Flammenbetrieb umschalten.

Bei Hochtemperaturprozessen sind die Brennermündungen hohen thermischen Belastungen ausgesetzt. Bei flammloser Oxidation setzt die Reaktion erst im Ofenraum ein und damit sind diese Belastungen deutlich geringer. Die Brennergeometrien von FLOX®-Brennern sind geometrisch einfach. Daraus ergibt sich ein Kostenvorteil gegenüber Brennern mit aufwendiger externer Rezirkulation oder auch mehrfacher Stufung von Brennstoff oder Luft. Kann durch flammlose Oxidation eine ansonsten notwendige Abgasentstickung vermieden werden, lassen sich enorme Einsparungen erzielen.

Die meisten FLOX®-Brenner werden bislang in der Wärmebehandlung von Stahl eingesetzt. In den nachfolgenden Kapiteln werden einige dieser Anwendungen näher beschrieben. Andere Anwendungen in den Bereichen Glas, Keramik, Chemie, in Kraftwerken und anderen werden derzeit in zahlreichen Forschungsvorhaben untersucht.

4.3.5 Wesentliche Merkmale

Die Hauptmerkmale der flammlosen Oxidation können wie folgt zusammengefasst werden:

- Thermische NO-Bildung kann auch bei hohen Verbrennungslufttemperaturen wirkungsvoll unterdrückt werden.
- Flammlose Oxidation ist möglich, wenn die Temperatur des rezirkulierten Abgases oberhalb der Selbstzündtemperatur, typisch etwa 850 °C, liegt.
- Flammlose Oxidation erfordert hohe Rezirkulationsraten.
- Unter idealen Bedingungen findet flammlose Oxidation ohne sichtbares oder hörbares Erscheinungsbild statt.
- Flammlose Oxidation ist in adiabaten und nichtadiabaten Brennkammern möglich.
- Im Gegensatz zur Verbrennung in Flammen treten keine hohen Gradienten der Temperaturen oder der Stoffkonzentrationen auf.
- Flammlose Oxidation kann mit kommerzieller CFD-Software gut berechnet werden.
- Mit Ausnahme des Brennernahbereiches ähneln die Temperaturverteilungen in einem Ofen denen einer Beheizung mit Hochgeschwindigkeitsbrennern.
- Wegen des Fehlens von starken Gradienten, wie sie in Flammen vorkommen, ist die Nutzung der flammlosen Oxidation für die Analyse von chemischen Reaktionsdaten sowie der Überprüfung von mathematischen Verbrennungsmodellen gut geeignet.

4.3.6 Gestufte flammlose Oxidation

Mit der flammlosen Oxidation kann die thermische NO_X-Bildung bei Brennraumtemperaturen oberhalb von 850 °C weitgehend unterdrückt werden.

Mit der gestuften flammlosen Oxidation soll emissionsarme Verbrennung auch bei Prozesstemperaturen unterhalb von 850 °C erreicht werden. Zudem soll auch die Brennstoff-NO-Bildung unterdrückt werden. Brennstoff-NO bildet sich bei Brennstoffen, in denen gebundener Stickstoff vorkommt. Dies gilt für Kohle und Bio-Brennstoffe, aber auch für Ammoniak. Der molekulare Luftstickstoff spielt bei der Brennstoff-NO-Bildung keine Rolle.

Wie in **Bild 4.21** gezeigt, erfolgt die flammlose Oxidation des Brennstoffs in mehreren Stufen. Dabei kann die erste, weitgehend adiabate, Stufe sowohl über- wie auch unterstöchiometrisch erfolgen. Der Ausbrand erfolgt in einer weiteren Stufe, wobei die Reaktion durch die hohe Temperatur der aus der ersten Stufe strömenden Gase sichergestellt wird.

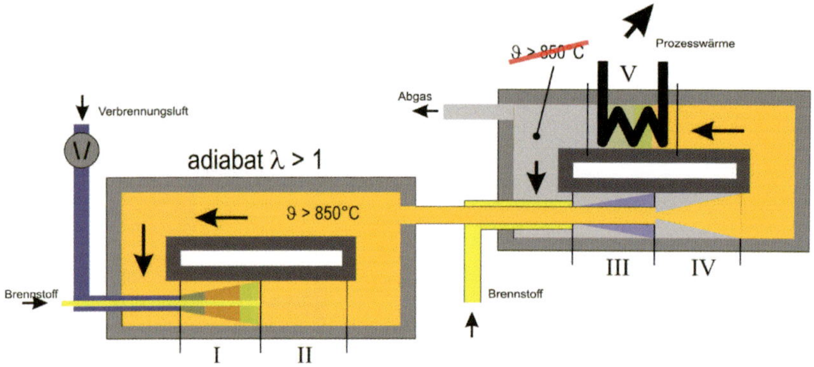

Bild 4.21: Gestufte Flammlose Oxidation

5. Computersimulation

Joachim G. Wünning

5. Computersimulation

Joachim G. Wünning

Die Computersimulation hat in den letzten Jahrzehnten an Bedeutung für die Entwicklung und Auslegung von Feuerungssystemen zugenommen. Im Bereich der Brennersysteme werden in den meisten Fällen CFD-Programme (computational fluid dynamcis) eingesetzt. Dieses Kapitel richtet sich dabei vor allem an diejenigen, die diese Rechnungen nicht selber durchführen, die aber solche Berechnungen in Auftrag geben oder die auch Ergebnisse von CFD-Berechnungen beurteilen sollen.

„Eine wesentliche Qualifikation des wissenschaftlich ausgebildeten Ingenieurs ist die Fähigkeit zur Abstraktion. Aussagen über die Gesamtheit einer realen Maschine oder Anlage sind nicht sinnvoll zu machen, wenn sie in allen ihren Details betrachtet wird. Es kommt darauf an, vereinfachte Modelle zu entwickeln, die das Wesentliche enthalten und dabei noch einer rechnerischen Beschreibung zugänglich sind." (Memorandum, WATT – Wissenschaftlicher Arbeitskreis Technische Thermodynamik e.V.).

Dieses Zitat trifft insbesondere auch auf die Durchführung von CFD-Berechnungen zu. Meiner Einschätzung nach wurde die Vervielfachung von Rechenkapazitäten nur unzureichend dazu genutzt, die Zuverlässigkeit der Berechnungen zu verbessern. Stattdessen wurde versucht, vor allem hinsichtlich der Geometrie, immer detailliertere Abbildungen der realen Anlagen zu erstellen. Der Grund für diese Entwicklungen liegt nicht allein bei denjenigen, die diese Rechnungen durchführen, sondern oftmals auch an der Erwartungshaltung der Auftraggeber. Die Berechnung eines Industrieofens per „App" auf dem Telefon werden sich zwar viele wünschen, aber ich befürchte, auch zukünftige Generationen von Ingenieuren werden sich die nicht einfachen Grundlagen der Wärme- und Strömungstechnik aneignen müssen.

Seit einigen Jahren findet das quelloffene Programm OpenFoam immer weitere Verbreitung. Das Programm ist etwas aufwendiger in der Bedienung, vor allem hinsichtlich der Definition der Berechnungsgitter. Im Hinblick darauf, dass man sich eher auf die Entwicklung und Überprüfung von Teilmodellen konzentrieren sollte, sehe ich darin keinen Nachteil. Es ist bei den Berechnungen wichtiger zu wissen, was man tut, als mit wenigen Klicks riesige Rechenoperationen in Gang zu setzen, die vielleicht der Realität mehr oder wenig nahe kommen. Für die ersten Schritte mit OpenFoam eignet sich am besten ein einfacher Laptop mit einem Linux-Betriebssystem. Das Programm kann aber auch in einer virtuellen Linux-Umgebung auf einem Windows®-basierten Rechner ausgeführt werden.

Die kommerziellen und nichtkommerziellen Programme sind vom Aufbau wie auch von den zugrundeliegenden mathematischen Modellen her ähnlich. Die Programme lassen sich dabei in drei Hauptbestandteile teilen:

- dem Aufbereiten der Aufgabenstellung (engl. Preprocessing)
- dem Lösen der Gleichungen (engl. Solver)
- und der Ergebnisdarstellung (engl. Postprocessing).

5.1 Aufbereiten der Aufgabenstellung

Der CFD-Berechnungsingenieur muss die vorhandenen Informationen einer Aufgabenstellung sinnvoll aufbereiten. Eine gut definierte Aufgabenstellung sowie eine gute Zusammenarbeit mit dem Auftraggeber sind unerlässlich, weil der CFD-Berechnungsingenieur nicht immer beurteilen kann, welche Vereinfachungen zulässig sind und der Auftraggeber die Möglichkeiten und Grenzen der Berechnung aufgezeigt bekommen muss.

Fast alle CFD-Programme basieren auf der Finite-Volumen-Methode. Das Berechnungsgebiet wird dabei in kleine Kontrollvolumina unterteilt, die dann jeweils bilanziert werden.

5.1.1 Berechnungsgitter

Als Erstes muss also die Geometrie des zu berechnenden Gebietes durch ein geeignetes Berechnungsgitter dargestellt werden. Folgende Gittertypen kommen dabei in Betracht:

- Kartesisches Gitter
- Zylindrisches Gitter (Polarkoordinaten)
- Körperangepasstes Gitter (auch krummlinig genannt oder englisch: BFC – body fitted coordinates)
- Unstrukturierte Gitter.

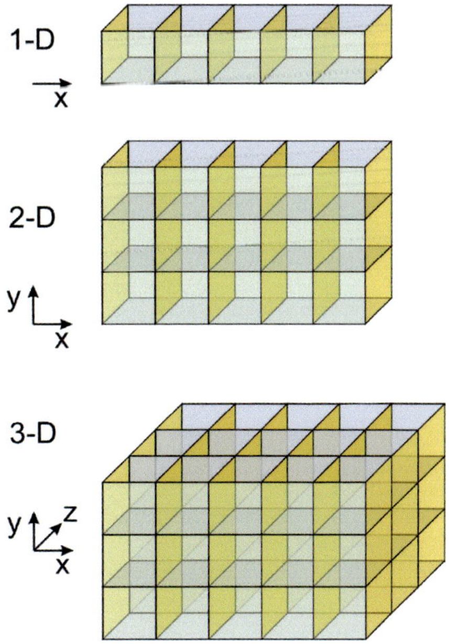

Bild 5.1: Kartesisches Gitter

Das kartesische Gitter (**Bild 5.1**) zeigt den generellen Aufbau der strukturierten Gitter, durch die das Berechnungsgebiet in quaderförmige Volumenelemente aufgeteilt wird. Bei einem eindimensionalen Gitter gibt es nur in einer Richtung mehrere Gitterzellen, in den anderen Ausrichtungen nur jeweils eine Zelle. Das gezeigte eindimensionale Gitter besteht aus $n_x = 5$, $n_y = 1$ und $n_z = 1$, also insgesamt 5 Gitterzellen. Mit einem solchen Gitter lassen sich zum Beispiel Aufgabenstellungen der eindimensionalen Wärmeleitung berechnen. Ein Wärmetransport in y- und z-Richtung ist dabei nicht vorgesehen. Analog dazu sind ein zweidimensionales Gitter mit 15 Gitterzellen und ein dreidimensionales Gitter mit 45 Gitterzellen gezeigt.

Sehr einfache Gitterstrukturen mit solch geringer Zellenanzahl können für manche Problemstellungen sinnvoll sein und liefern somit Ergebnisse nach sehr kurzen Rechenzeiten. Üblich sind aber wesentlich größere Gitter mit vielen hunderttausend Gitterzellen.

Die Kantenlängen der einzelnen Quader müssen nicht immer gleich (äquidistant) sein. **Bild 5.2** zeigt, wie durch die Wahl kleiner Kantenlängen einzelner Volumenelemente eine feinere Auflösung in einem Teil des Berechnungsgebietes erreicht werden kann. Mit dieser Methode wird jedoch auch die Gitterzellenanzahl in Gebieten erhöht, die keine hohe Auflösung erfordern. Zudem sind einzelne Gitterzellen stark verzerrt, was zu größeren numerischen Fehlern führen kann.

Abhilfe schaffen hier die Verfahren der lokalen Gitterverfeinerung (**Bild 5.3**) sowie die Mehrblockverfahren (**Bild 5.4**). Dabei werden die Berechnungen in mehreren Berechnungsgittern durchge-

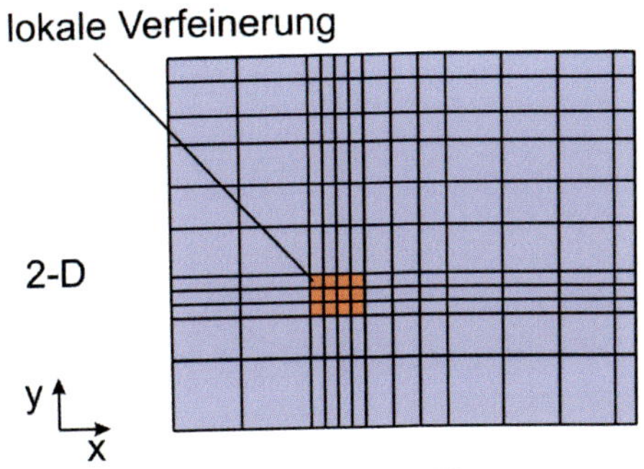

Bild 5.2: Nicht-äquidistantes Gitter

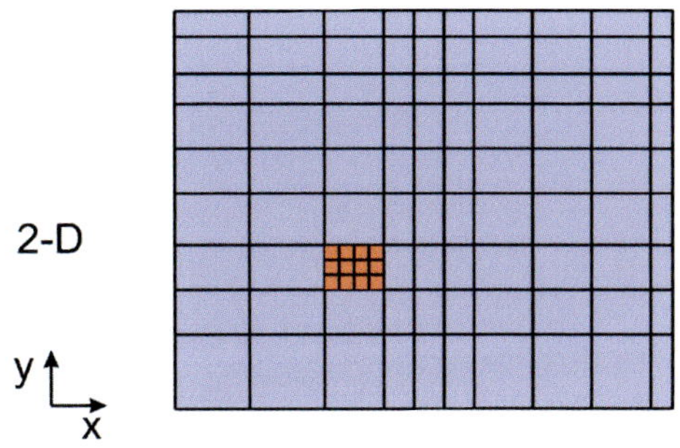

Bild 5.3: Lokale Gitterverfeinerung

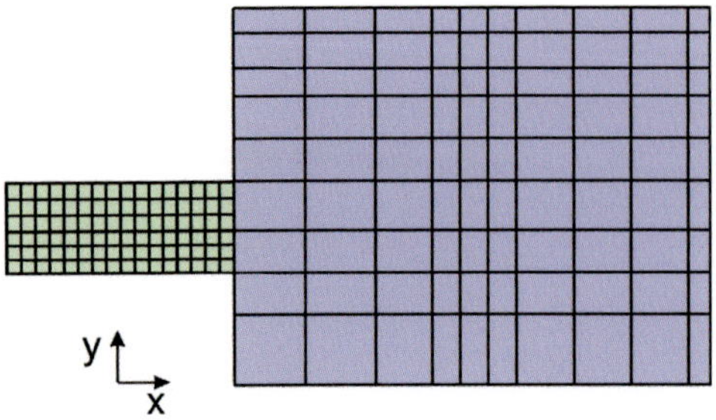

Bild 5.4: Multiblockgitter

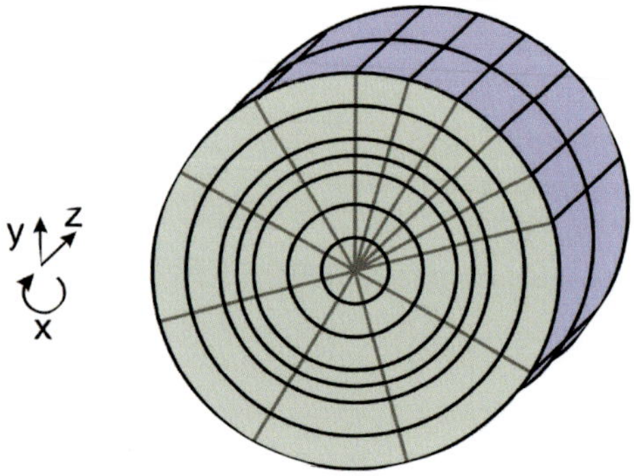

Bild 5.5: Zylindrisches Gitter

führt und an den Grenzflächen oder den überlappenden Gebieten übergeben. Diese Methoden erlauben eine feinere Auflösung geometrischer Details, ohne übermäßige Steigerung der Gitterzellenanzahl. Der numerische Aufwand für die Verwaltung und Zuordnung der Daten steigt aber stark an.

Häufig anzutreffen sind die in **Bild 5.5** gezeigten zylindrischen Gitter. Hier werden die Geometrien durch den Winkel, die radiale und axiale Komponente beschrieben. Brenner sind häufig rotationssymmetrisch aufgebaut, sodass hier zylindrische Gitter zum Einsatz kommen können. Noch mehr Freiheit bei der Abbildung von Geometrien bieten die krummlinigen oder körperangepassten (engl. BFC – body fitted coordinates) Gitter (**Bild 5.6**). Dabei wird ein strukturiertes kartesisches Gitter entsprechend verzerrt. Bei den körperangepassten Gittern sollte aber darauf geachtet werden, dass die Gitter nicht zu stark verzerrt werden, da sich dann die numerischen Fehler bei der Berechnung erhöhen.

Durch unstrukturierte Gitter (**Bild 5.7**) lassen sich nahezu alle Geometrien abbilden. Die Volumenelemente werden dabei meist aus Tetraedern gebildet. Während die strukturierten Gitter oft gezielt definiert werden, geschieht die Gittergenerierung bei unstrukturierten Gittern meist automatisch, basierend auf zur Verfügung gestellten CAD-Geometriedaten. Unstrukturierte Gitter

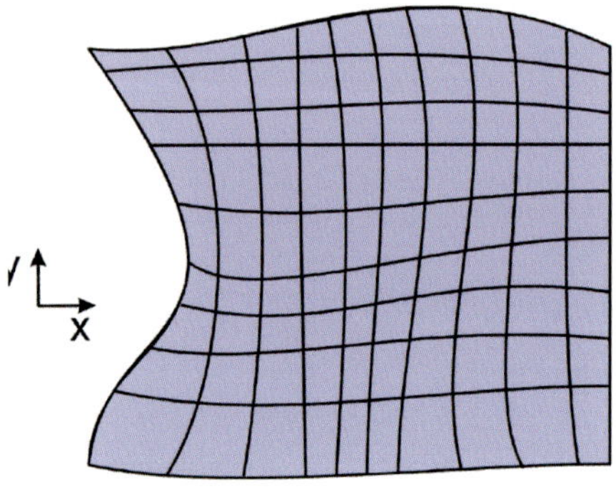

Bild 5.6: Körperangepasstes Gitter

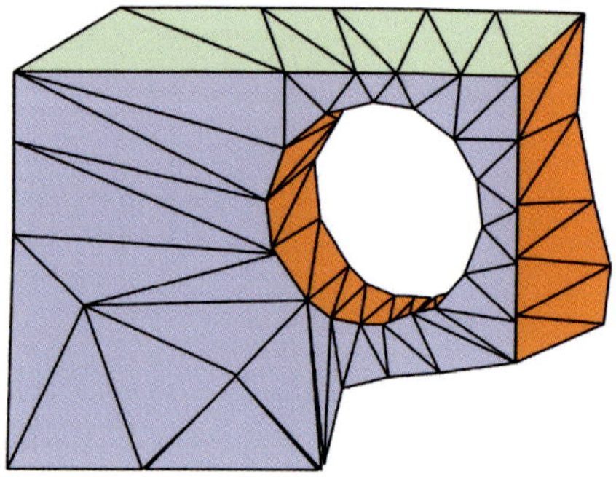

Bild 5.7: Unstrukturierte Gitter

weisen oft eine sehr große Anzahl von Gitterzellen auf. Bei den CFD-Entwicklern und -Anwendern gibt es strenge Verfechter der strukturierten wie auch der unstrukturierten Gitter. Die Zukunft muss hier noch zeigen, ob eine Richtung dominieren wird oder weiterhin beide Techniken zur Anwendung kommen.

Weiterhin gibt es Gitter, die ihre Struktur während der Berechnung verändern. So kann sich ein Gitter im Bereich hoher Gradienten selbsttätig verfeinern oder aber die Gitterstruktur kann sich einer freien Flüssigkeitsoberfläche anpassen.

Generell ist anzumerken, dass grundsätzlich anzustreben ist, die Anzahl der Berechnungszellen sowie die Komplexität der Gitter nur so groß zu wählen, wie unbedingt notwendig. Mit der Komplexität der Gitter steigt nicht nur die Berechnungszeit enorm an, sondern auch die numerischen Fehler werden größer und das Erreichen einer konvergierenden Lösung schwieriger.

Sinnvolle Vereinfachungen sowie die Ausnutzung von Symmetrien sollten immer in Betracht gezogen werden. Oftmals ist es sinnvoll, mit einem groben Gitter die Berechnung zu beginnen und dann schrittweise mehr Details in die Berechnung miteinzubeziehen. Dabei wird dann schon oft deutlich, welche geometrischen Abmessungen für die Berechnung relevant sind und welche weniger.

5.1.2 Stationäre oder instationäre Berechnung

Viele Berechnungen im Bereich der Brennertechnik können als stationäre Berechnungen durchgeführt werden. Dabei wird angenommen, dass sich das System im Gleichgewicht befindet und sich zeitlich nicht mehr verändert. In manchen Fällen ist aber gerade der zeitliche Verlauf interessant. Ist dies der Fall, muss instationär berechnet werden.

Die zeitliche Diskretisierung hängt von der Problemstellung, aber auch von der zur Verfügung stehenden Rechenleistung ab. Für viele Problemstellungen wird man zuerst eine stationäre Berechnung durchführen und die Ergebnisse dieser Berechnung als Startwerte für eine instationäre Lösung verwenden. Es ist klar, dass der Rechenaufwand für eine instationäre Berechnung deutlich höher sein kann als der einer stationären.

5.1.3 Stoffeigenschaften

In den kommerziellen Programmen sind für eine Vielzahl von Stoffen die wesentlichen Stoffeigenschaften hinterlegt. Da im Bereich der Brennertechnik hohe Temperaturen auftreten, ist in jedem Fall zu prüfen, ob die Stoffeigenschaften, wie die spezifische Wärmekapazität oder Viskosität, auch temperaturabhängig für die relevanten Temperaturbereiche abgelegt sind. Ist dies nicht der Fall, müssen die Stoffwerte in geeigneter Form eingegeben werden.

5.1.4 Randbedingungen

Typische Randbedingungen sind Einlassöffnungen, Auslassöffnungen und Wärmesenken sowie Einbauten im Berechnungsgebiet.

Für den Einlass wird üblicherweise eine Fläche am Rand des Berechnungsgebietes oder eines Einbaus gewählt. Hier wird definiert, welcher Volumenstrom oder Massenstrom eines bestimmten Stoffes eingebracht wird. Für einen einfachen Vormischbrenner wird also mindestens ein Einlass festgelegt, in dem das Gemisch eintritt. Für einen Diffusionsbrenner werden getrennte Einlässe für Luft und Brennstoff definiert. An der Auslassöffnung kann der Druck festgelegt werden.

Einbauten können dadurch festgelegt werden, dass bestimmte Bereiche blockiert werden, das heißt, die Strömungsgeschwindigkeit wird auf Null festgelegt. Einbauten und Wände können auch als Wärmesenken definiert werden. So lässt sich eine Wand beispielsweise als adiabat, konstante Temperatur, konstanter Wärmestrom oder über die Angabe von Wärmeübergangsgesetzen defininieren. Darüber hinaus können aber auch beliebige andere Definitionen eingegeben werden.

Manche Randbedingungen gelten für das gesamte Berechnungsgebiet. So kann zum Beispiel ein Schwerefeld festgelegt und damit auch Auftriebskräfte berücksichtigt werden.

Die Wahl des Berechnungsgebietes und die Definition der Randbedingungen sind entscheidend für die Qualität der Berechnungen.

Bei den Randbedingungen ist auch darauf zu achten, dass das System nicht überbestimmt wird. Wenn man in einer stationären Berechnung vorgibt, dass 3 kg/s eines Stoffes in das Berechnungsgebiet einströmen und 5 kg/s desselben Stoffes aus dem Gebiet ausströmen, macht das natürlich keinen Sinn. Dieses Beispiel ist recht offensichtlich, aber in komplexeren Berechnungen können sich solche Fehler durchaus unbemerkt einschleichen.

Ein anderes Beispiel für problematische Angaben von Randbedingungen ist beispielsweise die Abstrahlung von Strahlheizrohren. Bei der Auslegung wird in der Regel von einer konstanten Abstrahlleistung über die gesamte Rohroberfläche ausgegangen. Gibt man nun als Randbedingung dieses vor, können völlig unrealistische Temperaturen berechnet werden, die aber eben diese Randbedingung erfüllen.

Es hat sich gezeigt, dass sehr oft Geometrien bis ins allerkleinste Detail aufgelöst werden, aber andere wesentliche Randbedingungen drastisch vereinfacht wurden. Die Ergebnisse einer solchen Berechnung sind dann sehr schön anzuschauen und vermitteln auch wegen der geometrischen Ähnlichkeit einen realistischen Eindruck. Ob die Ergebnisse richtig sind, weiß man allerdings nicht.

In **Bild 5.8** wird ein stark vereinfachter Brenner, der in einen zylindrischen Brennraum feuert, dargestellt. Am linken Rand befindet sich der Brenner mit zentraler Brennstoffzufuhr und der Luftzufuhr. Der Brennstoffstrahl trifft auf eine Stauscheibe und strömt gemeinsam mit der Luft um die Stauscheibe. Hinter der Stauscheibe soll sich die Flamme stabilisieren und dann treten die Verbrennungsprodukte mit hoher Geschwindigkeit in den Brennraum. Der Brennraum ist stirnseitig durch adiabate Wände begrenzt. Am Umfang befindet sich eine Wand mit konstanter Temperatur als Wärmesenke und gegenüber der Brennerseite befindet sich der Auslass.

Die Form des Brenners und der Brennkammer erlauben es, ein zylindrisches Gitter zu verwenden, das wegen der Rotationssymmetrie zweidimensional sein kann (**Bild 5.9**).

Im Brennerbereich werden die Zellen etwas kleiner gewählt, um die Brennergeometrie gerade noch aufzulösen. Die Brennerdüse wird durch eine Treppenform angenähert. Die Zellen der Wände, Düsen und der Stauscheibe werden blockiert und als adiabat angenommen. An der Außenseite der zylindrischen Brennkammer wird als Randbedingung eine konstante Wandtemperatur definiert. Der Brennstoffeinlass befindet sich axial auf der Brennerachse. Koaxial um

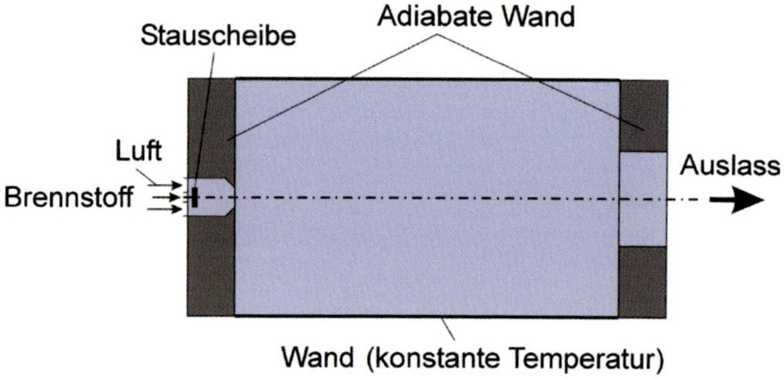

Bild 5.8: CFD-Randbedingungen

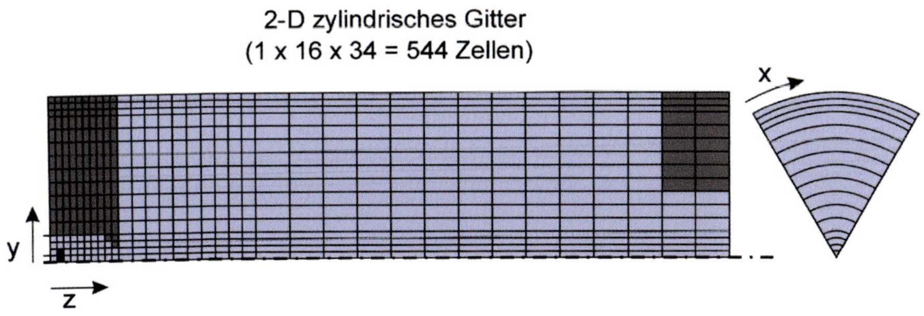

Bild 5.9: CFD-Beispielgitter

den Brennstoff strömt die Verbrennungsluft ein. Der Brennstoffstrahl trifft auf die Stauscheibe, umströmt dann die Stauscheibe und vermischt sich dabei mit der Luft.

Hinter der Stauscheibe kann sich eine Flamme stabilisieren und die Flamme tritt dann mit hoher Geschwindigkeit in den Brennraum aus. Der Auslass wird an der gegenüberliegenden Seite definiert. Eine solche einfache Rechnung mit nur 544 Gitterzellen wird nur wenige Minuten Rechenzeit in Anspruch nehmen, wenn einfache Turbulenz- und Reaktionsmodelle verwendet werden.

5.1.5 Rechenmodelle

Für viele physikalische Modelle müssen geeignete Modelle verwendet werden, damit sie durch CFD-Simulation berechnet werden können. In der Brennertechnik sind dies:

- Turbulenzmodelle,
- Reaktionsmodelle,
- Strahlungsmodelle und
- Wandgesetze,

die für die meisten Berechnungen definiert werden müssen.

Bei den meisten Modellen werden Parameter eingesetzt, die auch verändert werden können. Es muss sehr kritisch geprüft werden, ob die Parameter auch übertragbare Ergebnisse liefern. Experimentell bestimmte Parameter müssen immer anhand von Experimenten mit abgeänderten Randbedingungen validiert werden. Hier lohnt sich ein kritisches Hinterfragen, um die Qualität der Berechnungen beurteilen zu können. Manche Modelle und die eingesetzten Modellparameter können für bestimmte Verhältnisse sehr genaue Ergebnisse liefern, für einen anderen Berechnungsfall aber völlig ungeeignet sein, weil sie die Vorgänge unvollständig oder falsch abbilden. Auch hier gilt, dass es besser ist, ein einfacheres und verständlicheres Modell zu verwenden.

Turbulente Strukturen einer Strömung sind instationär und nicht groß genug, um sie mit üblichen Berechnungsgittern darzustellen.

Bild 5.10 zeigt eine Strömung um ein Hindernis. Während der stationäre Rückströmwirbel hinter dem Hindernis durch die gewählte Auflösung des Gitters gerade noch erfasst wird, können die turbulenten, zeitlich veränderlichen Geschwindigkeitsschwankungen in der Strömung nicht abgebildet werden.

In der rechten Bildseite sind die Abweichungen der Geschwindigkeit von der mittleren Strömungsgeschwindigkeit innerhalb einer Gitterzelle zu einem Zeitpunkt dargestellt. Der Einfluss dieser Turbulenz auf Mischung sowie einen Wärmetransport quer zur Hauptströmungsrichtung

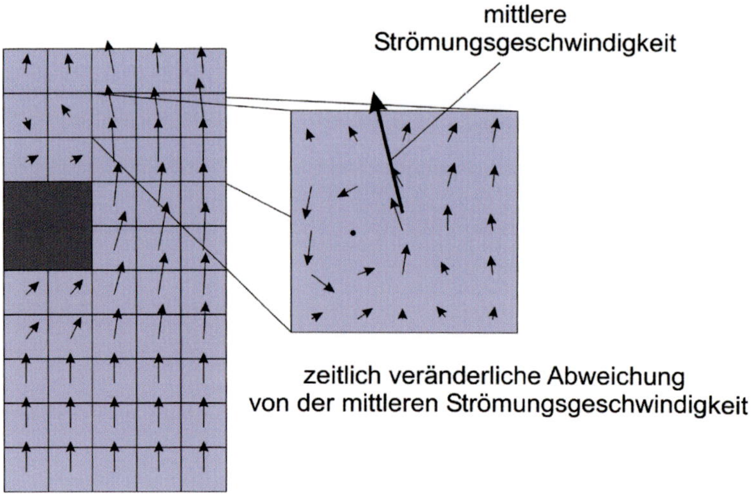

Bild 5.10: Turbulente Geschwindigkeitsschwankungen

kann aber nicht vernachlässigt werden. Um diese Effekte aber dennoch berechnen zu können, gibt es eine nahezu unüberschaubare Anzahl von Turbulenzmodellen.

Welches Modell zum Einsatz kommt, muss der CFD-Berechnungsingenieur aufgrund seiner Erfahrung und der zu erwartenden Strömungscharakteristik entscheiden. Die Wahl des Turbulenzmodells beeinflusst auch wesentlich die notwendige Rechenzeit.

Ein sehr häufig anzutreffendes Turbulenzmodell bei technischen Berechnungen ist das k-ε-Turbulenzmodell. Bei diesem Modell werden zwei zusätzliche Berechnungsgrößen eingeführt. Die eine Größe ist die turbulente kinetische Energie k, die sich aus den turbulenten Geschwindigkeitsschwankungen gegenüber der Hauptströmungsgeschwindigkeit ergibt. Die andere Größe ist die Dissipation ε, die beschreibt, wie diese Energie durch innere Reibung in Wärme umgesetzt wird.

Die verwendeten Turbulenzmodelle wurden oft zur Beschreibung bestimmter Strömungsverhältnisse entwickelt und geprüft. Der CFD-Berechnungsingenieur muss beurteilen können, welches Modell für den Berechnungsfall die besten Ergebnisse bei geringstem Aufwand an Rechenzeit verspricht.

Eine Berechnung, die ohne Turbulenzmodelle auskommt, ist die DNS-Simulation (direkte numerische Simulation), bei der das Berechnungsgebiet zeitlich und räumlich sehr fein aufgelöst wird. Diese Vorgehensweise ist aber nur für wissenschaftliche Zwecke interessant und wird auf absehbare Zeit keine Option für die Berechnung technischer Aufgabenstellungen sein.

Für die Berechnung von Verbrennungsvorgängen ist zudem die Wahl des Reaktionsmodells von wesentlicher Bedeutung.

Schon bei der Reaktion von Erdgas und Luft treten während der Reaktion viele hundert Zwischenprodukte auf. Eine vollständige Beschreibung dieser Vorgänge ist nicht möglich. Zudem findet die Verbrennung oft in sehr dünnen Flammenfronten statt, die vom CFD-Modell räumlich nicht aufgelöst werden und die Durchmischung von Brennstoff und Luft sowie der Wärmetransport in die Flammenwurzel wesentlich von der lokalen Turbulenz abhängen.

Als einfachste Modellvorstellung dient für Diffusionsflammen das „Gemischt gleich verbrannt"-Modell. Hier wird angenommen, dass eine Reaktion schnell und vollständig abläuft, sobald Brennstoff und Luft gemischt werden. Vorgemischte Verbrennung kann somit nicht berechnet werden und der Einfluss der Temperatur auf die Reaktionsgeschwindigkeit bleibt unberücksichtigt.

Ein einfaches Modell, das ein Nebeneinander von Brennstoff und Luft erlaubt, ist ein Ein-Schritt-Reaktionsmodell, bei dem der Reaktionsfortschritt noch von zusätzlichen Faktoren neben der Mischung abhängt. Sehr geeignet ist dabei ein Arrhenius-Ansatz, der die Temperaturabhängigkeit der Reaktion beschreibt.

Dieses Modell kann durch die Einführung eines Zwischenproduktes, wie Kohlenmonoxid, zu einem Zwei-Schritt-Modell erweitert werden. Einer Erweiterung zu immer komplexeren Reaktionsmodellen sind nach oben hin kaum Grenzen gesetzt und in vielen wissenschaftlichen Berechnungen wird mit Hunderten von Reaktionsgleichungen gerechnet. Häufig angewendete Ansätze sind dabei die:

- Wahrscheinlichkeitsdichtefunktionen (pdf – probability density function) und
- Flamelet Modelle (Peters).

Die Wahl des geeigneten Modells liegt hier wiederum beim CFD-Ingenieur, der einerseits ein für die Problemstellung geeignetes Modell wählt sowie auch die Rechenzeiten im Auge behalten muss. Auch hier gilt, dass ein komplexeres Modell nicht notwendigerweise bessere Ergebnisse liefern muss. Oft lohnt es sich, mit einem einfachen Modell zu beginnen.

Die Strahlung erfordert besondere Modelle (Strahlungsmodell), weil hier nicht nur der Energieaustausch mit den Nachbarzellen berücksichtigt werden muss, sondern quasi mit allen Zellen, die im Sichtbereich liegen. Gebräuchliche Modelle sind:

- Flussmodelle,
- Zonenmodelle und
- Monte-Carlo-Methoden.

Auch hier gibt es beliebig komplexe Modelle und es gilt sorgfältig abzuwägen, wie viel Rechenaufwand in die Strahlungsberechnung gesteckt werden kann. Bedenkt man, dass das Reflexionsverhalten der Strahlung, die auf ein bestimmtes Material trifft, richtungsabhängig, temperaturabhängig, wellenlängenabhängig sowie abhängig vom Bearbeitungszustand des Materials ist, wird schnell deutlich, dass eine exakte Berechnung dieser Vorgänge nicht möglich ist. Der Grund dafür liegt schon allein darin, dass die meisten dieser Eigenschaften für übliche Materialien gar nicht bekannt sind. Eine Abschätzung im technisch relevanten Bereich ist aber oft auch mit deutlich einfacheren Ansätzen sinnvoll und möglich. Eine gute Möglichkeit, um die Zuverlässigkeit eines Strahlungsmodells zu prüfen, liegt in einem Vergleich von CFD-Ergebnissen mit analytischen Lösungen, beispielsweise für die Erwärmung von umschlossenen Körpern aus dem Kapitel 3.5

Das Verhalten der Strömung in Wandnähe ist durch die Ausbildung von Grenzschichten geprägt. Damit diese Grenzschichten korrekt abgebildet werden, sind geeignete Gitterauflösungen in Wandnähe sowie passende *Wandgesetze* wesentlich. Nur so kann beispielsweise der konvektive Wärmeübergang an einer Wand gut berechnet werden. Der Einfluss der gewählten Berechnungsgitter auf das Ergebnis muss unbedingt überprüft werden.

5.2 Lösen der Gleichungen

Das numerische Lösen der Gleichungen übernimmt der Computer. Die Rechenzeit liegt je nach Aufgabenstellung im Bereich von Sekunden bis hin zu mehreren Monaten. So erfordern zum Beispiel DNS (direkte numerische Simulation)-Berechnungen, bei denen Turbulenz örtlich und zeitlich aufgelöst werden, schon bei einfachen Verbrennungsberechnungen, selbst auf Großrechnern, sehr lange Rechenzeiten.

Der CFD-Ingenieur kann während der Berechnung nur beschränkt Einfluss auf die Berechnung nehmen. So ist es möglich, sich Zwischenergebnisse oder auch Fehlersummen anzeigen zu lassen, die andeuten, ob eine konvergierende Lösung der Aufgabenstellung zu erwarten ist. Durch die Eingabe oder Änderung von numerischen Parametern ist es möglich, die Zeit zum Erreichen einer Lösung zu beschleunigen. Diese numerischen Parameter kann man sich in etwa wie die Parameter eines Reglers vorstellen, der nur bei richtiger Einstellung das System schnell zum geforderten Zustand führt.

Liegt dem Anschein nach eine konvergierte Lösung vor, sollten die Ergebnisse zunächst kritisch betrachtet werden. Es gilt folgende Fragen zu beantworten:

- Wie verhält es sich mit der Massebilanz?
- Was sagt die Stoffbilanz aus?
- Ist die Energiebilanz plausibel?
- Ist das Ergebnis augenscheinlich sinnvoll?
- Gehen die Fehlersummen gegen Null?
- Bleiben die Parameter bei einer stationären Lösung konstant?
- Sind die Modelle und verwendeten Modellparameter für ähnliche Aufgabenstellungen validiert worden?
- Sind die Modelle mit Konstellationen, für die analytische Berechnungsmethoden vorliegen, validiert worden?
- Ist das Ergebnis gitterunabhängig?

Die Gitterunabhängigkeit kann geprüft werden, indem eine wiederholte Berechnung mit einem verfeinerten Berechnungsgitter durchgeführt wird. Das feinere Gitter sollte dann nahezu unveränderte Ergebnisse liefern. Eine solche Rechnung lässt sich schneller durchführen, wenn die Ergebnisse der vorangegangenen Berechnung als Startwerte für die neue Berechnung eingesetzt werden.

5.3 Ergebnisdarstellung

Das Ergebnis der Lösung liegt zunächst in Form einer oder mehrerer Dateien vor, in denen die geometrischen Daten sowie die Werte der berechneten Daten für jede berechnete Gitterzelle abgespeichert sind. Da diese endlosen Zahlenkolonnen wenig aufschlussreich sind, müssen diese Ergebnisse aufbereitet werden. Dies kann in Form von:

- Zahlenwerten,
- Diagrammen,
- Geschwindigkeitsvektoren,
- Stromlinien,
- Isoliniendarstellungen und
- Isoflächendarstellungen

geschehen.

Die modernen Möglichkeiten der Ergebnisdarstellung bieten die Möglichkeit, komplexe Sachverhalte anschaulich darzustellen. Die „bunten Bilder" bergen aber auch die Gefahr, dass falsche Schlüsse gezogen werden. So ist bei vergleichenden Darstellungen darauf zu achten, dass gleiche Farbskalen verwendet werden. Oftmals werden die Min- und Max-Werte angegeben, die bei zwei Darstellungen aber unterschiedlich sein können.

Zusammenfassend lässt sich feststellen, dass CFD-Berechnungen sehr wertvolle Hinweise geben können. Die Ergebnisse sollten aber immer mit einer gesunden Skepsis betrachtet werden.

Einen Überblick über aktuelle kommerzielle Programme kann man sich im Internet bei www.cfd-online.com verschaffen. Diese Seite wird gemeinsam von verschiedenen Anbietern von CFD-Programmen finanziert.

5.4 Die Zukunft von CFD

CFD wird für die Brennerentwicklung vor allem dann an Bedeutung zunehmen, wenn die Zuverlässigkeit und das Vertrauen in die Qualität der Ergebnisse erheblich gesteigert werden kann. Ein Weg dahin ist die Nutzung von CFD für Echtzeitberechnungen von Verbrennungsvorgängen. Die Rechenleistung von einfachen PCs ist heute schon bei Weitem ausreichend, um Echtzeitberechnungen durchzuführen, wenn man nur genug Ballast abgeworfen hat und sich auf wesentliche Details konzentriert. Ein weiterer Schritt ist die Kopplung der Berechnung mit einer Anlage, die dann bei einem direkten Vergleich von berechneten und gemessenen Werten die Leistungsfähigkeit des Rechenmodells aufzeigt.

6. Schadstoffminderung

Joachim G. Wünning

6. Schadstoffminderung

Joachim G. Wünning

Bei Verbrennungsprozessen werden Schadstoffkomponenten wie:

- Stickoxide (NO, N_2O, NO_2),
- Kohlenstoffoxide (CO, CO_2),
- Schwefeloxide (SO_2, SO_3),
- flüchtige organische Verbindungen (engl. VOC – volatile organic compounds) und
- Partikel (Asche, Ruß, Unverbranntes, rekondensierte Phasen)

gebildet.

Diese Stoffe sind zum einen direkte Schadstoffe für den Menschen und wirken zum anderen als klimaschädliche Gase.

Bei Industrieöfen fallen vor allem zwei Schadstoffkomponenten an: Kohlendioxid und Stickoxide. Das Kohlendioxid als Klima beeinflussendes Gas ist durch den Kohlenstoffgehalt definiert und entsteht bei der Verbrennung zwangsläufig. Als Stickoxide werden die Stickstoff-Sauerstoff-Verbindungen bezeichnet. Zumeist bezieht man sich auf Stickstoffmonoxid NO und Stickstoffdioxid NO_2. Stickoxide gelten in mehrfacher Hinsicht als schädlich. Zum einen sind Stickoxide direkt gesundheitsschädlich. Sie sind Ausgangsstoffe für die für den Menschen schädliche Ozonbildung. Zum anderen sind Stickoxide Ausgangsstoff für Salpetersäure, die als „Saurer Regen" unter anderem zur Schädigung des Waldes beiträgt.

Die Stickoxide können durch geeignete Verbrennungsverfahren minimiert werden.

Da die meisten Industriebrenner mit Erdgas befeuert werden, ist mit Schwefeloxiden und Asche nicht zu rechnen. Ruß, VOCs und Unverbranntes treten bei korrekter Brennereinstellung nicht auf. Kohlenmonoxidemissionen sind bei Hochtemperaturprozessen und leicht überstöchiometrischer Verbrennung gut beherrschbar.

Somit ergeben sich als Entwicklungsziel für Industriebrenner die Schwerpunkte Wirkungsgradsteigerung zur Senkung der CO_2-Emissionen sowie die Minimierung der NO_X-Emissionen durch geeignete Verbrennungsführung. Die auch aus wirtschaftlichen Gesichtspunkten interessante Wirkungsgradsteigerung wird in einem späteren Kapitel gesondert behandelt.

Stickoxide können sich auch beim Einsatz „sauberer" Brennstoffe, wie Erdgas und Wasserstoff, bilden. Die für die Bildung von Stickoxiden notwendigen Komponenten Sauerstoff und Stickstoff werden schon von der Verbrennungsluft bereitgestellt. Als Quellen für die Stickoxidbildung werden drei Hauptbildungspfade genannt:

- Prompt-NO,
- Thermisches NO,
- Brennstoff-NO.

Prompt-NO spielt für die Industriefeuerungen eine untergeordnete Rolle. Bei Brennstoffen, in denen kein gebundener Stickstoff vorkommt, ist somit der Bildungspfad des thermischen NO am wichtigsten. Der im Erdgas enthaltene molekulare Stickstoff trägt nicht zur Brennstoff-NO-Bildung bei.

Die Bildung der thermischen Stickoxide wird durch den Bildungsmechanismus nach Zeldovic wie folgt beschrieben:

$N_2 + O \Leftrightarrow NO + N$

$N + O_2 \Leftrightarrow NO + O$

Manchmal auch noch unter Angabe des zusätzlichen Pfades:

$N + OH \Leftrightarrow NO + H$

Wie es der Name schon andeutet, setzt die Bildung von thermischem NO bei hohen Temperaturen ein und steigt dann mit der Temperatur exponentiell an. Sauerstoff und Stickstoff sind Bestandteile der Verbrennungsluft und stehen somit in Verbrennungsprozessen zur Verfügung.

Bild 6.1 zeigt die Gleichgewichtskonzentration von NO bei der Verbrennung von Methan und langer Verweilzeit. Die Gleichgewichtskonzentration liegt dabei für üblichen Luftüberschuss von 10 % (λ = 1,1) im Bereich von 100 ppm (ppm – engl. „parts per million" entspricht 10^{-6} mol/mol) bei 1.000 °C und steigt auf etwa 1.000 ppm bei 1.800 °C. Die Gleichgewichte werden jedoch selten erreicht, weil bei Verbrennungsvorgängen nur kurzzeitig hohe Temperaturen auftreten. Deshalb ist es auch wichtig, die NO-Bildungsgeschwindigkeit, die in **Bild 6.2** dargestellt ist, zu beachten.

Bei 10 % Luftüberschuss wird die NO-Bildungsgeschwindigkeit erst oberhalb bei etwa 1.600 °C so schnell, dass nennenswerte NO-Bildungsgeschwindigkeiten erreicht werden.

Für die NO_X-Minderung müssen also das Nebeneinander der Einflussfaktoren:

- Temperatur,
- Sauerstoff,
- Stickstoff,
- Verweilzeit

vermieden werden.

Daraus haben sich zahlreiche NO_X-Minderungsverfahren abgeleitet.

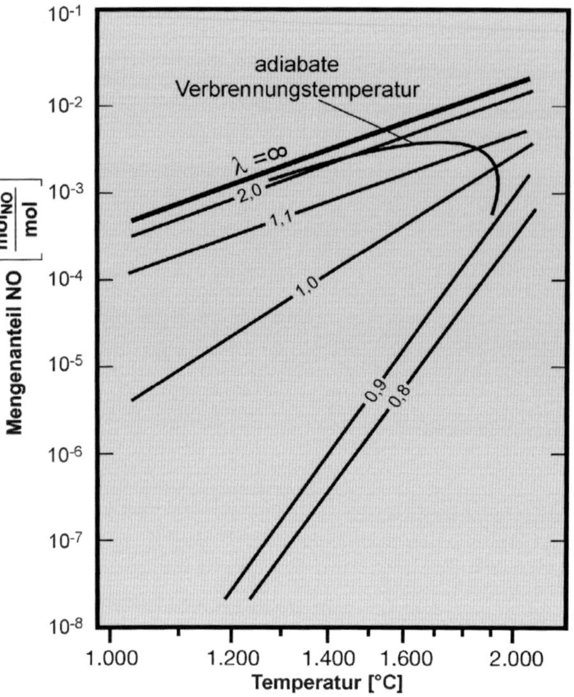

Bild 6.1: NO-Gleichgewichtskon-zen-tration (nach Renz)

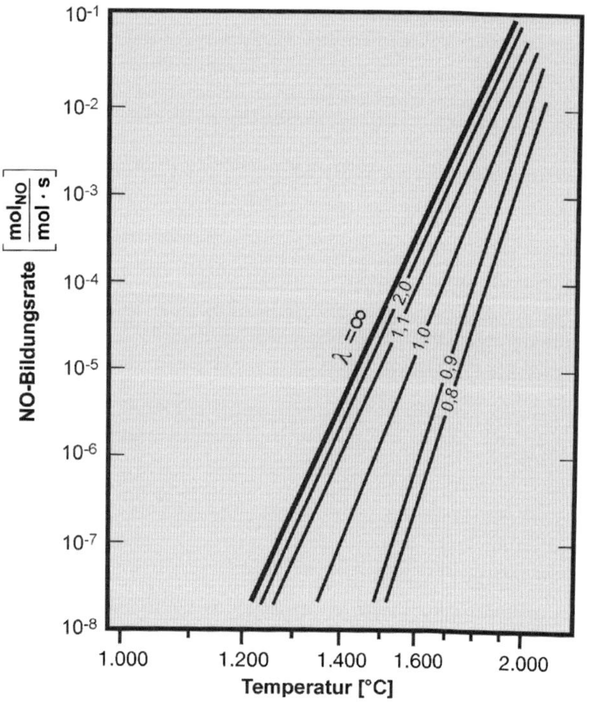

Bild 6.2: NO_x-Bildungsgeschwindigkeit (nach Renz)

6.1 NO_X-Minderung durch Flammenkühlung

Es gibt viele Maßnahmen, die als Flammenkühlung bezeichnet werden können. Das Ziel ist dabei die Reduzierung von Spitzentemperaturen und die Verkürzung der Verweilzeit bei hohen Temperaturen. Die Flammenkühlung kann erreicht werden durch:

- Einmischung von Gasen aus der Umgebung in die Flamme,
- Eindüsen von Wasser,
- Eindüsen von Dampf,
- Positionierung von Kühlstäben.

Die Einmischung von Ofengasen in die Flamme wird bei Hochgeschwindigkeitsbrennern, wie in **Bild 6.3** dargestellt, als NO_X-mindernde Maßnahme eingesetzt. Die Einmischung erfolgt dabei in die bereits stabilisierte Flamme. Das Eindüsen von Dampf und Wasser (**Bild 6.4**) ist bei Industriefeuerungen wegen der Wirkungsgradeinbußen unüblich. Ebenso unüblich ist das Anbringen von Kühlstäben im Bereich der Flamme (**Bild 6.5** und **Bild 6.6**), wie sie bei kleineren Heizgeräten und Warmwasserboilern zu finden sind.

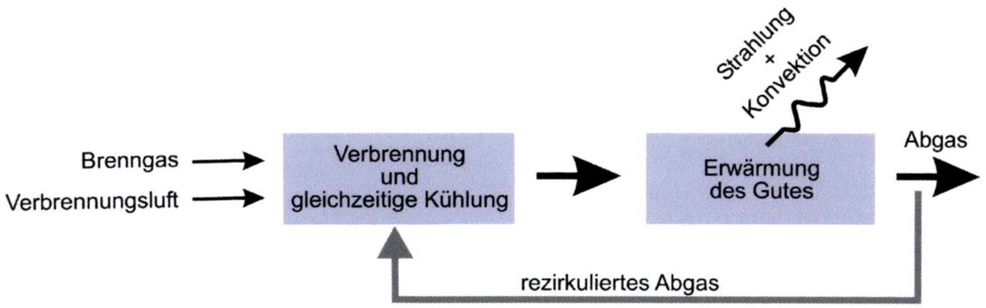

Bild 6.3: Flammenkühlung mit Ofengasen

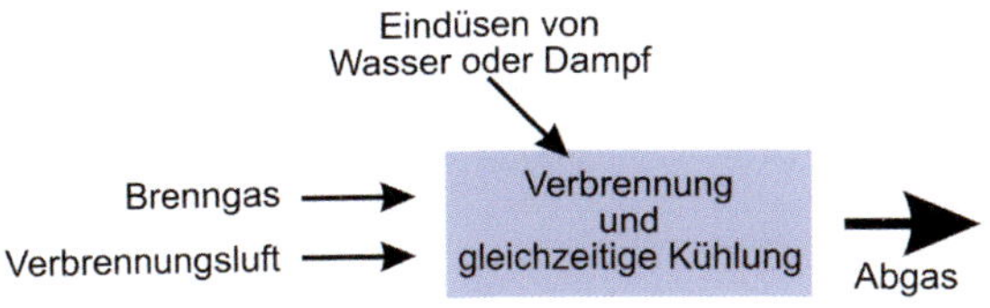

Bild 6.4: Flammenkühlung mit Wasser oder Dampf

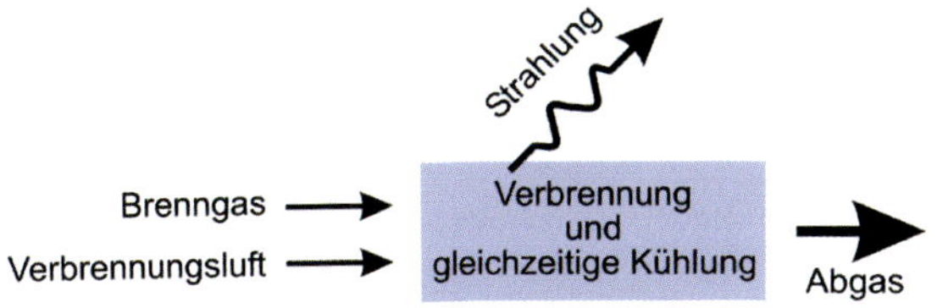

Bild 6.5: Flammenkühlung durch Abstrahlung

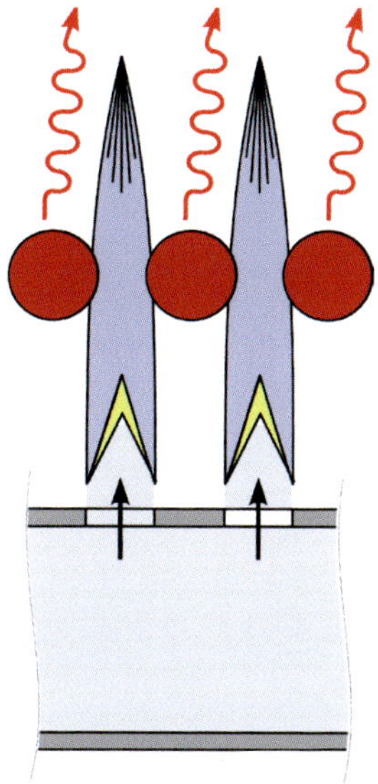

Bild 6.6: Flammenkühlung mit Kühlstäben

Die Grenzen der Flammenkühlung sind dann erreicht, wenn das starke Kühlen der Flamme zu einem vorzeitigen Abbruch der Verbrennungsreaktionen und somit zu hohen CO-Emissionen oder auch Unverbranntem und Rußbildung führt. Man spricht von einem „Quenchen" der Flamme.

6.2 Magere Vormischverbrennung

Bei der mageren Vormischverbrennung wird die adiabate Verbrennungstemperatur durch hohen Luftüberschuss, also stark überstöchiometrische Verbrennung, begrenzt (**Bild 6.7**).

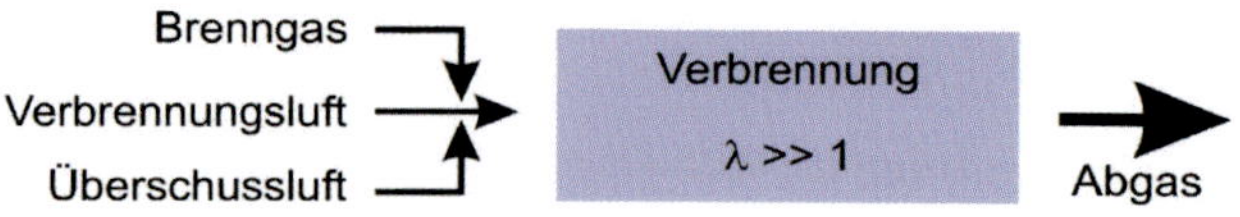

Bild 6.7: Magere Vormischverbrennung

Eine vollständige Vormischung bis in den molekularen Bereich ist notwendig, damit keine Temperaturspitzen auftreten. Wegen der hohen Abgasverluste, die mit dem Luftüberschuss verbunden sind, wird die magere Vormischverbrennung in Industrieöfen selten eingesetzt. Die Vormischung lässt auch keine hohen Luftvorwärmtemperaturen zu, die zu einer vorzeitigen Zündung oder auch zu Flammenrückschlag führen könnten. Hauptanwendungsgebiet der mageren Vormischverbrennung sind Gasturbinen. Hier wird das Brenngas in einer adiabaten Brennkammer umgesetzt, um die Turbine anzutreiben.

6.3 Flammenstufung

Bei der Stufung wird die Flammentemperatur und bei Luftstufung zusätzlich das Sauerstoffangebot in der Primärverbrennungszone begrenzt. Man unterscheidet zwischen Luft- und Brennstoffstufung sowie zwischen zwei- und mehrstufiger Verbrennung.

Zweistufige Verbrennung mit Luftstufung findet sich häufig im Bereich der Industriebrenner. Dabei wird der Brennstoff in einer Primärzone unterstöchiometrisch verbrannt (**Bild 6.8**). Typischer Luftunterschuss ist dabei im Bereich von $\lambda \sim 0{,}7$ bis 0,9 festzustellen.

Bei geringeren Luftzahlen in der Primärzone wird es schwierig, die Flamme zuverlässig zu stabilisieren. Wegen des Luftunterschusses wird die adiabate Verbrennungstemperatur nicht erreicht und die NO_X-Bildung ist auch wegen des Sauerstoffmangels (siehe Bild 6.1 und 6.2) gering. Der vollständige Ausbrand kann dann durch Sekundärluftzugabe erreicht werden. Idealerweise liegt die Sekundärverbrennungszone in einem Bereich, in dem die Flamme schon genug Wärme abgegeben hat, die Temperatur aber noch ausreichend hoch ist, um eine vollständige Verbrennung zu gewährleisten.

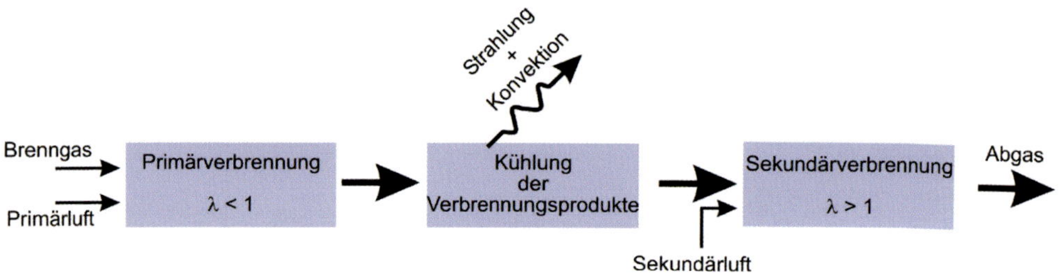

Bild 6.8: Luftstufung

Die Stufung kann durch die Brennerkonstruktion erreicht werden oder aber durch das Anbringen von separaten Düsen im Brennraum. Separate Düsen findet man im Bereich der Kraftwerksfeuerungen oder Müllverbrennungsanlagen; die Ersteren sind für Anwendungen in Industrieöfen typisch.

Bild 6.9 zeigt einen luftgestuften Hochgeschwindigkeitsbrenner. Die Flamme wird innerhalb einer keramischen Brennkammer mithilfe einer Stauscheibe stabilisiert. Die Flamme tritt dann mit einer hohen Geschwindigkeit von etwa 100 m/s in den Ofenraum ein. Der Flammenstrahl saugt gleichzeitig Ofengase und Sekundärluft an, die zu einem vollständigen Ausbrand führen.

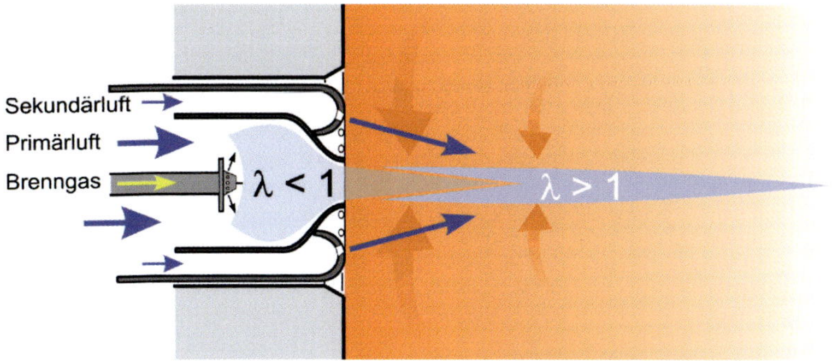

Bild 6.9: Hochgeschwindigkeitsbrenner mit Luftstufung

6.4 Abgasrezirkulation

Abgasrezirkulation ist eine sehr wirksame Methode zur Absenkung der Spitzentemperaturen in der Flamme und somit zu einer Minderung der Stickoxidbildung.

Bei der Abgasrezirkulation wird das Abgas nicht nur in die Flamme, sondern wie in **Bild 6.10** gezeigt, weiter stromaufwärts in die Verbrennungsluft und/oder den Brennstoff gemischt. Dabei kann zwischen externer und interner Abgasrezirkulation unterschieden werden. Bei der externen Rezirkulation wird ein Abgasteilstrom aus dem Kamin entnommen und über ein Gebläse oder eine Injektorpumpe dem Brenner zugeführt.

Eine externe Abgasrezirkulation kann in manchen Fällen nachgerüstet werden, um die NO_X-Emissionen zu senken. Es entsteht jedoch ein zusätzlicher Aufwand, hervorgerufen durch das Anbringen eines weiteren Abgasgebläses und die dafür notwendige Verrohrung. Bei Systemen

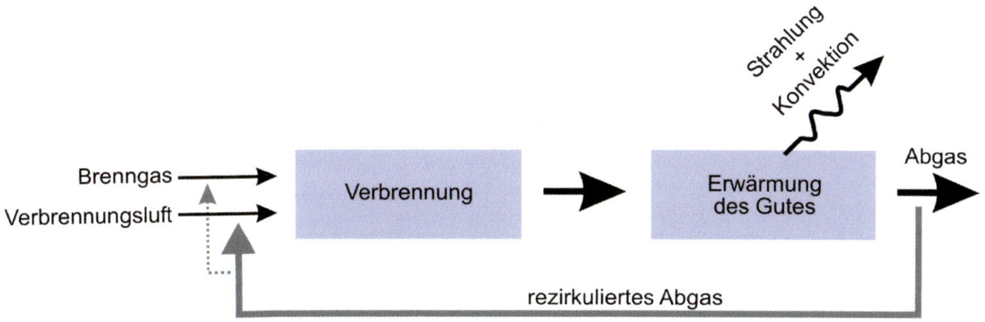

Bild 6.10: Abgasrezirkulation

mit Verbrennungsluftvorwärmung sinkt der feuerungstechnische Wirkungsgrad, weil der Wärmetauscher mit den zusätzlichen Mengenströmen beaufschlagt wird.

Im Gegensatz dazu wird der Wirkungsgrad bei der internen Rezirkulation nicht beeinflusst. Die interne Rezirkulation wird durch strömungstechnische Gestaltung des Brenners erreicht. Das Abgas wird dabei durch Injektorwirkung von der Verbrennungsluft und/oder dem Brennstoff angesaugt, bevor die Flamme stabilisiert wird.

Die Abgasrezirkulation ist bei interner wie auch externer Rezirkulation auf etwa 30 % der Abgasmenge beschränkt, um die Flammenstabilität nicht zu beeinflussen. Bei der flammlosen Oxidation lassen sich höhere Rezirkulationsraten realisieren.

6.5 Sauerstoffverbrennung

Theoretisch bietet sich eine Möglichkeit zur Reduzierung der NO_X-Bildung, indem man der Verbrennung den Stickstoff entzieht. Das bedeutet, dass anstelle der Verbrennungsluft reiner Sauerstoff eingesetzt wird. Da in praktischen Anwendungen aber meist geringe Mengen Falschluft in einen Ofenraum eintreten und auch der verwendete technische Sauerstoff noch geringe Anteile an Stickstoff enthält, werden die theoretischen Null-Emissionen nicht erreicht.

Ohne besondere Maßnahmen können sogar wegen der sehr hohen Verbrennungstemperaturen sehr hohe NO_X-Emissionen auftreten. Vor allem aber sind es wirtschaftliche Gründe, die den Einsatz von Sauerstoff einschränken. Der Sauerstoff in der Luft steht frei zur Verfügung, der reine Sauerstoff muss aufwendig hergestellt und auch bezahlt werden.

6.6 Begrenzung der Luftvorwärmung

Durch den starken Einfluss der Spitzentemperaturen auf die NO_X-Emissionen kann auch eine Beschränkung der Luftvorwärmung zur Absenkung der NO_X-Emissionen beitragen. Wegen des damit verbundenen höheren Energieverbrauchs und damit auch höheren Kohlendioxidemissionen ist diese Lösung aber nicht anzustreben. Frühere Grenzwerte (z. B. alte TA-Luft) erlaubten bei Feuerungen mit Luftvorwärmung höhere Grenzwerte als bei Feuerungen ohne Luftvorwärmung.

6.7 Brennstoff-NO-Reduzierung

Die oben genannten Maßnahmen dienen dazu, die Bildung von thermischen Stickoxiden zu minimieren. Werden Brennstoffe mit brennstoffgebundenem Stickstoff eingesetzt, muss auch die Brennstoff-NO-Bildung berücksichtigt werden.

Bild 6.11 stellt die Verhältnisse stark vereinfacht dar. Der brennstoffgebundene Stickstoff wird sich zum Teil zu molekularem Stickstoff und zum anderen Teil zu Stickoxid umwandeln. Das Verhältnis der beiden bezeichnet man auch als Konversionsrate. Durch geeignete Verbrennungsführung oder Brennstoffvorbehandlung wird angestrebt, einen möglichst großen Teil des Brennstoff-NO in molekularen Stickstoff umzuwandeln. Je nach Brennstoff muss dafür eine bestimmte Temperatur und reduzierende Bedingungen eingestellt werden. In manchen Fällen kann auch ein Katalysator die Brennstoffkonditionierung begünstigen.

Bereits gebildetes NO kann durch den Einsatz von Reduktionsbrennstoff (engl. Reburning) zu molekularem Stickstoff im Brennraum reduziert werden. Gleichzeitig ist natürlich darauf zu achten, dass die Bedingungen im Brennraum nicht zu einer starken thermischen NO-Bildung führen.

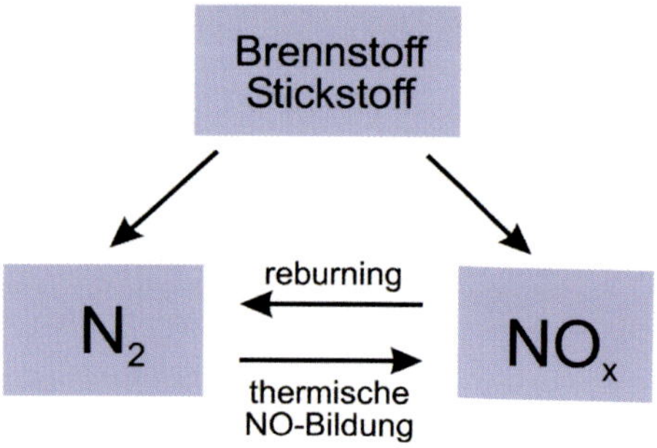

Bild 6.11: Brennstoff NO

Ein Low-NO_X-Brenner, der für Erdgas sehr niedrige Stickoxidwerte erreicht, kann beim Einsatz von stickstoffhaltigen Brenngasen sehr hohe Werte aufweisen. Dieses trifft zum Beispiel für die meisten Bio-Brennstoffe zu. Diese Brennstoffe erfordern die Entwicklung spezieller Brenner.

6.8 Abgasentstickung

Können die geforderten Abgaswerte nicht mit den oben aufgeführten Primärmaßnahmen erreicht werden, muss auf Sekundärmaßnahmen, wie die katalytische (engl.: SCR – selective catalytic reduction) oder die nicht-katalytische (engl.: SNCR – selective non catalytic reduction) Abgasreinigung, zurückgegriffen werden. Diese Sekundärmaßnahmen sind mit einem erheblichen Investitionsaufwand sowie hohen Betriebs- und Wartungskosten verbunden. Besonders bei nichtkontinuierlichen Anlagen und wechselnden Betriebstemperaturen sind Entstickungsanlagen nur schwierig zu realisieren und können einen erhöhten Energieverbrauch zur Folge haben. Mit Ausnahme von wenigen Entstickungsanlagen an großen kontinuierlichen Industrieöfen sind Sekundärmaßnahmen zur Entstickung in unserer Branche unüblich.

6.9 NO_X-Maßeinheiten

Für die Angabe der Stickoxidemissionen haben sich in verschiedenen Branchen und Regionen verschiedene Maßeinheiten etabliert.

Die Bezeichnung NO_X bezieht sich auf NO und NO_2.

Sehr weit verbreitet ist die Angabe des NO_X-Mengenanteils im Abgas mit der dimensionslosen Einheit 10^{-6} (engl.: ppm – parts per million). In Deutschland wird auch häufig die Angabe NO_X in mg/m^3 verwendet. Die molekulare Masse bezieht sich dabei auf NO_2, das bedeutet, dass alle Stickoxide für die Berechnung der Masse als NO_2 angesehen werden.

Diese beiden Größen beziehen sich auf den trockenen Abgasmengenstrom, sodass ein Bezugssauerstoffwert mit angegeben werden muss. Ansonsten wäre das Erreichen bestimmter Grenzwerte sehr einfach, indem dem Abgas einfach Luft zugemischt und damit verdünnt wird. Der Bezugssauerstoffwert ist wiederum abhängig von Branche und Region. In Deutschland sind 5 % Restsauerstoff im Abgas üblich, in vielen Teilen der Welt 3 %, in Japan und auch im Bereich der Gasturbinenfeuerungen wiederum deutlich höhere Restsauerstoffgehalte von 11 bis 15 %. Der Bezug auf den trockenen Abgasmengenstrom ist üblich, weil die Messgeräte das Abgas trocknen, bevor es in die Messkammern geleitet wird.

Im Bereich der häuslichen Feuerung und anderen Regionen der Welt, nutzt man oft energiebezogene Maßeinheiten. Dabei bezieht man den Massenstrom von NO_X auf den die Brennstoffenergie als NO_X in mg/kWh oder wenn englische Maßeinheiten verwendet werden als NO_X in #/MMBTU, was so viel heißt wie NO_X in Pfund je 10^6 British Thermal Unit.

In der **Tabelle 6.1** sind die NO_X-Werte in verschiedenen Einheiten und für verschiedene Bezugssauerstoffgehalte im Abgas gegenübergestellt. Dabei wurden folgende Größen verwendet. Die Werte von Propan können dabei stellvertretend für Flüssiggase (engl. LPG – liquefied petroleum gas) verwendet werden.

Heizwert Erdgas:	36 MJ/m^3
stöchiometrischer Abgasfaktor Erdgas:	8,51 m^3/m^3
Heizwert Propan:	93,3 MJ/m^3
stöchiometrischer Abgasfaktor Propan:	22,3 m^3/m^3

6.10 NO_X-Messungen

Die NO_X-Emissionen werden bei Industrieöfen meist durch Messungen nach einer Brennereinstellung gemessen. Die Messung erfolgt dabei durch tragbare Messgeräte, die an geeigneter

Tabelle 6.1: NO_x-Werte in verschiedenen Einheiten

NO_x-Werte																							
Abgas-Volumen-Bezug																		Energie-Bezug					
																		Ergas H			Propan		
0 % O_2	1 % O_2	2 % O_2	3 % O_2	4 % O_2	5 % O_2	7 % O_2	11 % O_2	15 % O_2	0 % O_2	1 % O_2	2 % O_2	3 % O_2	4 % O_2	5 % O_2	7 % O_2	11 % O_2	15 % O_2						
ppm									mg/m^3									mg / kWh	mg / MJ	# / MMBTU	mg / kWh	mg / MJ	# / MMBTU
12	11	11	**10**	9	9	8	6	3	24	23	22	21	19	18	16	11	7	20	6	0,01	21	6	0,01
23	22	21	**20**	19	18	16	11	7	48	46	43	41	39	36	32	23	14	41	11	0,03	41	11	0,03
35	33	32	**30**	28	27	23	17	10	72	68	65	62	58	55	48	34	21	61	17	0,04	62	17	0,04
47	44	42	**40**	38	36	31	22	13	96	91	87	82	77	73	64	46	27	81	23	0,05	82	23	0,05
58	56	53	**50**	47	44	39	28	17	120	114	108	103	97	91	80	57	34	102	28	0,07	103	29	0,07
70	67	63	**60**	57	53	47	33	20	144	137	130	123	116	109	96	68	41	122	34	0,08	124	34	0,08
82	78	74	**70**	66	62	54	39	23	167	159	151	144	136	128	112	80	48	142	40	0,09	144	40	0,09
93	89	84	**80**	76	71	62	44	27	191	182	173	164	155	146	128	91	55	163	45	0,11	165	46	0,11
105	100	95	**90**	85	80	70	50	30	215	205	195	185	174	164	144	103	62	183	51	0,12	185	52	0,12
117	111	106	**100**	94	89	78	56	33	239	228	216	205	194	182	159	114	68	204	57	0,13	206	57	0,13
140	133	127	**120**	113	107	93	67	40	287	273	260	246	232	219	191	137	82	244	68	0,16	247	69	0,16
163	156	148	**140**	132	124	109	78	47	335	319	303	287	271	255	223	159	96	285	79	0,18	288	80	0,19
187	178	169	**160**	151	142	124	89	53	383	364	346	328	310	292	255	182	109	326	90	0,21	330	92	0,21
210	200	190	**180**	170	160	140	100	60	431	410	390	369	349	328	287	205	123	366	102	0,24	371	103	0,24
233	222	211	**200**	189	178	156	111	67	478	456	433	410	387	364	319	228	137	407	113	0,26	412	114	0,27
292	278	264	**250**	236	222	194	139	83	598	569	541	513	484	456	399	285	171	509	141	0,33	515	143	0,33
350	333	317	**300**	283	267	233	167	100	718	683	649	615	581	547	478	342	205	611	170	0,39	618	172	0,40
408	389	369	**350**	331	311	272	194	117	837	797	757	718	678	638	558	399	239	712	198	0,46	721	200	0,47
467	444	422	**400**	378	356	311	222	133	957	911	866	820	774	729	638	456	273	814	226	0,53	824	229	0,53
525	500	475	**450**	425	400	350	250	150	1.076	1.025	974	923	871	820	718	513	308	916	254	0,59	927	258	0,60
583	556	528	**500**	472	444	389	278	167	1.196	1.139	1.082	1.025	968	911	797	569	342	1.018	283	0,66	1.030	286	0,67
700	667	633	**600**	567	533	467	333	200	1.435	1.367	1.298	1.230	1.162	1.093	957	683	410	1.221	339	0,79	1.236	343	0,80
817	778	739	**700**	661	622	544	389	233	1.674	1.594	1.515	1.435	1.355	1.276	1.116	797	478	1.425	396	0,92	1.442	401	0,93
933	889	844	**800**	756	711	622	444	267	1.913	1.822	1.731	1.640	1.549	1.458	1.276	911	547	1.628	452	1,05	1.648	458	1,07
1.050	1.000	950	**900**	850	800	700	500	300	2.153	2.050	1.948	1.845	1.743	1.640	1.435	1.025	615	1.832	509	1,18	1.854	515	1,20
1.167	1.111	1.056	**1.000**	944	889	778	556	333	2.392	2.278	2.164	2.050	1.936	1.822	1.594	1.139	683	2.035	565	1,32	2.060	572	1,33

Bild 6.12: Abgasmessung (Quelle: Testo AG)

Stelle einen Abgasteilstrom aus dem Kamin oder der Abgassammelleitung absaugen (**Bild 6.12**). Kontinuierliche Überwachungen der Einhaltung von Grenzwerten sind bei Industrieöfen die Ausnahme. Zusätzlich zu der Höhe der zulässigen Emissionen muss deshalb bei Garantiezusagen noch festgelegt werden, wie und unter welchen Bedingungen gemessen wird.

Die NO_X-Emissionen eines Brenners hängen nicht nur von der Konstruktion des Brenners, sondern auch wesentlich von den Betriebs- und Einbaubedingungen ab. Folgende Faktoren können eine Rolle spielen:

- Ofentemperatur,
- Luftvorwärmtemperatur,
- Brenngaszusammensetzung,
- Heizleistung,
- Brenngas/Luftverhältnis,
- Strömungsverhältnisse im Brennraum
- und andere.

Ferner ist zu unterscheiden, ob Spitzen- oder Mittelwerte eingehalten werden müssen. Es ist üblich, dass die Messwerte zeitlich und örtlich gemittelt werden. Das bedeutet eine zeitlich gemittelte Messung (z. B. Stundenmittelwert) bei Betriebstemperatur und Referenzproduktion im Abgassammelkanal durchzuführen.

Für die Brennerdiagnose ist es natürlich auch sinnvoll, einzelne Brenner zu analysieren.

6.11 NO_X bei Wasserstoffverbrennung

Bei der Verbrennung von Wasserstoff besteht das Abgas aus Stickstoff, Wasser (-dampf), Restsauerstoff und Stickoxiden. Die Abgasmenge ist aber geringer als bei der Verbrennung von Erdgas, insbesondere wenn das Abgas, wie üblich, zur Messung getrocknet wird. Insofern ist ein Vergleich der NO_X-Emissionen in ppm oder mg/m_N^3 nur begrenzt aussagefähig. Besser wäre ein Bezug auf den Energieinhalt, also mg/kWh oder mg/MJ, wie in Tabelle 6.1 gezeigt. Wenn man die Quotienten von Heizwert und trockener Abgasmenge ins Verhältnis setzt, kann man Emissionswerte vergleichen. So ergibt sich, dass Emissionen bei Wasserstoffverbrennung mit dem Faktor von etwa 0,7 multipliziert mit Erdgasemissionen vergleichbar sind. Die NO_X-Fracht einer 100 kW Erdgasverbrennung von 70 und 100 mg/m_N^3 bei einer 100 kW Wasserstoffverbrennung ist in etwa gleich. Ob eine solche Interpretation auch von den jeweiligen Genehmigungsbehörden so gesehen wird, steht heute (Stand Mai 2023) noch nicht fest.

7. Wärmetauscher

Wolfgang Bender (Kapitel 7.1.1), Joachim G. Wünning

7. Wärmetauscher

Wolfgang Bender (Kapitel 7.1.1), Joachim G. Wünning

Wie auch schon in vorangegangenen Kapiteln gezeigt, stellen die Abgasverluste in Industrieöfen meist den größten Anteil aller Verluste. Somit fällt der Wärmerückgewinnung dieser Abgasverluste eine besondere Bedeutung für die Feuerungen von Industrieöfen zu.

Grundsätzlich sind folgende Arten der Nutzung der Abgaswärme denkbar:

- Verbrennungsluftvorwärmung,
- Gutvorwärmung,
- Nutzung in einem anderen Prozess,
- anderweitige Nutzung (Heizung, Warmwasser, Stromerzeugung ...).

Dabei bietet die Verbrennungsluftvorwärmung in den meisten Fällen das mit Abstand größte und auch wirtschaftlich attraktivste Potenzial zur Wirkungsgradsteigerung des Gesamtprozesses.

Eine Gutvorwärmung kann beispielsweise durch die Erweiterung des Ofens um eine unbeheizte Vorwärmzone erreicht werden. Auch eine Vorwärmung oder Trocknung in einem separaten Anlagenteil ist möglich. Viele Beispiele dafür gibt es in der keramischen Industrie.

Die Nutzung der Abgaswärme in anderen Prozessen ist in der chemischen Industrie häufig anzutreffen. Diese Philosophie der vernetzten Prozesse trägt wesentlich dazu bei, dass viele chemische Prozesse an großen Chemiestandorten zusammengefasst sind. Die Abgaswärme wird über Wärmetauscher oft in Dampfnetze, die auf unterschiedlichem Druck- und Temperaturniveau betrieben werden, eingespeist. Eine derartige Nutzung liegt nahe, da die Produkte in der chemischen Industrie oft in flüssiger oder dampfförmiger Form vorliegen und somit die Prozesse durch geeignete Wärmetauscher gekoppelt werden können, um die Energie im Abgas optimal auszunutzen.

Im Bereich der Wärmebehandlung und der Stahlindustrie sind solche Dampfnetze eher unüblich. Hier fällt der Wärmerückgewinnung durch Verbrennungsluftvorwärmung die größte Bedeutung zu.

Oft angedacht wird auch die Sekundärnutzung der Abgase, zum Beispiel zur Gebäudeheizung oder zur Erzeugung von Warmwasser. In der Praxis haben sich solche Systeme bislang jedoch selten bewährt. Zum einen gibt es Schwierigkeiten, dass zum Beispiel ein Bürogebäude auch dann geheizt werden muss, wenn der Ofen nicht produziert. Zum anderen müssen Vorkehrungen zur Wärmeabnahme getroffen werden, wenn kein Wärmebedarf besteht, wie das zum Beispiel im Sommer der Fall ist. Natürlich sind auch sinnvolle Sekundärnutzungen denkbar und vielleicht gewinnen diese mit zunehmenden Energiepreisen auch an Bedeutung.

Vorzuziehen ist aber immer eine direkte Optimierung des Prozesses, zum Beispiel durch eine Verbrennungsluftvorwärmung.

Das wesentliche Bauteil für die Verbrennungsluftvorwärmung, der Abgas-Luft-Wärmetauscher, soll in diesem Kapitel behandelt werden.

Es gibt eine Vielzahl von Wärmetauschern für die verschiedensten technischen Aufgabenstellungen. Hier sollen nur diejenigen betrachtet werden, die für die Verbrennungsluftvorwärmung von Industriebrennern üblich sind.

Typisch für diese Wärmetauscher sind:

- gasförmige Medien (Abgas und Luft),
- keine Verdampfung,
- keine Kondensation,

- Luftvorwärmtemperaturen von 400 bis 1.000 °C,
- Abgaseintrittstemperaturen von 600 bis 1.300 °C sowie
- ähnliche Wärmekapazitätsströme (Abgas und Luft).

7.1 Grundbauarten

Wärmetauscher kann man nach der Art der Strömungsführung klassifizieren. Es sind dabei folgende Prinzipien der Grundausführungen denkbar:

- Gleichstrom,
- Kreuzstrom und
- Gegenstrom.

Wie der Name schon aussagt, sind die Abgas- und Luftströmungsrichtungen, wie in **Bild 7.1** gezeigt, beim Gleichstromwärmetauscher gleichgerichtet. Neben der Strömungsführung ist auch das Wärmekapazitätsstromverhältnis von Bedeutung.

Wärmekapazitätsstrom Luft:

$$\dot{M}_{Luft}\, c_{p,\,Luft} \text{ in [W/K]} \tag{7.1}$$

Wärmekapazitätsstrom Abgas:

$$\dot{M}_{Abgas}\, c_{p,\,Abgas} \text{ in [W/K]} \tag{7.2}$$

Als Wärmekapazitätsstrom wird das Produkt aus Massenstrom und spezifischer Wärmekapazität bezeichnet. Sind die Wärmekapazitätsströme gleich, das heißt, das Wärmekapazitätsstromverhältnis ist eins, dann erwärmt sich die Luft im Wärmetauscher im selben Maße, wie sich das Abgas abkühlt.

Bei der Verbrennung von Erdgas beträgt der Wärmekapazitätsstrom von Luft etwa 85 bis 90 % der des Abgases. Das Wärmekapazitätsstromverhältnis ist also häufig etwa 1, insbesondere wenn das Abgas nicht vollständig über den Wärmetauscher gezogen wird. Deutliche Abweichungen davon gibt es bei Schwachgasen, bei denen das Abgas einen deutlich höheren Wärmekapazitätsstrom aufweist. Wird dann nur die Luft vorgewärmt, kann diese zwar im Gegenstromwärmetauscher bis fast auf Prozesstemperatur vorgewärmt werden, das Abgas wird dabei aber nur wenig abgekühlt und somit fallen hohe Abgasverluste an. Abhilfe kann dabei die Brenngasvorwärmung schaffen.

Für den Gleichstromwärmetauscher gilt, dass die Luft nur bis maximal auf die Mitteltemperatur von Abgas und Luft vorgewärmt werden kann. Im Falle von 1.000 °C sind dann also maximal 500 °C Luftvorwärmung möglich.

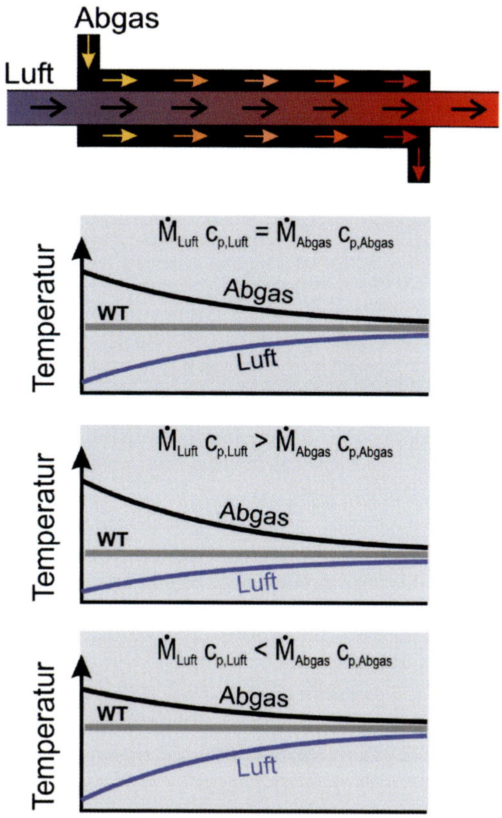

Bild 7.1: Gleichstromwärmetauscher

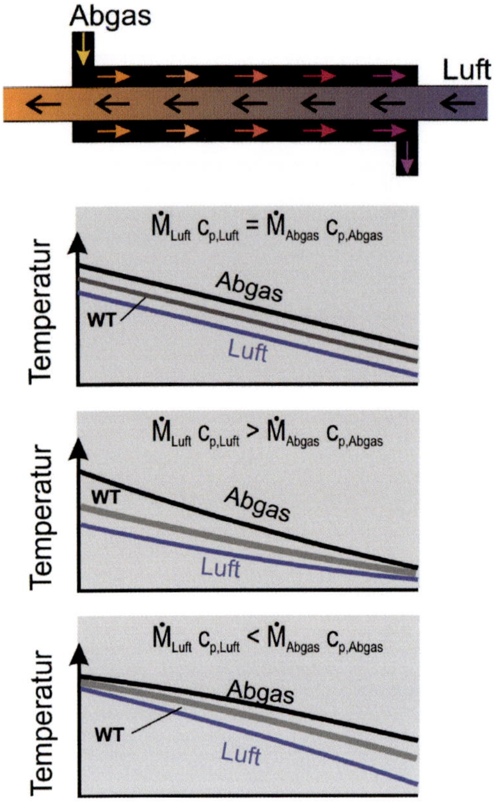

Bild 7.2: Gegenstromwärmetauscher

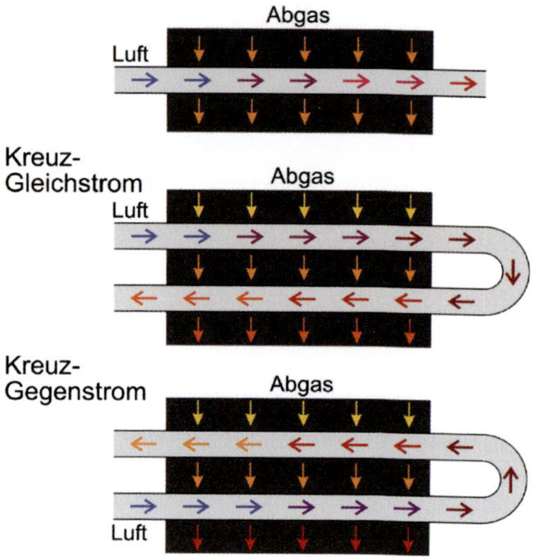

Bild 7.3: Kreuzstromwärmetauscher

Ist der Wärmekapazitätsstrom der Luft größer als der des Abgases, dann ist die Temperatursteigerung der Luft kleiner als die Abkühlung des Abgases. Entsprechend ist die Luftvorwärmung wiederum größer bei größerem Wärmekapazitätsstrom des Abgases. Die Temperatur des Wärmetauschers (Bild 7.1) liegt beim Gleichstromwärmetauscher etwa konstant zwischen der Abgas- und Lufttemperatur.

Bild 7.2 zeigt die entsprechenden Verhältnisse beim Gegenstromwärmetauscher. Beim Gegenstromwärmetauscher kann die Verbrennungsluft bei ausreichend dimensionierten Wärmetauschern bis fast auf die Abgaseintrittstemperatur, also ungefähr die Ofenraumtemperatur, vorgewärmt werden und bietet somit das größte Einsparpotenzial. Bei reduziertem Abgas-Wärmekapazitätsstrom kann dagegen das Abgas fast bis auf die Lufteintrittstemperatur abgekühlt werden. Die Temperaturunterschiede entlang des Wärmetauschers sind beim Gegenstromwärmetauscher deutlich größer als beim Gleichstromwärmtauscher. Bei hohen Prozesstemperaturen muss deshalb der Werkstoff des Wärmetauschers entsprechend ausgewählt werden.

Neben dem Gleichstrom und Gegenstromwärmetauscher findet vor allem bei größeren Wärmetauschern das in **Bild 7.3** dargestellte Prinzip des Kreuzstromes Anwendung. Bei einem mehrgängigen Kreuzstrom nähert sich das Verhalten dem eines Gleich- oder Gegenstromwärmetauschers an.

Neben der Klassifikation der Strömungsführung teilt man die Wärmetauscher auch in Rekuperatoren und Regeneratoren ein.

Bei den Rekuperatoren (**Bild 7.4**) sind der Abgas- und Luftstrom durch die Wärmetauscherfläche voneinander getrennt. Das heißere Abgas gibt Energie an die Verbrennungsluft durch die Wärmetauscherwand ab. Auf der Fläche aufgebrachte Rippen tragen zu einer Vergrößerung der Wärmetauscherfläche und zur Verbesserung des Wärmeüberganges bei.

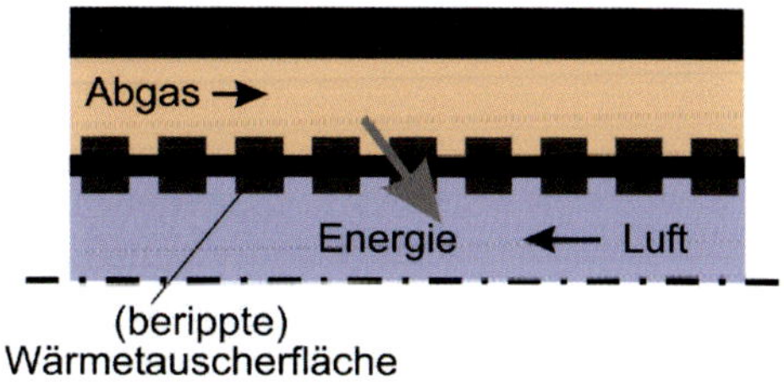

Bild 7.4: Rekuperativer Wärmetauscher

Bei Regeneratoren wird die übertragene Energie zwischengespeichert. Regenerative Luftvorwärmer können entweder diskontinuierlich oder kontinuierlich mit bewegter Speichermasse ausgeführt sein. Bei der diskontinuierlichen Bauweise werden die Wärmespeicher wechselweise von Abgas und Luft umströmt.

Wie in **Bild 7.5** dargestellt, sind die regenerativen Wärmetauscher dann typischerweise als Paare ausgeführt. In einem Zyklus A strömt Abgas durch einen Regenerator, während Verbrennungsluft in einem zweiten Regenerator vorgewärmt wird. Nach einer bestimmten Zeit, die im Bereich von 10 s bis zu 30 min liegen kann, werden die Strömungsrichtungen umgeschaltet. Die vom Abgas aufgeheizten Speicherelemente geben dann ihre Energie an die Verbrennungsluft ab und

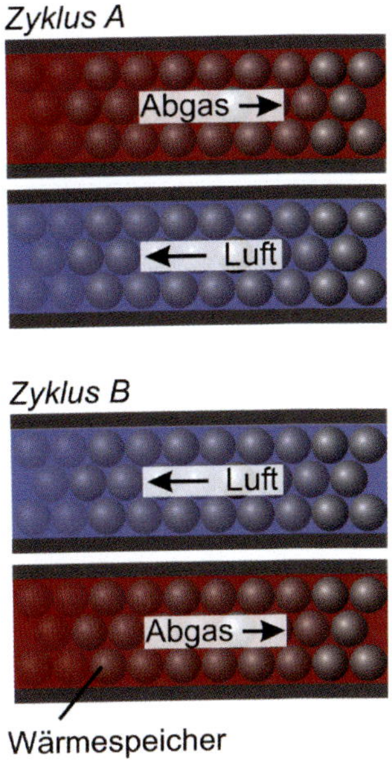

Bild 7.5: Regenerativer Wärmetauscher

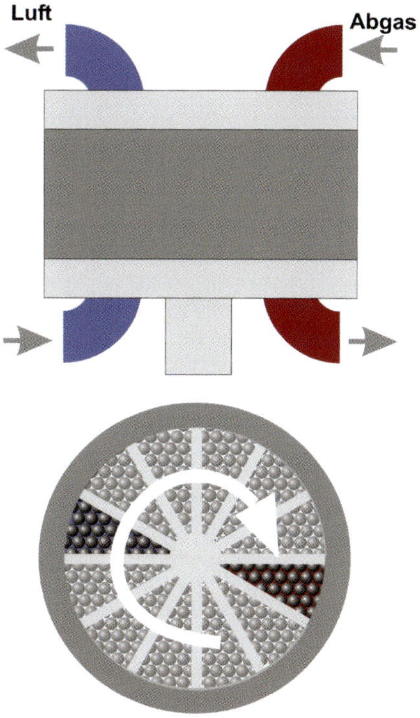

Bild 7.6: Drehbett-Regenerator

die abgekühlten Speicherelemente im anderen Regenerator werden wieder aufgeheizt. Der Umschaltzeitpunkt wird dabei entweder fest vorgegeben oder es wird beim Erreichen eines bestimmten Temperaturwertes, beispielsweise des Abgases am Regeneratoraustritt, umgeschaltet.

Eine Möglichkeit, einen kontinuierlichen regenerativen Wärmetauscher zu bauen, besteht darin, dass die Wärmespeichermassen zwischen dem Luft- und Abgasstrom bewegt werden. Ein zyklisches Umschalten der Strömungsrichtung ist dann nicht erforderlich. Eine Bauart ist dabei der Drehbett-Regenerator (**Bild 7.6**). Die Wärmespeicher werden dabei in einen zylindrischen Behälter eingebracht, der in mehrere Kammern unterteilt ist. Dieses Regeneratorbett wird dann so gedreht, dass die Wärmespeicher wechselweise von Abgas und Luft durchströmt werden. Die Einteilung des Drehbetts in Kammern soll dabei die Abdichtung zwischen Luft und Abgas verbessern. Da die Abdichtung von Luft und Abgas bei dieser Regeneratorbauweise nicht ganz unproblematisch ist, sollte auf hohe Verbrennungsluftdrücke verzichtet werden.

Im Bereich der Umwelt- und Verfahrenstechnik werden auch Schüttschicht-Regeneratoren (engl. pebble heater) eingesetzt. Wie in **Bild 7.7** dargestellt, werden dabei die Wärmespeicher in den oberen Teil des Wärmespeichers eingesetzt und von heißem Abgas durchströmt. Die heißen Wärmespeicher wandern dann in den unteren Teil des Wärmetauschers, in dem sie ihre Energie an die Verbrennungsluft abgeben. Die kalten Wärmespeicher werden anschließend unten an der Anlage entnommen, wenn erforderlich gereinigt, und oben wieder erneut eingesetzt.

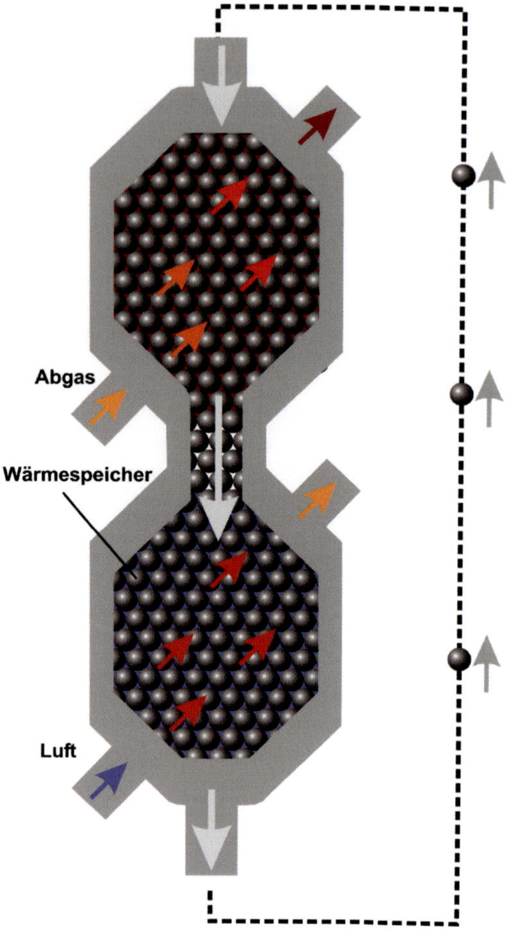

Bild 7.7: Kontinuierlicher Schüttschicht-Regenerator

7.1.1 Zentralrekuperatoren

An Industrieöfen werden sehr häufig Rekuperatoren zur Wärmerückgewinnung aus dem Abgas und zur Vorwärmung der Brennluft eingesetzt. An großen Öfen oder bei staubbeladenen Abgasen sind dies häufig Zentralrekuperatoren, wie sogenannte Rohrbündel- oder Kanalrekuperatoren sowie Strahlungsrekuperatoren.

Der Kanalrekuperator (**Bild 7.8**) ist ein Rohrbündelwärmeübertrager. Das Medium 1, typischerweise Abgas, umströmt die Rohre und das Medium 2, Brennluft, strömt durch die Rohre. Jedes Rohrbündel ist für sich betrachtet ein Kreuzströmer, mehrere Rohrbündel werden im Verbund im Gegenstrom betrieben. Mit steigender Anzahl der Rohrbündel nähert sich die Betriebscharakteristik einem reinen Gegenstromrekuperator an. Der Kanalrekuperator ist ein robuster Rekupe-

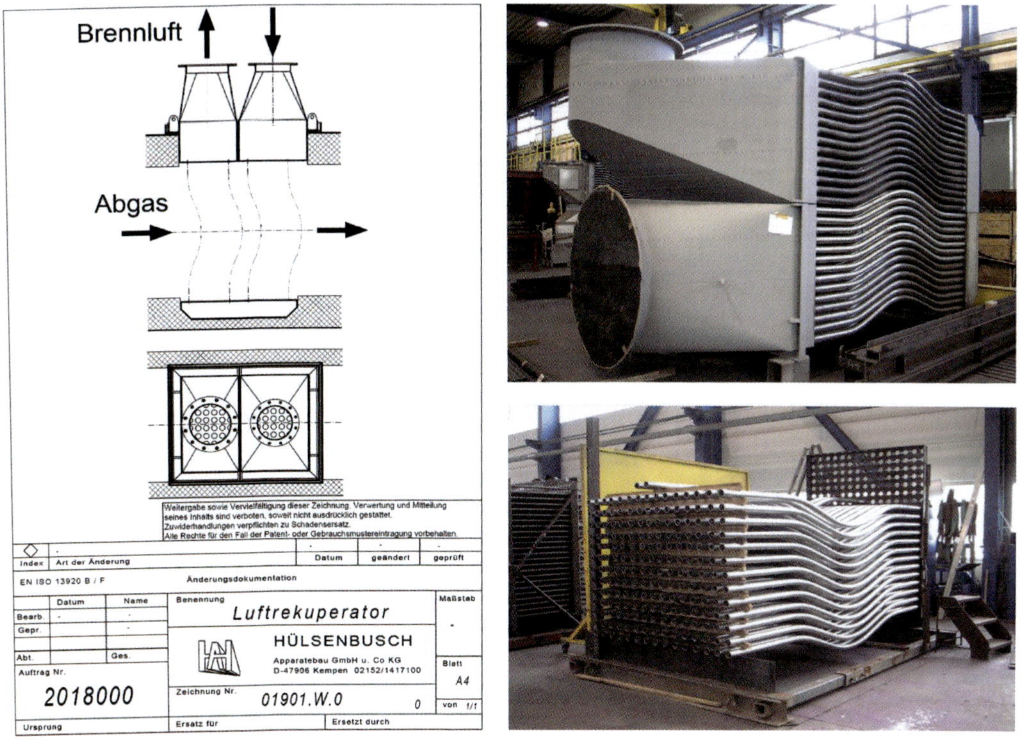

Bild 7.8: Kanalrekuperator

rator, der an vielen Öfen eingesetzt werden kann. Zur Steigerung des Wirkungsgrades und der Leistung können in den Rohren Drallerzeuger eingesetzt werden, damit werden die Wärmeübergangszahlen erhöht. Auf der Außenseite können Rippen angebracht werden, diese vergrößern die Heizfläche. Der Einsatz dieser relativ einfachen oder weiterer leistungssteigernder Maßnahmen ist immer im Einzelfall zu prüfen, da die Wirksamkeit von vielen Einflussgrößen abhängt und immer für den jeweiligen Einsatzfall bewertet werden muss. Des Weiteren wird der Einsatz dieser Maßnahmen beeinflusst von dem verfügbaren Bauraum, dem zulässigen Druckverlust und den Kosten.

Die maximale Einsatztemperatur von Kanalrekuperatoren liegt üblicherweise bei einer Abgastemperatur von rd. 950 °C. Damit können Brennlufttemperaturen von bis zu 750 °C erreicht werden. Für höhere Abgastemperaturen ist der sogenannte Strahlungsrekuperator besser geeignet (**Bild 7.9**). Abgas und Brennluft strömen im Gleichstrom durch den Apparat; das Abgas zentral von unten nach oben, die Brennluft wird seitlich zugeführt und strömt in einem Spalt zwischen Innen- und Außenrohr nach oben. Hier ist auf eine gute Gleichverteilung der Brennluft innerhalb des Ringspaltes zu achten, da ansonsten lokale Überhitzungen auftreten würden, die zur Zerstörung des Rohrmantels führen können. Die Obergrenzen für die Brennlufttemperatur im Betrieb sind zumeist durch die nachgeschalteten Armaturen und Brenner festgelegt. Typische Werte liegen bei rd. 450 bis 500 °C.

Zentralrekuperatoren sind insgesamt eine preiswerte Alternative zu dezentralen Lösungen wie Rekuperatorbrenner oder Regeneratorbrenner. Die Wärmerückgewinnung und damit die Brennstoffeinsparung sind bei den Zentralrekuperatoren niedriger, jedoch wird durch die robuste Bauart eine lange Standzeit mit einem geringen Aufwand für Wartung und Reparatur erreicht.

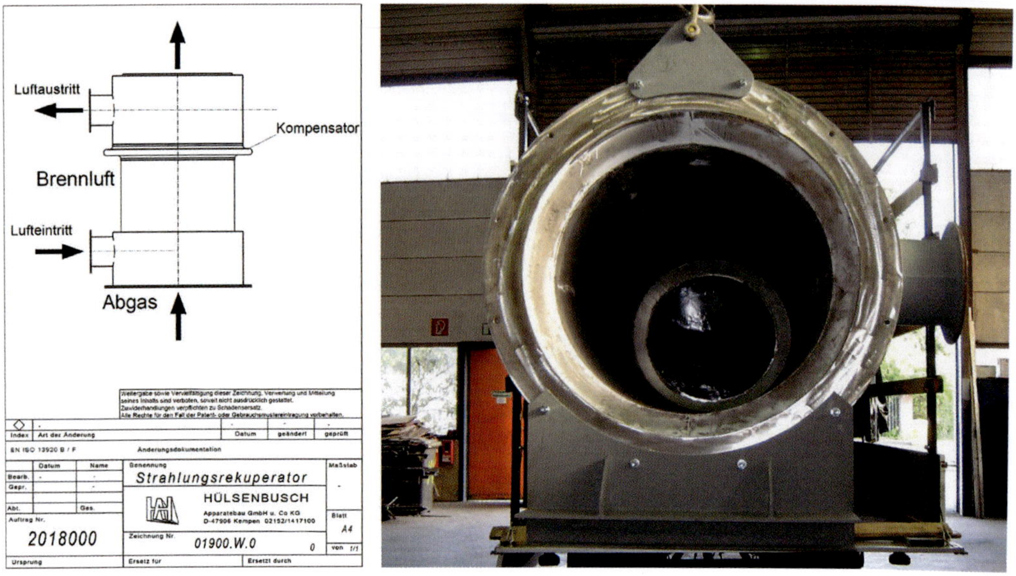

Bild 7.9: Strahlungsrekuperator

7.1.2 Rekuperator- und Regeneratorbrenner

Wenn Wärmetauscher und Brenner zu einer Baueinheit zusammengefasst werden, spricht man von Rekuperator- oder Regeneratorbrennern. Diese Brennertypen werden in Kapitel 8.3 und 8.4 behandelt.

7.2 Kenngrößen

Eine vollständige Berechnung und Auslegung von Wärmetauschern erfordert einige Erfahrung und soll hier nicht im Detail behandelt werden. Zum besseren Verständnis werden aber einige wesentliche Kenngrößen von Wärmetauschern kurz angesprochen.

Eine einfache Beurteilung eines Wärmetauschers ist durch die Angabe der relativen Luftvorwärmung möglich:

$$\varepsilon = \frac{\vartheta_{Luvo} - \vartheta_{L,in}}{\vartheta_{A,in} - \vartheta_{L,in}} \tag{7.3}$$

oder noch vereinfacht bei kaltem Lufteintritt

$$\varepsilon \approx \frac{\vartheta_{Luvo}}{\vartheta_{A,in}} \tag{7.4}$$

mit:

ϑ_{Luvo}: Luftvorwärmtemperatur in °C

$\vartheta_{L,in}$: Lufttemperatur am Rekueintritt in °C

$\vartheta_{A,in}$: Abgastemperatur am Rekueintritt in °C

Bei bekannter relativer Luftvorwärmung und Abgaseintrittstemperatur kann in einem Diagramm (**Bild 7.10**) schnell der feuerungstechnische Wirkungsgrad abgeschätzt werden. Die relative Luftvorwärmung sagt aber nichts darüber aus, wie sich ein Wärmetauscher, zum Beispiel bei einer veränderten Beaufschlagung, verhält oder welchen Effekt eine Vergrößerung der Wärmetauscherfläche hat.

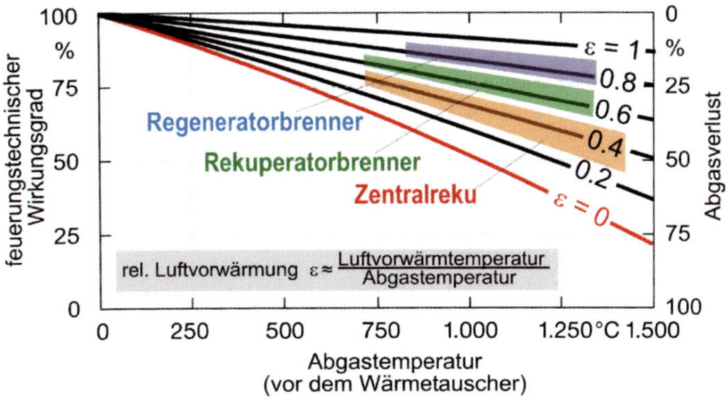

Bild 7.10: Feuerungstechnischer Wirkungsgrad (Erdgas H, 15 % Luftüberschuss)

Für diese Berechnungen hat sich die Wärmeübertragungskenngröße κ (engl. NTU – number of transfer units) bewährt.

Dabei ist:

$$\kappa = \frac{k\,A}{(\dot{M}\,c_p)_{min}} \tag{7.5}$$

mit:

A: Wärmetauscherfläche in m^2

$(\dot{M}\,c_p)_{min}$: kleinere der beiden Wärmekapazitätsströme in [W/K]

k: Wärmedurchgangskoeffizient in [W/m^2 K]

Der Wärmedurchgangskoeffizient errechnet sich für ein einfaches ebenes System wie in **Bild 7.11** zu:

$$k = \frac{1}{\frac{1}{\alpha_{Abgas}} + \frac{s}{\lambda} + \frac{1}{\alpha_{Luft}}} \tag{7.6}$$

mit:

α_{Abgas}: abgasseitiger Wärmeübergangskoeffizient in [W/m^2 K]

α_{Abgas}: luftseitiger Wärmeübergangskoeffizient in [W/m^2 K]

s: Dicke der Wärmeübertragerfläche in [m]

λ: Wärmeleitfähigkeit in [W/m K]

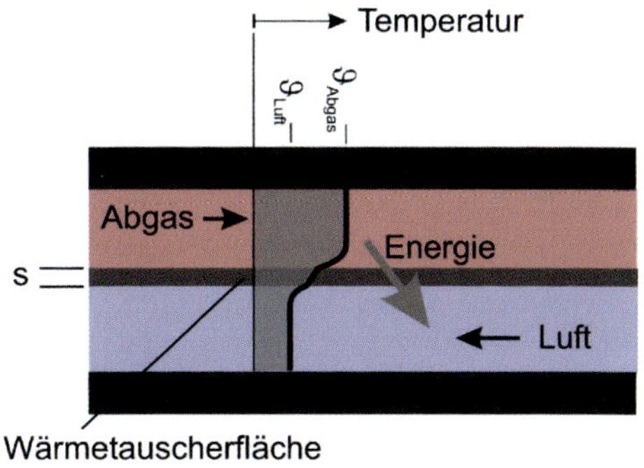

Bild 7.11: Wärmedurchgangskoeffizient

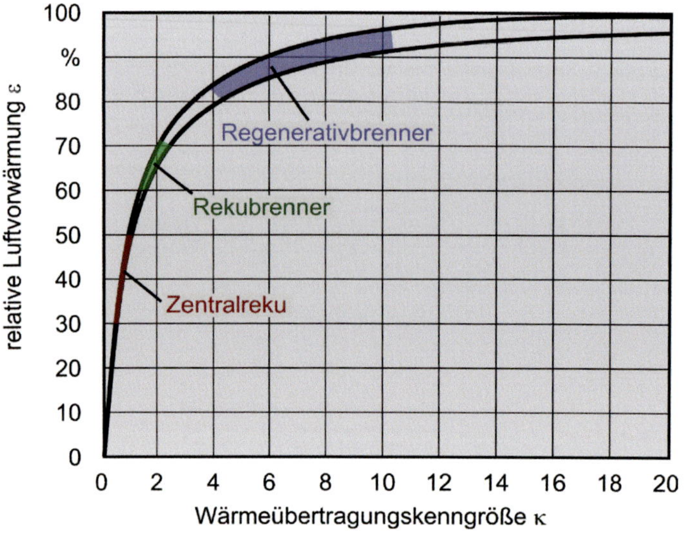

Bild 7.12: Wärmeübertragungskenngröße

Für komplexere Systeme kann der Wärmedurchgangskoeffizient nur noch experimentell oder numerisch ermittelt werden.

Bei bekannter Wärmeübertragungskenngröße kann dann die Verbrennungsluftvorwärmung in einem Wärmetauscher bei verschiedenen Betriebszuständen berechnet werden. Detailliertere Berechnungsmethoden mit einer Vielzahl der erforderlichen Diagramme und Kennzahlen finden sich zum Beispiel im VDI-Wärmeatlas.

Als vereinfachtes Beispiel wird die relative Luftvorwärmung in Abhängigkeit der Wärmeübertragungskenngröße für einen Gegenstromwärmetauscher in **Bild 7.12** gezeigt. Dabei gilt die obere Kurve für ein Wärmekapazitätsstromverhältnis von ~0,9, das heißt, das gesamte Abgas wird über den Wärmetauscher geführt.

Die untere Kurve gilt für ein Wärmekapazitätsstromverhältnis von 1. Für eine vergleichbare Wärmetauscherkonstruktion ist die Wärmeübertragungskenngröße κ proportional zur Wärmetauscherfläche. Einfache Zahlenwerte machen deutlich, welche Verbesserung des Wirkungsgrades durch die Verlängerung eines Rekuperators erreicht werden kann.

So werden bei einer Wärmeübertragungskenngröße von κ = 1 bei 1.000 °C Abgastemperatur etwa 500 °C Luftvorwärmung erreicht, einem üblichen Wert für Zentralrekuperatoren. Bei Verdoppelung der Wärmetauscherfläche, also κ = 2, erhöht sich die Luftvorwärmung auf etwa 670 °C. Wollte man hingegen 900 °C Luftvorwärmung erreichen, wäre schon die 9-fache Wärmetauscherfläche nötig.

Solche Flächen lassen sich bei großen Volumenströmen mit Rekuperatoren nicht mehr wirtschaftlich realisieren. Mit Regeneratoren sind die notwendigen Wärmeübertragerflächen aber durchaus machbar und somit lassen sich hohe Luftvorwärmtemperaturen erreichen. Bild 7.10 macht aber auch deutlich, dass die weitere Verbesserung der Luftvorwärmung zunehmend immer schwieriger wird.

Zu beachten ist bei der Auslegung eines Wärmetauschers, neben den wärmetechnischen Kennwerten, auch die Neigung zur Verschmutzung, wenn das Abgas oder die Luft mit Partikeln beladen sind. Besondere Probleme können Stoffe verursachen, die bei hoher Temperatur gasförmig sind und dann bei der Abkühlung im Wärmetauscher kondensieren und anhaften. Der Regenerator wirkt dann wie ein Filter und muss entsprechend oft gereinigt oder ausgetauscht werden.

7.3 Bestimmung von Wirkungsgraden

Wirkungsgrade sind in der Regel Bestandteil von Garantiezusagen, die beim Verkauf einer Anlage gemacht werden. Dabei muss beachtet werden, wie der Wirkungsgrad definiert wird und wie er gegebenenfalls später auch nachgewiesen werden kann. Bei sorgfältiger Messung kann der Wirkungsgrad bei den meisten Prozessen gut bestimmt werden. Genaue Werte im Nachkommabereich sind aber nicht zu erwarten und können nur mit präzisen Messinstrumenten bei genau definierten Bedingungen ermittelt werden. Die Parameter sind dabei teils konstruktiv bedingt, hängen aber auch von den Betriebsbedingungen ab. Zusätzlich sind auch die Fehlerquellen bei der Messung nicht zu unterschätzen. Im Folgenden ist eine nicht vollständige Liste von Faktoren aufgeführt, die den feuerungstechnischen Wirkungsgrad mehr oder weniger beeinflussen können:

- Wärmetauscherkonstruktion
- Wärmetauscher-Toleranzen
- Wärmetauscher-Verschmutzung
- Falschlufteintritt (Ofendruck)
- Luftfeuchtigkeit
- Lufttemperatur
- Luftdruck
- Gas-Luft-Verhältnis
- Regelzustand
- Brennerleistung
- Brenngaszusammensetzung
- Spül- und Kühlluft
- Abgas-Teilrücksaugung
- Strähnenbildung
- Strahlungsfehler bei der Temperaturmessung
- Wahl der Messstelle
- Kalibrierung des Messgerätes
- Gasmengenmessung

Im Weiteren soll beschrieben werden, wie sich der spezifische Energieverbrauch sowie der feuerungstechnische Wirkungsgrad in der Praxis ermitteln lässt.

Folgende Definitionen, welche die Effizienz einer Thermoprozessanlage und der Feuerung beschreiben, sind denkbar:

- spezifischer Energieverbrauch
- Abgastemperatur
- Luftvorwärmung.

Der spezifische Energieverbrauch, zum Beispiel der Verbrauch von Erdgas/t von wärmebehandeltem Material, ist letztendlich die Größe, die den Endkunden vorrangig interessiert. Dieser spezifische Verbrauch hängt aber nicht allein vom feuerungstechnischen Wirkungsgrad ab, der ja nur die Abgasverluste berücksichtigt. Er hängt auch von anderen Anlagenverlusten ab, wie Wandverlusten und zum Beispiel von der Masse eventuell zu erhitzender Chargengestelle.

7.3.1 Bestimmung des Leerwertes

Eine Möglichkeit, den feuerungstechnischen Wirkungsgrad durch die Messung des Energieverbrauches zu bestimmen, ist die Ermittlung des Leerwertes der Thermoprozessanlage. Der Leerwert eines Ofens ist die Leistung, die dem Ofen zugeführt werden muss, um den Ofen auf Temperatur zu halten, ohne dass die Produkte in ihm erwärmt werden.

Eine solche Messung sollte mit großer Sorgfalt durchgeführt werden und möglichst mehrfach mit abgewandelten Parametern wiederholt werden. Für die Gasverbrauchsmessung sollte ein geeichter Gaszähler verwendet werden. Durchflussmengenmesser, die zur Brennereinstellung verwendet werden, sind vor allem im Teillastbereich oft zu ungenau.

Folgendes Beispiel (**Bild 7.13** und **Tabelle 7.1**) soll die Methode zur Bestimmung des feuerungstechnischen Wirkungsgrades in einem Chargenofen erläutern.

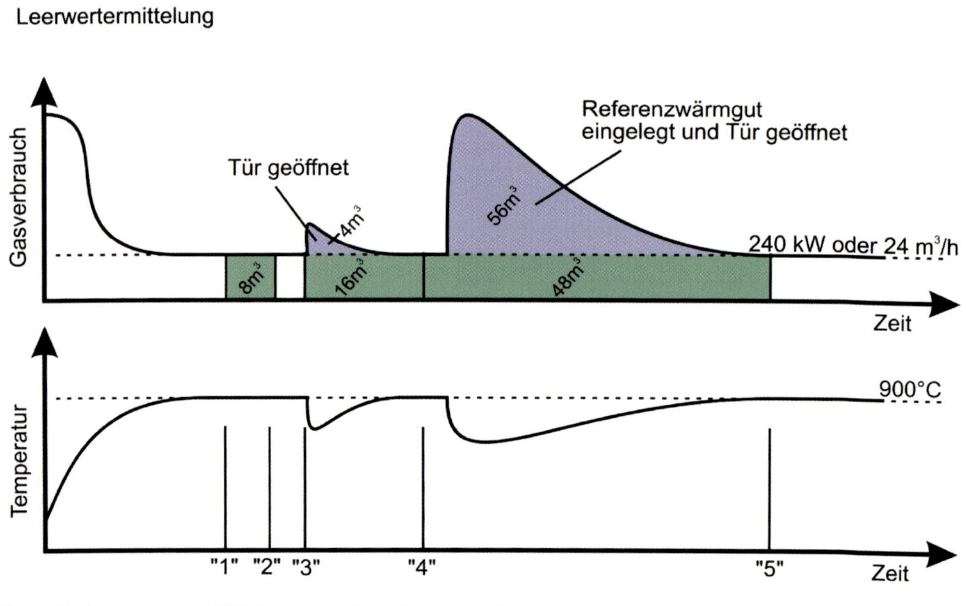

Bild 7.13: Leerwert und Wirkungsgrad im Chargenofen

Der Ofen wird auf eine Referenztemperatur von 900 °C geheizt und so lange auf Temperatur gehalten, bis sich ein thermisches Gleichgewicht eingestellt hat und die Temperatur und der Gasverbrauch konstant bleiben. In diesem Zustand werden mit der eingebrachten Energie nur noch die Verluste abgedeckt. Es ist darauf zu achten, dass man der Anlage genug Zeit lassen sollte, um wirklich einen stationären Zustand zu erreichen.

Tabelle 7.1: Beispiel Chargenofen

Zeitpunkt	Gaszählerstand m^3	Uhrzeit h:min
"1"	52.214	12:45
"2"	52.222	13:05
"3"	52.228	13:20
"4"	52.248	14:00
"5"	52.352	16:00
Referenzwärmgut:		Stahl
Masse:		2.500 kg
Anfangstemperatur:		25 °C
Endtemperatur:		900 °C
Energiebedarf:		594 kJ/kg
Brennstoff:		Erdgas H
Heizwert:		36 MJ/m^3

Zu einem Zeitpunkt „1" wird dann der Gaszähler abgelesen und der Standnotiert. Hier im Beispiel wird dann 20 min später erneut der Zählerstand abgelesen und der Verbrauch von 8 m^3 Erdgas ermittelt.

$$\text{Leerwert des Ofens} = \frac{8\,\text{m}^3\ 36\,\frac{\text{MJ}}{\text{m}^3}}{20\,\text{min}} = 864\,\frac{\text{MJ}}{\text{h}} = 240\,\text{kW}$$

Der Leerwert bei 900 °C beträgt also 240 kW oder 24 m^3 Erdgas/h. In einem weiteren Schritt sollen die Verluste die beim Öffnen der Ofentür bestimmt werden. Die Ofentür wird dabei für eine typische Dauer geöffnet und dann wieder geschlossen. Die Ofensteuerung wird dann eine erhöhte Brennerleistung einstellen, bis die Ofentemperatur von 900 °C wieder erreicht ist und sich das thermische Gleichgewicht wieder einstellt. Zwischen dem Zeitpunkt „3" vor dem Öffnen der Tür bis zum Zeitpunkt „4", bei dem sich wieder das thermische Gleichgewicht einstellt, werden 20 m^3 Erdgas in einem Zeitraum von 40 min verbraucht. Zieht man von diesem Gasverbrauch von 20 m^3 den Gasverbrauch ab, der sich aus dem Leerwert ergibt, ist es möglich, den zusätzlichen Verbrauch zu bestimmen, der sich durch das Öffnen der Ofentür für eine bestimmte Dauer und bei einer bestimmten Temperatur ergibt. Im vorliegenden Beispiel sind dies 4 m^3.

Um den feuerungstechnischen Wirkungsgrad bestimmen zu können, wird nun ein kaltes Wärmgut mit bekannter Masse in den Ofen eingebracht. Der Gasverbrauch wird vom Zeitpunkt „4" vor dem Einbringen des Wärmgutes bis zum Zeitpunkt „5" erfasst, bei dem sich wieder ein stationärer Zustand eingestellt hat und das Wärmgut vollständig auf Referenztemperatur erwärmt ist. In den 120 min werden 104 m^3 Erdgas verbraucht. Von diesen 104 m^3 zieht man 48 m^3 Erdgas ab, die sich aus dem Leerwert ergeben. Von den verbleibenden 56 m^3 Erdgas werden 4 m^3 Erdgas subtrahiert, die zur Deckung der Verluste beim Öffnen der Ofentür anfallen.

Die restlichen 52 m^3 dienen dann zur Erwärmung des Wärmgutes und der zusätzlich anfallenden Abgasverluste. Alle anderen Verluste sollten dann bereits herausgerechnet sein.

Der feuerungstechnische Wirkungsgrad ergibt sich dann für diesen Fall:

$$\eta_f = \frac{Q_g}{Q_B} \tag{7.7}$$

mit:

Energieaufnahme des Wärmgutes: $Q_g = M_G \; q_g = 1.485$ MJ

Brennstoffenergie (ohne Leerwert): $Q_B = H_u \; V_B = 1.872$ MJ

Somit errechnet sich ein feuerungstechnischer Wirkungsgrad von etwa 79 %. Der Wert des feuerungstechnischen Wirkungsgrades ist hoch und lässt somit auf einen wirkungsvollen rekuperativen oder einen regenerativen Luftvorwärmer schließen. Die notwendige Luftvorwärmung zum Erreichen dieses Wirkungsgrades beträgt etwa 600 °C und die relative Luftvorwärmung ε etwa 0,65. Die Abgastemperatur nach dem Wärmetauscher ist geringer als 500 °C.

Analog dazu kann man auch in einer kontinuierlich arbeitenden Anlage vorgehen (**Bild 7.14** und **Tabelle 7.2**). Dabei vergleicht man den Gasverbrauch im ausgeglichenen Zustand bei verschiedenen Produktionsmengen, möglichst gleichen Zonentemperaturen sowie gleichen Band-, Anfangs- und Endtemperaturen. Somit ist es möglich, den feuerungstechnischen Wirkungsgrad und den Leerwert rechnerisch zu ermitteln.

Die Anlage wird zunächst bei einer Referenzproduktion betrieben. Dabei werden 9 t/h Stahlband von einer Umgebungstemperatur auf 900 °C erwärmt. Nachdem sich stationäre Verhältnisse eingestellt haben, wird der Gaszähler zum Zeitpunkt „1" abgelesen. 20 min später, zum Zeitpunkt „2", wird der Zählerstand erneut notiert und ein Gasverbrauch in diesem Zeitraum von 80 m^3

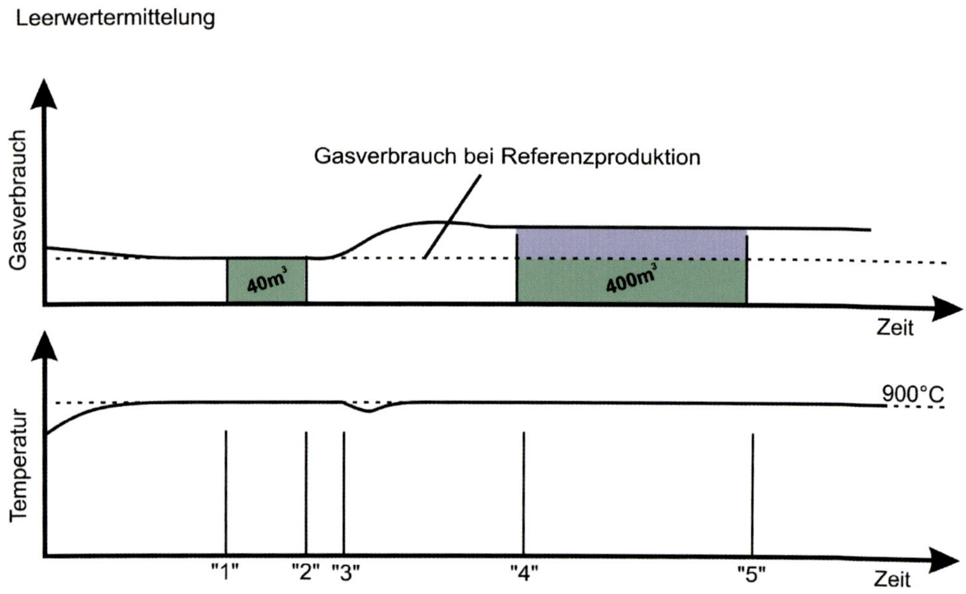

Bild 7.14: Leerwert und Wirkungsgrad im Durchlaufofen

Tabelle 7.2: Beispiel Durchlaufofen

Zeitpunkt	Gaszählerstand m^3	Uhrzeit h:min
"1"	52.324	10:20
"2"	52.364	10:40
"3"	Produktionssteigerung	
"4"	52.724	11:40
"5"	53.124	12:40
Referenzwärmgut:	Stahl	
Produktion bis Zeitpunkt "3"9:	t/h	
Produktion bis Zeitpunkt "3"	16 t/h	
Anfangstemperatur:	25 °C	
Endtemperatur:	900 °C	
Energiebedarf:	594 kJ/kg	
Brennstoff:	Erdgas H	
Heizwert:	36 MJ/m^3	

bestimmt. Damit ergibt sich ein Gasverbrauch bei Referenzproduktion von 240 m^3 Erdgas/h. Die Produktion wird nun zum Zeitpunkt „3" auf 16 t/h gesteigert. Nachdem sich der Gasverbrauch auf ein höheres Niveau eingependelt hat, wird der Gaszähler zum Zeitpunkt „4" und eine Stunde später zum Zeitpunkt „5" abgelesen. Der Gasverbrauch bei erhöhter Produktion beträgt nun 400 m^3/h. Die Mehrproduktion von 7 t/h verursacht also einen Mehrverbrauch von 160 m^3/h. Unter der Annahme, dass alle Verluste mit Ausnahme der Abgasverluste konstant bleiben, lassen sich nun der feuerungstechnische Wirkungsgrad und der Leerwert der Anlage wie folgt ermitteln.

$$\eta_f = \frac{\dot{Q}_g}{\dot{Q}_B} \tag{7.8}$$

mit:

dem Gutwärmestrom:

für die Mehrproduktion von 7 t/h: $\dot{Q}_g = q_g \dot{M}_g = 1.155$ kW

Mehrverbrauch von Brennstoffenergie: $\dot{Q}_B = H_u \dot{V}_B = 1.600$ kW

Es ergibt sich dabei ein feuerungstechnischer Wirkungsgrad von etwa 72 %. Dieser Wert des feuerungstechnischen Wirkungsgrades ist typisch für die Strahlrohrbeheizung mit Rekuperatorbrennern. Der Gasverbrauch setzt sich aus dem Leerwert und dem zusätzlichen Gasverbrauch für die Erwärmung des Gutes zusammen. Bei pro Tonne auf Referenztemperatur erwärmter Stahl werden 22,85 m^3 zusätzlich verbraucht. Damit ergibt sich ein Leerwert der Anlage von 34,3 m^3 Erdgas/h. Der Gasverbrauch der Anlage liegt nun also theoretisch bei:

Gasverbrauch [m^3/h] = Leerwert [m^3/h] + (Produktion [t/h] * zus. Verbrauch [m^3/t])

oder hier:

Gasverbrauch [m^3/h] = 34,3 m^3/h + Produktion [t/h] * 22,85 m^3/t

Es lohnt sich, diese Anlagendaten zu ermitteln und von Zeit zu Zeit zu überprüfen, weil sich aus dem Verbrauch der Anlage auch gut auf den Gesamtzustand der Anlage schließen lässt. Selbstverständlich werden sich in der Praxis immer gewisse Abweichungen ergeben, die sich zum Beispiel aus unterschiedlichem Schutzgasverbrauch oder anderen Ursachen ergeben.

7.3.2 Messung der Luftvorwärmtemperatur

Üblich ist auch eine Angabe der Luftvorwärmtemperatur, aus der sich der feuerungstechnische Wirkungsgrad ableiten lässt (siehe Kapitel 1). Bei externen Wärmetauschern lässt sich die Luftvorwärmtemperatur recht gut messen. Diese sollte jedoch möglichst kurz vor dem Eintritt in den Brenner gemessen werden, sodass auch die Verluste der Warmluftverteilung mit berücksichtigt werden können.

In Rekuperatorbrennern ist diese Messung oftmals deutlich schwieriger, da das Ende des Wärmetauschers und die Brennkammer unmittelbar nebeneinander liegen. In diesem Bereich des Brenners treten extreme Temperaturunterschiede von über 1.000 K auf zwischen:

- Temperatur der vorgewärmten Luft,
- Temperatur des Brenngases,
- Temperatur von Spül- und Kühlluft,
- Temperatur der Verbrennungszone,

die eine Messung außerhalb des Labors sehr aufwendig gestalten. Ähnliches gilt auch für die Abgaseintrittstemperatur in den Rekuperatorbrennern, die als Bezugsgröße ebenfalls bestimmt werden muss. Bei offener Beheizung muss zusätzlich noch definiert sein, welcher Abgasmengeanteil zur Aufrechterhaltung des Ofendruckes benötigt wird und welcher Anteil über den Wärmetauscher abgeführt wird.

Auch in Regeneratorbrennern ist die Messung wegen der periodischen Umschaltung nicht unproblematisch. Bei der Messung sollte ein Thermoelement verwendet werden, das ein schnelles Ansprechverhalten aufweist.

7.3.3 Messung der Abgastemperatur

Der feuerungstechnische Wirkungsgrad wird über die Abgasverluste definiert (siehe Kapitel 1). Es liegt aus diesem Grund nahe, die Abgastemperatur und Zusammensetzung zu messen, um damit den Wirkungsgrad zu bestimmen. Hierbei muss Folgendes beachtet werden:

In offenen Systemen wird in der Regel nur ein Teil des Abgases über den Wärmetauscher geführt. Der verbleibende Abgasanteil wird für die Aufrechterhaltung des Ofendruckes benötigt und entweicht über einen gesonderten Kamin, an Türen oder verschiedenen Durchführungen. Die Abgastemperaturmessung hat in diesen Fällen nur wenig Aussagekraft. In geschlossenen Systemen, zum Beispiel in Strahlheizrohren, kann der Wirkungsgrad durch die Messung von Abgastemperatur und Abgaszusammensetzung gut bestimmt werden. Bei der Messung sollte an verschiedenen Stellen im Abgaskanal gemessen werden, um Temperaturunterschiede, die zum Beispiel durch Strähnenbildung entstehen, zu erfassen.

8. Industriebrenner

Gerrit Wohlschläger (Kapitel 8.1.1 und 8.1.2), Jörg tom Felde (Kapitel 8.1.5),
Rainhard Paul (Kapitel 8.1.9), Joachim G. Wünning

8. Industriebrenner

Gerrit Wohlschläger (Kapitel 8.1.1 und 8.1.2), Jörg tom Felde (Kapitel 8.1.5), Rainhard Paul (Kapitel 8.1.9), Joachim G. Wünning

8.1 Kaltluftbrenner

8.1.1 Vorgemischbrenner

Bei Vormischbrennern wird ein Gas-Luft-Gemisch erzeugt und über Rohrleitungen an den Ort der Verbrennung geführt (**Bild 8.1**). Das in der Rohrleitung befindliche Gas-Luft-Gemisch ist zündfähig; von daher sind Rücktrittssicherungen erforderlich.

Zündbrenner (**Bild 8.2**) werden beispielsweise als Vorgemischbrenner ausgeführt, da die kompakte Bauweise des Zündbrenners eine getrennte Gas/Luftführung zum Ort der Verbrennung nicht zulässt.

Bild 8.1: Mischer (Quelle: Elster Kromschröder GmbH)

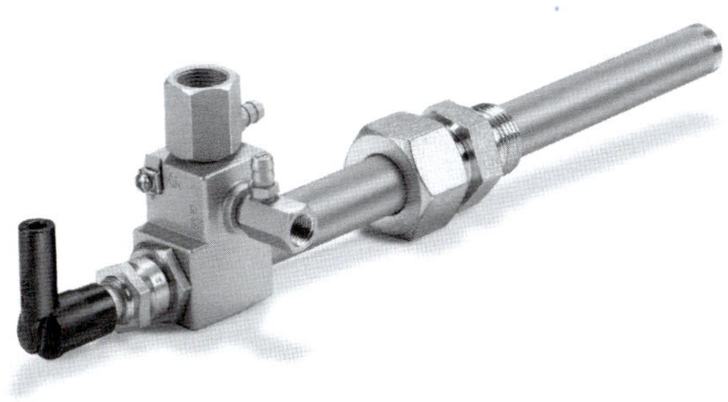

Bild 8.2: Zündbrenner (Quelle: Elster Kromschröder GmbH)

8.1.2 Mündungsmischbrenner

Das charakteristische Bauteil der meisten Brenner dieses Typs ist der sogenannte Luftdüsenstein, mit dessen Hilfe Gas und Luft vermischt werden. Die Bezeichnung für dieses Bauteil variiert bei Brennern verschiedener Hersteller. In metallischer Ausführung wird es auch häufig Mischerscheibe o. ä. genannt. Die metallische Ausführung ist bei Kaltluftbrennern Stand der Technik, da die mechanische Bearbeitung der (meistens) temperaturbeständigen Edelstähle eine große Varianz in der Konstruktion erlaubt. Schlitze und Bohrungen in der Luftscheibe variieren die Verdrallung der Verbrennungsluft (**Bild 8.3**).

Bild 8.3: Mischkopf; starke Luftverdrallung, radial eingedüstes Gas für schnellen Ausbrand

Während das Gas zentral zugeführt wird, wird die Luft über radial um die Gasdüse angeordnete Löcher oder Schlitze zugeführt. Diese Mischscheibe erfüllt zwei Aufgaben gleichzeitig:

- Aufgrund des Strömungswiderstandes baut sich ein definierter Staudruck vor dem Bauteil auf; der Brennluftvolumenstrom stellt sich dann abhängig von der Größe der Öffnungen reproduzierbar ein.

- Die Gestaltung der Luftlöcher/Schlitze hat entscheidenden Einfluss auf die Gas- und Luftvermischung (Verdrallung). Die Flammenform kann dadurch gezielt eingestellt werden.

Die konstruktiven Ausprägungen der Axial-, Radial- und Tangentialkomponenten in der Luft- und Gasführung bestimmen die Verdrallung und haben somit einen wesentlichen Einfluss auf die Flammengeometrie. Die Anordnung bzw. Größe der Gasbohrungen ermöglicht die Anpassung des Mischkopfes an verschiedene Gasparameter, wie z. B. Heizwert und Dichte.

Generell wird bei den Brennern unterschieden zwischen Brennern mit nach vorne gerichteter Flamme und Brennern mit kurzer bzw. flach anliegender Flamme. Je nach Drall der Luft und Eindüsung des Gases wird in Verbindung mit der Brennkammer die gewünschte Flammenform generiert.

Zum sauberen Ausbrand wird der Brenner mit einer Brennkammer aus

- Feuerfestbeton,
- Keramik oder
- Metall

kombiniert.

Die Auswahl des jeweiligen Brennkammermaterials und der Brennkammergeometrie wird im Wesentlichen durch den Prozess bestimmt:

- Bei Niedertemperaturprozessen mit Zwangsumwälzung der Ofenatmosphäre werden beispielsweise modulierend geregelte Brenner in Kombination mit metallischen Brennkammern eingesetzt. Hier genügen oftmals hitzebeständige Stähle den Anforderungen des Prozesses (**Bild 8.4**).

Bild 8.4: Brenner mit Brennkammer aus hitzebeständigem Edelstahl

- Hochgeschwindigkeitsbrenner im Taktbetrieb werden überwiegend mit keramischen Brennkammern und reduziertem Austrittsdurchmesser kombiniert. Es stehen auf dem Markt unterschiedliche Keramikqualitäten für viele Temperaturbereiche zur Verfügung (**Bild 8.5** und **Bild 8.6**).
- Ein besonderes Merkmal dieser Brenner ist die Leichtbauweise, da auf den Einbau eines Brennersteines verzichtet werden kann. In Kombinationen mit einem zweiten Luftgehäuse ist optional auch die Realisierung eines Brenners für hohe Luftüberschussraten möglich.

Bild 8.5: Hochgeschwindigkeitsbrenner mit SiC-Brennkammer (Quelle: Elster Kromschröder GmbH)

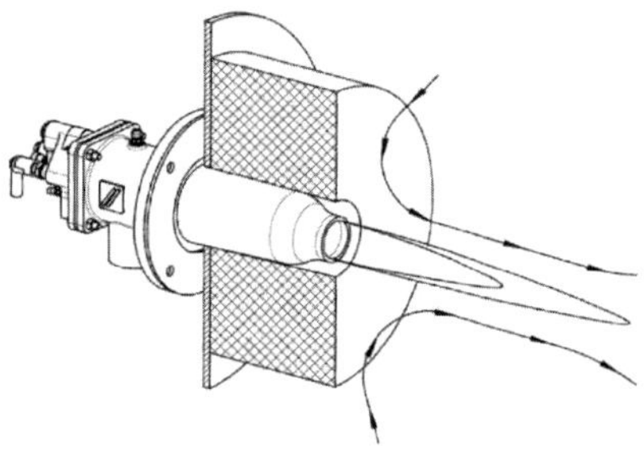

Bild 8.6: Hochgeschwindigkeitsbrenner zur Umwälzung der Ofenatmosphäre im Taktbetrieb

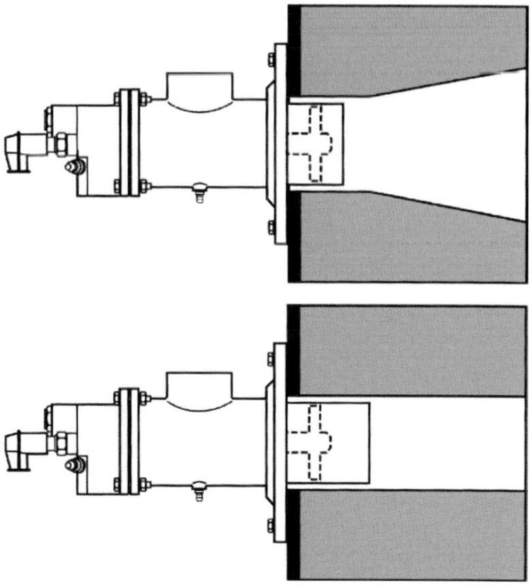

Bild 8.7: Mündungsmischender Brenner mit Brennerstein (Quelle: Elster Kromschröder GmbH)

- Brennersteine aus Feuerfestmaterial werden beispielsweise dort eingesetzt, wo Erschütterungen des Ofens zu erwarten sind oder wo aus prozesstechnischen Gründen keine Keramik oder Stahlmaterialen eingesetzt werden können. Brennersteine haben einen großen konstruktiven Gestaltungsspielraum durch den nahezu jede gewünschte Flammenform und Geschwindigkeit erreicht werden kann (**Bild 8.7**).

Kaltluftbrenner sind üblicherweise mit einem Elektrodenstab zur direkten Zündung ausgestattet. Die durch den Transformator erzeugte Hochspannung erzeugt am Elektrodenstab einen Lichtbogen zur Zündung des Gas-Luft-Gemisches. Eine weitere Möglichkeit der Zündung ist der separate oder im Brenner integrierte Zündbrenner.

Als Brennerüberwachung haben sich die ionische Überwachung und die UV-Überwachung in der Praxis durchgesetzt. Die ionische Überwachung der Flamme bietet den Vorteil der räumlich selektiven Brennerüberwachung. Bei Einsatz von Brennern mit ionisch nicht überwachbaren Gasarten wird die UV-Überwachung eingesetzt.

Der Einsatz eines Mischkopfes mit starker Luftverdrallung und daraus resultierendem schnellen Ausbrand ist im Hinblick auf niedrige CO-Emissionen eine gängige Praxis. Das radial eingedüste Gas trifft auf eine starke Luftverdrallung. Der vollständige Ausbrand in der Brennkammer vermeidet die CO-Bildung im Abgas.

Die Bildung von Stickoxiden (NO_X) ist bei Kaltluftbrennern im nicht relevanten Bereich, da die Flammentemperatur in den üblichen Prozesstemperaturbereichen unterhalb von 1.600 °C liegt. Der in Bezug auf NO_X-Bildung relevante Flammentemperaturbereich befindet sich im Bereich zwischen 1.600 °C bis 2.350 °C.

Der typische Einsatzbereich von Kaltluftbrennern liegt in Wärmebehandlungsprozessen des unteren und mittleren Temperaturspektrums.

Dort, wo beispielsweise die Prozesstemperatur oder die Betriebsweise eine wirtschaftliche rekuperative oder regenerative Luftvorwärmung nicht zulässt, ist der Kaltluftbrenner eine preiswerte Alternative. Ein weiterer Anwendungsbereich für Kaltluftbrenner sind Anlagen, wo der Energieinhalt des Abgases in nachgeschalteten Prozessen genutzt wird; beispielsweise ein Tunnelofen mit nachgeschaltetem Trockner in der Keramikindustrie.

Das Anwendungsspektrum der Kaltluftbrenner umfasst eine enorme Bandbreite in vielen Industriebereichen, von denen im Folgenden einige Einsatzbereiche aufgelistet sind:

- Wärmebehandlungsöfen in der Stahl- und Nichteisenindustrie
- Schmelzöfen der Nichteisenindustrie
- Trocknungsprozesse
- Regenerative Nachverbrennungsanlagen
- Brennöfen der Grob- und Feinkeramik

Anwendungsbeispiele

Beispiel 1

Seitenbefeuerter Herdwagenofen mit Hochgeschwindigkeitsbrennern **(Bild 8.8)** *zur Wärmebehandlung von Stahlbauteilen.*

Hier feuern die Brenner links und rechts versetzt unter die Aufbauten. Sie werden im Taktbetrieb angesteuert (Ein/Aus). Über die Taktsteuerung wird die einzelne Zone entsprechend der gewünschten Ofentemperatur geregelt.

Bei dieser Art der Befeuerung werden üblicherweise die im Vorfeld erläuterten Hochgeschwindigkeitsbrenner eingesetzt. Ihre Austrittsgeschwindigkeiten liegen zwischen 70 und 130 m/s in Abhängigkeit vom gewählten Keramikrohraustritt. Durch die hohe Austrittsgeschwindigkeit in Kombination mit dem Taktbetrieb wird die Ofenatmosphäre umgewälzt. Wichtig ist, dass das Beheizungssystem für einen Ofen nicht überdimensioniert wird, d. h., dass die installierte Brennerleistung dem Prozess angepasst wird.

Eine Überdimensionierung führt zu einer geringeren Umwälzung im Ofen, da die Brenner nicht so häufig eingeschaltet werden. Ausgeschaltete Brenner steigern aufgrund von Leckagen in den Luftstellgliedern die O_2-Konzentration im Ofen. Dadurch steigt der Energieverbrauch und ggf. bildet sich eine ungewünschte Verzunderung des Wärmegutes. Durch den Einsatz einer im Bren-

Bild 8.8: Herdwagenofen mit Hochgeschwindigkeitsbrennern (Quelle: Maerz-Gautschi GmbH)

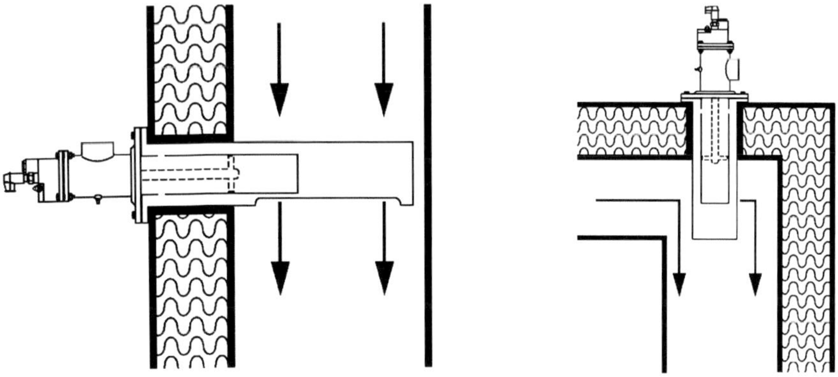

Bild 8.9: Brennerinstallation bei Heißgasumwälzung

ner integrierten Kleinlastlanze lässt sich die O_2-Konzentration (verursacht durch die Leckage der Luftstellglieder) reduzieren.

Beispiel 2

Anlassofen mit Heißgasumwälzung

Anlassöfen arbeiten im unteren Temperaturbereich. Die Wärmeübertragung erfolgt hier im Wesentlichen durch Konvektion. Eine Heißgasumwälzung wird durch zusätzliche im Ofen installierte Heißgasventilatoren realisiert. Daraus ergeben sich besondere Anforderungen an die Beheizung. Die Brenner sind in Blechkanälen installiert und die Flamme muss je nach Geschwindigkeit der Umwälzströmung durch ein zusätzliches Rohr aus hitzebeständigem Stahl (Flammenleitrohr) geschützt werden.

Zwei mögliche Installationsvarianten (**Bild 8.9**) sind:

1. Abgasaustritt durch das am Ende geöffnete Leitrohr. Diese Einbausituation wird beispielsweise bevorzugt, wenn die vom Ventilator getriebene Ofenatmosphäre eine Umlenkung von der horizontalen zur vertikalen Richtung erfährt.
2. Abgasaustritt durch das seitlich geöffnete Flammenleitrohr. Diese Ausführung gewährleistet einen vollständigen Flammenausbrand bei seitlicher Anströmung der Brennkammer. Die der Anströmung abgewandte Seite des Flammenleitrohres ist mit einem Langloch versehen, aus dem die Abgase in den Prozess gelangen.

Bei beiden Varianten ist der Ausbrand der Flamme gewährleistet, ohne dass es zu Brennerstörungen oder signifikanter CO-Bildung kommt.

Die modulierende Brennerregelung mit einem konstanten nahstöchiometrischen Gas-Luft-Gemisch über einen Regelbereich von 1:10 ist hier typisch.

Bild 8.10: Temperbrenner
(Quelle: Elster Kromschröder GmbH)

Beispiel 3

Einzelbrenner in der Pfannenbefeuerung / Temperung **(Bild 8.10)**

Einzelbrenner werden im gas/luftseitigen Verbund mit modulierender Regelung ausgestattet. Die typische Pfannenbefeuerung ist ausgestattet mit einem mündungsmlschenden Drallbrenner, der im pneumatischen Verbund nahstöchiometrisch über einen Regelbereich von 1:10 betrieben wird. Die Brennerleistung richtet sich nach der Prozessanforderung (z. B. Pfannengröße). Die Brennerleistungen liegen im Bereich zwischen 1.000 und 5.000 kW.

Die Temperung neu zugestellter Pfannen erfordert wiederum einen Brenner mit der Möglichkeit zum Betrieb mit großen Luftüberschussraten, damit die Aufheizkurve gemäß der Vorgabe des Isoliermaterialherstellers zu fahren ist. Bei konstant eingestellter maximaler Luftmenge wird die Brennerleistung modulierend geregelt und so die gewünschte Temperaturkurve gefahren. Die Flammentemperatur bewegt sich je nach eingestellter Luftüberschussrate im Bereich zwischen 140 °C und 1.100 °C.

Beispiel 4

Schachtschmelzofen in der Aluminiumindustrie **(Bild 8.11)**

Schachtschmelzöfen werden in kompakter Bauweise ausgeführt. Ein mündungsmischender Brenner mit mittelstarker Verdrallung und radialer Gaseindüsung verhindert den direkten Kontakt von Flamme und Schmelzgut. Die Brennkammer aus Feuerfestbeton ist bei diesen Anlagen oftmals Bestandteil der Feuerfestauskleidung des Ofens.

Über die Kombination Brenner/Brennerstein wird die Strömungsgeschwindigkeit der Abgase beeinflusst. Mit der Wahl der richtigen Strömungsgeschwindigkeit und der geometrischen Brenneranordnung lässt sich der Kontakt zwischen Bad und Brennerflamme vermeiden. Unerwünschte Krätzebildung in der Aluminiumschmelze wird dadurch vermindert.

Die Brenner werden modulierend oder stufig mit nahstöchiometrischer Gemischeinstellung über den gesamten Regelbereich betrieben. Durch die nahstöchiometrische Betriebsweise lässt sich

Bild 8.11: Schachtschmelzofen (Quelle: StrikoWestofen GmbH)

der O_2-Eintrag verringern. Damit einhergehend wird die Oxidbildung mit daraus resultierendem Materialverlust minimiert.

8.1.3 Gebläsebrenner

Gebläsebrenner bilden eine komplette Einheit mit eigenem Verbrennungsluftgebläse, Brennersteuerung und Überwachung (**Bild 8.12** und **Bild 8.13**). Diese Brenner werden in großen Stückzahlen hergestellt und für häusliche und gewerbliche Heizungen verwendet. Gebläsebrenner mit größeren Leistungen bis in den Megawatt-Bereich werden auch als Kesselbrenner, für Trocknungsanlagen und in anderen Anwendungen eingesetzt.

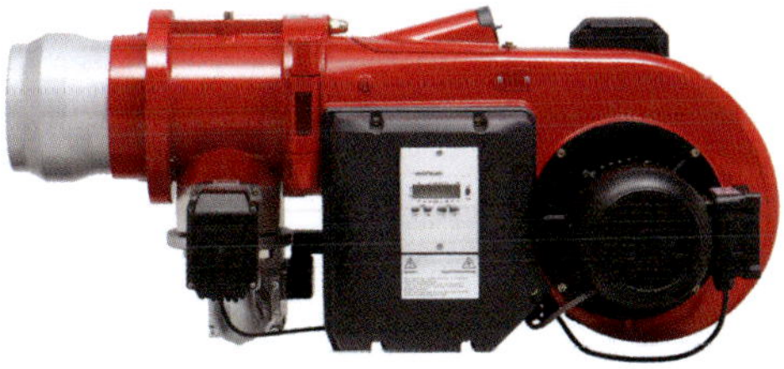

Bild 8.12: Gebläsebrenner (Quelle: Max Weishaupt GmbH)

Zur Beheizung von Industrieöfen im höheren Temperaturbereich findet man diesen Brennertyp vergleichsweise selten. Dabei muss in Ofenanlagen mit mehreren Brennern darauf geachtet werden, dass wenn einzelne Brenner abgeschaltet sind, durch diese je nach Ofendruck heiße Ofengase ausströmen oder aber kalte Luft in den Ofenraum einströmen kann, wenn keine geeigneten Maßnahmen getroffen werden.

Bild 8.13: Gebläsebrenner (Quelle: Eclipse Inc.)

8.1.4 Oberflächenbrenner

Oberflächenbrenner arbeiten als Vormischbrenner, wobei die Flamme an einer Fläche stabilisiert ist. Oberflächenbrenner werden häufig zum Trocknen von Oberflächen eingesetzt, so zum Beispiel beim Trocknen von Papier oder von Lacken, aber auch zur Beheizung von großen Räumen und Hallen.

Die porösen Oberflächen können je nach Aufgabenstellung unterschiedlich geformt sein. So finden sich Ausführungen von ebenen, zylindrischen oder gewölbten Oberflächen. Als Oberflächen dienen:

- perforierte Keramiken,
- poröse Keramiken,
- Keramikfasern,
- Metallgewebe,
- perforierte Bleche,
- Sintermetalle,

die in manchen Fällen katalytisch beschichtet sind.

Bei den Flächenbrennern werden an der Oberfläche viele kleine Flämmchen oder aber ein Flammenteppich stabilisiert. Die Wärmeabgabe erfolgt vorrangig durch Strahlung, einerseits durch die Flammen und andererseits durch die Oberfläche des Brenners.

8.1.5 Porenbrenner

Die Verbrennung in porösen Medien unterscheidet sich grundlegend von der weit verbreiteten Verbrennung von üblichen Oberflächenbrennern, die ein vorgemischtes Gas-Luft-Gemisch mit freien Flammen an der Oberfläche einer porösen Struktur oder Lochplatte stabilisieren.

Der wesentliche Unterschied besteht in dem Stabilisierungskriterium der Verbrennungsreaktion. Während in üblichen Oberflächenbrennern die Verbrennungsreaktion im Wesentlichen geschwindigkeitsstabilisiert ist, wird die Verbrennungsreaktion im Porenbrenner durch das thermodynamische Gleichgewicht des Wärmeübergangs von Brenngas zur porösen Matrix stabilisiert, welches durch die Péclet-Zahl charakterisiert werden kann.

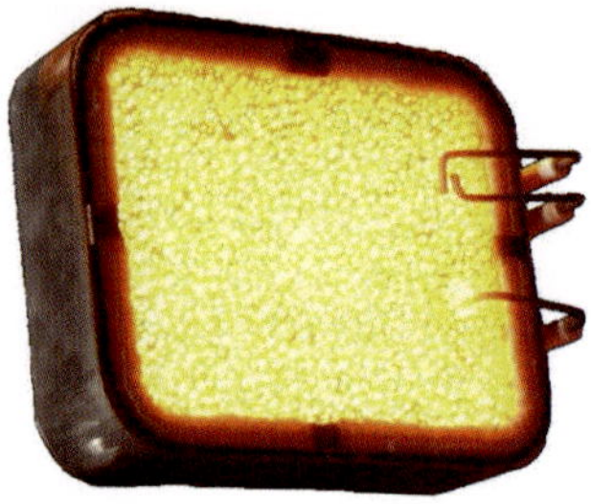

Bild 8.14: Porenbrenner in Betrieb (Quelle: promeos GmbH)

Strahlung kann bei einem Oberflächenbrenner nur bei Flächenlasten bis zu 500 kW/m² ausgekoppelt werden, bei denen die Flamme an der Brenneroberfläche aufsitzt. Dabei werden bei niedrigen Emissionen Strahlertemperaturen der Brenneroberfläche von maximal 1.000 °C erreicht.

Bei größeren Flächenlasten steigen die NO_X-Emissionen meist schnell an und bei einer weiteren Steigerung heben die Flammen ab.

Im Porenbrenner findet die Verbrennung im Inneren weniger Millimeter großer Poren, die von einer inerten Keramik begrenzt werden, statt. Durch die große spezifische Oberfläche des Porenkörpers und die relativ kleinen charakteristischen Längen ist der Wärmeübergang vom Abgas auf den Porenkörper sehr gut. Dieser wird durch das Abgas auf Temperaturen bis zu 1.400 °C aufgeheizt und kann damit auch bei Flächenlasten bis zu 3.000 kW/m² noch Strahlung auskoppeln. Durch die ca. 2 Zehnerpotenzen höhere Wärmeleitfähigkeit als die Brenngase und die hervorragenden Strahlungseigenschaften des Porenkörpers kann ein Teil der übertragenen Reaktionsenthalpie entgegen der Strömungsrichtung transportiert werden. Aus diesem Grund kann die Zündung auch bei Strömungsgeschwindigkeiten, die über der adiabaten laminaren Flammengeschwindigkeit liegen, immer an einer definierten Position erfolgen. Es findet also effektiv eine Erhöhung der Flammengeschwindigkeit statt.

Mit einer Steigerung der Strahlertemperatur von 1.000 °C auf 1.400 °C ist es möglich, die auf der gleichen Fläche über Strahlung übertragene Wärmemenge wesentlich zu erhöhen. Dabei bleiben die Emissionen von NO_X und CO im Bereich weniger ppm. Der Porenbrenner erreicht damit besondere Eigenschaften für die Verwendung als Hellstrahler.

Der Porenbrenner besteht aus zwei Zonen:

1. Zone A, Pe < 65; kleine Poren dienen als Rückschlagsperre, Wärme wird schneller abgeleitet als sie durch die Reaktion erzeugt wird
2. Zone C, Pe > 65; große Poren dienen als Reaktionszone

Bild 8.15: Porenbrenner (Quelle: promeos GmbH)

mit

$$PE = \frac{S_l\, d_m\, c_p\, \rho_G}{\lambda_G}$$

mit

S_l laminare Flammengeschwindigkeit

d_m äquivalenter Porendurchmesser

c_p spezifische Wärmekapazität

ρ_G dichte der Brenngase

λ_G Wärmeleitfähigkeit der Brenngase

Beispiele für ausgeführte Porenbrenner zeigen **Bild 8.14** und **Bild 8.15**.

8.1.6 Flachflammenbrenner

Eine weitere Methode eine wandnahe Flamme zu erzeugen ist die starke Drallbeaufschlagung der Verbrennungsluft in Kombination mit einem geeigneten Brennerstein (**Bild 8.16** und **Bild 8.17**).

Bild 8.16: Flachflammenbrenner (Quelle: Elster Kromschröder GmbH)

Bild 8.17: Flachflammenbrenner (Quelle: Aichelin Holding GmbH)

Da sich die Flamme ringförmig um den Brenner an die Ofenwand anlegt, werden diese Brenner auch als Deckenstrahl- oder Seitenwandbrenner bezeichnet. Die Flamme gibt dabei ihre Energie vorrangig an die lokale Ofenwand ab und diese strahlt die Energie dann in den Ofenraum ab. Im Gegensatz zu Oberflächen- und Porenbrennern arbeiten Flachflammenbrenner als Mündungsmischbrenner und somit kann sowohl kalte wie auch hochvorgewärmte Verbrennungsluft eingesetzt werden.

8.1.7 Schwach- und Sondergasbrenner

Schon seit langer Zeit werden in der Stahlindustrie Schwach- und Sondergase für die Beheizung der Wärm- und Wärmebehandlungsöfen eingesetzt. Neue Aktualität hat diese Thematik durch die gestiegenen Energiepreise sowie die Diskussion um den Einsatz von Biobrennstoffen erhalten.

Bild 8.18: Gichtgasfeuerung (Quelle: Saake GmbH)

Als Schwachgasbrenner kommen je nach Brennstoff Standard-Erdgasbrenner modifizierte Brenner oder spezielle Schwachgasbrenner zum Einsatz. Die Brenner müssen dabei so ausgelegt sein, dass auch bei geringen Heizwerten die stabile und vollständige Verbrennung gewährleistet wird. Bei sehr geringen Heizwerten muss die Verbrennung mit Warmluft erfolgen, bei noch geringeren Heizwerten muss auch der Brennstoff vorgewärmt werden.

Bild 8.18 zeigt zwei Gichtgasbrenner mit großer Leistung an einem Doppelflammrohrkessel.

In Sonder- und Biogasen sind oft problematische Bestandteile enthalten. Daraus können verschiedene Probleme entstehen, die berücksichtigt werden müssen:

- Korrosion zum Beispiel durch Schwefelbestandteile im Brenngas,
- Flammenabriss durch schwankende Brennstoffzusammensetzung,
- Verstopfen von Leitungen, Ventilen und Düsen durch Partikel und Teer,
- Stickstoffemissionen durch Brennstoffstickstoff.

Sehr bewährt hat sich der Einsatz der im vorangegangenen Kapitel beschriebenen flammlosen Oxidation für den Einsatz von problematischen Brennstoffen. Bei der flammlosen Oxidation ist keine Flammenstabilisierung notwendig und die Verbrennung findet nicht im Brenner statt. Brenner mit geringen NO_X-Emissionen, auch bei Brennstoffen die Brennstoff-NO enthalten, befinden sich derzeit in der Entwicklung.

8.1.8 Mehrstoffbrenner

Es gibt unterschiedliche Gründe, warum im manchen Anwendungsfällen Mehrstoffbrenner eingesetzt werden:

- Sonderbrennstoffe stehen nicht immer zur Verfügung (Back-up, zum Beispiel Flüssiggas),
- Preisvorteil, wenn der Versorger zu Spitzenzeiten die Gasversorgung unterbrechen kann,
- Preisvorteil, wenn zwischen mehreren Brennstoffen gewählt werden kann,
- Sonderbrennstoffe eignen sich nicht zum Anheizen des Prozesses.

Bild 8.19 zeigt einen Brenner, der Gas, Öl sowie staubförmige Brennstoffe verfeuern kann. Brenner dieser Bauart haben zumeist hohe Anschlusswerte, damit der erhöhte Aufwand für die verschiedenen Brennstoffzuführeinrichtungen gewährleistet ist.

Je nach Brennstoffeinsatz können aber auch seriennahe Erdgasbrenner für Mehrstoffbetrieb eingesetzt oder umgerüstet werden. Am einfachsten geschieht das, wenn alle Brennstoffe gasförmig zugeführt werden.

Bild 8.20 zeigt schematisch einen Brenner mit zwei Brennstoffzuführungen, die separat oder aber auch gemeinsam beschickt werden können. Damit ist zum Beispiel auch ein Betrieb mit flüssigen und gasförmigen Brennstoffen möglich. Es sind aber zwei komplett getrennte Brennstoffversorgungen nötig. Wenn die Brennstoffe immer gasförmig vorliegen, kann innerhalb gewisser Grenzen auch eine gemeinsame Brennstoffzufuhr genutzt werden.

Bild 8.19: 10-MW-Mehstoffbrenner (Quelle: Oertli-Induflamme / CombuTec)

Dabei muss dann, wie in **Bild 8.21** gezeigt, die Gas-/Luftverhältnisregelung das entsprechende Gemisch einstellen. Bei getakteten Brennern kann alternativ dazu auch der Gasdruck in der Gasverteilerleitung angepasst werden (**Bild 8.22**). Der Gasdruck wird dann entsprechend dem Heizwert und dem Luftbedarf so angepasst, dass sich der passende Gasmengenstrom einstellt. In den meisten Fällen ist es vorteilhaft, den Luftdruck konstant zu halten.

Beim Wechsel zwischen den Brennstoffen muss beachtet werden, dass das Brennverhalten unterschiedlich sein kann. Dies kann bei empfindlichen Prozessen Auswirkungen auf die Produktqualität haben.

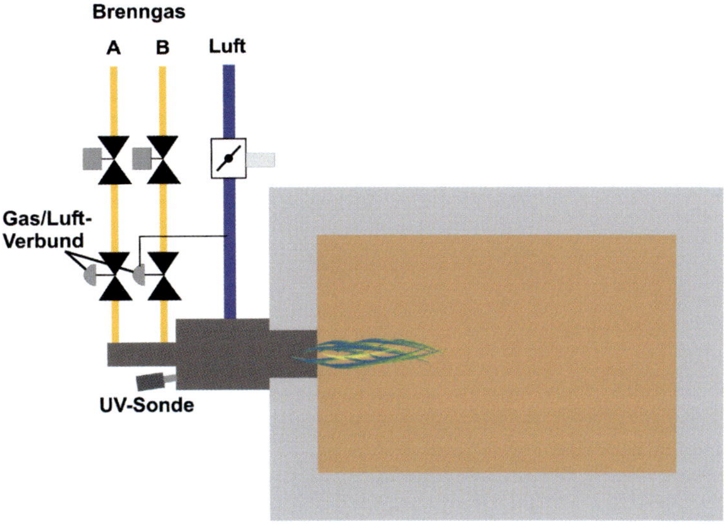

Bild 8.20: Mehrstoffbrenner mit separater Brennstoffzufuhr

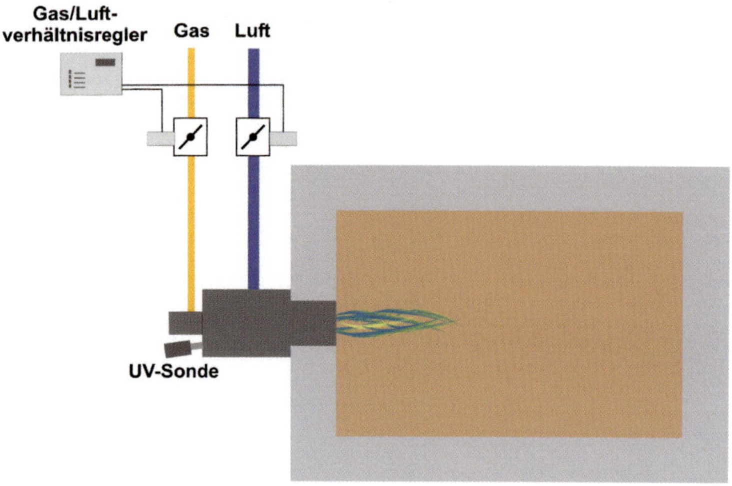

Bild 8.21: Mehrstoffbrenner mit gemeinsamer Brenngaszufuhr und Gas-Luft-Verhältnisregelung

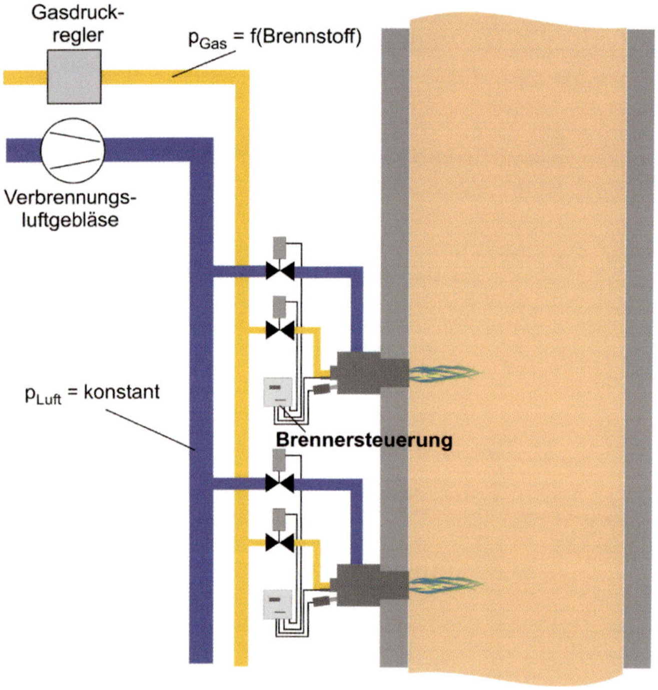

Bild 8.22: Mehrstoffbrenner mit gemeinsamer Brenngaszufuhr für Rundumsteuerungen

8.1.9 Sauerstoffbrenner

Brennersysteme, die mit reinem Sauerstoff anstelle von Verbrennungsluft arbeiten, sind insbesondere für Hochtemperaturprozesse oder für Anwendungen interessant, bei denen eine Vorwärmung der Verbrennungsluft aus prozesstechnischen Gründen nicht oder nur mit größerem Aufwand möglich ist.

Die Verbrennung von gasförmigen, festen und flüssigen Brennstoffen mit reinem Sauerstoff kann seit ca. 1990 als Stand der Technik bezeichnet werden. Gegenüber der konventionellen Verbrennung wird bei der Verbrennung mit reinem Sauerstoff durch die Abwesenheit von Stickstoff der Abgasmassenstrom verringert, sodass bei konstanter Abgastemperatur die Wärmeverluste des Prozesses geringer sind. Dies führt zu einer Steigerung des thermischen Wirkungsgrades, zur Reduzierung des Brennstoffverbrauches und zu geringeren CO_2-Emissionen (**Bild 8.23**). Allerdings entsteht für die Bereitstellung des Sauerstoffs ein zusätzlicher Energieaufwand, der bei einer Gesamtbetrachtung der CO_2-Emissionen zu berücksichtigen ist.

Beginnend mit einer einfachen Sauerstoffanreicherung der Verbrennungsluft zur Verbrennungsförderung wurde in den letzten Jahrzehnten die Oxyfuel-Brennertechnik bis zur heutigen flammenlosen Verbrennung von Brennstoffen mit reinem Sauerstoff sicherheitstechnisch und prozessoptimiert weiterentwickelt. Die Anreicherung der Verbrennungsluft mit Sauerstoff wird heute allerdings nur noch selten betrieben, da sie bei ungünstigen Verbrennungsbedingungen zu einer verstärkten NO_X-Bildung führen kann. Mit einer flammenlosen Oxyfuel-Verbrennung werden dagegen niedrigste NO_X-Werte erreicht, auch bei prozessbedingtem Eintreten von Falschluft in den Verbrennungsraum.

Der Einsatz der Sauerstoffverbrennung ist in der Stahl-, Eisen-, Metall- und Glasindustrie für Schmelzprozesse kein Neuland. Zunehmend wird die Oxyfuel-Technologie aber auch für Aufwärmprozesse von Metallen eingesetzt.

Aufgrund ökonomischer und ökologischer Vorgaben sind Entwicklungen zur Verbesserung der Energieeffizienz und der damit verbundenen Reduzierung des CO_2-Ausstoßes zwingend erforderlich. Hierzu können die in den letzten Jahren entwickelten Oxyfuel-Brennertechnologien einen entscheidenden Beitrag leisten und durch eine mögliche Produktionssteigerung die spezifischen Kosten senken.

Für den wirtschaftlich sinnvollen Einsatz der Oxyfuel-Technologie sind letztendlich die Prozessparameter und der Kostenvergleich mit anderen Brennersystemen ausschlaggebend.

Die Auslegung und Ausführung der Sauerstoffbrenner und Regelsysteme unterliegen den gültigen Vorschriften und Normen, insbesondere der EN 746-2 und ISO 13577-2 und werden durch weitere

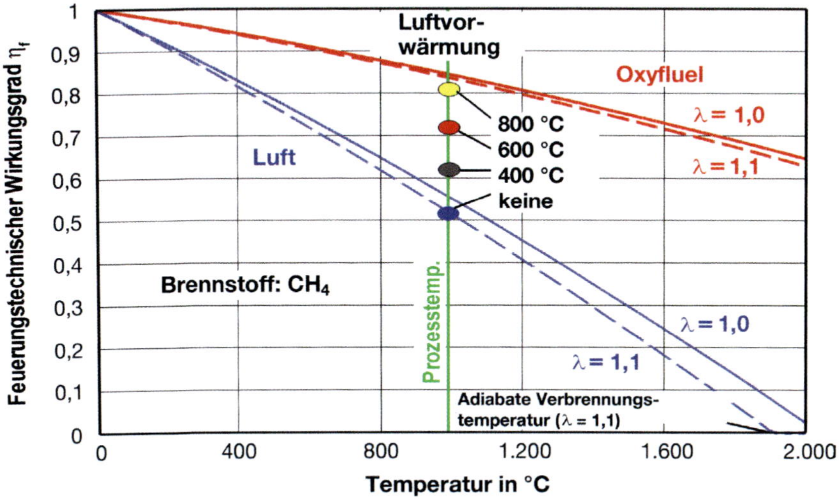

Bild 8.23: Vergleich der Wirkungsgrade von Luftvorwärmung und Sauerstoffanreicherung

Merkblätter ergänzt, die den Umgang mit Sauerstoff betreffen. Der Aufbau der Regelanlagen ist sehr kompakt und wartungsfreundlich, da der Volumenstrom an Sauerstoff weniger als 1/5 des Verbrennungsluftstromes ausmacht und zudem bei einer höheren Druckstufe vorliegt. Typische Eingangsdrücke liegen bei einer Versorgung mit Sauerstoff aus einer Tank-/Verdampferanlage bei 10 bis 15 bar(ü) Eingangsdruck an der Regelstrecke mit nachfolgender Druckreduzierung auf ca. 5 bis 6 bar(ü) in der Regelstrecke. Bei einer Vor-Ort-Erzeugung von Sauerstoff liegen die Eingangsdrücke dagegen bei maximal 2 bar(ü). Für den jeweiligen Fall werden die Regelstrecken entsprechend den Kunden- und Prozessanforderungen ausgelegt. Eine Integration des Regelsystems in kundenseitig bestehende Anlagen zur Prozesssteuerung ist Bestandteil der Gesamtlösung.

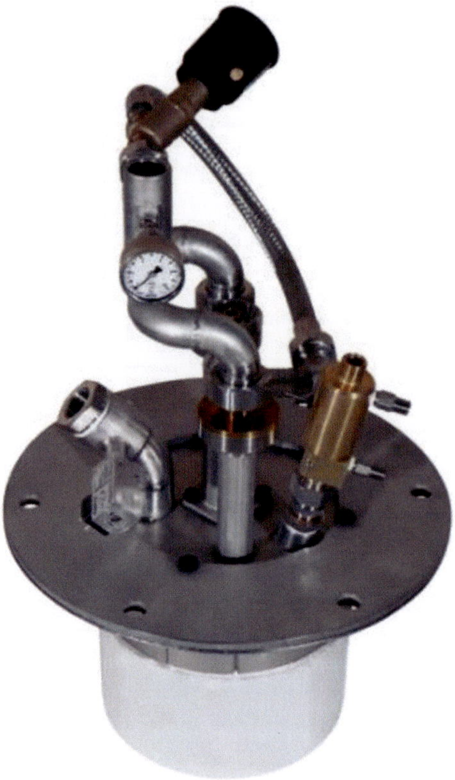

Bild 8.24: Flammenloser OF-Brenner mit Brennerstein (Quelle: Linde AG)

Die Oxyfuel-Brenner werden aus einem Standardprogramm prozessoptimiert und kundenspezifisch angepasst. Zum Einsatz kommen können sogenannte „Rohr in Rohr"-Brenner einfacher Bauart mit oder ohne zusätzliche Wasserkühlung oder Brenner mit einem Brennerstein und zusätzlichen Düsen für eine gestufte Sauerstoffzugabe zum festen Einbau in die Ofenausmauerung (**Bild 8.24**). Je nach Ofenraumtemperatur und Betriebsweise können „Rohr in Rohr"-Brenner bei entsprechender Bauweise aus hitzebeständigem Stahl bis maximal 900 °C ohne zusätzliche Maßnahmen zur Kühlung, d. h. selbstkühlend betrieben werden. Bei höheren Ofenraumtemperaturen wird eine permanente Wasserkühlung oder Spülung der Brenner mit Luft bei Stillstand erforderlich. Bei Brennern mit Brennerstein ist keine Wasserkühlung erforderlich. Ein Spülen bzw. Freihalten der Brenner mit Luft bei Stillstand ist jedoch ebenfalls sinnvoll.

Oxyfuel-Brenner zeichnen sich insbesondere auch durch ihre kompakte und platzsparende Bauweise aus, die den Einbau erleichtert und den Wartungsaufwand reduziert.

8.2 Warmluftbrenner

Warmluftbrenner werden in Verbindung mit externen oder Zentralwärmetauschern eingesetzt. Die Gehäuse müssen entsprechend isoliert sein, damit die Brenner den Luftvorwärmtemperaturen standhalten können. Übliche Luftvorwärmtemperaturen von Zentralrekus liegen im Bereich von 300 bis 500 °C. Optimierte Systeme werden auch bis 600 °C betrieben. Höhere Luftvorwärmtemperaturen finden sich dann nur noch in Verbindung mit regenerativen Luftvorwärmern.

Neben der thermischen Belastung muss berücksichtigt werden, dass die mit zunehmender Temperatur abnehmende Dichte der Luft zu hohen Volumenströmen der Luft führt. So beträgt der Volumenstrom bei 500 °C warmer Luft in etwa das Zweieinhalbfache des Volumenstromes von Kaltluft. Bei gleicher Brennerleistung und Luftmenge steigt der Luft-Druckverlust im Brenner somit auf das etwa Sechsfache an. Entsprechend große Strömungsquerschnitte im Brenner und in den Zuleitungen müssen deshalb bei der Verwendung von Warmluft vorgesehen werden.

Ein weiterer sehr wichtiger Aspekt bei der Verwendung von Warmluft sind die Stickoxidemissionen. Ohne geeignete Maßnahmen steigen die Stickoxidemissionen bei Verwendung von Warmluft drastisch an. Der noch in den 1990er Jahren zulässige Bonus der Stickoxidemissionen bei Verwendung von vorgewärmter Verbrennungsluft (TA-Luft, Technische Anleitung Luft) wird nun nicht mehr gewährt. Mit den in vorangegangenen Kapiteln besprochenen Maßnahmen gelingt es aber, bei modernen Brennern auch bei hoher Luftvorwärmung die Grenzwerte sicher einzuhalten.

Bild 8.25 zeigt einen Warmluftbrenner und seine wichtigsten Bauteile. Die Gaslanze und der axiale Brenngasanschluss befinden sich in der Brennerachse. Der Luftanschluss ist radial am isolierten Brennergehäuse angebracht. Die vorgewärmte Verbrennungsluft strömt dann durch den keramischen Luftdüsenstein in die Brennermündung. Je nach Gestaltung wird dieses Bauteil auch als Luftmischer oder Drallscheibe bezeichnet.

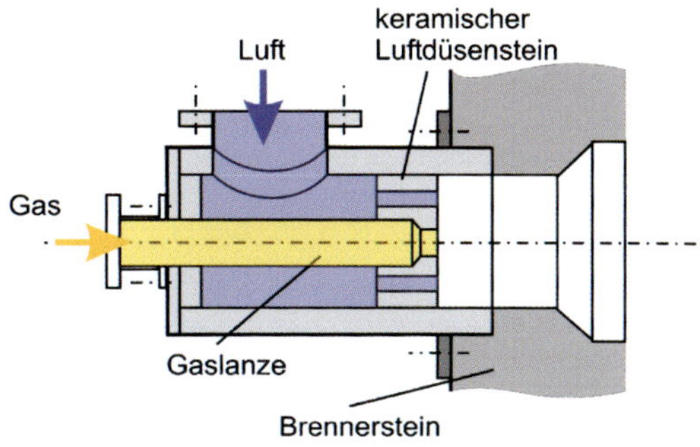

Bild 8.25: Warmluftbrenner
(nach Bloom Engineering GmbH)

Die Brennermündung befindet sich im Brennerstein, in dem die Flamme stabilisiert wird. Die Lage und Dimensionierung der Lufteintrittsquerschnitte sowie die Gestaltung des Brennersteins bestimmen wesentlich die Flammenform und das Brennverhalten.

Eine Drallbeaufschlagung der Luft führt zu einer Verkürzung der Flamme und bei hohen Drallzahlen bildet sich im Zentrum eine Rückströmzone aus, die ähnlich wie eine Drallscheibe zur Stabilisierung der Flamme beiträgt.

Die Form des Brennersteins (**Bild 8.26**) beeinflusst die Austrittsgeschwindigkeit der Flamme wesentlich. Ein sich erweiternder Brennerstein führt zu weichen Flammen mit niedrigen Geschwindigkeiten. Bei einem sich konisch verjüngenden Brennerstein bildet sich wegen der Querschnittsverengung eine harte Flamme mit hoher Geschwindigkeit aus.

Neben der Form des Brennersteins hat auch das Volumen und das Verhältnis von Länge L zu Durchmesser D der Brennersteinöffnung erheblichen Einfluss auf die Stabilität der Flamme und die NO_X-Bildung.

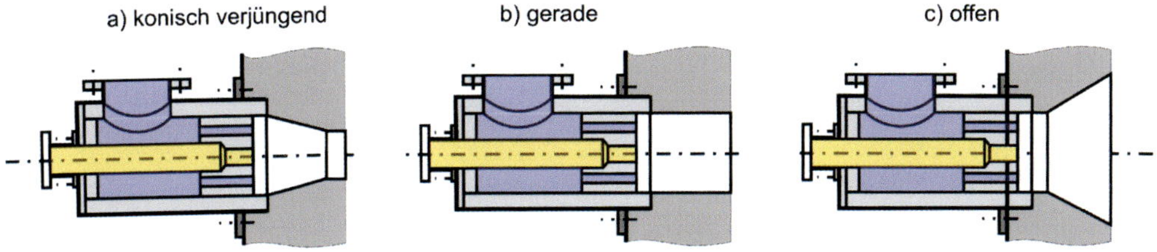

Bild 8.26: Brennersteinausführungen (nach Bloom Engineering GmbH)

Bild 8.27: Gerader Brennerstein

Bild 8.28: Offener Brennerstein ohne Drall

Ein tiefer Brennerstein mit großem L/D-Verhältnis wird die Flamme bei entsprechenden Strömungsverhältnissen tief im Brennerstein verankern **(Bild 8.27)**.

Wenn der Brennstoff überwiegend innerhalb des Brennersteins umgesetzt wird, stellen sich dort entsprechend hohe Temperaturen ein. Die Folge sind eine sehr stabile Flamme und sehr hohe NO_X-Emissionen.

Bei einem weit geöffneten Brennerstein, wie in **Bild 8.28** gezeigt, und keiner oder geringer Verdrallung der Luft kann die Flammenwurzel Ofengase ansaugen und damit die Spitzentemperaturen der Flamme absenken. Daraus resultieren eine weniger stabile Flamme, aber auch geringere NO_X-Emissionen.

Ein weit geöffneter Brennerstein in Verbindung mit Drall führt dazu, dass sich die Flamme verkürzt und verbreitert **(Bild 8.29)**. Bei steigendem Drall verringert sich die Strömungsgeschwindigkeit in der Brennerachse und schließlich bildet sich eine Rückströmzone aus, die bis in die Flammenwurzel reichen kann. Legt sich dann die Flamme, wie in **Bild 8.30** gezeigt, an den Brennerstein und die umgebende Wand an, spricht man von einem Flachflammen-, Seitenwand- oder Deckenstrahlbrenner.

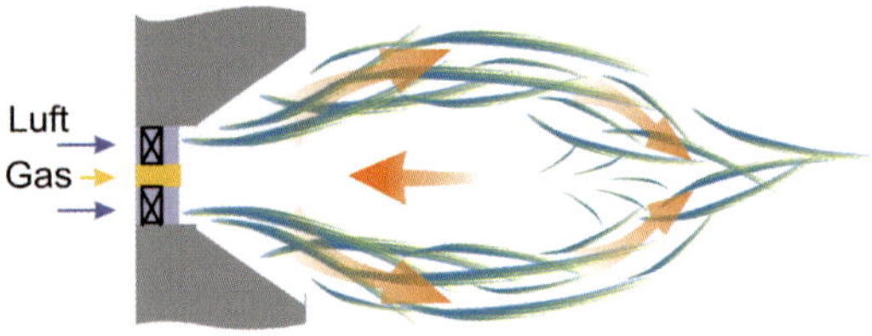

Bild 8.29: Offener Brennerstein mit Drall

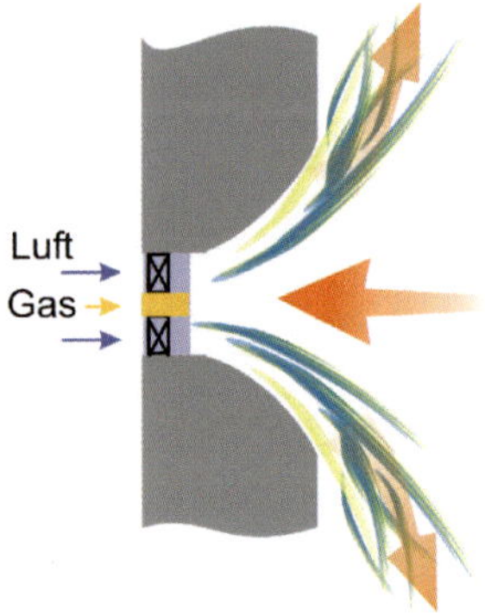

Bild 8.30: Flachflammenbrenner

Anstelle des Brennersteins kann der Brenner auch mit einer Brennerdüse (auch oft Brennkammer genannt) ausgestattet sein **(Bild 8.31)**. Wegen der hohen Temperaturen, die bei der Verwendung von vorgewärmter Verbrennungsluft auftreten, ist die Brennerdüse meist keramisch ausgeführt. Brenner mit Brenndüse finden sich vor allem bei Hochgeschwindigkeitsbrennern, also bei Brennern mit eingeengtem Flammenaustritt.

Die geeignete Auslegung und damit den richtigen Kompromiss zwischen Stabilität, NO-

Bild 8.31: Warmluftbrenner mit Brennerdüse (Quelle: Küppersbusch GmbH)

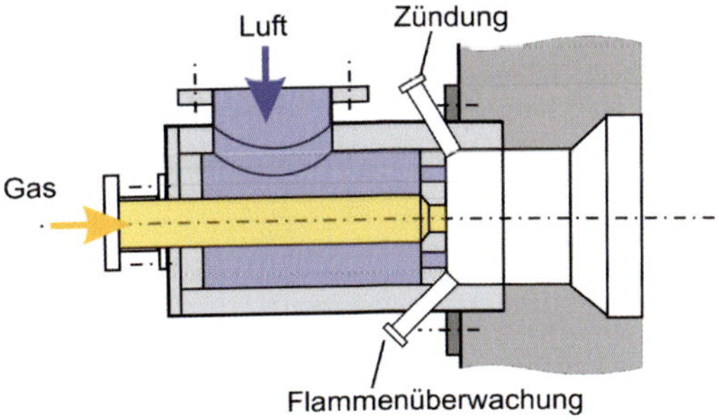

Bild 8.32: Warmluftbrenner mit Öffnungen für Zündung und Überwachung

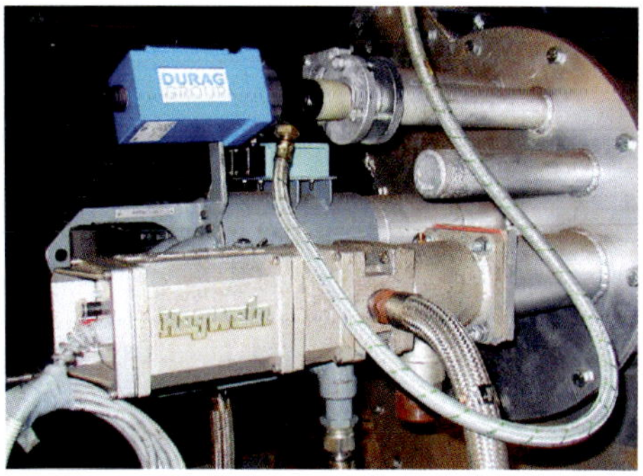

Bild 8.33: Brenner mit Zündbrenner und Überwachung (Quelle: Durag Holding AG)

Emissionen und Regelbarkeit (engl. *turn down ratio*) zu finden, ist eine der wesentlichen Aufgaben des Brennerherstellers.

Während früher Brenner meist von Hand, das heißt zum Beispiel mit einem brennenden Lappen, gezündet wurden, sind heute die Brenner meist mit einer automatischen Zündung und Überwachung ausgestattet. Die Brenner sind dafür mit geeigneten Zugängen für die Zünd- und Überwachungseinrichtung versehen (**Bild 8.32**).

Bild 8.33 zeigt einen Brenner mit Flammenfühler und Zündbrenner.

Die Zündung erfolgt dabei entweder bei Brennern kleinerer Leistung direkt mithilfe einer Zündelektrode in Verbindung mit einem Zündtrafo oder bei Brennern größerer Leistung mithilfe eines Zünd- oder Pilotbrenners (engl. *pilot burner oder kurz pilot*).

Wenn sichergestellt ist, dass die Pilotflamme den Hauptbrenner in jedem Betriebszustand korrekt zündet, kann es ausreichend sein, nur die Pilotflamme zu überwachen. Ansonsten muss die Überwachung der Hauptflamme mit einer UV-Sonde oder Ionisationsüberwachung erfolgen.

Die UV-Sonde detektiert die Strahlung im ultravioletten Wellenlängenbereich. Damit wird sichergestellt, dass nicht die Ofenstrahlung der heißen Ofenwände, die vorrangig im Infrarotbereich liegt, fälschlicherweise als Flammenstrahlung erkannt wird.

Als Alternative dazu kann auch die Ionisationsüberwachung zum Einsatz kommen. Die Ionisationsüberwachung nutzt den Effekt aus, dass die Flamme in gewissem Maß elektrisch leitend ist. Diese Leitfähigkeit wird über eine Ionisationselektrode detektiert, an die eine gewisse Spannung angelegt wird.

An der Ionisationselektrode muss dann ein Ionisationsstrom fließen, der dann ein Vorhandensein einer Flamme sicherstellt. In vielen Fällen wird die Zündelektrode gleichzeitig als Ionisationselektrode verwendet.

Warmluftbrenner beziehen ihre Verbrennungsluft in der Regel von einem Wärmetauscher, auch Luftvorwärmer oder Luvo genannt. Dazu sind verschiedene Konfigurationen möglich.

8.2.1 Stetig geregelte Warmluftbrenner mit Zentralrekuperator

Bild 8.34 zeigt schematisch einen typischen Durchlaufofen. Dabei wird das zu erwärmende Gut von links nach rechts durch den Ofen transportiert. Der Ofen ist in eine unbeheizte Vorheizzone, hier die Zone 0, und in drei Heizzonen 1 bis 3 eingeteilt.

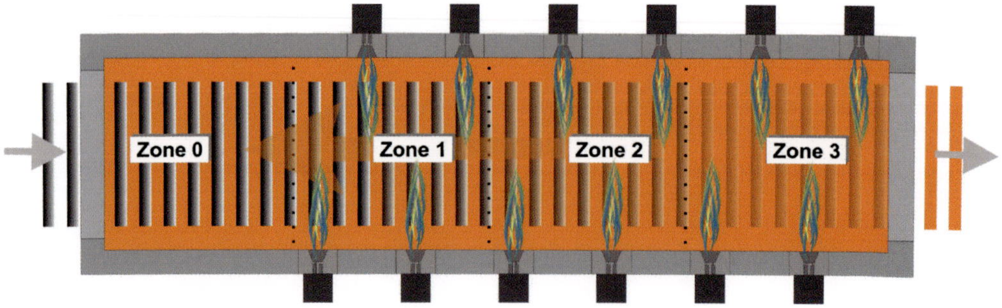

Bild 8.34: Durchlaufofen

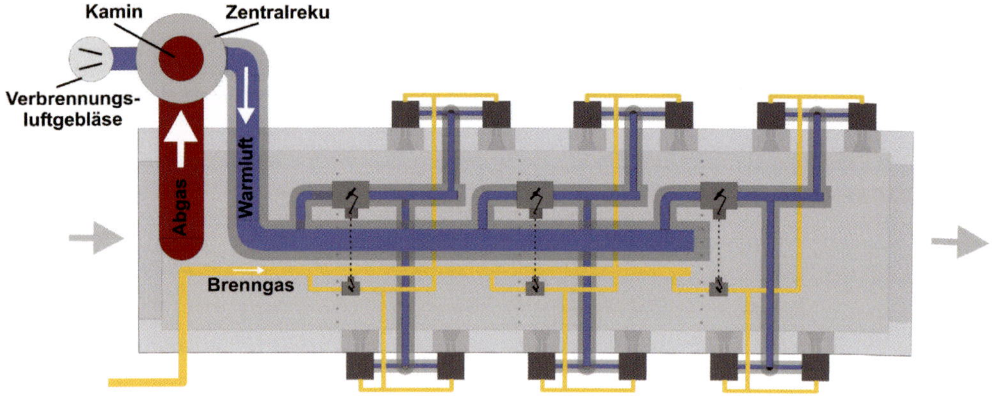

Bild 8.35: Durchlaufofen mit Zentralreku

Bei der in **Bild 8.35** gezeigten Anordnung sind die Heizzonen jeweils mit einer kontinuierlichen Leistungsregelung ausgestattet, um vorgegebene Temperatursollwerte zu erreichen, die dann zu einer definierten Erwärmung des Gutes führen.

Die Verbrennungsgase strömen entgegen der Transportrichtung des Gutes von rechts nach links. In der unbeheizten Vorheizzone sollen die Abgase möglichst viel Energie an das kalte Gut abgeben, bevor sie in den Wärmetauscher strömen.

Liegt die Abgastemperatur noch über der zulässigen Rekueintrittstemperatur, kann hier kalte Luft beigemischt werden. Im Luftvorwärmer wird die Verbrennungsluft vom Abgas vorgewärmt und dann durch isolierte Rohrleitungen oder Kanäle auf die einzelnen Heizzonen und Brenner verteilt.

Bei der kontinuierlichen Leistungsregelung öffnen sich die Luftklappen und Gasstellventile der einzelnen Zonen entsprechend der Leistungsanforderung der Zonen. Der Leistungsbereich ist dabei im Wesentlichen durch die zulässige Minimallast des Brenners bestimmt. Diese liegt je nach Brennerkonstruktion typisch im Bereich von 10 bis 30 % der Volllast. Diese Art der Leistungsregelung wird auch als proportionale oder modulierende Regelung bezeichnet.

Es muss gewährleistet sein, dass sich das Gas-Luft-Verhältnis innerhalb vorgegebener Grenzen hält. So müssen beispielsweise die von der Luftvorwärmtemperatur abhängigen Strömungswiderstände in den Rohrleitungen und im Brenner berücksichtigt werden. Dies wird erreicht, indem ent-

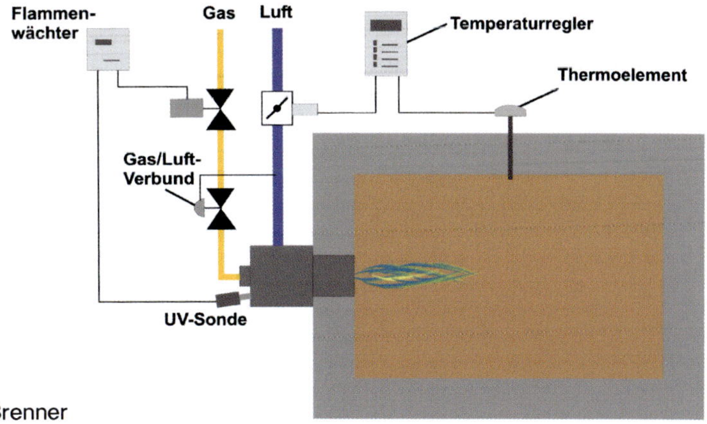

Bild 8.36: Stetig geregelter Brenner

weder die Klappenstellung angepasst oder aber der Vordruck des Gebläses der Luftvorwärmung angepasst wird. Luftvorwärmtemperaturen im Bereich von 300 °C bis 500 °C sind dabei üblich.

Schematisch ist der Aufbau einer einfachen kontinuierlichen Regelung in **Bild 8.36** beispielhaft dargestellt. Dabei erfasst ein Thermoelement die Temperatur einer Ofenzone und ermittelt daraus eine Leistungsanforderung. Die Leistungsanforderung wird dann in Form eines steigenden Signals von 4 bis 20 mA ausgegeben. Dabei muss beachtet werden, dass das Zonen-Thermoelement manchmal erst zeitversetzt reagiert. Der Temperaturregler sollte so eingestellt sein, dass die Zonentemperatur zügig, aber ohne Überschwinger an kritischen Stellen erreicht wird. Mit diesem Signal wird eine Luftklappe angesteuert und ein entsprechender Luftmengenstrom eingestellt. Die passende Gasmenge wird über einen pneumatischen oder elektronischen Verbund geregelt. Die Flammenüberwachung schließt die Gaszufuhr beim Fehlen eines Flammensignals unabhängig von der Leistungsanforderung.

8.2.2 Getaktete Warmluftbrenner mit Zentralrekuperator

Eine Alternative zu der kontinuierlichen Regelung ist die taktende Regelung. Die Brenner werden dabei entweder im Klein/Groß-Betrieb (engl. High-Low firing), das bedeutet auf Kleinlast oder Volllast, betrieben oder aber beim Ein/Aus-Betrieb (engl. On-Off firing) in den Feuerpausen ganz ausgeschalten und dann wieder gezündet.

Im einfachsten Fall wird also ein oder mehrere Brenner beim Erreichen der Sollwerttemperatur ausgeschaltet und wenn die Temperatur um einen bestimmten Betrag abgesunken wird, wieder eingeschaltet.

Bild 8.37 zeigt schematisch den Aufbau einer solchen einfachen Regelung. Die Ofenraum- oder auch Zonentemperatur wird von einem Thermoelement erfasst. Ein einfacher 2-Punkt-Temperaturregler mit integriertem Messumformer für den verwendeten Thermoelementtyp gibt dann ein Leistungsanforderungssignal an die Brennersteuerung weiter. Die Brennersteuerung übernimmt dann den Brennerstart, also die Zündung und das Öffnen der Ventile. Die Brennersteuerung überwacht den sicheren Betrieb des Brenners, bis die Ofentemperatur erreicht ist und der Brenner wieder ausgeschaltet wird. Bei Klein-Groß-Brennern oder bei Brennern mit ständig brennender Zündflamme kann der Temperaturregler auch direkt auf die Ventile wirken, solange sichergestellt wird, dass die Brenngaszufuhr zuverlässig gestoppt wird, wenn kein Flammensignal mehr vorhanden ist.

Nachteil dieser Betriebsweise der einfachen Taktung, insbesondere an Anlagen mit mehreren Brennern je Ofenzone oder bei Brennern großer Leistung, sind starke Ofendruckschwankungen,

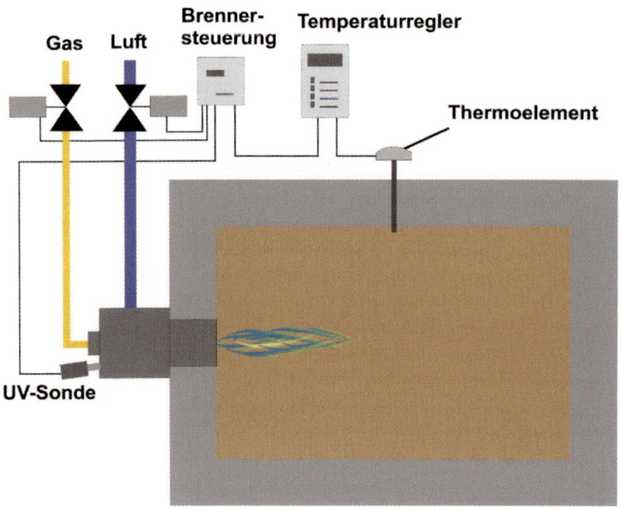

Bild 8.37: Getakteter Brenner

Schwankungen in den Zuleitungen und nicht zuletzt die Temperaturschwankungen im Ofenraum.

Um beide Vorteile der kontinuierlichen Leistungsabstufung und der taktenden Brennersteuerung zu kombinieren, ist für Anlagen mit mehreren Brennern die Rundumsteuerung (engl. pulse firing), auch Taktsteuerung genannt, entwickelt worden.

Beispielhaft wird in **Bild 8.38** eine Rundumsteuerung schematisch dargestellt. Diese Rundumsteuerung kann entweder ein eigenständiges Gerät sein oder aber in einer SPS – Speicher Programmierbare Steuerung (engl. *PLC programmable logic controller*) – programmiert sein. Wie bei

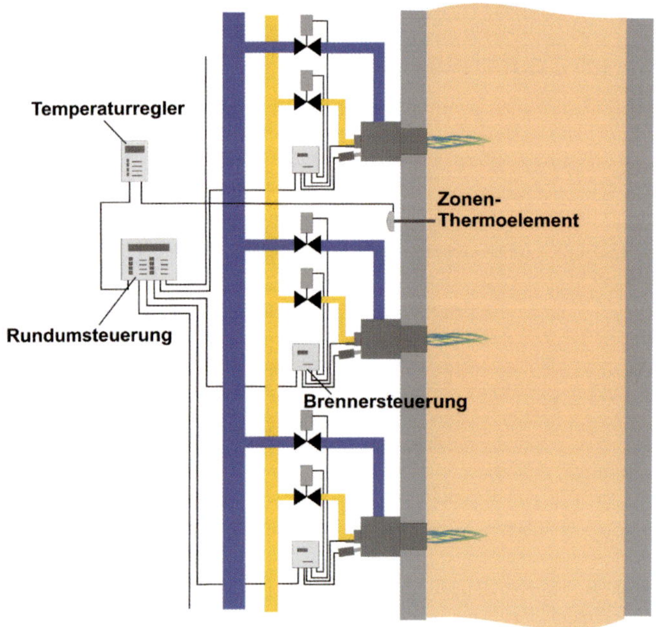

Bild 8.38: Rundumsteuerung

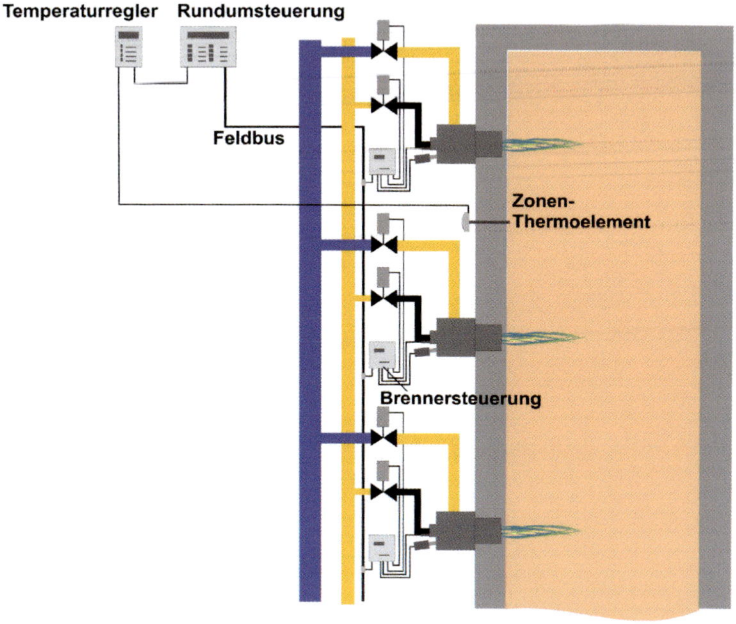

Bild 8.39: Rundumsteuerung mit Feldbus

einer kontinuierlichen Regelung verarbeitet dabei ein Temperaturregler den Messwert des Thermoelementes und gibt ein stetiges Signal, zum Beispiel ein Stromsignal 4 bis 20 mA, aus. Dieses Signal dient als Eingangssignal einer Rundumsteuerung. Die Rundumsteuerung ermittelt aus dem kontinuierlichen Signal die Brenn- und Pausenzeiten für die einzelnen Brenner. Das digitale Signal wird an die Brennersteuerung des jeweiligen Brenners übermittelt.

Alternativ zu der klassischen Ansteuerung des Brenners über ein elektrisches Steuersignal kann die Übermittlung der Leistungsanforderung auch elektronisch über ein Feldbus-System erfolgen (**Bild 8.39**). Besonders in Ofenanlagen mit einer großen Anzahl von Brennern reduziert sich somit der Verdrahtungsaufwand erheblich. Über den Feldbus lassen sich dann natürlich außer der Leistungsanforderung auch andere Signale in beide Richtungen übertragen. Beispiele dafür sind das Öffnen der Luftventile zur Luftspülung des Ofens, aber auch Störungs- und Statusmeldungen des Brenners.

Bei der Konfiguration des Rundumsteuergerätes werden Mindestbrenn- und Mindestpausenzeiten festgelegt, die typisch im Bereich von 10 bis 20 s liegen. Damit sollen zu kurze Feuerzeiten verhindert werden, die zu vermehrter Schadstoffbildung, erhöhtem Gasverbrauch und kürzerer Lebensdauer der Ventile führen würden.

Die Mindestpausenzeiten sind auch notwendig, damit vor dem Brennerstart die Sicherheitsabfragen vollständig ablaufen können und ein Nachfackeln der Brenner nicht zu Störungen führt.

In **Bild 8.40** werden beispielhaft die Brennsignale einer Rundumsteuerung gezeigt. Die Rundumsteuerung ist dabei für einen Ofen mit drei Regelzonen und jeweils acht Brennern je Zone konfiguriert. In der ersten Ofenzone werden 100 % Feuerungsleistung abgefragt und die Brenner laufen deshalb durchgehend ohne Pause. In der zweiten Zone werden 75 % Leistungsanforderung so in Brennzeiten umgesetzt, dass immer sechs von acht Brennern in Betrieb sind, und zwei Brenner Pausenzeit haben. Damit die Temperaturgleichmäßigkeit im Ofen gewahrt bleibt, wechseln die Brenner, die Brennpausen haben. Die Verteilung von Brenn- und Pausenzeiten in der dritten Ofenzone werden analog ermittelt.

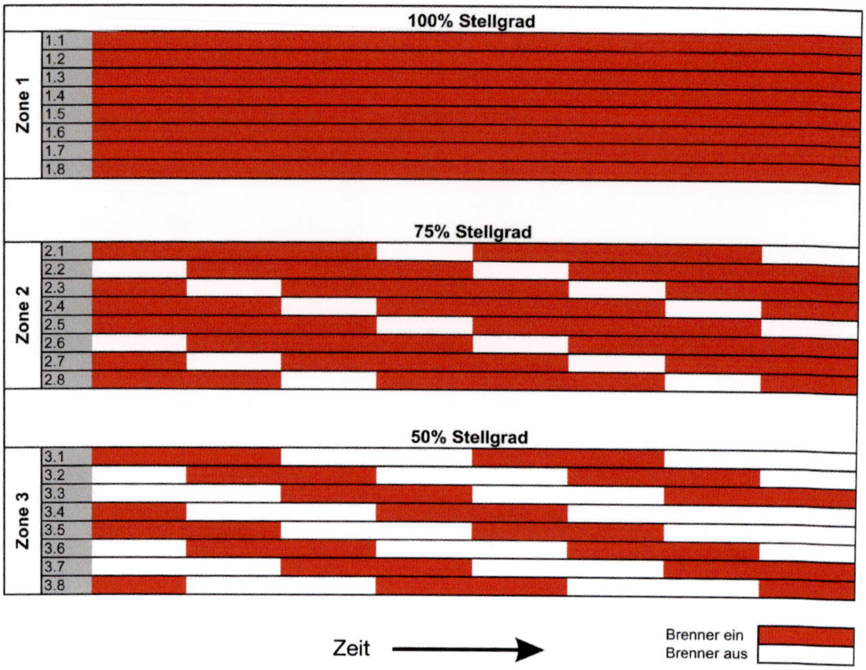

Bild 8.40: Taktzeiten einer Rundumsteuerung

Der Vorteil der Rundumsteuerung liegt darin, dass auch bei Kleinlast der volle Brennerimpuls der einzelnen Brenner zur Verfügung steht und somit eine deutlich bessere Temperaturgleichmäßigkeit erreicht werden kann.

Ein weiterer Vorteil der Ein/Aus-Feuerung oder der Klein/Groß-Feuerung besteht darin, dass der Brenner auf einen (bzw. zwei) bestimmten Betriebspunkt hin optimiert werden kann. Somit lassen sich über den gesamten Leistungsbereich des Ofens zum Beispiel die Grenzwerte für

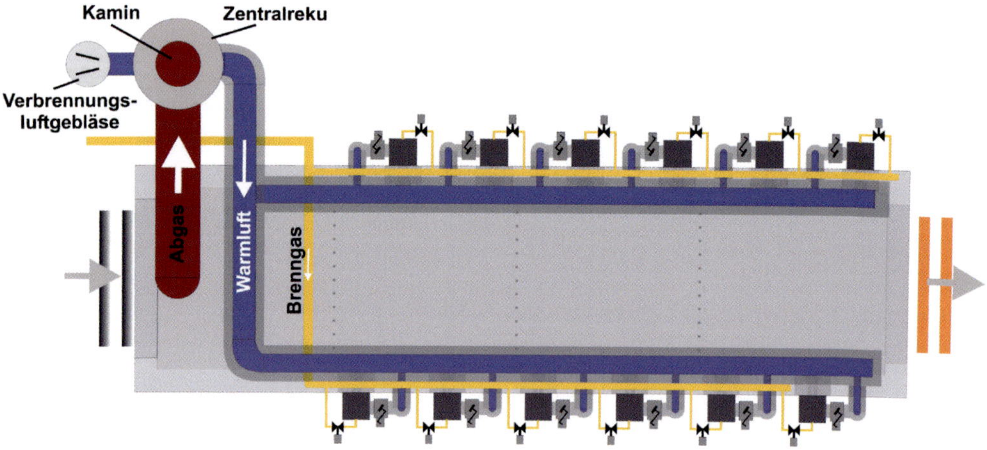

Bild 8.41: Durchlaufofen mit Zentralreku und Rundumsteuerung

Stickoxidemissionen einhalten. Dazu kommt noch, dass bei Brennern die bei Kleinlast betrieben werden, sich die Flamme oft näher an bestimmten Bauteilen des Brenners stabilisiert und dies in Verbindung mit der reduzierten Kühlwirkung der Verbrennungsluft zu Schäden und vorzeitigem Ausfall der Brenner führt.

Diesen Vorteilen steht der Mehraufwand gegenüber, der sich dadurch äußert, dass jeder Brenner mit entsprechenden Ventilen ausgerüstet werden muss. Die Zonenaufteilung des Ofens ist dabei, wie in **Bild 8.41** gezeigt, nicht mehr durch die Rohrleitungen definiert. Die Zonenaufteilung erfolgt nur noch durch Zuteilung der entsprechenden Brenner zu der Rundumsteuerung. Auch bei Ein-Aus-Warmluftbrennern müssen geeignete Maßnahmen für die Warmluftkompensation getroffen werden. Hier bietet sich vor allem die temperaturabhängige Drehzahlregelung des Luftgebläses an.

8.2.3 Warmluftbrenner mit Zentralregenerator

Regeneratoren bieten ein höheres Potenzial für Luftvorwärmung als Rekuperatoren. Der Einsatz eines Zentralregenerators ist allerdings problematisch.

Bild 8.42 und **Bild 8.43** zeigen die beiden Zyklen eines Zentralregeneratorsystems. Auf der heißen Seite des Wärmetauschers müssen zusätzlich zu den Warmluftklappen Umschaltventile angebracht werden. Wollte man die mögliche Luftvorwärmung bis in den Bereich von 1.000 °C nutzen, müssten ausreichend dichte Umschaltventile und Warmluftklappen in diesem Temperaturbereich über lange Zeit zuverlässig arbeiten und es müsste eine aufwendig isolierte Luftverteilung vorgesehen werden.

8.2.4 Stetig geregelte Warmluftbrenner mit Zonenreku oder Drehbettregenerator

Stattet man jede Ofenzone mit einem Rekuperator aus, können die Klappen in der Warmluftleitung entfallen und höhere Luftvorwärmtemperaturen werden möglich, insbesondere wenn die Wege vom Rekuperator zu den Brennern kurz sind.

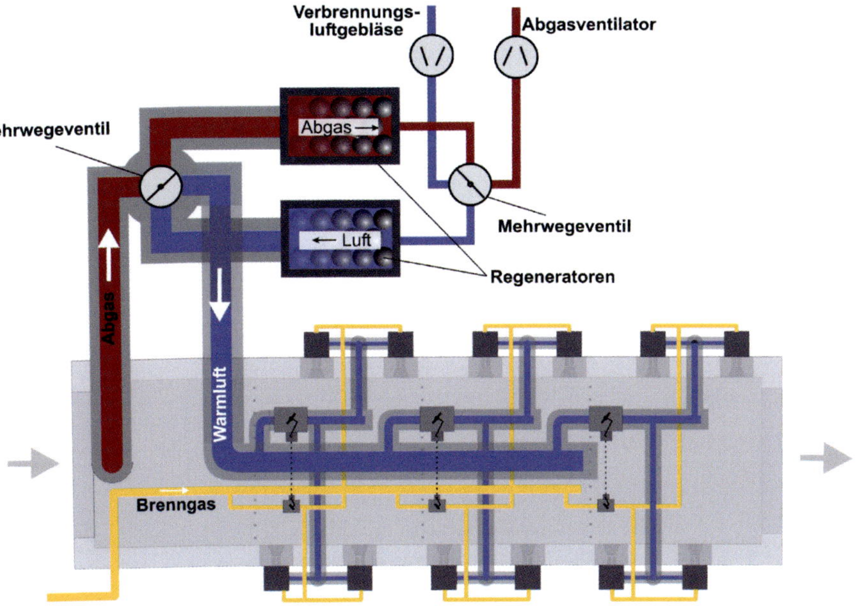

Bild 8.42: Durchlaufofen mit Zentralregenerator, Zyklus A

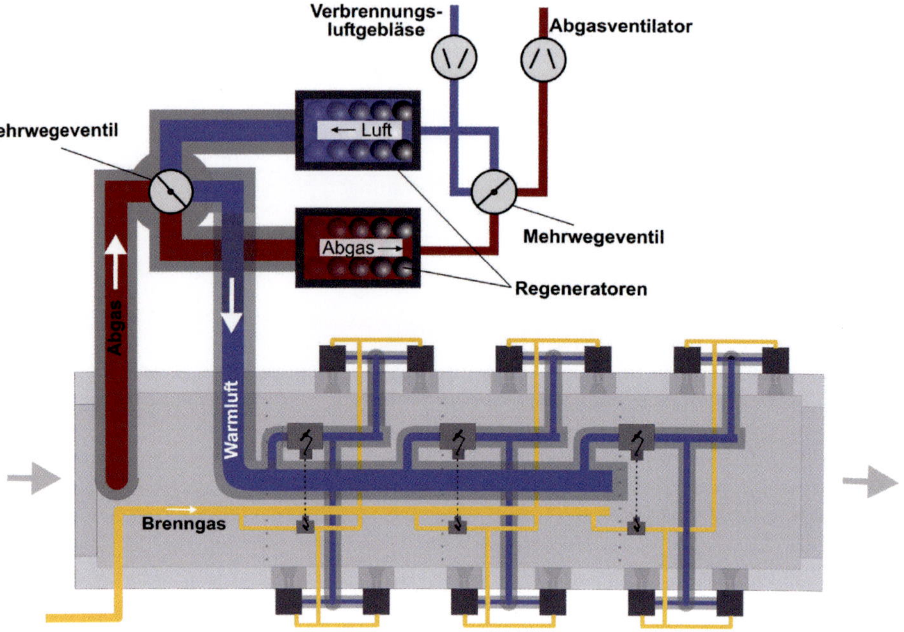

Bild 8.43: Durchlaufofen mit Zentralregenerator, Zyklus B

Anstatt eines Zonenrekuperators kann man auch einen Drehbettregenerator einsetzen, der wie die Rekuperatoren kontinuierlich arbeitet und ohne Umschaltventil auf der heißen Seite auskommt. **Bild 8.44** zeigt schematisch eine solche Anordnung mit Zonenrekuperatoren.

Da die Abgase bei einer solchen Anordnung nicht mehr über das kalte Gut in der Vorheizzone strömen, sind die Abgaseintrittstemperaturen in den Wärmetauscher entsprechend höher. Dies muss bei der Auswahl des Wärmetauschers berücksichtigt werden. Bei sehr langen Ofenräumen

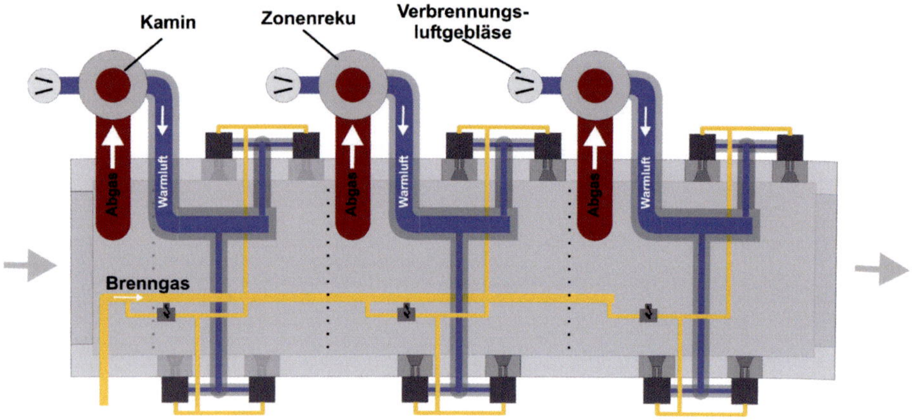

Bild 8.44: Durchlaufofen mit Zonenrekus

Bild 8.45: Komponenten eines Drehbettregenerators (Quelle: Jasper GmbH)

ist es vorteilhaft, Zonenrekus einzusetzen, weil die Ofenquerschnitte nicht mehr ausreichen, um die gesamten Abgase über den Ofeneinlauf abzuziehen. Ein Vorteil aus dem zonenweisen Abzug der Abgase besteht dann auch in einer besseren Regelbarkeit des Ofens, da sich die Regelzonen gegenseitig weniger beeinflussen.

Die Luftmenge kann über die Drehzahl des jeweiligen Gebläses geregelt werden. Die passende Brenngasmenge muss entsprechend eingestellt werden.

Bild 8.45 und **Bild 8.46** zeigen die wesentlichen Komponenten von Drehbettregeneratoren. In Bild 8.46 sieht man unten die relativ kleine Kaltluftzuführung und Abgassaugleitung und oben die großen isolierten Kanäle für Heißluft sowie das heiße Abgas.

Bild 8.46: Drehbettregenerator (Quelle: Jasper GmbH)

8.3 Rekuperatorbrenner

Rekuperatorbrenner (engl. *self recuperative burner*) oder kurz Rekubrenner sind im Bereich der Wärmebehandlung von Stahl sehr weit verbreitet.

Bei diesem Konzept der dezentralen Wärmerückgewinnung bilden der Brenner und der Wärmetauscher eine Einheit. Die Abgase werden jeweils über den gerade feuernden Brenner abgezogen. Der im Brenner integrierte Wärmetauscher befindet sich in der Ofenwand, wodurch aufwendig isolierte Kanäle außerhalb des Ofens entfallen.

Bild 8.47 zeigt wesentliche Bauteile eines typischen Rekubrenners. Abgas und Verbrennungsluft werden über einen Gegenstromwärmetauscher geführt. An der Außenseite sorgt ein Abgasführungsrohr für die entsprechende Spaltweite für die Abgasströmung. Auf der Innenseite befindet sich analog ein Luftführungsrohr für die Verbrennungsluft. Das Brenngas wird zentral über eine Gaslanze zugeführt und in der Brennkammer durch eine Gaslanzendüse verteilt. Zünd- und Überwachungselektroden sind zentral oder seitlich der Gaslanze angeordnet. Die Verbrennung findet zum Teil in einer keramischen Brennkammer statt und die Flamme tritt dann mit hoher Geschwindigkeit in den Ofenraum ein. Zur Senkung der NO_X-Emissionen wird ein Teil der Verbrennungsluft verzögert zugeführt.

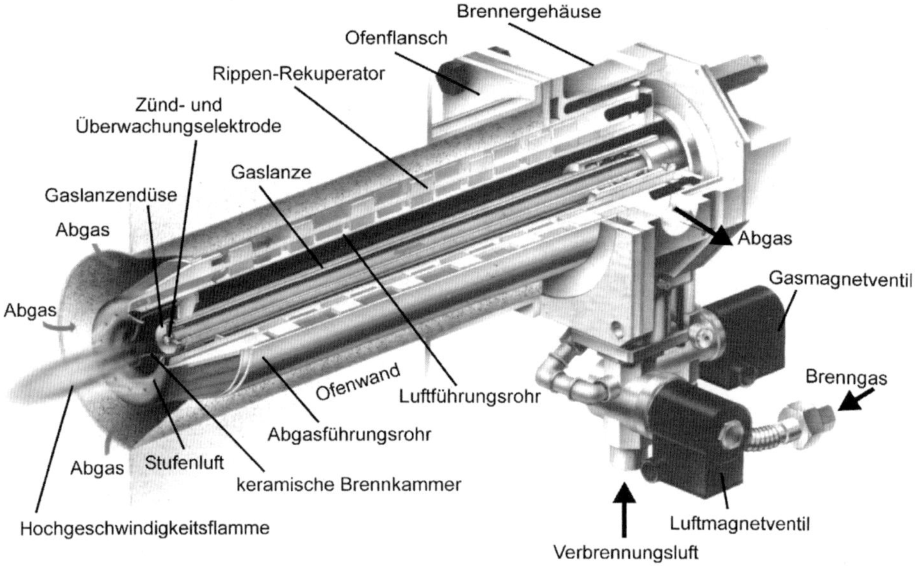

Bild 8.47: Rekuperatorbrenner

Der feuerungstechnische Wirkungsgrad des Rekubrenners hängt neben den Betriebsbedingungen vorrangig von der Gestaltung des Rekuperators ab. Maßgeblich ist die Größe der Wärmetauscherfläche, die zur Verfügung steht, aber auch die Struktur der Oberfläche hat Einfluss auf die Wärmeübertragung. Die Mehrzahl der Rekubrenner ist mit berippten, metallischen Gussrekus ausgestattet. Zunehmend werden aber auch keramische Rekuperatoren aus SiSiC eingesetzt.

Bild 8.48 zeigt zwei Rekuperatorbrenner mit metallischem und keramischem Reku. Brenner mit metallischen Rekuperatoren werden im Leistungsbereich von etwa 30 bis 300 kW eingesetzt. Noch größere Leistungen sind zwar theoretisch machbar, aber die Brenner werden dann zuneh-

Bild 8.48: Rekuperatorbrenner mit metallischem und keramischen Reku (Quelle: Elster Kromschröder GmbH)

mend unhandlicher. Keramische Rekubrenner werden im Leistungsbereich von 10 bis 100 kW angeboten. Größere Brenner sind auch hier denkbar, aber wegen zunehmender Probleme bei der Herstellung von großen keramischen Bauteilen unüblich.

Die keramischen Rekuperatoren haben wegen der Einschränkungen bei der Formgebung oft bei gleicher Brennergröße weniger Wärmetauscherfläche zur Verfügung und erreichen bei gleichen Bedingungen geringere Luftvorwärmtemperaturen. Statt der bei metallischen Rekus üblichen Rippen wird über die Ausprägung von Wellen, Noppen oder Zacken versucht, die Wärmetauscherfläche zu vergrößern und den Wärmeübergang zu verbessern.

Keramische Wärmetauscher unterliegen keinem thermischen Verschleiß und können auch bei sehr hohen Abgastemperaturen bis etwa 1.300 °C eingesetzt werden. Eine Kombination von keramischem Reku mit einem metallischen Zusatzreku bietet die Möglichkeit höherer Anwendungstemperaturgrenzen und gutem Wirkungsgrad. Einen solchen Brenner zeigt das **Bild 8.49**.

Rekuperatorbrenner können sowohl für direkte als auch indirekte Beheizung eingesetzt werden. Der Einsatz von Rekubrennern in Strahlheizrohren wird in Kapitel 8.5 noch genauer behandelt.

Rekuperatorbrenner werden überwiegend als Hochgeschwindigkeitsbrenner eingesetzt. Durch die Luftvorwärmung und die damit verbundene Volumenzunahme der Verbrennungsluft wird ein hoher Brennerimpuls erreicht.

Bei der Brenneranordnung sollte man diesen Impuls nutzen, um im Ofenraum eine gute Durchmischung und gleichmäßige Temperaturen im Ofenraum zu erreichen. Ein ausreichender Abstand

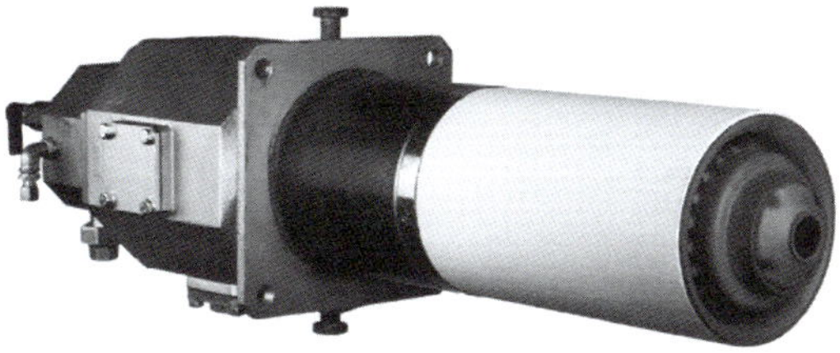

Bild 8.49: Keramischer Rekubrenner (Quelle: WS Wärmeprozesstechnik GmbH)

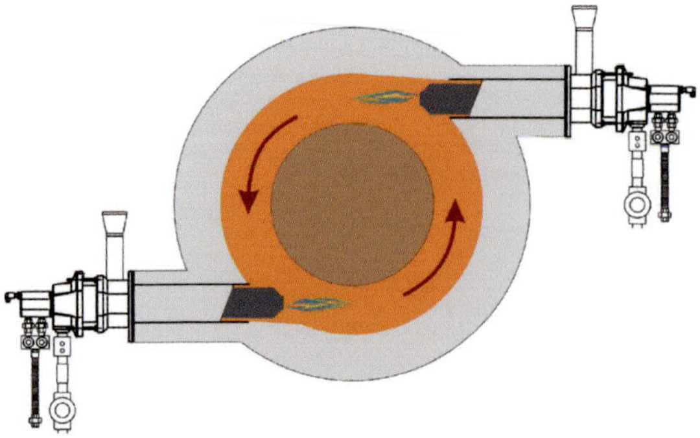

Bild 8.50: Rekubrenneranordnung in einem Schachtofen

zur Wand und zum Wärmgut sollte gewahrt bleiben. **Bild 8.50** zeigt die tangentiale Anordnung von Rekubrennern in einem Schachtofen.

In einem Herdwagenofen kann die tangentiale Umströmung des Wärmgutes dadurch erreicht wer-den, dass das Wärmgut auf Auflagen gestellt wird. Die Rekubrenner feuern dann, wie in **Bild 8.51** gezeigt, wechselseitig in die entstehenden Brennkanäle. Eine solche Anordnung hat sich bei vielen Anlagen bewährt, es kann aber Fälle geben, in denen sich beispielsweise die Brennkanäle durch Zunderanfall zusetzen.

Durch speziell geformte Brennerdüsen erreicht man auch bei Rekubrennern ein Flammenbild, das dem eines Flachflammenbrenners ähnelt.

Der in **Bild 8.52** gezeigte Rekubrenner ist mit einer keramischen 4-Lochbrennerdüse ausgestattet. Auf dem Foto wird der Aufheizbetrieb im Flammenmodus gezeigt. Bei Ofenraumtemperaturen oberhalb 850 °C kann in flammlosen Betrieb umgeschaltet werden und die Reaktion findet dann außerhalb der Brennerdüse statt, die dann thermisch geringer belastet wird.

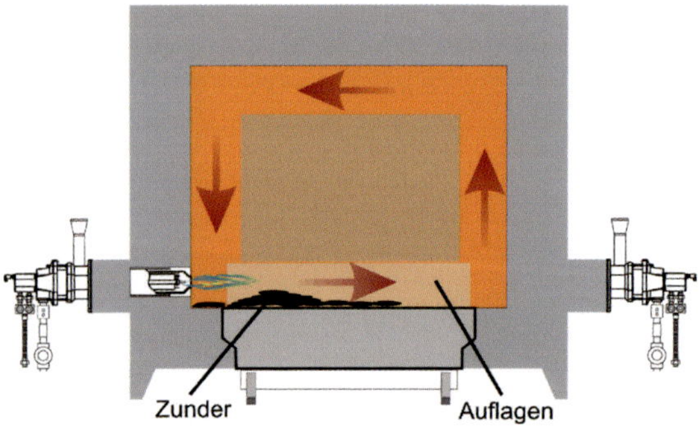

Bild 8.51: Rekubrenneranordnung in einem Herdwagenofen

Bild 8.52: Flachflammen- / FLOX-Rekubrenner (Quelle: WS Wärmeprozesstechnik GmbH)

Bild 8.53 zeigt die Anordnung dieses Rekubrennertyps in einem Herdwagenofen. Zugesetzte Brennkanäle oder falsch positionierte Auflagen führen hierbei nicht mehr zu Problemen. Solche Flachflammen-Rekubrenner eignen sich auch für den Einsatz als Deckenbrenner in sehr breiten Ofenanlagen, die nur durch in der Seitenwand eingesetzte Brenner nicht mehr gleichmäßig beheizt werden können.

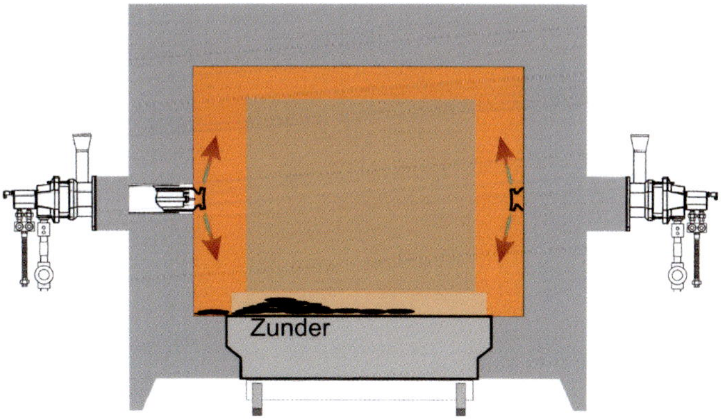

Bild 8.53: Rekubrenneranordnung in einem Herdwagenofen

8.3.1 Rekuperatorbrenner mit Eduktor

Werden mehrere Rekubrenner zur Beheizung eines Ofenraumes eingesetzt, muss auf einen konstanten Ofendruck geachtet werden. Der Ofenraum sollte einen separaten Kamin haben, damit sich kein Ofendruck aufbaut, der dazu führt, dass heißes Abgas über Brenner ausströmt, die nicht in Betrieb sind. Das Abgas der in Betrieb befindlichen Brenner muss über die Brenner abgesaugt werden. Hierbei bieten sich grundsätzlich zwei Methoden an: die Abgasabsaugung mit Eduktor und mit Heißgasklappe.

Die erste Variante arbeitet mit einem Eduktor, der gemeinsam mit dem Brenner in Betrieb genommen wird. Ein Eduktor, auch als Strahlpumpe oder Injektor bezeichnet, erzeugt einen Unterdruck mithilfe eines Treibstrahles.

Bild 8.54 zeigt schematisch einen Eduktor. Die Eduktorluft erzeugt dabei einen Treibstrahl, der das Abgas vom Brenner absaugt. Abgas und Eduktorluft vermischen sich im Mischrohr und strömen dann über einen Diffusor in die Abgassammelleitung. Damit definierte Druckverhältnisse vorliegen, ist zwischen dem Eduktor und der Abgassammelleitung ein Zugunterbrecher angebracht. Die Abgastemperatur wird durch die Vermischung mit der Eduktorluft gesenkt.

Es ist üblich, einen Teil der Verbrennungsluft für die Eduktoren zu verwenden. Zur Erzeugung des Unterdruckes ist die ein- bis eineinhalbfache Verbrennungsluftmenge als Treibluft notwendig. Diese zusätzliche Luftmenge muss bei der Auslegung der Verbrennungsluftventilatoren und der Luftverteilleitungen berücksichtigt werden.

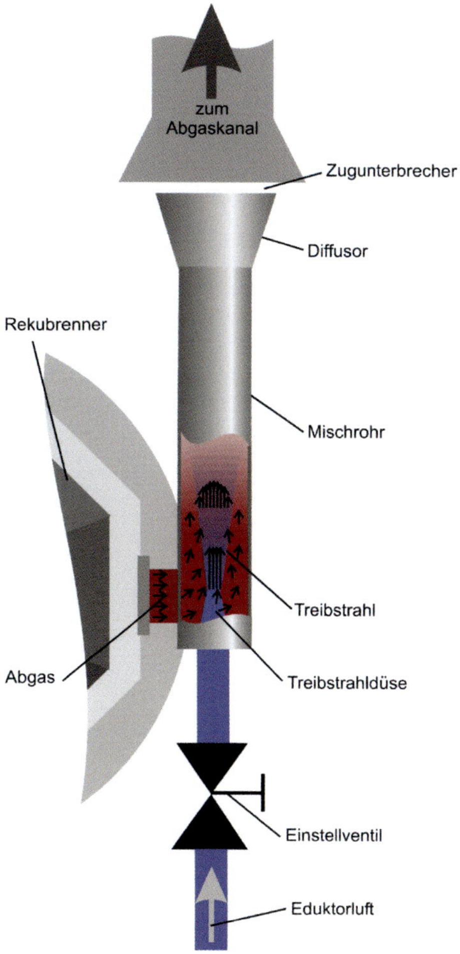

Bild 8.54: Eduktor

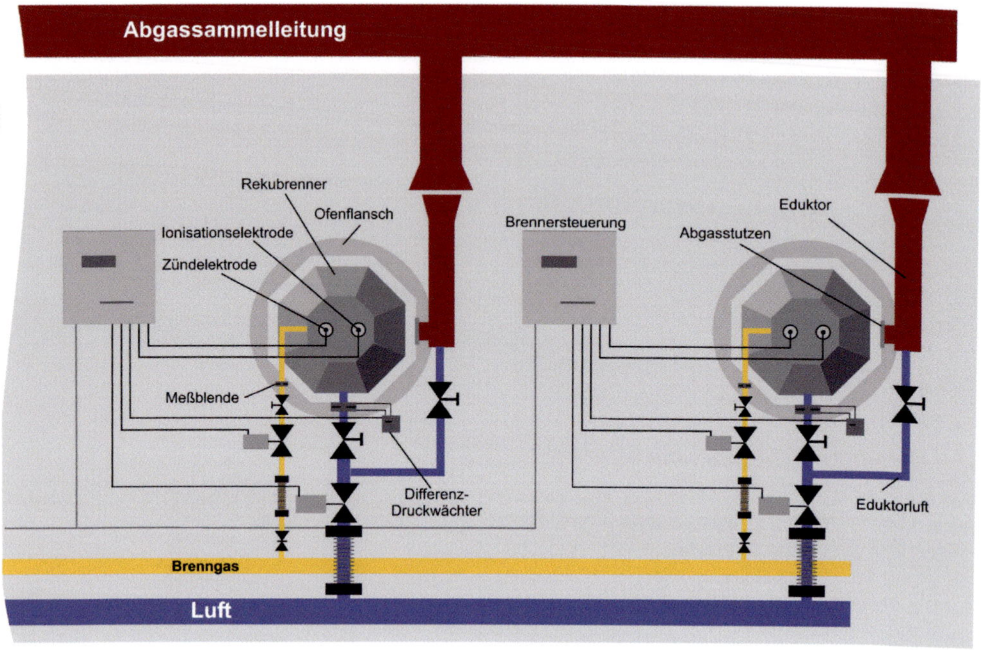

Bild 8.55: Typische Komponenten eines Rekubrenners mit Eduktor

Bild 8.55 und **Bild 8.56** zeigen typische Komponenten bei einer Rekubrennerinstallation in Verbindung mit einer Rundumsteuerung. Das Brenngas wird in einer Sammelleitung zu den Brennern verteilt. Der Druck in der Brenngassammelleitung sollte dabei unabhängig vom Betriebszustand konstant sein. Üblich sind hier Brenngasdrücke im Bereich von 60 bis 80 mbar. Nach dem

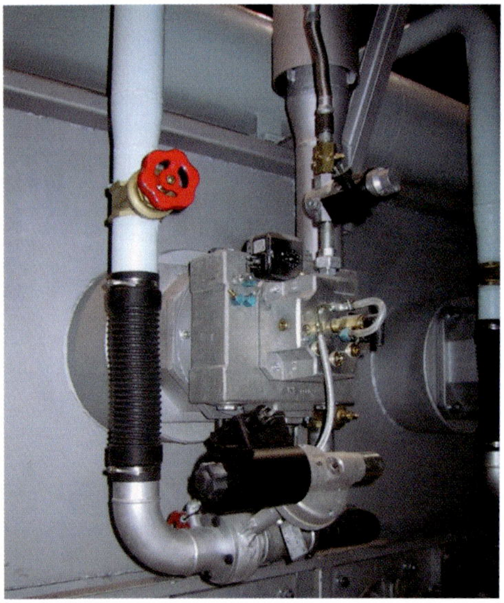

Bild 8.56: Rekubrenner mit Eduktor
(Quelle: WS Wärmeprozesstechnik GmbH)

Anschlussstück für die Brennergasleitung befindet sich ein Absperrhahn. Dieser ermöglicht es, auch bei laufender Anlage an einzelnen Brennern zu arbeiten. Es folgt ein flexibler Schlauch, der wegen der Wärmeausdehnung an Ofenanlagen notwendig ist. Das nachfolgende Magnetventil wird von der Brennersteuereinheit angesteuert. Im Falle einer Brennerstörung bleibt das Gasventil geschlossen. In bestimmten Fällen sind auch zwei in Reihe geschaltete Gasventile vorgeschrieben. Mit dem Einstellventil (teilweise im Gasmagnetventil integriert) wird der Brenner auf die gewünschte Leistung eingestellt. Die Gasmenge kann durch Messen des Differenzdruckes über eine Messblende bestimmt werden.

Für die Verbrennungsluft gilt dieselbe Forderung des konstanten Druckes wie für das Brenngas. Die Sammelleitungen für die Verbrennungsluft sollten dementsprechend großzügig dimensioniert werden, sodass auch bei hoher Leistungsanforderung nur ein geringer Druckabfall auftritt.

Die üblichen Verbrennungsluftdrücke liegen bei 60 bis 80 mbar und bei 80 bis 100 mbar, wenn die Verbrennungsluft auch für den Betrieb eines Eduktors verwendet wird. Für den Luftanschluss sind ebenfalls ein flexibler Anschluss sowie ein Luftventil oder eine Luftklappe vorgesehen. Bei einem Betrieb mit Eduktor wird nach dem Ventil der Luftstrom in den Verbrennungsluft- und Eduktorluftstrom aufgeteilt. Der Verbrennungsluftmengenstrom wird an einer Messblende mittels Differenzdruckmessung bestimmt und entsprechend mit einem Handstellventil eingestellt. Eine Überprüfung der Luftmenge kann auch durch die Messung des Restsauerstoffes im Abgas erfolgen. Übliche Werte sind dabei 2 bis 4 % Sauerstoff. Die Einstellung des Eduktors kann über eine Abgas-

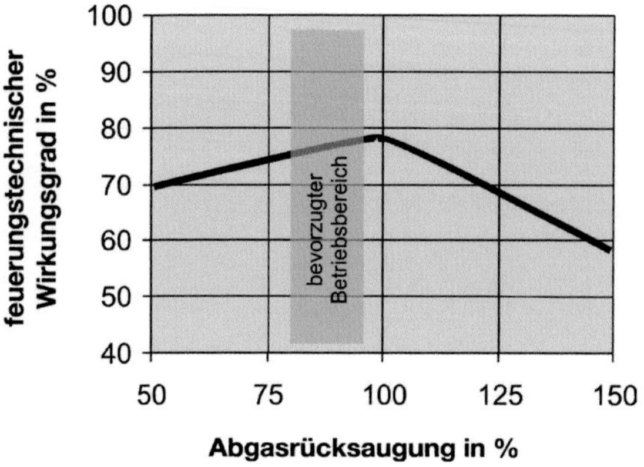

Bild 8.57: Wirkungsgrad eines Rekubrenners als Funktion der Abgasrücksaugung

temperaturmessung erfolgen. Bei bekannter Wärmeübertragungskenngröße (siehe Kapitel 7) des Rekuperators kann aus der Abgastemperatur Rückschluss auf das Wärmekapazitätsstromverhältnis und damit auf die über den Rekuperator abgesaugte Abgasmenge geschlossen werden. Es ist üblich, nicht die gesamte Abgasmenge über den Rekuperatorbrenner abzuziehen. Die verbleibende Abgasmenge wird zur Aufrechterhaltung des Ofendruckes genutzt und verhindert somit das Eindringen von Falschluft in den Ofenraum.

Bild 8.57 zeigt den Einfluss der Abgasrücksaugung auf den feuerungstechnischen Wirkungsgrad eines Rekubrenners bei 1.000 °C Abgaseintrittstemperatur in den Rekuperator. Der Wirkungsgrad steigt bis zu einer Abgasrücksaugung von 100 % geringfügig an und fällt dann bei Rücksaugung über 100 % wegen des Eindringens von Falschluft deutlich ab. Neben dem Abfallen des Wirkungsgrades wirkt sich das Eindringen von Falschluft aber vor allem negativ auf die Temperaturgleichmäßigkeit im Ofen aus. Eine Rücksaugung im Bereich von 80 bis 95 % der Abgasmenge hat sich in der Praxis bewährt. Dabei sind die Wirkungsgradeinbußen noch klein und das Risiko des Falschlufteintritts ist gering.

In **Bild 8.58** ist ein mit Rekubrennern beheizter Durchlaufofen dargestellt. Gegenüber einem System mit Zentralreku ergeben sich folgende Vor- und Nachteile:

Vorteile gegenüber Zentralrekusystem (siehe Kapitel 8.2):

- besserer Wirkungsgrad
- einfachere Verrohrung
- keine isolierten Warmluftleitungen
- gute Temperaturgleichmäßigkeit
- gute Regelbarkeit, weil die Zonen unabhängig arbeiten
- zusätzliche Kosten für Zentralreku und Warmluftleitungen.

Nachteile gegenüber Zentralrekusystem:

- unterstöchiometrische Fahrweise ist nicht möglich
- eventuelle Probleme bei unsauberer Ofenatmosphäre
- Abgassammelleitung ist erforderlich
- höhere Brennerkosten.

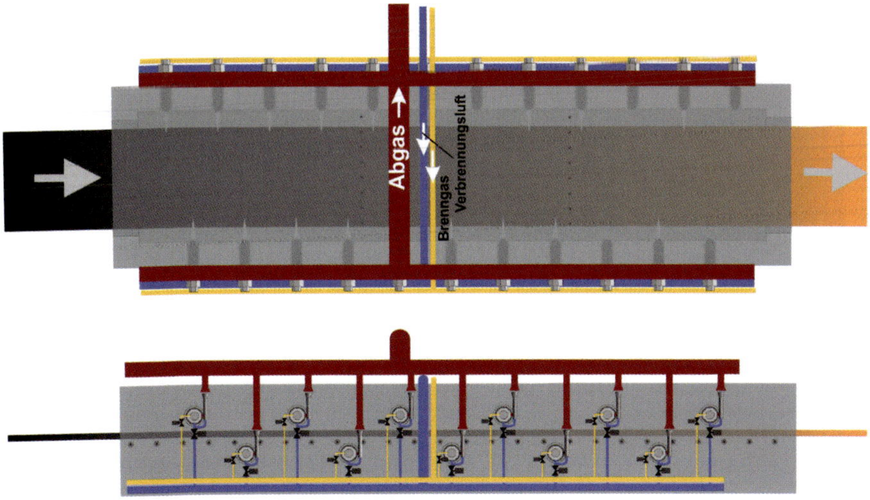

Bild 8.58: Durchlaufofen beheizt mit Rekubrennern

8.3.2 Rekuperatorbrenner mit Abgasklappe

Als Alternative zum Betrieb mit Eduktor bietet sich eine Heißgasklappe an. In manchen Fällen kann es wünschenswert sein, die Abgase am Brenner nicht mit Eduktorluft zu vermischen. Das ist beispielsweise der Fall, wenn die Abgase, die hinterm Rekubrenner typische Temperaturen von 400 bis 600 °C aufweisen, noch für eine weitere Wärmenutzung zum Einsatz kommen sollen. Die

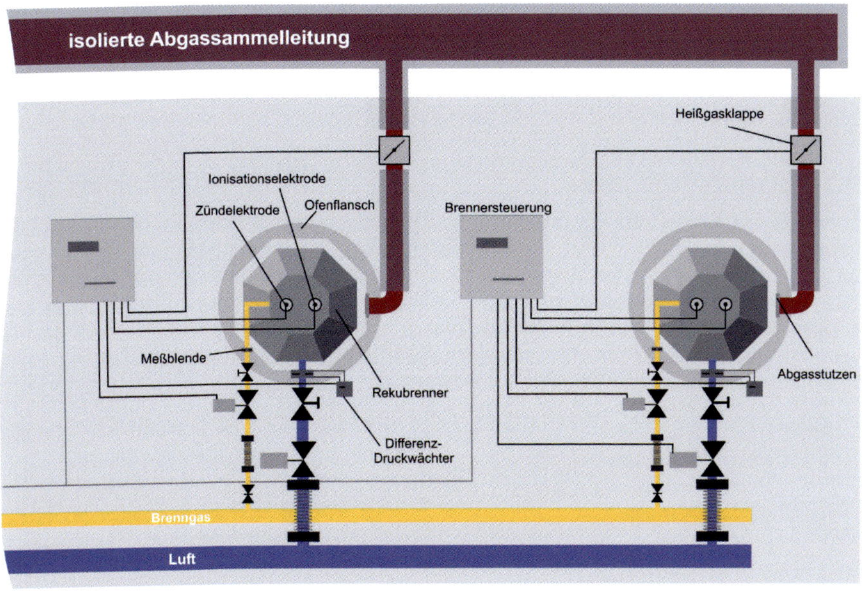

Bild 8.59: Typische Komponenten eines Rekubrenners mit Heißgasklappe

Abgasleitung wird dann auf Unterdruck gebracht und mit den Brennern ohne Zugunterbrecher verbunden. In den Brennpausen muss die Abgasabsaugung durch eine Heißgasklappe unterbunden werden. Die Heißgasklappen sind störanfällig und teuer, weshalb hier die Vor- und Nachteile einer solchen Lösung sorgfältig abgewogen werden müssen. **Bild 8.59** zeigt schematisch die Komponenten von Rekubrennern mit Heißgasklappe.

8.4 Regeneratorbrenner

Regeneratorbrenner bieten das höchste Potenzial zur Luftvorwärmung bis nahe an die Prozesstemperatur. Die zunehmende Forderung nach effizienten Beheizungssystemen wird deshalb zukünftig zu einer weiten Verbreitung von Regeneratorbrennern führen.

Das Prinzip der Regeneratorbrenner ist lange bekannt. Zu den bekanntesten Entwicklungen zählt dabei der in der Mitte des 19. Jahrhunderts entwickelte Siemens-Martin Ofen. Das Ziel der regenerativen Vorwärmung war dabei weniger die Energieeinsparung, sondern die notwendigen hohen Temperaturen mit den verfügbaren Brennstoffen überhaupt zu erreichen. Im Bereich der Stahlherstellung findet man die Siemens-Martin-Öfen nicht mehr, wohl aber bei der Glasherstellung. Typische Umschaltzeiten für die Regeneratorzyklen der großen Regenerativwannen mit vielen Megawatt Anschlussleistung liegen dabei bei einer halben Stunde.

Nach den Energiekrisen in den 1970er Jahren wurde damit begonnen, das Prinzip der regenerativen Luftvorwärmung auch für Brenner geringerer Leistung umzusetzen. Viele Arbeiten wurden dabei in England in den Forschungslabors der britischen Gasgesellschaft, British Gas, durchgeführt. Dabei wurde jedoch schnell klar, dass sich durch regenerative Luftvorwärmung zwar enorme Energieeinsparungen erzielen lassen, aber gleichzeitig auch die NO_X-Emissionen drastisch ansteigen. Ohne geeignete Maßnahmen liegen die NO_X-Emissionen weit oberhalb der zulässigen Grenzen. Durch Entwicklungen, wie beispielsweise der Stufenverbrennung oder der flammlosen Oxidation, ist diese Problematik heute jedoch zu lösen.

In den 1990er Jahren gab es in Japan große Anstrengungen zur Entwicklung von Regeneratorbrennern, vor allem für die Beheizung der großen Wärmöfen in der Stahlindustrie. Diese Brenner sind im Wesentlichen verkleinerte Versionen der bekannten großen Regenerativsysteme. Die meisten Regeneratorbrenner arbeiten im paarweisen Betrieb. Im Gegensatz zum Zentralregenerator wird dabei das heiße Abgas über einen Brenner dem Regenerator zugeführt, während der andere Brenner des Brennerpaares feuert. Gegenüber einem Zentralregenerator ergibt sich hier der Vorteil, dass auf der heißen Seite des Wärmetauschers keine Ventile notwendig sind. Im Folgenden werden die verschiedenen Bauweisen der Regeneratorbrennersysteme vorgestellt.

8.4.1 Regeneratorbrennerpaare

Das Schema eines Ofens der mit einem Regeneratorbrennerpaar beheizt wird, zeigt **Bild 8.60**. Die Umschaltung erfolgt dabei über ein Mehrwegeventil. So werden beide Regeneratoren wechselweise mit Luft und Abgas beaufschlagt. Das Brenngas wird dem jeweils feuernden Brenner zugeführt und das Brenngasventil an dem Brenner über den das Abgas abgezogen wird, wird geschlossen. Anstatt der Umschaltung mit einem Mehrwegeventil kann auch mit jeweils zwei Einzelventilen, also insgesamt vier Einzelventilen pro Regeneratorbrennerpaar umgeschaltet werden. Die Wirkungsweise dieser Technik ist in **Bild 8.61** dargestellt.

Welche Umschaltventiltechnik vorteilhaft ist, hängt von mehreren Faktoren ab. Einige davon sind:

- erforderlicher Luftdruck am Brenner
- Umschaltzeiten
- Regeneratorvolumen
- Brennergröße
- Entfernung der Brenner

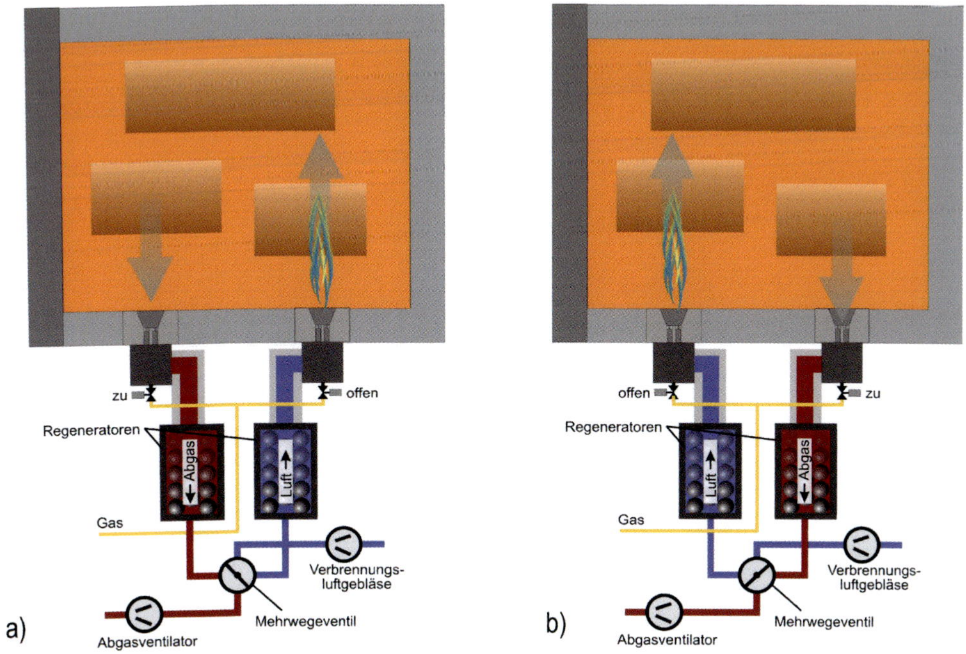

Bild 8.60: Regenerator-Brenner-Paar mit Mehrwegeventil

Die Brenner können entweder mit dem Regenerator durch einen isolierten Kanal verbunden oder direkt an den Regenerator angeflanscht werden. Wie in **Bild 8.62** gezeigt, können in diesem Fall übliche Warmluftbrenner zum Einsatz kommen.

Die Regeneratoren sollten dann so aufgestellt werden, dass die Speichermasse des Regenerators gut zugänglich sein sollte. Dies gilt besonders dann, wenn die Regeneratoren wegen unsau-

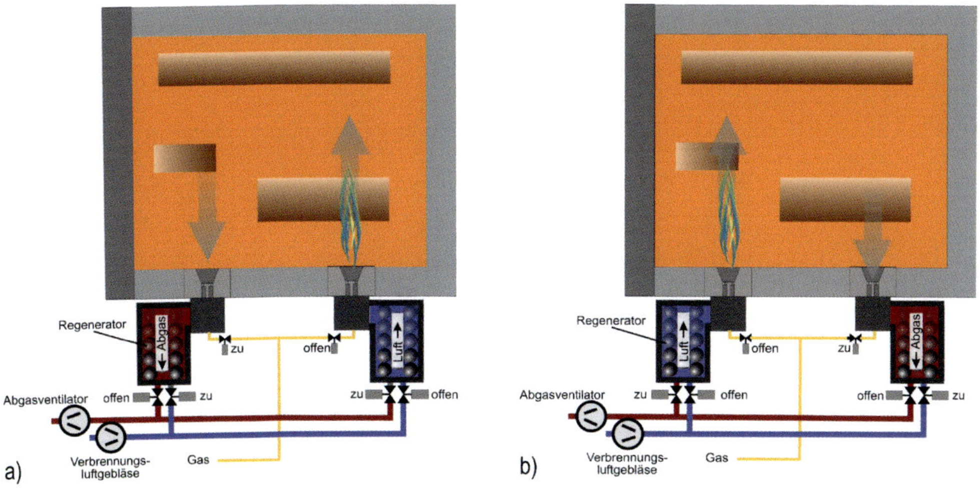

Bild 8.61: Regenerator-Brenner-Paar mit Einzelventilen

Bild 8.62: Regenerator mit angeflanschtem Warmluftbrenner (Quelle: Bloom Engineering GmbH)

berer Abgase regelmäßig gereinigt werden müssen. Als Wärmespeichermaterialien kommen überwiegend keramische Kugeln oder Wabenkeramiksteine zum Einsatz. Je kleiner die Kanalweiten und Wandstärken, umso kompakter werden die Wärmetauscher. Ein Maß für die Kompaktheit der Regeneratoren ist die volumenbezogene spezifische Oberfläche, das heißt, die Größe der Wärmetauscherfläche in einem bestimmten Volumen.

Bild 8.63 zeigt eine Regeneratorbrennerpaar Installation. Zur Absenkung der NO_X-Emissionen wird Stufenverbrennung eingesetzt. Durch externe Abgasrückführung kann eine zusätzliche Absenkung der NO-Emissionen erreicht werden.

Eine Integration von Brenner und Regenerator wird in **Bild 8.64** gezeigt. Die Funktionsweise entspricht der in Bild 8.61 gezeigten, aber Brenner und Wärmetauscher bilden eine Einheit. Damit können die Umschaltzeiten verkürzt werden und die aufwendig isolierten Kanäle entfallen.

Bild 8.63: Regenerator-Brenner-Paar (Quelle: Bloom Engineering GmbH)

Bild 8.64: Kompakt-Regenerator-Brenner-Paar (Quelle: Bloom Engineering GmbH)

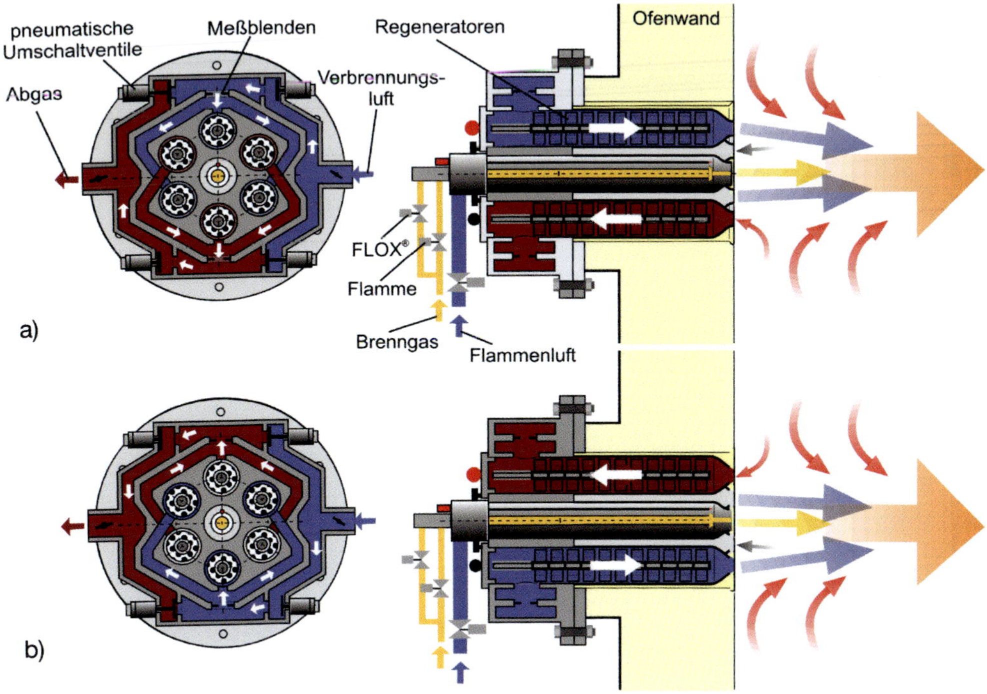

Bild 8.65: Regeneratorbrenner

8.4.2 Regeneratorbrenner

Eine Bauart, bei der die Regeneratorbrenner nicht als Brennerpaar arbeiten, sondern zu einer Baueinheit zusammengefasst sind, zeigt **Bild 8.65**.

Hier sind sechs Regeneratoreinsätze in ein Brennergehäuse integriert. Der Regeneratorbrenner arbeitet im Gegensatz zum Regeneratorbrennerpaar kontinuierlich. Das Brenngas wird nicht umgeschaltet und nur die Verbrennungsluft und die Abgasabsaugung werden umgeschaltet.

Eine solche Bauweise wird in Verbindung mit der flammlosen Oxidation möglich, die die getrennte Eindüsung von Luft und Brennstoff erlaubt. Der Brenner kann auch im Flammenmodus betrieben werden, um den Ofenraum auf FLOX® Temperatur (etwa 850 °C) aufzuheizen. Die Umschaltventile sowie die für die Brennereinstellung notwendigen Messblenden und Einstellklappen sind in das Brennergehäuse integriert.

Bild 8.66 zeigt einen 200-kW-Regenertorbrenner mit keramischen Luftdüsen, die Ofenraumtemperaturen von bis zu 1.300 °C erlauben. Ein Rohr-

Bild 8.66: 200 kW Regeneratorbrenner (Quelle: WS Wärmeprozesstechnik GmbH)

Bild 8.67: Regenerativ beheizter Rohrglühofen (Quelle: WS Wärmeprozesstechnik GmbH)

glühofen, der mit Regeneratorbrennern beheizt ist, ist in **Bild 8.67** dargestellt. Die Verrohrung (**Bild 8.68**) an einem solchen Ofen ist ähnlich kompakt wie bei Rekuperatorbrennern. Die Brenner werden getaktet und es sind keine isolierten Warmluft- oder Abgasleitungen erforderlich. Bei Abgastemperaturen von etwa 150 °C (bei 80 % Rücksaugung) werden feuerungstechnische Wirkungsgrade von über 80 % erreicht. Die erforderlichen Luft- und Abgassaugdrücke liegen bei 80 bis 100 mbar. Die NO_X-Emissionen liegen trotz der extrem hohen Luftvorwärmtemperaturen deutlich unter 100 ppm.

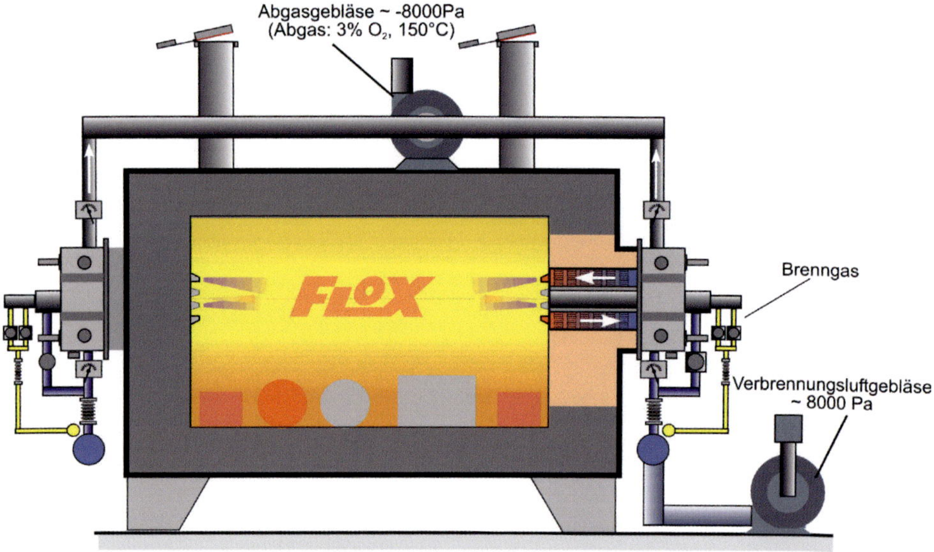

Bild 8.68: Regeneratorbrenner Verrohrung

8.5 Strahlheizrohre

Strahlheizrohre (engl.: *radiant tubes*) zur indirekten Beheizung haben im Bereich der Wärmebehandlung von Stahl und NE-Metallen eine herausragende Stellung, da viele Wärmebehandlungsprozesse unter einer Schutzgasatmosphäre ablaufen. Durch die Verwendung von Strahlheizrohren kann auf Muffeln und Retorten, die das Wärmgut umgeben, verzichtet werden. Gegenüber einer alternativen Beheizung mit Elektroenergie bieten gasbeheizte Strahlheizrohre den Vorteil, deutlich geringere Energiekosten zu verursachen.

8.5.1 Strahlrohrbauformen

Strahlheizrohre können nach verschiedenen Merkmalen klassifiziert werden. Ein wichtiges Kriterium ist es, ob die Bauform eine innere Rezirkulation zulässt oder nicht.

Bild 8.69 gibt einen Überblick über die häufigsten Bauformen von Strahlheizrohren (auch kurz Strahlrohre genannt). Auf der linken Seite sind die nicht-rezirkulierenden Rohre abgebildet. Die einfachste Bauform für ein Strahlrohr ist das durchgehende Strahlrohr, auch I-Rohr genannt. Durchgehende Strahlheizrohre findet man heute in Europa nur noch an Altanlagen. Der Grund liegt in der zumeist fehlenden Wärmerückgewinnung, der schwierigen Abdichtung des sich frei dehnenden Strahlrohrendes, der unzureichenden Temperaturgleichmäßigkeit sowie der hohen Abgastemperaturen, die für das Bedienungspersonal des Ofens gefährlich sein können.

Zur Vergrößerung der Oberfläche kann das Strahlrohr mit Bögen und weiteren Schenkeln zu einem U-Rohr oder W-Rohr erweitert werden. Dadurch kann die abstrahlende Oberfläche je Strahlrohr vergrößert werden. Beim I-, U- und W-Rohr befindet sich der Brenner an einem Rohrende und der Abgasaustritt am anderen Rohrende. Bei einem einseitig geschlossenen Rohr ohne Rezirkulation wird ein Innenrohr (engl. *inner tube*) in das I-Rohr eingeschoben und ein Strahlrohrende verschlossen. Der Brenner wird im Innenrohr angeordnet und somit strömen die Ver-

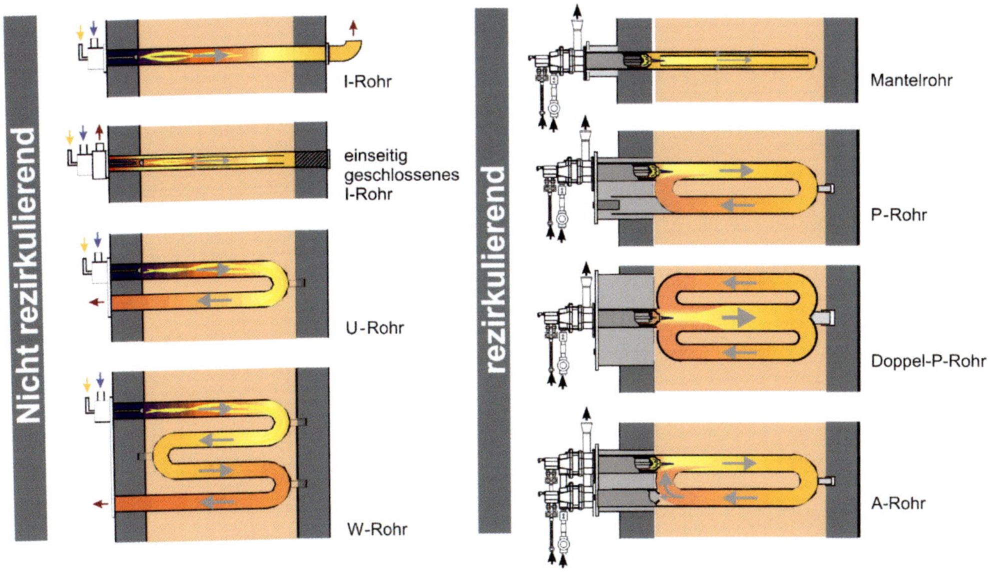

Bild 8.69: Strahlheizrohr Bauformen

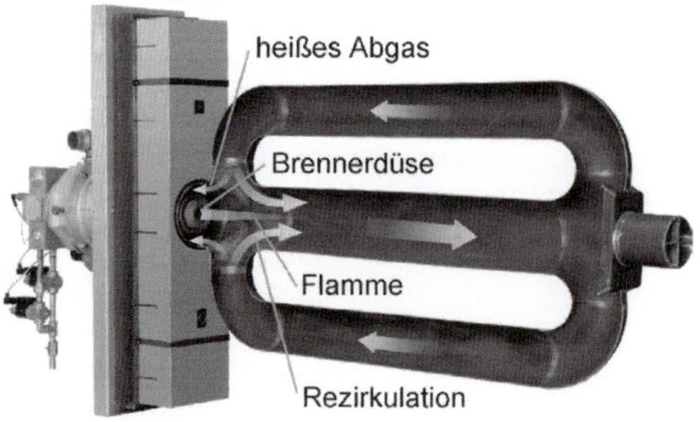

Bild 8.70: Doppel-P-Strahlrohr (Quelle: WS Wärmeprozesstechnik GmbH)

brennungsgase erst durch das Innenrohr und dann zwischen Innenrohr und Strahlrohr zurück. Nicht-rezirkulierende Strahlrohre, vor allem U- und W-Rohre, sind im amerikanischen Markt weit verbreitet.

Im europäischen Raum ist das Mantelstrahlheizrohr (engl. *SER - single ended radiant tube*) in Verbindung mit Rekuperatorbrennern die häufigste Bauform. Das Mantelstrahlheizrohr zählt zu den rezirkulierenden Strahlheizrohren, weil das Innenrohr vom Brenner abgesetzt ist und so eine Rezirkulation zulässt.

Das Mantelstrahlheizrohr bietet eine herausragende Temperaturgleichmäßigkeit und es lässt sich gut abdichten, da je Rohr nur ein runder Ofenflansch am Ofen angebracht werden muss. Das freie Ende des Mantelstrahlrohres kann sich im Ofen frei dehnen. Ein gewisser Mehraufwand besteht bei den Mantelstrahlrohren durch das zusätzliche Bauteil des Innenrohres.

Bei den weiteren rezirkulierenden Rohren, dem P-, Doppel-P- (**Bild 8.70**) und A-Rohr, ist die Möglichkeit zur internen Rezirkulation offensichtlich.

Zur Veranschaulichung sind die Unterschiede einiger Strahlrohrkonzepte in **Bild 8.71** und **Bild 8.72** dargestellt. Im oberen Teil von Bild 8.71 ist ein durchgehendes Strahlheizrohr abgebildet.

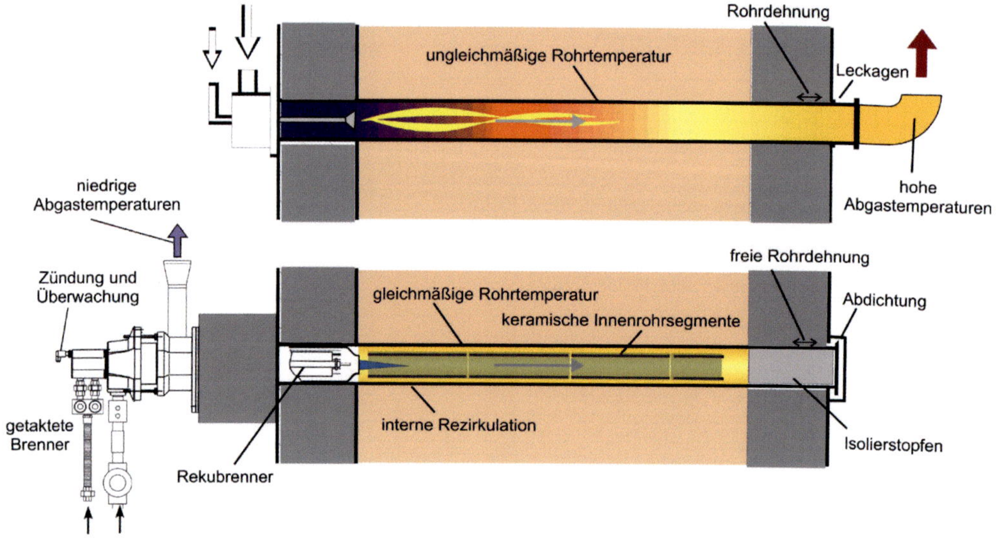

Bild 8.71: Vergleich durchgehendes und Mantelstrahlheizrohr

Die Probleme liegen dabei neben dem unzureichenden Wirkungsgrad vor allem in der Schwierigkeit der Abdichtung. Im Ofen sind gegenüberliegend zwei Ofenöffnungen erforderlich. Wegen der Längendehnung des Strahlrohres muss sich ein Rohrende frei bewegen können. Dafür müsste am kalten Ende ein Kompensator angebracht werden, in der Regel wird aber nur behelfsmäßig gedichtet und erhebliche Leckagen in Kauf genommen.

Bild 8.72: Fe-Cr-Al Mantelstrahlrohr
(Quelle: Kanthal, Sandvik AB)

Ein weiteres Problem besteht in den hohen Abgastemperaturen, die ungekühlt abgeführt werden. Die Umgebung derart beheizter Ofenanlagen ist oft sehr heiß und macht Wartungsarbeiten am Ofen unzumutbar und gefährlich. Eine Möglichkeit solche Beheizungssysteme umzurüsten, ohne komplett neue Strahlheizrohre zu beschaffen, ist in der unteren Bildhälfte des Bildes 8.71 dargestellt. Ein Ende des Strahlrohres wird dabei geschlossen und im Bereich der Ofenwand isoliert. Eine Einhausung des verschlossenen Strahlrohrendes verhindert das Austreten von Ofengasen, erlaubt aber eine Ausdehnung des Strahlrohres. Durch die Verwendung eines Rekuperatorbrenners wird die Verbrennungsluft wirksam vorgewärmt.

Die meisten Strahlrohre werden aus hitzebeständigem Guss oder Blech gefertigt. Die maximale Ofentemperatur beträgt dabei je nach Material zwischen 900 und 1.100 °C. Höhere Temperaturen können mit speziellen Legierungen (Bild 8.72) oder keramischen Rohren (**Bild 8.73**) in Verbindung mit keramischen Rekuperatorbrennern (**Bild 8.74**) erreicht werden.

Bild 8.75 erläutert die Unterschiede bei metallischen und keramischen Mantelstrahlheizrohren.

Keramische Strahlrohre aus SiSiC (siliziertem Siliziumcarbid) werden seit der Mitte der 1990er Jahre vermehrt eingesetzt. Die Leistungsabgabe von Strahlrohren ist oftmals die Engstelle bei der Produktivität einer Ofenanlage. Da keramische Strahlrohre mit einer höheren spezifischen Wärmestromdichte belastet werden können, lässt sich die Produktion erheblich steigern. Die Festigkeit der Keramik ist so hoch, dass Strahlrohre selbst bei Ofentemperaturen von 1.250 °C freitragend, das heißt ohne Gegenlager, eingebaut werden können. Die erhöhte Bruchgefahr von Keramikrohren durch mechanische Einwirkungen, vor allem bei der Handhabung und der Strahlrohrmontage, wird dabei in Kauf genommen.

SiSiC ist gegenüber den meisten der üblichen Ofenatmosphären unempfindlich. Eine Ausnahme bilden jedoch Alkalimetalle, wie Kalium und Natrium, die schon bei Temperaturen unter 1.000 °C zu Korrosion führen können. Kalium und Natrium sind oft Bestandteile von Waschmitteln und

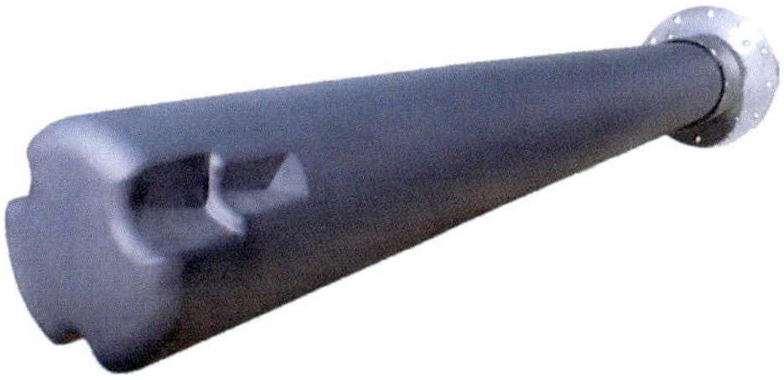

Bild 8.73: Keramisches Mantelstrahlrohr
(Quelle: WS Wärmeprozesstechnik GmbH)

Bild 8.74: Keramischer Rekuperatorbrenner
(Quelle: WS Wärmeprozesstechnik GmbH)

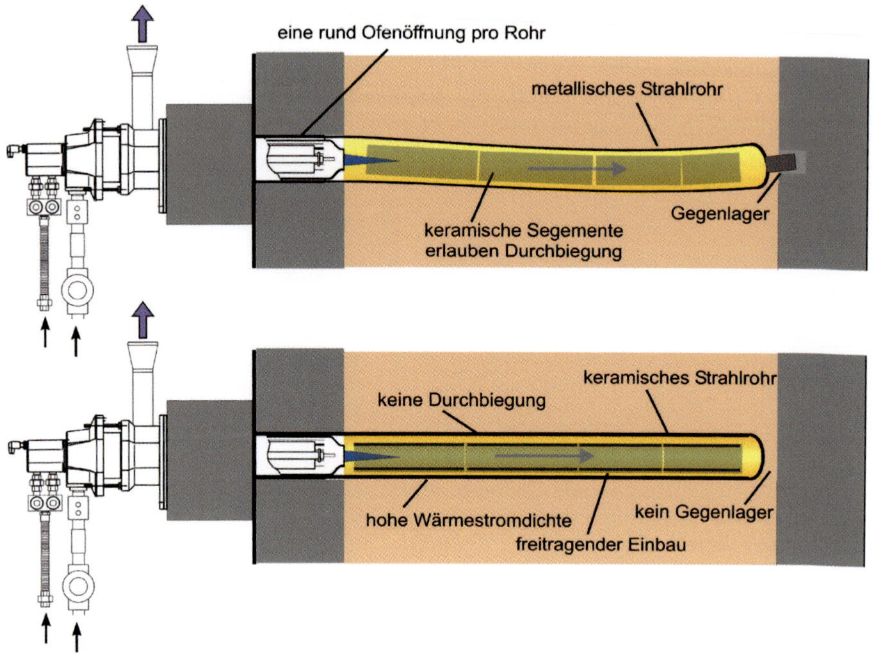

Bild 8.75: Vergleich metallisches und keramisches Mantelstrahlheizrohr

können mit dem Wärmgut in den Ofen eingebracht werden, wenn die Teile nach dem Waschen nicht ausreichend gespült werden. Weiterhin wurde bekannt, dass SiSiC-Rohre in sehr trockener Wasserstoffatmosphäre bei hohen Temperaturen angegriffen werden.

Beim Einsatz keramischer Strahlheizrohre muss die Anbindung an einen metallischen Ofenflansch berücksichtigt werden. Da die von den Dichtungsherstellern geforderten Anpressdrücke nicht realisiert werden können, ohne einen Strahlrohrbruch zu riskieren, muss mit Leckagen gerechnet werden. Einige Wärmebehandlungsprozesse erfordern sehr reine Ofenatmosphären, beispielsweise sehr trockenen Wasserstoff. In diesen Fällen müssen auch minimale Leckagen in den Ofen verhindert werden. Es muss sichergestellt werden, dass durch die Einstellung der Druckverhältnisse Leckagen vom Ofen in das Abgassystem geführt werden. Leckagen aus dem Ofen in die Fertigungshalle können problematisch sein, insbesondere bei kohlenmonoxidhaltigen Ofenatmosphären. Es gilt auch zu beachten, dass Strahlrohre im Auslieferungszustand eine deutlich geringere Leckagerate aufweisen als nach einigen Jahren Betrieb.

8.5.2 Wärmerückgewinnung bei Strahlheizrohren

Bei Strahlheizrohren bietet sich die dezentrale Wärmerückgewinnung an. Zu einem Zentralrekuperator müsste das heiße Abgas mit voller Temperatur in Sammelleitungen zugeführt werden und anschließend die vorgewärmte Luft wieder auf die Brenner verteilt werden. Der Aufwand für die Heißverrohrung wäre enorm und ein solches System somit nicht wirtschaftlich. Dieser Aufwand entfällt bei der dezentralen Wärmerückgewinnung.

Die Art der Wärmerückgewinnung ist aber auch von der Strahlrohrbauform abhängig.

Bei durchgehenden Rohren ist eine Wärmerückgewinnung selten anzutreffen. Möglich sind eine Versorgung mit Warmluft aus einem Zentralreku oder die Koppelung zweier Rohre, indem ein

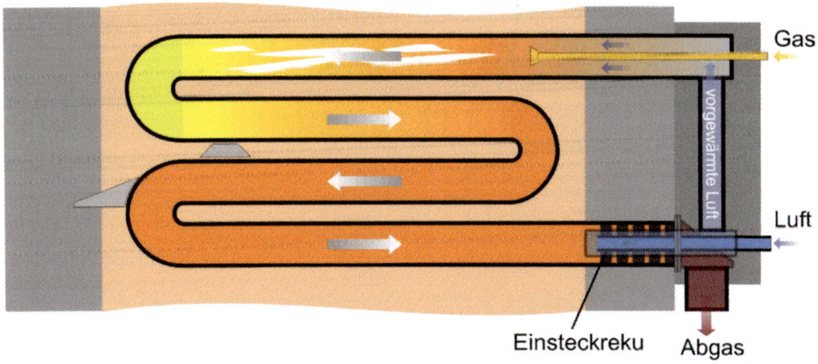

Bild 8.76: W-Rohr mit Einsteckreku

Rohr die Warmluft aus einem Einsteckreku (engl.: *plug-in recuperator*) des benachbarten Rohres bezieht.

Bei den einseitig geschlossenen Rohren ohne Rezirkulation strömt das Abgas innerhalb der Ofenwand entgegen der Strömungsrichtung der Verbrennungsluft, die dabei vorgewärmt wird. Die Luftvorwärmung ist aber wegen der üblichen glatten Rohroberfläche nur gering.

Bei U- und W-Rohren kann die Effizienz des Strahlrohres durch Einsteckrekus und gegebenenfalls mit außenliegenden Zusatzrekus erhöht werden. Wie in **Bild 8.76** gezeigt, wird der Einsteckreku im Abgasschenkel montiert und die vorgewärmte Verbrennungsluft dem Brenner zugeführt. Bei sehr hohen Luftvorwärmtemperaturen wird die Verrohrung und Isolierung dabei aufwendig.

Eine weitere Möglichkeit besteht darin, in das A-, U- oder W-Rohr ein Regeneratorbrennerpaar einzubauen. Jeweils ein Brenner befindet sich dann in oder an jedem Strahlrohrende (**Bild 8.77**).

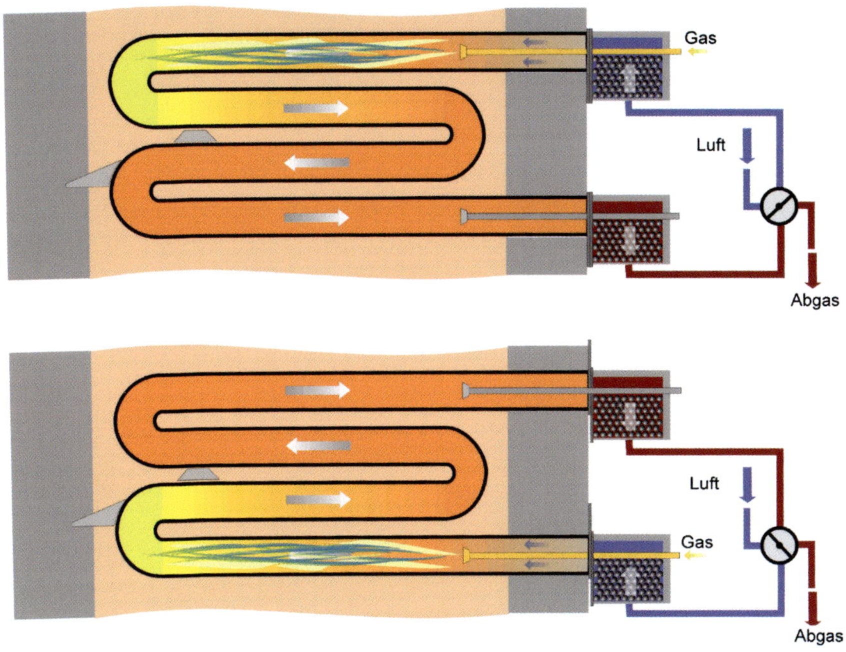

Bild 8.77: Regenerativ beheiztes W-Strahlheizrohr

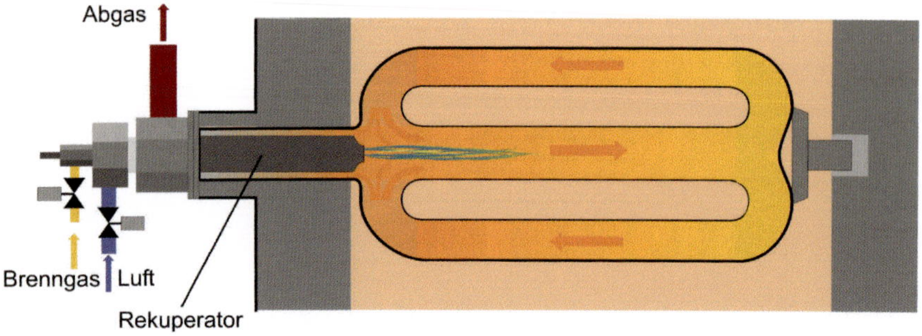

Bild 8.78: Doppel-P-Rohr mit Rekuperatorbrenner

Bei U- und W-Rohren müssen aufgrund der hohen Luftvorwärmung höhere NO_X-Emissionen in Kauf genommen werden. Als NO_X-mindernde Maßnahme kann externe Rezirkulation eingesetzt werden. Im A-Rohr kann der NO_X-Bildung durch innere Rezirkulation im Rohr oder die Anwendung der flammlosen Oxidation wirksam entgegengewirkt werden.

Bei den Mantelrohren, den P- und Doppel-P-Rohren bietet sich die Verwendung von Rekuperatorbrennern an (**Bild 8.78**). Der in der Ofenwand integrierte Gegenstromwärmetauscher ermöglicht hohe Luftvorwärmtemperaturen. Eine weitere Steigerung der Effizienz ermöglicht der Einsatz der in Kapitel 8.4.2 beschriebenen Regeneratorbrenner.

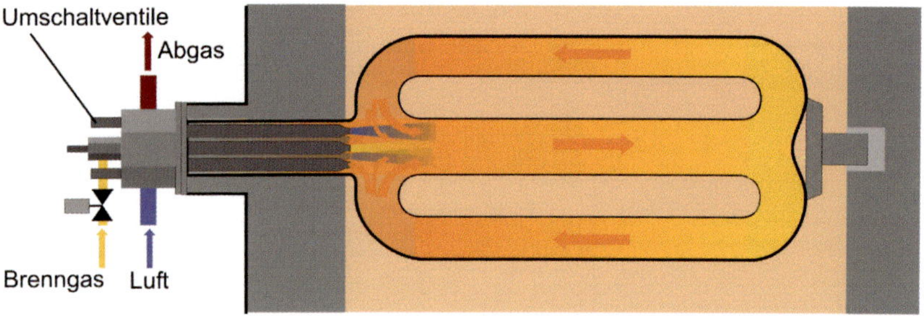

Bild 8.79: Doppel-P-Rohr mit Regeneratorbrenner

Wie in **Bild 8.79** gezeigt, kann der Regeneratorbrenner anstatt eines Rekuperatorbrenners in ein Strahlrohr eingebaut werden. Gegenüber Rekuperatorbrennern wird nochmals eine Energieeinsparung von etwa 20 % erreicht.

Bild 8.80 und **Bild 8.81** zeigen einen Regeneratorbrenner, der in ein Doppel-P-Rohr oder ein großes Mantelstrahlrohr eingebaut werden kann.

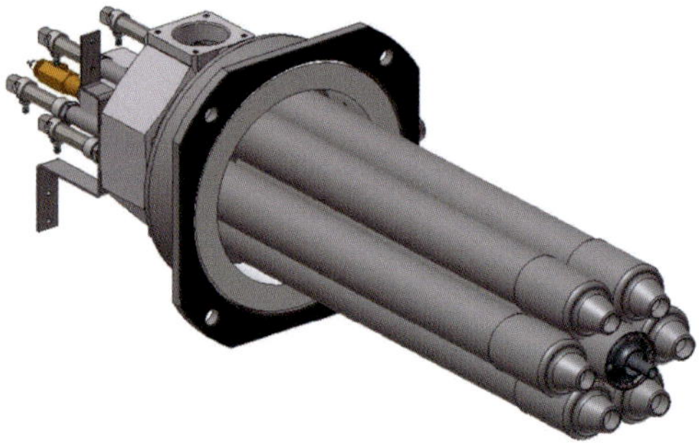

Bild 8.80: Strahlrohr-Regeneratorbrenner (Quelle: WS Wärmeprozesstechnik GmbH)

Bild 8.81: Strahlrohr-Regeneratorbrenner (Quelle: WS Wärmeprozesstechnik GmbH)

Bei der Berechnung der Wirkungsgrade, die für die Auslegung der Beheizungssysteme zugrunde gelegt werden, muss beachtet werden, dass die Abgaseintrittstemperaturen in den Rekuperator oder Regenerator deutlich über der Ofenraumtemperatur liegen können. Das Diagramm in **Bild 8.82** gibt Anhaltswerte für die zu erwartenden Abgaseintrittstemperaturen bei Mantelstrahlheizrohren. Insbesondere bei hoch belasteten keramischen Strahlheizrohren können diese Temperaturen um mehrere 100 Kelvin über der Ofenraumtemperatur liegen.

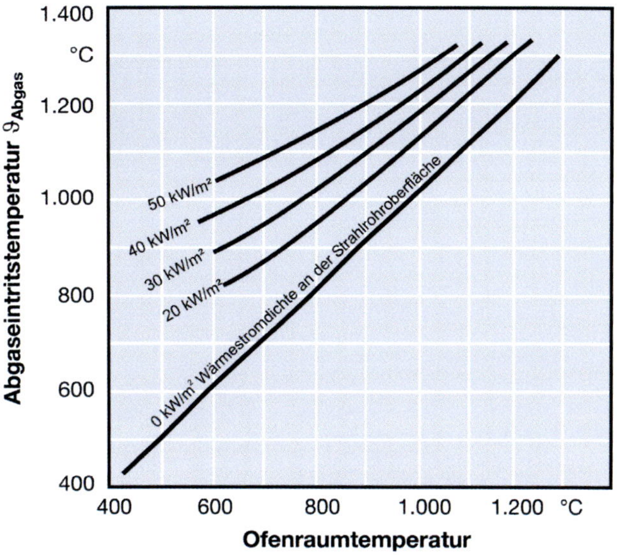

Bild 8.82: Abgastemperatur bei Strahlrohren

8.5.3 Temperaturgleichmäßigkeit

Eine gleichmäßige Temperaturverteilung ist für eine hohe Strahlrohrlebensdauer und gleichmäßige Erwärmung des Gutes wesentlich. Bei den nicht-rezirkulierenden Strahlrohren sollte sich eine weiche Flamme über die gesamte Länge des ersten Schenkels des Strahlrohres erstrecken.

Ist die Flamme zu kurz, kann es zu Überhitzungen an der Brennerseite kommen. Ist die Flamme zu lang, kommt es wegen der Turbulenzen in der Umlenkung meist zu einer vollständigen Verbrennung und das Rohr kann dort überhitzen. Bei proportional geregelten Strahlrohren ist es schwierig, diese Forderung in allen Betriebszuständen zu erfüllen.

In rezirkulierenden Strahlrohren arbeitet man mit getakteten Brennern und Hochgeschwindigkeitsflammen. Die Temperaturgleichmäßigkeit wird über eine intensive Umwälzung der Verbrennungsgase im Inneren des Strahlrohres erreicht. Die Temperaturdifferenzen an der Rohroberfläche sind dabei wesentlich geringer als bei nicht-rezirkulierenden Rohren.

8.5.4 Regelung von Strahlheizrohren

Der Aufwand für Regelorgane einer kontinuierlichen Regelung ist, wie in **Bild 8.83** dargestellt, gering und weitgehend unabhängig von der Anzahl der Strahlrohre.

Aufgrund einer Vielzahl von Vorteilen hat sich heute bei Strahlheizrohren die Ein/Aus-Regelung, meist in Verbindung mit einer Rundumsteuerung, weitgehend durchgesetzt.

Die wesentlichen Komponenten eines getakteten Strahlheizrohrsystems sind in **Bild 8.84** dargestellt. Das Brenngas wird über eine Gasregelstrecke dem Ofen zugeführt.

Eine typische Gasregelstrecke ist in **Bild 8.85** abgebildet. Die Gasregelstrecke dient zur sicheren Absperrung der Gaszufuhr in einem Störfall und beinhaltet aus diesem Grund eine Dichtigkeitsprüfung, mit der die Dichtheit der Hauptgasventile geprüft werden kann. Zudem wird in der Gasregelstrecke der entsprechende Brenngasdruck eingestellt und überwacht.

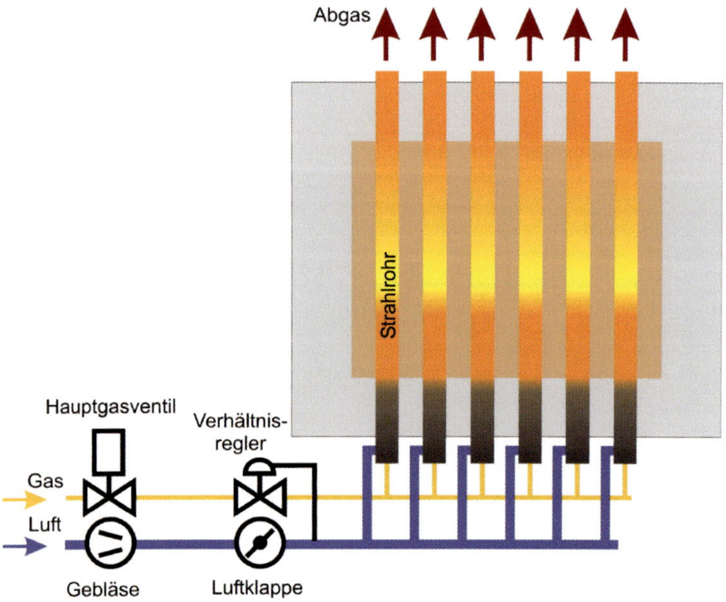

Bild 8.83: Proportional geregelte Strahlrohre

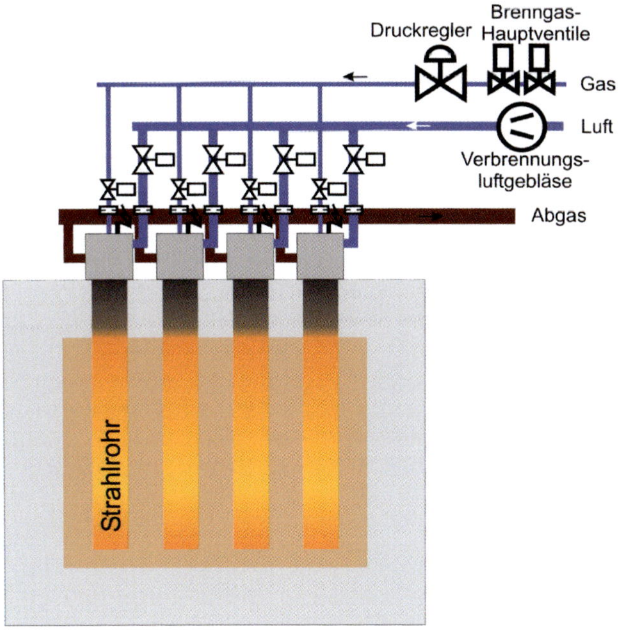

Bild 8.84: Getaktete Strahlrohre

An jedem Brenner sind Luft und Gasventile angebracht, mit denen jeder Brenner individuell betrieben werden kann. Zündung und Überwachung sowie Messblenden sind ebenfalls an jedem Brenner angebaut. Der Aufwand für Ventile und Überwachungsorgane steigt also entsprechend der Brenneranzahl an.

Bei der Planung der Strahlrohrbestückung eines Ofens sollte also überlegt werden, wie die Anzahl der Strahlrohre auf das notwendige Maß beschränkt werden kann. Möglichkeiten hierzu bieten sich durch die Wahl der Strahlrohrbauform und des Strahlrohrdurchmessers.

Bild 8.85: Gasregelstrecke (Quelle: Karl Dungs GmbH)

8.5.5 Strahlrohranordnung und Auslegung

Wie es schon der Name verrät, wird die Wärme von Strahlrohren bei den meisten Anwendungen vorwiegend durch Strahlung übertragen. Strahlrohr und Wärmgut sollten sich also „sehen". Grundsätzlich verbessert sich die Temperaturgleichmäßigkeit mit wachsendem Abstand von Strahlrohr zu Wärmgut.

Dies steht aber der Forderung nach kompakten Ofenanlagen entgegen, sodass hier ein geeigneter Kompromiss gefunden werden muss.

Der Strahlrohrabstand muss so gewählt werden, dass die wandseitig abgestrahlte Energie zwischen den Strahlrohren an das Gut abstrahlen kann. Wenn möglich, sollte der Achsabstand bei einseitiger Abstrahlung der Strahlrohre mindestens drei Strahlrohrdurchmesser betragen. Bei Strahlrohren, die beidseitig Wärme abstrahlen können, oder bei Strahlrohren mit konvektivem Wärmetransport kann auch ein geringerer Strahlrohrabstand gewählt werden.

In einem Durchlaufofen, beispielsweise einem Rollenherdofen, sollte immer ein wechselseitiger Einbau der Strahlrohre angestrebt werden. Wenn es die Verhältnisse vor Ort nicht zulassen, weil beispielsweise die Rohre an einer Ofenseite nicht montiert werden können, muss entschieden werden, ob ein unsymmetrischer Einbau von einer Seite zulässig ist.

Die Strahlrohranzahl und die Leistungsbeaufschlagung der Strahlrohre ermittelt der Ofenbauer aus der Energiebilanz des Ofens. Die gängige Auslegungsgröße ist die mittlere spezifische Nettowärmestromdichte der Strahlrohroberfläche.

Übliche Werte sind:

- 25 bis 35 kW/m^2 bei metallischen Strahlrohren und
- bis 50 kW/m^2 bei keramischen Strahlrohren,

wobei in Einzelfällen auch von diesen Werten abgewichen wird.

Neben der Anordnung der Strahlrohre muss auch die Strahlrohrbauform gewählt werden. Für einen einfachen strahlrohrbeheizten Kammerofen, wie in **Bild 8.86** dargestellt, sind in **Bild 8.87** mögliche Strahlrohrkonfigurationen aufgezeigt. Die Alternativen weisen alle (außer in Anordnung e)) eine gleiche Strahlrohroberfläche auf und ermöglichen somit gleiche Heizleistung.

In Anordnung e) sind keramische Strahlrohre gewählt, die bei geringerer, Oberfläche die gleiche Heizleistung liefern.

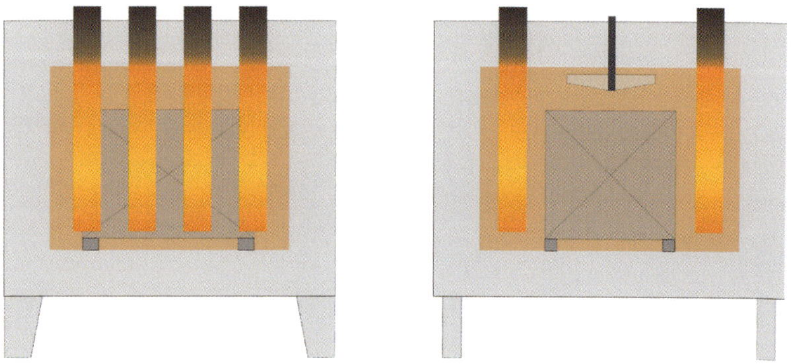

Bild 8.86: Strahlrohrbeheizter Kammerofen

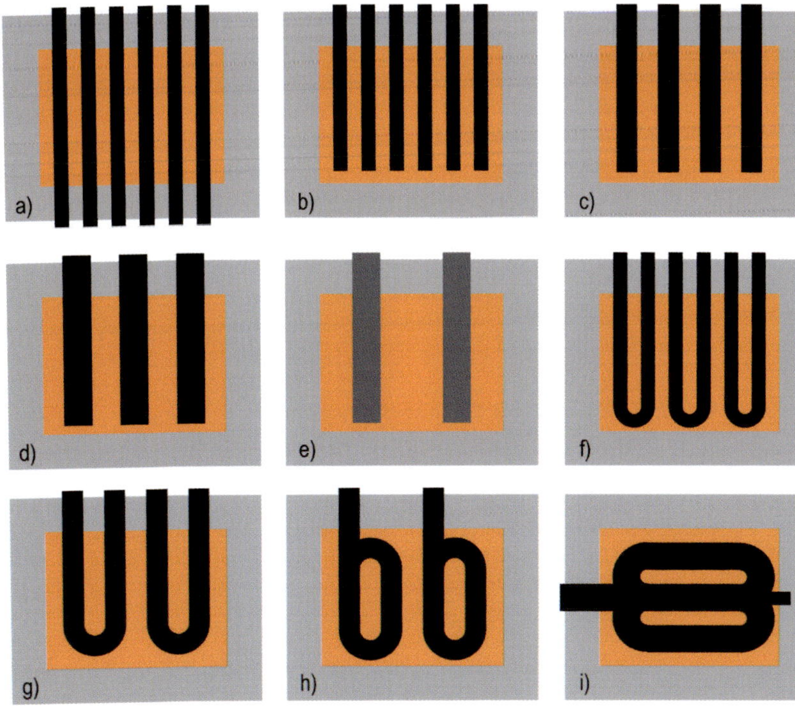

Bild 8.87: Strahlrohrkonfigurationen im Kammerofen

a) 12 metallische durchgehende Strahlheizrohre Ø 100 mm ohne Luftvorwärmung

b) 12 metallische Mantelstrahlheizrohre Ø 100 mm mit Rekubrennern

c) 8 metallische Mantelstrahlheizrohre Ø 150 mm mit Rekubrennern

d) 6 metallische Mantelstrahlheizrohre Ø 200 mm mit Rekubrennern

e) 4 keramische Mantelstrahlheizrohre Ø 200 mm mit Rekubrennern

f) 6 metallische U-Rohre Ø 100 mm

g) 4 metallische U-Rohre Ø 150 mm

h) 4 metallische P-Rohre Ø 150 mm mit Rekubrennern

i) 2 metallische Doppel P-Rohre Ø 200 mm mit Rekubrennern

Die rezirkulierenden Strahlrohre mit größerem Durchmesser weisen eine Reihe von Vorteilen auf. Das größere Flächenträgheitsmoment vermindert das Durchbiegen von horizontal eingebauten Strahlrohren. Die größeren Strömungsquerschnitte und die dadurch verbesserte Rezirkulation führen zu einer gleichmäßigeren Temperaturverteilung und ermöglichen deutlich geringere NO_X-Emissionen. Zudem helfen größere Durchmesser und auch die mehrschenkeligen Strahlrohre dabei, die Brenneranzahl und damit die Brennerkosten zu reduzieren.

8.6 Brenner mit feuerungstechnischem Wirkungsgrad > 80 %

Nachdem für Brenner mit höherer Brennerleistung seit den 1990er Jahren vermehrt auch die in Kapitel 8.4 beschriebenen Regeneratorbrenner eingesetzt wurden, blieben die Wirkungsgrade von Rekuperatorbrennern über Jahrzehnte hin weitgehend konstant. Mittlerweile sind auch Brenner mit kleineren Leistungen und Wirkungsgraden über 80 % im Markt.

Den kompakten, hocheffizienten Brennern ist gemeinsam, dass sie meist mit engen Strömungskanälen ausgestattet sind und mit sauberer Verbrennungsluft und nicht-kontaminierten Abgasen zu betreiben sind. Bei der Verwendung in Strahlheizrohren kann dies durch einen Luftfilter gewährleistet werden. Bei offener Beheizung muss die Reinheit des Abgases entsprechend berücksichtigt werden.

Die effizienten Wärmetauscher müssen so ausgelegt werden, dass der Druckverlust, und damit die Aufwendungen für die elektrische Ventilatorleistung nicht zu stark ansteigt.

8.6.1 Rippenrohr-Rekuperatorbrenner mit Metallschaum

Die seit Langem bewährten Rippenrohr-Rekuperatorbrenner sind hinsichtlich der Energieeffizienz aufgrund der Beschränkung der Rekuperatoroberfläche limitiert. Durch den Einsatz von Metallschaum in Verbindung mit der robusten Rippenrohrkonstruktion kann die Effizienz weiter gesteigert und feuerungstechnische Wirkungsgrade von bis zu 90 % bei einer Rekuperatoreintrittstemperatur von 1.000 °C erreicht werden. Die Abgasaustrittstemperatur wird dabei auf unter 300 °C gesenkt. Das ermöglicht eine Energieeffizienz, die denen von Regeneratorbrennern sehr nahe kommt. Einen solchen Brenner zeigen **Bild 8.88**, **Bild 8.89** und **Bild 8.90**.

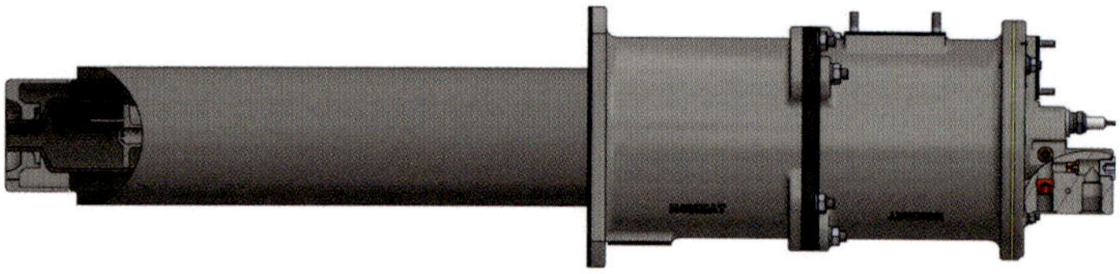

Bild 8.88: Rippenrohr-Rekuperatorbrenner mit Metallschaum (Quelle: Noxmat GmbH)

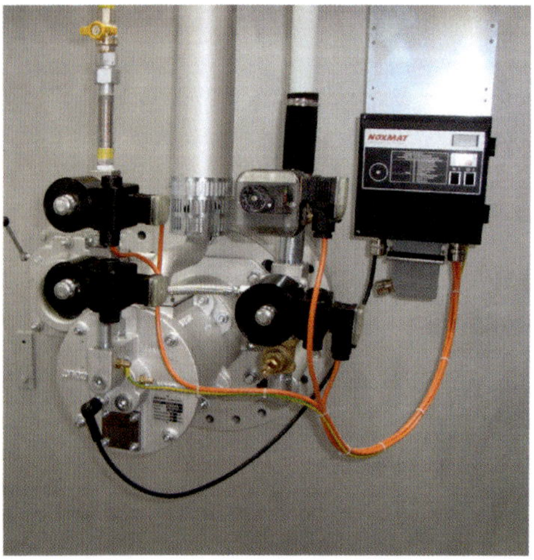

Bild 8.89: Brennermündung (Quelle: Noxmat GmbH)

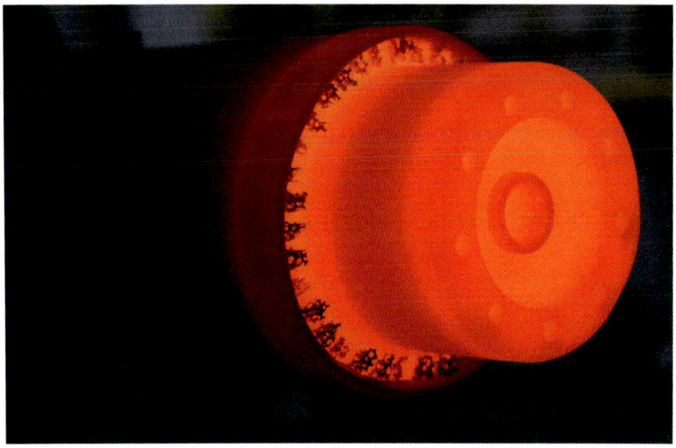

Bild 8.90: Brennerarmaturen (Quelle: Noxmat GmbH)

Diese Weiterentwicklung ermöglicht eine zusätzliche Energieeinsparung von 10 bis 15 % gegenüber herkömmlichen Rekuperatorbrennern.

Des Weiteren werden infolge der guten Schallabsorptionseigenschaften des Metallschaumes erheblich niedrigere Schalldruckpegel an den Brennern registriert. Es sind Werte, je nach Schaumbesatz, von unter 60 dB(A) erreichbar.

8.6.2 Rekuperatorbrenner mit Spaltstromwärmetauscher

Eine deutliche Steigerung der Wärmetauscherfläche sowie des Wärmeübergangs und somit des Brennerwirkungsgrades kann durch eine neue Rekuperatorbauart, den Spaltstromreku, erreicht werden. Durch eine Aufteilung der Verbrennungsluft in viele Einzelwärmetauscher wird eine Luftvorwärmung ähnlich der von regenerativen Wärmetauschern erreicht. **Bild 8.91** und **Bild 8.92** zei-

Bild 8.91: Spaltstrom-Rekubrenner (Quelle: WS Wärmeprozesstechnik GmbH)

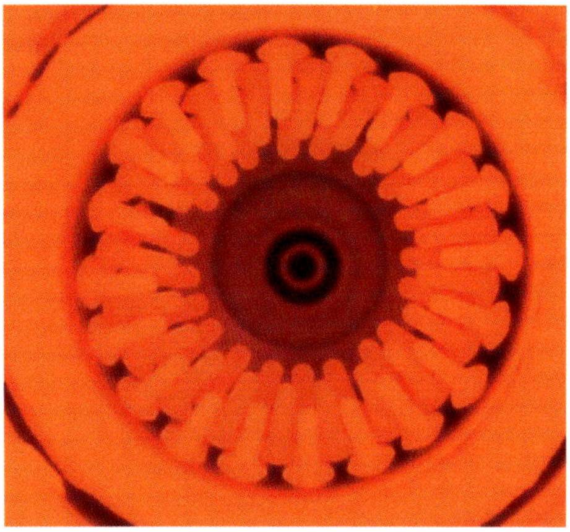

Bild 8.92: Spaltstrombrenner im FLOX®-Betrieb (Quelle: WS Wärmeprozesstechnik GmbH)

gen einen Spaltstrom-Rekubrenner. Für höhere Anwendungstemperaturen kann ein keramischer Rekuperator mit einem Spaltstromreku kombiniert werden. **Bild 8.93** zeigt einen Spaltstrom-Rekubrenner, bei dem die heißen Abgase zuerst über einen keramischen Reku geleitet werden, bevor sie dem Spaltstromreku zugeführt werden.

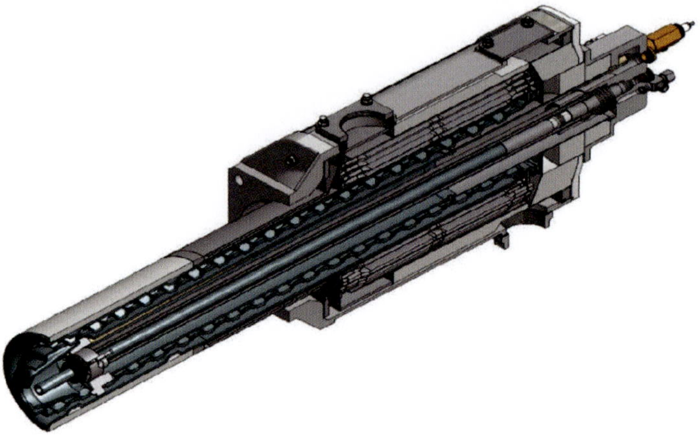

Bild 8.93: Spaltstrom-Rekubrenner mit keramischen Zusatzreku (Quelle: WS Wärmeprozesstechnik GmbH)

8.7 Brenner für Wasserstoff

Insbesondere im Bereich der Stahl- und Chemieindustrie werden neben Erdgas auch andere Gase, zum Teil auch mit hohen Wasserstoffanteilen, eingesetzt. Aufbauend auf diesen Erfahrungen haben in den letzten Jahren nahezu alle Brennerhersteller damit begonnen, ihre Brenner auch wasserstofftauglich zu machen. Mit den geeigneten Modifikationen lassen sich sehr geringe NO_x-Emissionen erzielen und auch erhöhter Verschleiß aufgrund höherer Verbrennungstemperaturen lässt sich vermeiden.

Etwas anspruchsvoller wird es, wenn Brenner sowohl mit Erdgas wie auch mit Wasserstoff oder Erdgas-Wasserstoff-Mischungen betrieben werden sollen. Auch hier werden derzeit von den meisten Herstellern Lösungen erarbeitet. Bei einem Ofen-Neubau sollte heute unbedingt darauf geachtet werden, dass eine Umstellung der Brenner auf Wasserstoff möglich ist. An Standorten, an denen kein Anschluss an ein Wasserstoffnetz zu erwarten ist, kann auch die Nutzung von Wasserstoff, der in Form von Ammoniak gespeichert ist, interessant sein. Vor der Nutzung wird der Ammoniak dabei ganz oder zum Teil in Wasserstoff und Stickstoff aufgespalten.

Die Entwicklung solcher Systeme schreitet derzeit sehr schnell voran und es ist deshalb empfehlenswert, sich durch Fachzeitschriften, Messen und Tagungen auf dem Laufenden zu halten.

8.8 Hybride Gas-/Elektrobeheizungen

Es ist auch denkbar, Gas- und Elektroheizungen in Industrieöfen einzubauen, um den jeweils günstigsten Energieträger zu nutzen. Bei zeitlich stark schwankenden Energiepreisen könnte sich der höhere Investitionsaufwand zukünftig bei manchen Anlagen lohnen.

Bild 8.94 zeigt ein hybrides Strahlheizrohr.

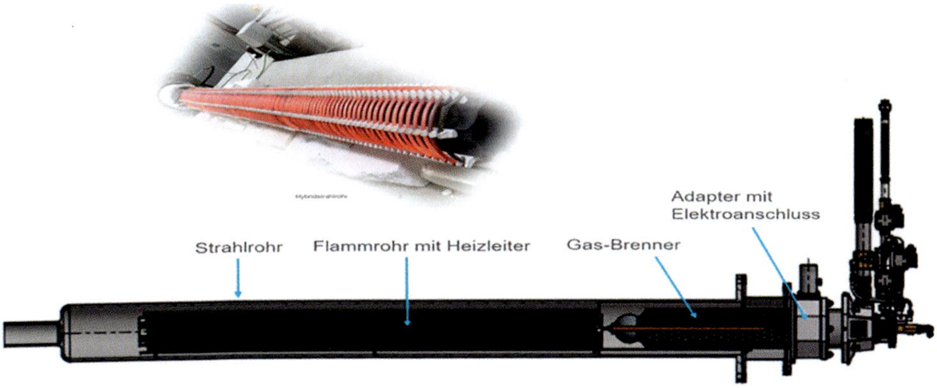

Bild 8.94: Hybrides Gas-/Elektro-Strahlheizrohr

9. Normen und gesetzliche Vorschriften

Franz Beneke, Martin Wicker

9. Normen und gesetzliche Vorschriften

Franz Beneke, Martin Wicker

9.1 Einleitung und Grundsätzliches

In diesem Buch sind sowohl die theoretischen Grundlagen als auch praktische Ausführungen und Anwendungen von Industriebrennern ausführlich dargestellt. Dem Leser ist verdeutlicht worden, dass unter dem Begriff „Industriebrenner" kein einheitliches Produkt zu verstehen ist, sondern vielmehr eine Vielzahl von sich deutlich unterscheidenden Brennertypen bzw. Brennerbauarten. Jeder Industriebrenner wird und muss an den Anwendungszweck bzw. das Einsatzgebiet angepasst werden.

Einsatzgebiete von Industriebrennern sind Anlagen oder Maschinen, die unter dem Begriff „Thermoprozessanlagen" zusammengefasst werden. Als Beispiele seien genannt: Industrieöfen, Trockner (sind auch Industrieöfen) u. v. m.

Aufgrund der Vielzahl der Brennertypen haben sich die Hersteller und Anwender von Industriebrennern entschieden, keine Normen für das Produkt Industriebrenner zu erarbeiten. In keiner Norm oder Serie von Normen könnten alle sicherheitsrelevanten Aspekte umfassend für alle Brennertypen dargestellt werden.

Um dennoch die notwendige Sicherheit zu gewährleisten, wurde ein anderer Weg in der Normung beschritten: Es wurden Normen erarbeitet, in denen die Sicherheitstechnik der Gesamtanlage betrachtet wird. Für Thermoprozessanlagen ist dieses die Normenreihe EN 746.

In der Normenreihe EN 746 werden in Teil 2 die Sicherheitsanforderungen an Feuerungen und Brennstoffführungssysteme definiert. Somit gibt es eine EN-Norm, die ausgehend von der Thermoprozessanlage als Ganzem die speziellen Sicherheitsanforderungen bei Beheizung mit Gasen und Fluiden festlegt. Die EN 746 Teil 2 wurde 2010 veröffentlicht.

Dem Wunsch vieler Hersteller von Industriebrennern wurde Rechnung getragen und in einem nächsten Schritt eine weltweit anwendbare Sicherheitsnorm erarbeitet: die ISO 13577 Teil 2. Diese spiegelt den aktuellen Sicherheitsstandard wider. Sie wird voraussichtlich 2023/2024 in der zweiten Auflage veröffentlich und soll dann als ISO EN 13577-2 die EN 746-2 ersetzen.

Des Weiteren gibt es eine Vielzahl von Normen, die für Komponenten bzw. Steuerungselemente von Industriebrennern gelten.

Auf den nachfolgenden Seiten soll das Verständnis für Normung erhöht und auf wichtige Normen verwiesen werden. Gleichzeitig sollen die Unterschiede verschiedener Normen und Normenreihen dargelegt werden und im Folgenden die rechtliche Bedeutung bzw. der Umgang damit.

Da neue Normen in den letzten Jahren überwiegend im europäischen Rahmen erarbeitet und angewandt werden, steht bei den folgenden Betrachtungen die europäische Normung im Vordergrund – mit einem Exkurs zur ISO-Normung.

9.2 Normungsorganisationen

In Deutschland wird die Normungsarbeit koordiniert und organisiert vom:

- DIN (Deutsches Institut für Normungsarbeit e.V. mit Sitz in Berlin)
- DKE (Deutsche Kommission Elektrotechnik Elektronik Informationstechnik in DIN und VDE).

Durch Verträge zwischen der Bundesrepublik Deutschland, vertreten durch die Bundesregierung, und das DIN sind diese Aufgaben an das DIN übertragen worden. Das DIN ist als einziges nationales Normungsorganisation in Deutschland autorisiert. Der DKE obliegt die Erarbeitung von Normen und Sicherheitsbestimmungen in den Bereichen der Elektrotechnik, Elektronik und Informationstechnik in Deutschland.

Die Europäische Kommission hat mit der Verordnung 1025/2012 [9.1] die neuen politischen Rahmenbedingungen und eine klare Rechtsgrundlage für die Normung geschaffen. Organisation und Erarbeitung von Europäischen Normen wurde an die drei Komitees mit Sitz in Brüssel vergeben:

- CEN: Europäisches Komitee für Normung (de), European Committee for Standardization (engl.)
- CENELEC: Europäisches Komitee für die Elektrotechnische Normung (de), European Committee for Electrotechnical Standardization (engl.)
- ETSI: Europäisches Komitee für die Normung in der Telekommunikation (de), European Telecommunications Standards Institute (engl.).

Mitglieder in diesen Komitees sind die nationalen Normungsinstitute der Mitgliedsländer.
Deutsche Mitglieder sind bei CEN das DIN, bei CENELEC die DKE und bei ETSI das DKE.
Tabelle 9.1 gibt einen Überblick über die Mitgliedsländer im CEN/CENELEC [9.2].
Tabelle 9.2 gibt einen Überblick über die affiliierten Länder im CEN/CENELEC [9.2].
Tabelle 9.3 gibt einen Überblick über die Partnerorganisationen im CEN/CENELEC [9.2].

Auf internationaler Ebene haben sich die nationalen Normungsinstitute in ISO, IEC und ITU, mit Sitz in Genf, mit mehr als 168 Mitgliedern organisiert:

- ISO: Internationale Organisation für Normung (de), International Organization for Standardization (engl.)
- IEC: Internationale Elektrotechnische Kommission (de), International Electrotechnical Commission (engl.)
- ITU: Internationale Fernmeldeunion (de), International Telecommunication Union (engl.).

Mitglieder in diesen Komitees sind die nationalen Normungsinstitute der Mitgliedsländer.

Tabelle 9.1: CEN-Mitgliedsstaaten (Stand 01.05.2023) (Quelle: www.cen.eu, List of members)

Land	Organisation	Akronym
Belgien	Bureau de Normalisation/Bureau voor Normalisatie	NBN
Bulgarien	Bulgarian Institute for Standardization	BDS
Dänemark	Dansk Standard	DS
Deutschland	Deutsches Institut für Normung	DIN
Estland	Non-profit Association Estonian Centre for Standardisation and Accreditation	EVS
Finnland	Suomen Standardisoimisliitto r.y.	SFS
Frankreich	Association Française de Normalisation	AFNOR
Griechenland	National Quality Infrastructure System	NQIS/ELOT
Großbritannien	British Standards Institution	BSI
Irland	National Standards Authority of Ireland	NSAI
Island	Icelandic Standards	IST
Italien	Ente Italiano di Normazione	UNI

Tabelle 9.1: Fortsetzung

Land	Organisation	Akronym
Kroatien	Croatian Standards Institute	HZN
Lettland	Latvian Standard Ltd.	LVS
Litauen	Lithuanian Standards Board	LST
Luxemburg	Organisme Luxembourgeois de Normalisation	ILNAS
Malta	The Malta Competition and Consumer Affairs Authority	MCCAA
Niederlande	Nederlands Normalisatie-instituut	NEN
Nordmazedonien	Standardization Institute of the Republic of North Macedonia	ISRSM
Norwegen	Standards Norway	SN
Österreich	Austrian Standards International - Standardization and Innovation	ASI
Polen	Polish Committee for Standardization	PKN
Portugal	Instituto Português da Qualidade	IPQ
Rumänien	Romanian Standards Association	ASRO
Schweden	Swedish Institute for Standards - SIS	SIS
Schweiz	Schweizerische Normen-Vereinigung	SNV
Serbien	Institute for Standardization of Serbia	ISS
Slowakei	Slovak Office of Standards Metrology and Testing	UNMS SR
Slowenien	Slovenian Institute for Standardization	SIST
Spanien	Asociación Española de Normalización	UNE
Tschechische Republik	Czech Office for Standards, Metrology and Testing	UNMZ
Türkei	Turkish Standards Institution	TSE
Ungarn	Hungarian Standards Institution	MSZT
Zypern	Cyprus Organization for Standardisation	CYS

Deutsche Mitglieder sind bei ISO das DIN, bei IEC die DKE und bei ITU das DKE.

Das DIN finanziert sich aus Mitgliedsbeiträgen der DIN-Mitglieder, Beiträgen des Staates und überwiegend aus eigenen Erträgen des DIN. Zu den eigenen Erträgen des DIN gehören auch die Einnahmen, die sich aus dem Verkauf von DIN-Normen über den Beuth-Verlag ergeben.

Die europäische Normungsorganisation CEN und CENELEC werden aus Beiträgen der nationalen Mitgliedsorganisationen finanziert.

ISO und IEC finanzieren sich aus Beiträgen der nationalen Mitgliedsinstitute und aus dem Verkauf von eigenen Normen.

Tabelle 9.2: Affiliierte CEN-Mitgliedsstaaten (Stand 01.05.2023) (Quelle: www.cen.eu, List of affiliantes members)

Land	Organisation	Akronym
Albanien	General Directorate of Standardization-Albania	DPS
Bosnien and Herzegowina	Institute for Standardisation of Bosnia and Herzegovina	ISBIH
Montenegro	Institute for Standardlzation of Montenegro	ISME
Georgien	Georgian National Agency for Standards and Metrology	GEOSTM
Republik Moldau	Institute for Standardization of Moldova	ISME
Montenegro	Institute for Standardization of Montenegro	ISME
Ukraine	Ukrainian scientific-research and training center of issues of standardization, certification and quality	SE UkrNDNC

Tabelle 9.3: CEN-Partner-Normungsorganisationen (Stand 01.05.2023) (Quelle www.cen.eu, List of Companion Standardization Body (CSB))

Land	Organisation	Akronym
Ägypten	Egyptian Organization for Standardization and Quality	EOS
Armenien	National Institute of Standards CJSC	SARM
Aserbaijan	Azerbaijan Standardization Institute	AZSTAND
Australien	Standards Australia Limited	SA
Elfenbeinküste	Côte d'Ivoire Normalisation	CODINORM
Israel	Standards Institution of Israel	SII
Jordanien	Jordan Standards and Metrology Organization	JSMO
Kamerum	Agence des Normes et de la Qualité	ANOR
Kasachstan	The Technical Regulation and Metrology Committee of the Ministry of Trade and Integration of the Republic of Kazakhstan	KAZMEMST
Libanon	Lebanese Standards Institution	LIBNOR
Marokko	Institut Marocain de Normalisation	IMANOR
Mongolei	Mongolian Agency for Standard and Metrology	MASM
Neuseeland	Standards New Zealand, Ministry of Business, Innovation & Employment	SNZ
Tunesien	National Institute for Standardization and Industrial Property	INNORPI

DIN

Die Normungsarbeit in Deutschland begann mit der Gründung des Normalienausschusses für allgemeinen Maschinenbau, der heute unter der Bezeichnung DIN Normenausschuss Maschinenbau (NAM bzw. NA 060) bekannt ist. Heute gibt es unter dem Dach des DIN e.V. in Berlin mehr als 85 Normenausschüsse, in denen die eigentliche Normungsarbeit in rund 4.200 Arbeitsarbeitskreisen geleistet wird.

Die Grundsätze der Normungsarbeit hat DIN in einer Norm (DIN 820) für sich selbst festgelegt. DIN verpflichtet sich, bei der Normungsarbeit das öffentliche Interesse zu berücksichtigen und dafür Sorge zu tragen, dass bei der Ausarbeitung der DIN-Normen die Gesetzgebung in der öffentlichen Verwaltung und im Rechtsverkehr als Umschreibung technischer Anforderungen herangezogen werden kann. Der Geltungsbereich der durch DIN erarbeiteten Normen umfasst das Bundesgebiet Deutschland. Die Normen werden als deutsche Norm, umgangssprachlich DIN-Normen, bezeichnet.

Die wichtigsten Normenausschüsse für die Thermoprozessbranche sind

- NA 060 (DIN Normenausschuss Maschinenbau – NAM),
- NA 032 (DIN Normenausschuss Gastechnik – NAGas),
- NA 041 (DIN Normenausschuss Heiz- und Raumlufttechnik – NHRS),
- NA 145 (DIN Normenausschuss Werkstofftechnologie – NWT)

und das DKE als Organ des DIN.

Innerhalb des Normenausschusses Maschinenbau gibt es den Fachbereich Thermoprozesstechnik, in dem die Sicherheitsnormen für Thermoprozessanlagen und damit für Industriebrenner bearbeitet werden.

Der zuständige Ausschuss bzw. Fachbereich im DIN übernimmt auch die deutsche Interessenvertretung in der internationalen Normungsarbeit im CEN/CENELEC bzw. ISO/IEC.

9.3 Normen, Normungsbezeichnungen und deren Wirkungsbereich

Eine Norm ist eine von fachkompetenten Experten erstellte Zusammenfassung, die den aktuellen Stand der Technik widerspiegelt. Je nachdem welche nationale, europäische oder internationale Normungsorganisation die Beauftragung zur Erarbeitung der Norm erteilt hat und die Erarbeitungsregeln festlegte, ergeben sich die Bezeichnung und der Wirkungskreis der Norm.

Anmerkung/Hinweis: Grundsätzlich ist die Anwendung von Normen für jedermann freiwillig. D. h., man kann sie anwenden, ist aber nicht dazu (öffentlich-rechtlich) gezwungen. Normen sind Empfehlungen und nicht rechtsverbindlich. Durch Gesetze oder Verordnungen des Gesetzgebers können Normen auch rechtsverbindlich werden; davon ist die Thermoprozessbranche i. d. R: nicht betroffen.

Oft verpflichten sich Hersteller, z. B. durch eine EU-Konformitätserklärung oder in einem Vertrag mit einem Kunden, zur Einhaltung bestimmter Normen.

Selbst dann steht es dem Hersteller jedoch meistens frei, nach verbesserten, neuentwickelten und noch nicht in der Norm festgeschriebenen Bedingungen zu arbeiten. Damit wird dem technischen Fortschritt Rechnung getragen und die unternehmerische Freiheit nicht begrenzt. Es sollte dabei beachtet werden, dass, z. B. im Fall eines Rechtsstreites, mindestens die Gleichwertigkeit einer Abweichung von einer Norm bezüglich der Normziele nachgewiesen werden muss.

Auch wenn Normen von Vertragsparteien nicht zum Inhalt eines Vertrages gemacht wurden, dienen sie im Streitfall als Entscheidungshilfe, wenn es um die Beurteilung von Sachmängeln geht.

Hier spricht der Beweis des ersten Anscheins für den Anwender der Norm in dem Sinne, dass er die erforderliche Sorgfalt, bei Inverkehrbringung, beachtet hat.

Normen in Deutschland werden grundsätzlich unterschieden nach ihrem Wirkungsbereich.

9.3.1 DIN-Norm

Eine DIN-Norm wurde von einem Arbeitskreis eines Ausschusses des DIN erarbeitet und hat ausschließlich nationale Bedeutung in Deutschland.

Bei der Erarbeitung einer Norm ist das erste Ergebnis eines Arbeitskreises aus Fachleuten ein Norm-Entwurf. Dieser wird als DIN V bezeichnet und der Öffentlichkeit zur Kenntnis gebracht. Um ihn für jeden sofort als Entwurf kenntlich zu machen, wurde er früher auf rosa Papier gedruckt und auch als sogenannter Rosadruck bezeichnet.

Seit 1975 nimmt die Anzahl der nationalen Normen jedoch stetig ab und gleichzeitig die der europäischen und internationalen zu.

9.3.2 EN-Norm und DIN EN-Norm

Eine EN-Norm ist eine europäische Norm, die von einem Arbeitskreis (WG für working group) eines Ausschusses (TC für technical commitee) des CEN bzw. CENELEC erarbeitet wurde. Wurde diese Norm in nationales Regelwerk (in Deutschland vom DIN) übernommen und vom DIN veröffentlicht, so wird sie als DIN EN bezeichnet.

Der Wirkungsbereich einer EN-Norm sind die Mitgliedsstaaten des CEN und CENELEC. EN-Normen sind auch i. d. R. von nicht CEN-Mitgliedsstaaten (s. g. affiliierte Staaten) als nationale Normen übernommen worden (s. o.).

Analog zu den DIN-Normen ist das Ergebnis eines Arbeitskreises zu einer europäischen Norm ein Normen-Entwurf, mit der Bezeichnung prEN.

9.3.3 ISO-Norm, DIN ISO-Norm, EN ISO-Norm und DIN EN ISO-Norm

Wird eine Norm von einem Arbeitskreis (WG) eines Ausschusses (TC) der internationalen Normenorganisation ISO bzw. IEC erarbeitet, so wird sie als ISO- bzw. IEC-Norm bezeichnet. ISO-/IEC-Normen gelten weltweit, wobei jede ISO-/IEC-Norm für sich in das nationale Regelwerk eines Mitgliedstaates aufgenommen werden muss (z. B. in Deutschland vom DIN als: DIN ISO), damit sie nationale Wirkung erlangt.

DIN EN ISO-Normen sind ISO-Normen, die in Zusammenarbeit von CEN und ISO bzw. IEC und CENELEC oder auch durch Übernahme entstanden sind. Diese Normen sind verbindlich für CEN-Mitglieder, darüber hinaus müssen sie in den anderen Staaten jeweils in das nationale Regelwerk übernommen werden, damit sie dort gültig sind.

Der Entwurf einer ISO-Norm hat die Bezeichnung FDIS.

9.4 Grundsätzliches zur europäischen Normungsarbeit

Wesentliche Zielsetzung der europäischen Gemeinschaften (EG, früher EWG) sind von Beginn an (Römische Verträge von 1957) die sogenannten vier Freiheiten, d. h. die Freizügigkeit von Waren, Personen, Kapital und Dienstleistungen. Um das Ziel des freien Warenverkehrs zu erreichen, mussten bestimmte Maßnahmen eingeleitet und durchgeführt werden, um bestehende Handelshemmnisse abzubauen und neue zu verhüten und zudem eine europäische Politik auf dem Gebiet der technischen Harmonisierung zu fördern.

Da bereits die Gründungsmitglieder der Auffassung waren, dass diese Zielsetzung weder durch freiwilliges Handeln der Mitgliedsstaaten noch über Urteile des europäischen Gerichtshofs erreichbar sein würde, haben sie von Beginn an der EG-Kommission bzw. dem -rat Rechtssetzungsbefugnis zuerkannt.

Seit mehr als einem Jahrzehnt hat zudem das europäische Parlament erweiterte Mitspracherechte, sodass sich jetzt Rat und europäisches Parlament einigen müssen. Das alleinige Vorschlagsrecht obliegt der EG-Kommission, und zwar auf der Grundlage von Artikel 95 (früher Artikel 100, bzw. 100a) des EG-Vertrags für die sogenannte EG-Maschinenrichtlinie, Artikel 137 (früher Artikel 118 bzw. 118a) für Arbeitsschutz und Arbeitssicherheit und Artikel 175 (früher 130) für den Umweltschutz.

9.4.1 EG-Binnenmarktrichtlinien und -Verordnungen

Auf der Ermächtigungsgrundlage in Artikel 95 (früher Artikel 100, bzw. 100a) des EG-Vertrags erfolgte die technische Harmonisierung von nationalen Vorschriften mit Produktanforderungen. Diese ist bis 1987 jedoch nur sehr schleppend vorangekommen, weil zum damaligen Zeitpunkt versucht wurde, stets nur relativ eng begrenzte Produktbereiche (z. B. Baumaschinen) zu regeln. Als Beispiel sei hier die Harmonisierung für Traktoren erwähnt, bei der alle Details in der Richtlinie selbst stehen.
In den EG-Richtlinien selbst wurden die technischen Anforderungen festgelegt oder aber einem politischen Ausschuss zur Entscheidung darüber vorgelegt, ob die jeweilige Norm ausreichend und sachgerecht ist. Zusätzlich sah das damalige Richtlinienverabschiedungsverfahren eine Einstimmigkeit aller Mitglieder bei der Beschlussfassung vor.
Um das Ziel der Einführung des gemeinsamen Binnenmarktes bis zum 31. Dezember 1992 zu erreichen, war dieser Weg nicht gangbar.

9.4.2 Neue Konzeption (New Approach)

Mit der Entschließung vom 07. Mai 1985 über eine neue Konzeption auf dem Gebiet der technischen Harmonisierung von Normungen hat der Rat in der europäischen Gemeinschaft seine Praxis aufgegeben, alle technischen Details in den EU-Richtlinien selbst zu regeln und gesetzlich festzulegen.

Es werden nun die grundlegenden Anforderungen in EU-Richtlinien bzw. EU-Verordnungen festgelegt und die technischen Details in europäischen Normen konkretisiert. Durch die neue Konzeption der EG („New Approach") ist es möglich, flexible Antworten auf gesetzgeberische und technische Forderungen zu finden. Die Richtlinien bzw. EU-Verordnungen nach dem neuen Konzept beruhen auf folgenden Prinzipien:

- Die Harmonisierung durch EU-Richtlinien bzw. EU-Verordnungen gilt für einen größeren Produktbereich und beschränkt sich auf die wesentlichen Anforderungen.
- Nur Produkte, die den wesentlichen Anforderungen der relevanten Richtlinie(n) bzw. Verordnung(en) entsprechen, dürfen in Verkehr gebracht und/oder in Betrieb genommen werden.
- Harmonisierte Normen (s. u.) müssen in nationale Normen umgesetzt werden.
- Die Anwendung harmonisierter Normen oder anderer Spezifikationen bleibt freiwillig und den Herstellern die Wahl anderer technischer Lösungen frei, solange die Konformität mit den wesentlichen Anforderungen gewährleistet ist. Wählt ein Hersteller z. B. bei Innovation andere Lösungen, trägt er die Beweislast für die Übereinstimmung seiner Erzeugnisse mit den grundlegenden Anforderungen der Richtlinie(n) bzw. EU-Verordnung(en).
- Die nationalen Gremien sind verpflichtet, anzunehmen, dass bei solchen Erzeugnissen, die nach harmonisierten Normen hergestellt sind, eine Übereinstimmung mit den in den Richtlinien bzw. EU-Verordnungen aufgestellten grundlegenden Anforderungen besteht. (Vermutungswirkung s. u.).

Tabelle 9.4: Übersicht der wichtigsten EU-Richtlinien/-Verordnungen für die Thermoprozesstechnik

Richtlinie/Verordnung	Referenz	Anwendungspflicht
Maschinenrichtlinie	2006/42/EG	29.12.2009
elektromagnetische Verträglichkeit Richtlinie	2014/30/EU	19.04.2016
einfache Druckbehälter Richtlinie	2014/29/EU	19.04.2016
Druckgeräterichtlinie	2014/68/EU	19.07.2016

- Hersteller haben die Möglichkeit, zwischen verschiedenen Konformitätsbewertungsverfahren zu wählen, die in den verwendeten Richtlinien bzw. EU-Verordnungen vorgesehen sind.

Das europäische Regelwerk besteht aus EU-Richtlinien bzw. EU-Verordnungen (auf der Basis des EG-Vertrags) sowie aus freiwilligen Normen der europäischen Normungsorganisationen CEN und CENELEC, in denen die gesetzlichen Festlegungen erläutert und konkretisiert werden.

Richtlinien müssen in jedem Mitgliedsland in Rechts- und Verwaltungsvorschriften umgesetzt werden. In Deutschland erfolgt z. B. die Umsetzung der Maschinenrichtlinie (2006/42/EG) [9.3] durch die neunte Maschinenverordnung (9. ProdSV) im Rahmen des Produktsicherheitsgesetzes (ProdSG) [9.4].

In den letzten Jahren werden von der EU ergänzend zu EU-Richtlinien auch EU-Verordnungen erlassen. Im Gegensatz zu den Richtlinien müssen Verordnungen nicht in nationales Recht umgesetzt werden, sondern entfalten mit Veröffentlichung im Amtsblatt der EU auch nationale Wirkung.

Wichtige Richtlinien/Verordnungen für den Maschinenbau zeigt **Tabelle 9.4**.

Im Einzelfall können zusätzlich zu den in der Tabelle 9.4 aufgeführten Richtlinien/Verordnungen abhängig von den Betriebsverhältnissen oder Aufstellungssorten weitere EU-Richtlinien/-Verordnungen gelten. Dazu zählt z. B. die Explosionsschutzrichtlinie (ATEX-Richtlinie) [9.5], falls eine Thermoprozessanlage in einer potenziell zündfähigen Umgebung betrieben werden soll, worauf hier nicht weiter eingegangen werden soll.

Richtlinien/Verordnungen, die nach dem neuen Konzept verabschiedet wurden, machen die CE-Kennzeichnung und die Ausstellung einer EG-Konformitätserklärung zur Pflicht (s. u.).

Die Gasgeräteverordnung (s. 9.5.2), vormals Gasgeräterichtlinie, muss an dieser Stelle nicht angeführt werden, da in ihrem Anwendungsbereich industrielle Anwendungen ausgeschlossen sind.

9.4.3 Zusammenhang zwischen Richtlinie/Verordnung und Normung

Die Rolle der Normung für den Marktzugang wird in den verschiedenen EU-Richtlinien/-Verordnungen differenziert festgelegt.

Harmonisierte Normen sind nach dem Prinzip des New Approach (s. o.) technische (nicht verbindliche, s. o.) Spezifikationen, die von einer Normenorganisation (CEN, CENELEC, ETSI) aufgrund eines Auftrags (Mandat) der EU-Kommission erstellt wurden und von der Kommission in Bezug auf die entsprechende(n) Richtlinie(n) bzw. Verordnung(en) im Amtsblatt der Europäischen Gemeinschaft veröffentlicht wurden.

Im Vorwort einer Norm wird dieses dem Anwender verdeutlicht durch die Formulierung: ... unter dem Mandat der EU-Kommission erarbeitet.

In Anhang ZA einer Norm wird die durch diese Norm (z. B. EN 746-1; -2; -3 [9.6], [9.7], [9.8]) konkretisierte EU-Richtlinie bzw. EU-Verordnung aufgelistet (s. u.). Werden zwei oder weitere EU-Richtlinien bzw. EU-Verordnungen konkretisiert, gibt es die Anhänge ZB, ZC usw.

In der Maschinenrichtlinie 2006/42/EG Art. 7(1) und 7(2) wird Folgendes festgelegt [9.3]:

- 7(1): Die Mitgliedstaaten betrachten eine Maschine, die mit der CE-Kennzeichnung versehen ist und der die EG-Konformitätserklärung mit den in Anhang II Teil 1 Abschnitt A aufgeführten Angaben beigefügt ist, als den Bestimmungen dieser Richtlinie entsprechend.
- 7(2): Ist eine Maschine nach einer harmonisierten Norm hergestellt worden, deren Fundstellen im Amtsblatt der Europäischen Union veröffentlicht worden sind, so wird davon ausgegangen, dass sie den von dieser harmonisierten Norm erfassten grundlegenden Sicherheits- und Gesundheitsschutzanforderungen entspricht.

9.4.4 Anwendung europäischer Harmonisierter Normen

Entspricht eine nationale Norm in Umsetzung einer harmonisierten Norm, deren Fundstelle im Amtsblatt der Europäischen Gemeinschaften veröffentlicht worden ist, einer oder mehreren grundlegenden Sicherheitsanforderungen, wird bei der entsprechend dieser Norm hergestellten Maschine davon ausgegangen, dass sie den betreffenden grundlegenden Anforderungen genügt.

Die Anwendung harmonisierter Normen erlaubt demnach dem Hersteller und Betreiber die Vermutung der Konformität mit den darin enthaltenen Anforderungen in Bezug auf die EU-Richtlinie(n) bzw. EU-Verordnung(en), die im Anhang Z der Norm aufgeführt ist (sind). Sie erleichtert zudem den Marktzugang und befreit den Hersteller ggf. von Drittzertifizierungen, dient aber auch als Maßstab für die Beurteilung eines Produkts.

Wegen der Vermutungswirkung (s. 9.5.8) sind insbesondere Hersteller daran interessiert, harmonisierte europäische Normen anzuwenden. Für nichtharmonisierte europäische Normen gilt die Vermutungswirkung nicht!

Anmerkung: Der Hersteller muss - unabhängig davon ob er eine harmonisierte oder nicht harmonisierte Norm anwendet - für jede Maschine eine Gefährdungsanalyse erstellen. Nur damit stellt er sicher, dass er alle möglichen Gefährdungen bewertet hat. Diese Analyse verbleibt beim Hersteller.

Wenn eine Aufsichtsbehörde der Meinung ist, ein nach Auffassung des Herstellers in voller Übereinstimmung mit der/den relevante(n) harmonisierten Norm(en) hergestelltes Produkt würde nicht den grundlegenden Anforderungen der relevanten Richtlinie(n) bzw. EU-Verordnung(en) entsprechen, muss sie den Beweis erbringen – nicht der Hersteller.

Wenn ein Produkt nicht oder nur teilweise nach harmonisierten Normen hergestellt ist, kann die Marktüberwachung die Normeninhalte als Maßstab ihrer Beurteilung eines infrage stehenden Produktes heranziehen, jedoch nicht zu ihrer Forderung machen. Zu den für ein bestimmtes Fachgebiet verfügbaren Normen ist dabei deren Status oder Kategorie zu beachten, die sich allerdings von Richtlinie zu Richtlinie bzw. Verordnung zu Verordnung unterscheiden.

9.5 Die EG-Maschinenrichtlinie

Die Richtlinie des Rates vom 17. Mai 2006 zur Angleichung der Rechtsvorschriften der Mitgliedsstaaten für Maschinen (kurz: Maschinenrichtlinie bzw. MRL oder MD) trägt das Kürzel 2006/42/EG [9.3]. Diese Richtlinie findet Anwendung auf Maschinen und legt die einschlägigen grundlegenden Sicherheits- und Gesundheitsanforderungen fest. Unter den Anwendungsbereich fallen auch einzeln in Verkehr gebrachte Sicherheitsbauteile.

Die 2006/42/EG ersetzt im Wesentlichen die alte Maschinenrichtlinie 98/37/EG, welche wiederum die Zusammenfassung der Richtlinien 89/392/EWG und der dazu erlassenen Änderungsrichtlinien 91/398/EWG, 93/44/EWG und 93/98/EWG ohne inhaltliche Änderungen ist.

Die Maschinenrichtlinie 2006/42/EG ist seit einiger Zeit in der Überarbeitung und soll Ende 2023 als Maschinenverordnung veröffentlicht werden. Ein unverbindlicher Entwurf ist veröffentlicht worden. Es ist zu erwarten, dass es eine längere Übergangsfrist nach Veröffentlichung der neuen Maschinenverordnung gibt, nach der sowohl die MRL 2006/42/EG als auch die neue Verordnung gelten. Deshalb wird im Folgenden auf die aktuell gültige MRL Bezug genommen. Die nachfolgend aufgeführten Inhalte sind sinngemäß im Entwurf der neuen Verordnung enthalten.

In der Maschinenrichtlinie 2006/42/EG wird eine Maschine in Artikel 2, Absatz a wie folgt beschrieben:

- eine mit einem anderen Antriebssystem als der unmittelbar eingesetzten menschlichen oder tierischen Kraft ausgestattete oder dafür vorgesehene Gesamtheit miteinander verbundener Teile oder Vorrichtungen, von denen mindestens eines bzw. eine beweglich ist und die für eine bestimmte Anwendung zusammengefügt sind;
- eine Gesamtheit im Sinne des ersten Gedankenstrichs, der lediglich die Teile fehlen, die sie mit ihrem Einsatzort oder mit ihren Energie- und Antriebsquellen verbinden;
- eine einbaufertige Gesamtheit im Sinne des ersten und zweiten Aufzählungspunktes, die erst nach Anbringung auf einem Beförderungsmittel oder Installation in einem Gebäude oder Bauwerk funktionsfähig ist;
- eine Gesamtheit von Maschinen im Sinne des ersten, zweiten und dritten Gedankenstrichs oder von unvollständigen Maschinen im Sinne des Buchstabens g, die, damit sie zusammenwirken, so angeordnet sind und betätigt werden, dass sie als Gesamtheit funktionieren;
- eine Gesamtheit miteinander verbundener Teile oder Vorrichtungen, von denen mindestens eines bzw. eine beweglich ist und die für Hebevorgänge zusammengefügt sind und deren einzige Antriebsquelle die unmittelbar eingesetzte menschliche Kraft ist.

Ein Sicherheitsbauteil wird in der Maschinenrichtlinie in Artikel 2, Absatz c als Bauteil beschrieben,

- das zur Gewährleistung einer Sicherheitsfunktion dient.
- gesondert in Verkehr gebracht wird.
- dessen Ausfall und/oder Fehlfunktion die Sicherheit von Personen gefährdet.
- das für das Funktionieren der Maschine nicht erforderlich ist oder durch für das Funktionieren der Maschine übliche Bauteile ersetzt werden kann.

„Unvollständige Maschine" ist ein weiterer wichtiger Begriff (s. u.), der in der Maschinenrichtlinie in Artikel 2, Absatz g wie folgt beschrieben wird:

- Gesamtheit, die fast eine Maschine bildet, für sich genommen aber keine bestimmte Funktion erfüllen kann; ein Antriebssystem stellt eine unvollständige Maschine dar. Eine unvollständige Maschine ist nur dazu bestimmt, in andere Maschinen oder in andere unvollständige Maschinen oder Ausrüstungen eingebaut oder mit ihnen zusammengefügt zu werden, um zusammen mit ihnen eine Maschine im Sinne dieser Richtlinie zu bilden.

Hinweis: Industriebrenner, besser gesagt Industriebrennersysteme, sind im Sinne der Maschinenrichtlinie unvollständige Maschinen.

Hauptelemente der EG-Maschinenrichtlinie 2006/42/EG sind:

- Anwendungsbereich (Artikel 1)
- Begriffsbestimmungen (Artikel 2)
- Inverkehrbringen und Inbetriebnahme (Artikel 5)

- Freier Warenverkehr (Artikel 6)
- Konformitätsvermutung (Artikel 7)
- Schutzklauselverfahren (Artikel 11)
- Konformitätsbewertungsverfahren (Artikel 12)
- Verfahren für unvollständige Maschinen (Artikel 13)
- Installation und Verwendung (hier nationale Arbeitsschutzmaßnahmen) (Artikel 15)
- CE-Kennzeichnung (Artikel 16)
- Nicht vorschriftsmäßige Kennzeichnung (Artikel 17).

9.5.1 Allgemeine Anforderungen an Maschinen

Maschinen sind so zu konstruieren und zu bauen, dass von ihnen bei bestimmungsgemäßer Verwendung oder unter vernünftigerweise vorhersehbaren (ungewöhnlichen) Bedingungen keine Gefährdung für Personen und ggf. Haustiere und Sachen ausgeht.

Um die geltenden Sicherheits- und Gesundheitsschutzanforderungen für eine Maschine zu ermitteln, hat der Hersteller oder sein Bevollmächtigter dafür Sorge zu tragen, dass eine Risikobeurteilung vorgenommen wird. Dabei ist es sinnvoll das in DIN EN ISO 12100 beschriebene [9.9] systematische Verfahren zu benutzen. Die Ergebnisse der Risikobeurteilung sind bei Konstruktion und Bau der Maschine zu berücksichtigen.

Die Risikobeurteilung beginnt mit dem „ersten Federstrich" beim Entwurf der Maschine und sollte kontinuierlich fortgeführt werden. Sie dient dem Hersteller zum Nachweis, dass er seiner Sorgfaltspflicht nachgekommen ist und zusätzlich zu seiner Entlastung in einem evtl. Schadensfall mit Personenschaden.

Da die Risikobeurteilung evtl. auch schutzbedürftige herstellerspezifische Informationen beinhaltet, wurde auch bei der Revision in der neuen, jetzt gütigen Maschinenrichtlinie (2006/42/EG) wieder vorgesehen, dass sie beim Hersteller verbleibt.

Informationen über evtl. Restrisiken der Maschine, die bei bestimmungsgemäßer Verwendung oder unter vorhersehbaren ungewöhnlichen Bedingungen vorhanden sind, werden in der Betreiberdokumentation für den Betreiber aufgezeigt.

9.5.2 Grundlegende Sicherheits- und Gesundheitsschutzanforderungen

Anhang I der MRL gibt eine ausführliche Übersicht der grundlegenden Sicherheits- und Gesundheitsschutzanforderungen für Konstruktion und Bau von Maschinen, die für jede Maschine bindend einzuhalten sind. Es ist empfehlenswert, dass jeder, der mit der Herstellung, dem Vertrieb, der Inbetriebnahme, Instandhaltung, Wartung usw. von Maschinen befasst ist, unabhängig von seiner Qualifikation, sich dieses Inhalts bewusst ist und ihn kennt und anwendet.

In Anhang I Abs. 3 der Maschinenrichtlinie (2006/42/EG) steht jedoch auch: „Es kann jedoch sein, dass die damit gesetzten Ziele aufgrund des Stands der Technik nicht erreicht werden können. In diesem Fall muss die Maschine so weit wie möglich auf diese Ziele hin konstruiert und gebaut werden".

9.5.3 Konformitätserklärung

Vor dem Inverkehrbringen und/oder Inbetriebnehmen einer Maschine im Sinne der Maschinenrichtlinie hat der Hersteller oder sein in der Gemeinschaft niedergelassener Bevollmächtigter gemäß Artikel 12 ein Konformitätsverfahren nach Anhang VIII bzw. bei in Anhang IV angeführten Maschinen ggf. nach Anhang IX oder X der MRL durchzuführen. Er muss alle erforderlichen Maßnahmen ergreifen, damit durch den Herstellungsprozess gewährleistet ist, dass die Maschine die Anforderungen der MRL erfüllt und mit den im Anhang VII, Teil A der MRL aufgeführten technischen Unterlagen (s. u.) übereinstimmt.

Sind diese Voraussetzungen erfüllt, kann er die Konformitätserklärung ausstellen. Mit Unterzeichnen der Konformitätserklärung erlangt er die Berechtigung, auf der Maschine die CE-Kennzeichnung (s. u.) anzubringen.

Die Konformitätserklärung muss folgende Angaben enthalten (s. MRL 2006/42/EG, Anhang II, Nr. 1A und Leitfaden zur Maschinenrichtlinie [9.10]):

- Firmenbezeichnung und vollständige Anschrift des Herstellers und gegebenenfalls seines Bevollmächtigten
- Name und Firmenanschrift der Person, die bevollmächtigt ist, die technischen Unterlagen zusammenzustellen; diese Person muss in der Gemeinschaft ansässig und eine natürliche oder juristische Person sein
- Beschreibung und Identifizierung der Maschine, einschließlich allgemeiner Bezeichnung, Funktion, Modell, Typ, Seriennummer und Handelsbezeichnung, entsprechend der Beschreibung in dem Konformitätsverfahren, ggf. ergänzt durch Angaben in der harmonisierten Typ-C-Norm (s. u.)
- Einen Satz, in dem ausdrücklich erklärt wird, dass die Maschine allen einschlägigen Bestimmungen der MRL 2006/42/EG entspricht, und gegebenenfalls einen ähnlichen Satz, in dem die Übereinstimmung mit anderen Richtlinien und/oder einschlägigen Bestimmungen, denen die Maschine entspricht, erklärt wird (An dieser Stelle ist nicht mehr die sog. Niederspannungsrichtlinie anzuführen, da diese nicht auf Maschinen zutrifft. Anforderungen an die Sicherheit der elektr. Komponenten/Steuerungstechnik einer Maschine werden von der neuen MRL 2006/42/EG abgedeckt.)
- Hinweis auf die angewandten harmonisierten Normen (z. B. DIN EN 746 - 1; - 2; - 3 oder andere)
- Ort und Datum der Erklärung
- Angaben zur Person, die zur Ausstellung dieser Erklärung im Namen des Herstellers oder seines Bevollmächtigten bevollmächtigt ist, sowie rechtsverbindliche Unterschrift dieser Person. Diese Person kann auch die im zweiten Punkt der Aufzählung genannte Person sein.

Falls ein EU-Baumusterprüfverfahren durchgeführt wird, sind weitere Angaben erforderlich. Thermoprozessanlagen sind i. d. R. Unikate, die nach den Anforderungen des Betreibers hergestellt sind. Eine Baumusterprüfung ist hierfür nicht erforderlich.

Falls die Maschine in Anhang IV der MRL fällt – was bei Thermoprozessanlagen nicht zutrifft – sind weitere Angaben erforderlich.

Bevor der Hersteller bzw. sein in der Gemeinschaft niedergelassener Bevollmächtigter die EU-Konformitätserklärung ausstellen kann, muss er sich vergewissert haben und auch gewährleisten können, dass eine technische Dokumentation vorhanden und verfügbar ist. Diese muss nach Anhang VII der Maschinenrichtlinie u. a. folgendes beinhalten:

- Beschreibung der Maschine
- Einen Gesamtplan der Maschine sowie die Steuerkreispläne
- Detaillierte und vollständige Pläne evtl. mit Berechnung und Versuchsergebnissen
- Eine Liste der anderen technischen Spezifikationen, die bei der Konstruktion der Maschine berücksichtigt wurden
- Eine Beschreibung der Lösung, die zur Verhütung der von der Maschine ausgehenden Gefahren gewählt wurde

- Ggf. die Einbauerklärung für unvollständige Maschinen und die Montageanleitung für diese
- Ein Exemplar der Betriebsanleitung der Maschine
- Diese Dokumentation muss in einer Amtssprache der EU abgefasst werden. Die Betriebsanleitung muss in allen Sprachen des Verwenderlandes abgefasst werden.

Anmerkung: Die Konformitätserklärung bezieht sich nur auf die Maschine in dem Zustand, in dem sie in Verkehr gebracht wurde; vom Endnutzer nachträglich angebrachte Teile und/oder nachträglich vorgenommene Eingriffe bleiben unberücksichtigt. Es ist daher empfehlenswert, den Zustand des Inverkehrbringens rechtsverbindlich zu dokumentieren (z. B. durch Fotos), z. B. für einen evtl. Schadens-/Haftungsfall. Unabhängig davon sollte der Auslieferungszustand/ Inverkehrbringungszustand aus der technischen Dokumentation ersichtlich sein.

9.5.4 Verfahren für unvollständige Maschinen

Mit dem Begriff „unvollständige Maschine“ wird eine Gesamtheit, die fast eine Maschine bildet, für sich genommen aber keine bestimmte Funktion erfüllen kann, bezeichnet.

Ein Antriebssystem oder ein Industriebrenner entsprechend den Anforderungen der EN 746-2 (s. u.) stellen eine unvollständige Maschine dar.

Eine unvollständige Maschine ist dazu bestimmt, in andere Maschinen oder in andere unvollständige Maschinen oder Ausrüstungen eingebaut oder mit ihnen zusammengefügt zu werden, um zusammen mit ihnen eine Maschine im Sinne der MRL zu bilden.

Die in der Anwendung problematische „Herstellererklärung“ der alten MRL wurde in der MRL 2006/42/EG durch die „Einbauerklärung“ ersetzt.

Eine Einbauerklärung ist auszufertigen für nicht verwendungsfertige und nicht betriebsbereite Maschinen, die zum Einbau in eine Maschine oder zum Zusammenbau mit anderen Maschinen zu einer maschinellen Anlage bestimmt sind. Darunter fallen auch Maschinen und Anlagen, die beispielsweise auf Kundenwunsch ohne bestimmte Schutzeinrichtung geliefert und erst vom Betreiber installiert werden. In der Einbauerklärung muss die Inbetriebnahme so lange untersagt werden, bis festgestellt wurde, dass die verwendungsfertige Maschine, in die die unvollständige Maschine eingebaut wird, den Bestimmungen der Maschinenrichtlinie entspricht.

Die Voraussetzungen für das Ausstellen einer Einbauerklärung und deren Form sind weitgehend identisch mit denen einer Konformitätserklärung. Dies erleichtert die Ausstellung einer Konformitätserklärung für die daraus entstehende vollständige Maschine.

Der Hersteller einer unvollständigen Maschine muss eine technische Dokumentation erstellen, die vergleichbar mit der technischen Dokumentation einer Maschine ist, inkl. einer Risikobeurteilung (s. o.).

Diese Anforderung ist für unvollständige Maschinen in der 2006/42/EG neu hinzugekommen.

Jedoch entspricht sie der gängigen Praxis, da die Hersteller von unvollständigen Maschinen vielfach – zur eigenen Absicherung und Produktsicherheit – diese Dokumentation erstellt haben.

Die Dokumentation muss sich nicht unbedingt im Gebiet der Gemeinschaft befinden und auch nicht ständig körperlich vorhanden sein.

Sowohl für vollständige als auch unvollständige Maschinen gilt:

- Die benannte Person muss die o. g. Unterlagen (s. Anhang VII der Maschinenrichtlinie) zusammenstellen und der zuständigen Behörde vorlegen können.
- Die technischen Unterlagen sind nach dem Tag der Herstellung bzw. bei Serienfertigung nach dem Tag der Fertigstellung der letzten Einheit mindestens zehn Jahre lang bereit zu halten und den zuständigen Behörden der Mitgliedstaaten auf Verlangen vorzulegen.

Werden die technischen Unterlagen den zuständigen einzelstaatlichen Behörden auf begründetes Verlangen nicht vorgelegt, so kann dies ein hinreichender Grund sein, um die Übereinstimmung der (unvollständigen) Maschine mit den angewandten und bescheinigten, grundlegenden Sicherheits- und Gesundheitsschutzanforderungen anzuzweifeln.

9.5.5 CE-Kennzeichen

Hat der Hersteller die Konformitätserklärung ausgestellt, so kann er grundsätzlich das CE-Konformitätszeichen an der Maschine anbringen. Mit dem CE-Zeichen gekennzeichnete Maschinen im Sinne der Maschinenrichtlinie sind nach Angabe des Herstellers bestimmungsgemäß verwendbare, verwendungsfertige und betriebsbereite Maschinen oder auch zu einer Gesamtheit verkettete maschinelle Anlagen. CE-gekennzeichnet werden ebenfalls Maschinen in verketteten Anlagen, die auch ohne die vor- und nachgeschalteten Maschinen in Betrieb genommen werden können, ohne dass die gesamte Maschinenanlage betrieben wird.

Es ist allerdings zu beachten, dass das CE-Kennzeichen im Herstellerwerk nur angebracht werden darf, wenn am Aufstellungsort keine besonderen Maßnahmen zu treffen sind, z. B. Anschlüsse an andere Komponenten, Abschrankungen oder Sicherheitstests vor Ort. In diesem Fall darf die Maschine erst am Aufstellungsort CE-gekennzeichnet werden.

In der Praxis hat es sich als sinnvoll erwiesen, in den allgemeinen Lieferbedingungen der Hersteller eine Bestimmung aufzunehmen, dass grundsätzlich nur die von ihm gelieferte Maschine bzw. Anlage seiner Konformitätserklärung entspricht und damit unterliegt. Führt der Betreiber Änderungen der Maschine oder Anlage (hier auch Industriebrenner) durch, dann wird er dadurch selbst zum Hersteller und muss das komplette Konformitätsverfahren nach MRL für die Gesamtanlage durchlaufen, inklusive einer aktualisierten und dokumentierten Gefährdungsanalyse.

In den letzten Jahren kommt es immer häufiger vor, dass Gesamtanlagen von Betreibern aus Einzelanlagen verschiedener Hersteller zusammengestellt und verkettet werden. Sind diese Einzelkomponenten für sich als Maschine im Sinne der Maschinenrichtlinie zu betrachten, so können diese Einzelanlagen mit dem CE-Kennzeichen gekennzeichnet werden. Werden diese Anlagen jedoch mit anderen Anlagen verkoppelt, so ist für die dann entstehende neue Gesamtanlage ein gemeinsames CE-Kennzeichen erforderlich. Dabei muss die Dokumentation um die Beschreibung der mechanischen und elektrischen Schnittstellen erweitert werden. Im Vorfeld einer Lieferung sollten diese Zusammenhänge geklärt werden, um die zusätzlichen Kosten der Dokumentation kalkulieren zu können.

9.5.6 Schutzklauselverfahren

Gehen von CE-gekennzeichneten Maschinen Gefahren aus, dann ergreift der Mitgliedstaat (d. h. die entsprechende Aufsichtsbehörde des Mitgliedsstaates) folgende Maßnahmen:

- Das Inverkehrbringen und die Inbetriebnahme der Maschine oder Anlage wird verboten bzw. eingeschränkt.
- Die betroffenen Produkte werden aus dem Verkehr gezogen.
- Der freie Warenverkehr wird eingeschränkt.
- Der Mitgliedsstaat unterrichtet unverzüglich die Kommission und die anderen Mitgliedsstaaten und begründet diese Maßnahme.

Die Kommission hört die Betroffenen an und legt dann gerechtfertigte Maßnahmen fest. Danach werden die Mitgliedsstaaten über das Schutzklauselverfahren für dieses Produkt unterrichtet.

9.5.7 Betrieb von Anlagen unter der Betriebssicherheitsverordnung sowie dem Vorschriften- und Regelwerk der gesetzlichen Unfallversicherung (DGUV)

Mit der Abnahme (bzw. ersten eigenständigen Nutzung durch den Betreiber) einer Anlage geht die Verantwortung für den Betrieb vom Hersteller auf den Betreiber über. In Deutschland muss dieser nach Durchführung einer personen- und organisationsbezogenen Gefährdungsbeurteilung nach Betriebssicherheitsverordnung für die Nutzung und Instandhaltung Betriebsanweisungen erstellen, die den sicheren Betrieb der Anlage gewährleisten. Da die Betriebsanleitung des Herstellers den Bediener arbeitsrechtlich nicht bindet, ist zu empfehlen, auf der Grundlage der Betriebsanleitung eine Arbeitsanweisung für den Bediener zu erstellen [9.11] und die Dokumentation der Anlage (auf z. B. Datenträger) dem Bediener zur Verfügung zu stellen.

Die DGUV (vormals UVV) sind seit Inkrafttreten der Maschinenrichtlinie nur noch für den Betrieb und nicht mehr für die Konstruktion und Ausführung der Maschinen und Anlagen anzuwenden.

Berufsgenossenschaften können Anlagen nur stillsetzen, wenn „Gefahr in Verzug ist". Sie müssen in allen anderen Fällen die örtlichen Arbeitsschutzämter informieren, die ihrerseits veranlasst sind, zu handeln.

In der Praxis hat es sich als hilfreich erwiesen, die Abnahmeprozedur und damit den Gefahrübergang vom Hersteller auf den Betreiber vertraglich genau festzulegen.

9.5.8 Vermutungswirkung

Wenden Hersteller harmonisierte Normen an, so gilt die Vermutung der Konformität mit den Anforderungen der EG-Richtlinie(n)/EU-Verordnungen für den darin festgelegten Anwendungsbereich. Dies gilt speziell für harmonisierte Typ-C-Normen (s. u.).

Harmonisierte Sicherheitsproduktnormen (Typ-C-Normen) konkretisieren für eine bestimmte Maschine oder Gruppe von Maschinen die Sicherheitsanforderungen der MRL. Sie sollten alle dem Normensetzer bekannten Gefährdungen unter Berücksichtigung der grundlegenden Anforderungen der Maschinenrichtlinie sowie aller weiteren für die Maschinen relevanten Richtlinien behandeln. Sie beschreiben konkrete Lösungsmöglichkeiten mit der Vermutungswirkung sowie die Grundlagen für deren Verifizierung oder Prüfung.

Liegt für ein Produkt keine harmonisierte Typ-C-Norm vor, so können zunächst harmonisierte C-Normen anderer ähnlicher Produkte bzgl. vergleichbarer Gefährdungen in Betracht gezogen werden. Auch noch nicht verabschiedete Normentwürfe oder nicht harmonisierte Typ-C-Normen sind hilfreich, stellen sie doch einen im technischen Komitee bereits erzielten Konsens auf europäischer oder internationaler Ebene dar.

Wenn für eine Maschine keine Typ-C-Normen vorliegen oder signifikante Gefährdungen bestehen, die in einer Typ-C-Norm nicht behandelt werden, kann auf Typ-A- und B-Normen zurückgegriffen werden.

Die Festlegungen in den relevanten Grund- und Gruppennormen Typ A oder B geben dann der Marktüberwachung Entscheidungshilfen, um die Erfüllung der betreffenden grundlegenden Sicherheitsanforderungen an die spezielle Maschine zu beurteilen.

9.6 Normungsstruktur zur Maschinenrichtlinie

Industriebrenner bzw. Industriebrennersysteme fallen als unvollständige Maschine unter den Wirkungsbereich der Maschinenrichtlinie. Deshalb soll an dieser Stelle der Aufbau der Normenstruktur für die MRL erläutert werden.

Wegen der Vielschichtigkeit und Größe des Normungsprogramms zur Maschinensicherheit hat man sich frühzeitig auf ein Normensystem von Typ-A-, Typ-B- und Typ-C-Normen geeinigt. Damit wird Doppelarbeit vermieden und eine Form entwickelt, die eine zügige Erarbeitung von Normen und einfache Querverweise zwischen den Normen ermöglicht.

Die Struktur der Normen zur Maschinensicherheit stellt sich wie folgt dar:

- Typ-A-Normen (Sicherheits-Grundnormen) enthalten Grundbegriffe, Gestaltungsleitsätze und allgemeine Aspekte.
- Typ-B-Normen (Sicherheits-Fachgrundnormen) behandeln einen Sicherheitsaspekt oder eine Art von Schutzeinrichtung. Es wird unterschieden zwischen Typ-B1-Normen für bestimmt Sicherheitsaspekte (z. B. Sicherheitsabstände, Oberflächentemperaturen, Lärm) und Typ-B2-Normen für Schutzeinrichtungen (z. B. Zwei-Hand-Schaltungen, trennende Schutzeinrichtungen).
- Typ-C-Normen (Produktsicherheitsnormen) enthalten detaillierte Sicherheitsanforderungen an eine bestimmte Maschine oder Gruppe von Maschinen. Diese Anforderungen können von Typ-A- oder B-Normen abweichende Anforderungen enthalten.

Das gesamte Normungsprogramm von CEN zur Maschinensicherheit umfasst ca. 750 Normungsprojekte, darunter ca. 620 Typen C-Normen.

Um die Lesbarkeit und das Arbeiten mit Normen zu erleichtern, wird ein einheitlicher Aufbau vorgeschlagen, und zwar für EN-Normen in der CEN-/CENELEC-Geschäftsordnung [9.12] und für ISO-Normen in den ISO-/IEC-Directives [9.13].

Innerhalb des Normtextes ist zwischen dem informativen und dem normativen Teil zu unterscheiden.

9.7 Weitere EG-Richtlinien/-Verordnungen

9.7.1 Druckgeräterichtlinie (PED)

Die Druckgeräterichtlinie 2014/68/EU [9.14] ersetzt die alte PED 97/23/EG und gilt nach Kapitel 1, Artikel 1, Absatz 1 für die Auslegung, Fertigung und Konformitätsbewertung von Druckgeräten und Baugruppen mit einem maximalen zulässigen Druck (PS) von über 0,5 bar.

Druckgeräte nach Artikel 2, Absatz 1 sind Behälter, Rohrleitungen, Ausrüstungsteile mit Sicherheitsfunktion und druckhaltende Ausrüstungsteile.

Die PED gilt nicht für Druckgeräte die unter die Maschinenrichtline 2006/42/EG fallen und maximal der Kategorie 1 in der PED einzuordnen sind. Die Ermittlung der Kategorie ergibt sich aus den Konformitätsbewertungsdiagrammen in Anhang II der PED.

Rohrleitungen für Gase, verflüssigte Gase, unter Druck gelöste Gase, Dämpfe und Geräte, deren DN kleiner 25 ist, erfüllen nicht die Anforderung der Kategorie I und fallen nicht unter die PED.

Im Gegensatz zur Maschinenrichtlinie wird nach der PED die Konformität sowohl der serienmäßig als auch einzelgefertigten Geräte/Anlagen durch ein von der EU nominiertes Prüfinstitut festgestellt.

Bei Serienfertigung wird ein(e) Mustergerät/-anlage, bei Einzelfertigung wird das gefertigte Gerät / die gefertigte Anlage geprüft.

Wird die Konformität eines Gerätes / einer Anlage nach der PED festgestellt, so kann dieses/ diese mit einem CE-Kennzeichen nach der PED gekennzeichnet werden.

Die PED ist für Industriebrenner aufgrund des Wirkungsbereichs nicht anwendbar. Wird jedoch ein Industriebrenner an eine Anlage angebaut, die der PED unterliegt (z. B. Großraumwasserkessel), so muss der Brenner den Anforderungen der PED genügen.

Hersteller von Industriebrennern, die überwiegend an z. B. Großraumwasserkessel angebaut werden, lassen deshalb häufig Baumusterprüfungen nach Anforderungen der PED durchführen und markieren diese Gräte mit einem CE-Kennzeichen nach der PED.

In der Praxis hat es sich als sinnvoll erwiesen, auf die Einsetzbarkeit in eine Anlage, die der PED unterliegt, in der Dokumentation für den Brenner bzw. bei Auftragsbestätigung, hinzuweisen.

Werden baumustergeprüfte Anlagen oder Komponenten verändert, so erlischt die Konformitätserklärung und damit die Betriebserlaubnis. Eine erneute Prüfung ist erforderlich.

9.7.2 Gasgeräteverordnung (GAR)

Die Verordnung (EU) 2016/426 zur Verbrennung gasförmiger Brennstoffe [9.15] hebt die Richtlinie 2009/142/EG auf.

Die GAR gilt für Geräte, die zum Kochen, zur Kühlung, zur Klimatisierung, zur Raumheizung, zur Warmwasserbereitung, zur Beleuchtung oder zum Waschen gasförmige Brennstoffe verbrennen und auch für Gebläsebrenner und Heizkörper, die mit solchen Gebläsebrennern zu versehen sind.

Die GAR gilt nicht für Geräte, die zur Verwendung in industriellen Verfahren in Industriebetrieben entworfen sind. Dieses betrifft gasbeheizte Industriebrenner bzw. gasbeheizte Thermoprozessanlagen.

Im Gegensatz zur Maschinenrichtlinie wird nach der GAR die Konformität sowohl der serienmäßig als auch einzelgefertigten Geräte immer durch ein von der EU nominiertes Prüfinstitut festgestellt.

Bei Serienfertigung wird ein(e) Mustergerät/-anlage, bei Einzelfertigung wird das gefertigte Gerät / die gerfertigte Anlage geprüft.

Wird die Konformität eines Gerätes nach der GAR festgestellt, so kann dieses mit einem CE-Kennzeichen nach der GAR gekennzeichnet werden.

Unter der GAR gibt es eine Vielzahl von harmonisierten Normen für Komponenten, die an oder zusammen mit Industriebrennern an Industrieöfen eingesetzt werden:

- Ventile (EN 161)
- Feuerungsautomaten (EN 298)
- Ventilüberwachungssysteme für automatische Absperrventile (EN 1643)
- Druckwächter (EN 1854)
- u. v. m.

Obwohl Industrieöfen und die an Industrieöfen eingesetzten Gasbrenner nicht unter die GAR fallen, sind in der Thermoprozessanlagen-Norm EN 746 Teil 2 (s. u.) Komponenten (z. B. Ventile) gefordert, die den Anforderungen der entsprechenden EN-Normen nach der GAR entsprechen. Dadurch soll ein Höchstmaß an Sicherheit gewährleistet werden.

Werden baumustergeprüfte Anlagen oder Komponenten verändert, so erlischt die Konformitätserklärung und damit die Betriebserlaubnis. Eine erneute Prüfung ist erforderlich.

9.8 Übersicht von EN-Normen für Thermoprozessanlagen mit Bezug zur Maschinenrichtlinie

Im Folgenden wird eine Übersicht der wichtigsten Normen für Thermoprozessanlagen, Industriebrenner und deren Komponenten gegeben. Diese Übersicht erhebt nicht den Anspruch, vollständig zu sein. Im Einzelfall müssen/können andere Normen zusätzlich hinzugezogen werden, um eine Thermoprozessanlage sicher zu konstruieren. Dieses betrifft u. a. Anlagen, die unter die Druckgeräterichtlinie fallen.

Tabelle 9.5: Übersicht wichtiger Typ-A-Normen nach der Maschinenrichtlinie für Thermoprozessanlagen (Stand Mai 2023)

Sicherheit von Maschinen: Typ-A-Normen		
Nr.	**Typ**	**Kurzbezeichnung**
12100	DIN EN ISO	allgemeine Gestaltungsleitsätze – Risikobeurteilung und Risikominderung (ISO 12100:2010); deutsche Fassung EN ISO 12100:2010
61508 all parts	DIN EN (IEC)	funktionale Sicherheit sicherheitsbezogener elektrischer/elektronischer/programmierbarer elektronischer Systeme – Teil 1 bis 7 (2010)

Tabelle 9.6: Übersicht wichtiger Typ-B-Normen nach der Maschinenrichtlinie für Thermoprozessanlagen (Stand Mai 2023)

Sicherheit von Maschinen: Typ-B-Norm			
Nr.	**Typ**	**Kurzbezeichnung**	**Stand**
13732-1	DIN EN ISO	Kontakt mit heißen Oberflächen	2008
13849-1	DIN EN ISO	Gestaltungsleitsätze für sicherheitsbezogene Teile von Steuerungen	2016 2021 Entwurf
60204-1	DIN EN	Anforderungen an die elektrische Ausrüstung	2019 2021 Entwurf
61511 all parts	DIN EN (IEC)	funktionale Sicherheit – PLT-Sicherheitseinrichtungen für die Prozessindustrie – Teil 1 bis 3	2019
62061	DIN EN IEC	Sicherheit von Maschinen – funktionale Sicherheit sicherheitsbezogener Steuerungssysteme	2023

Tabelle 9.7: Übersicht wichtiger harmonisierter Typ-C-Normen nach der Maschinenrichtlinie 2006/42/EG für Thermoprozessanlagen (Stand Mai 2023)

industrielle Thermoprozessanlagen – Sicherheit – harmonisierte Typ-C-Norm Harmonisiert zur Maschinenrichtlinie 2006/42/EG			
Nr.	**Typ**	**Kurzbezeichnung**	**Stand**
746-1	DIN EN	allgemeine Sicherheitsanforderungen	1997 A1:2009 2020 Entwurf
746-2	DIN EN	Sicherheitsanforderungen an Feuerungen und Brennstoffführungssysteme	2010 2020 Entwurf
746-3	DIN EN	Sicherheitsanforderungen für die Erzeugung und Anwendung von Schutz- und Reaktionsgasen	1997 A1:2009 2020 Entwurf
1539	DIN EN	Sicherheitsanforderungen an Öfen die brennbare Stoffe enthalten	2016

Tabelle 9.5 gibt eine Übersicht der wichtigsten Typ-A-Normen (Sicherheits-Grundnormen) mit Bezug zur Maschinenrichtlinie (2006/42/EG).

Tabelle 9.6 gibt eine Übersicht der wichtigsten Typ-B-Normen (Sicherheits-Fachgrundnormen) mit Bezug zur Maschinenrichtlinie (2006/42/EG).

Tabelle 9.7 gibt eine Übersicht der wichtigsten Typ-C-Normen (Produktsicherheitsnormen) für Thermoprozessanlagen, die zur Maschinenrichtlinie (2006/42/EG) harmonisiert sind.

Tabelle 9.8 gibt eine Übersicht weiterer Normen für Komponenten an industriellen Thermoprozessanlagen.

Tabelle 9.8: Übersicht wichtiger Normen für Komponenten an Thermoprozessanlagen (Stand Mai 2023)

Komponenten an industriellen Thermoprozessanlagen			
Nr.	**Typ**	**Kurzbezeichnung**	**Stand**
88-1	DIN EN	Druckregler und zugehörige Sicherheitseinrichtungen für Gasgeräte – Teil 1: Druckregler für Eingangsdrücke bis einschließlich 50 kPa	2016 (2011+A3:2016) 2020 Entwurf
88-2	DIN EN	Druckregler und zugehörige Sicherheitseinrichtungen für Gasgeräte – Teil 2: Druckregler für Eingangsdrücke über 500 mbar bis einschließlich 5 bar	2007 2020 Entwurf
161	DIN EN	automatische Absperrventile für Gasbrenner und Gasgeräte	2013 (2011+A3:2013) 2020 Entwurf
267	DIN EN	Gebläsebrenner für flüssige Brennstoffe	2020
298	DIN EN	Feuerungsautomaten für Brenner und Brennstoffgeräte für gasförmige oder flüssige Brennstoffe	2012 2020 Entwurf
676	DIN EN	Gebläsebrenner für gasförmige Brennstoffe	2020 + AC:2022
1643	DIN EN	Sicherheits-, Regel- und Steuereinrichtungen für Gasbrenner und Gasgeräte – Ventilüberwachungssysteme für automatische Absperrventile	2014 2020 Entwurf
1854	DIN EN	Druckwächter für Gasbrenner und Gasgeräte	2010 2020 Entwurf
12067-2	DIN EN	Gas-Luft-Verbundregeleinrichtungen für Gasbrenner und Gasgeräte – Teil 2: elektronische Ausführung	2004 2020 Entwurf

9.9 Übersicht von ISO-Normen für Thermoprozessanlagen und Industriebrenner

Die Entwicklung von ISO-Normen für Thermoprozessanlagen und Industriebrenner wurde im Jahr 2008 begonnen. Auf Initiative des japanischen Ofenbauverbandes JIFMA (Japanese Industrial Furnace Manufacturers Association) über das japanische Normungsinstitut JISC wurde das ISO/TC 244 für „Industrial Furnaces and Thermal Processing Equipment" bei der ISO (International Organisation for Standardisation) gegründet.

CECOF (The European Committee of Industrial Furnace and Heating Equipment Associations) und IHEA (American Industrial Heating Equipment Association) haben aktiv bei den Vorbesprechungen zur Gründung dieses ISO/TC mit JIFMA zusammengearbeitet.

Das Sekretariat liegt bei JISC in Japan und wird vom JIFMA geführt.

Die Leiter der Arbeitsgruppen kommen aus Deutschland, Kanada, Belgien und Japan.

Gemeinsames Ziel der Gründungsmitglieder war es, einen einheitlichen hohen Sicherheitsstandard für industrielle Thermoprozessanlagen in Sicherheitsnormen zu definieren und in ISO-Normen festzulegen. Diese ISO-Normen können (und sollten) in jedem ISO-Mitgliedstaat u. a. verbindlich sein und nationale Regelungen ablösen.

Die europäischen Experten haben sich in den vergangenen Jahren auf die Überarbeitung der ISO-Normenreihe ISO 13577 konzentriert. Eine zwischenzeitlich begonnen Überarbeitung der EN-746-Normenreihe wurde mit Ausnahme der Überarbeitung der EN 746-3 abgebrochen, um Doppelarbeit und Diskrepanzen zu vermeiden.

Die neuen Editionen der ISO-Normenreihe sollen als EN-ISO-Norm veröffentlicht werden und dann die alten EN 746 ersetzen. Eine Harmonisierung der EN-ISO-13577-Normen unter der Maschinenrichtlinie ist angestrebt (Stand Mitte 2023).

Tabelle 9.9 gibt eine Übersicht der wichtigsten ISO-Normen für Thermoprozessanlagen wieder.

Tabelle 9.9: Übersicht wichtiger ISO-Normen für Thermoprozessanlagen (Stand Mai 2023)

Industrial furnaces and associated thermal processing equipment – Safety			
Nr.	**Typ**	**Kurzbezeichnung**	**Status**
13574	ISO	Vocabulary	2015
13577-1	ISO	Part 1: General Requirements	2016
13577-2	ISO	Part 2: Combustion and fuel handling systems Standard under development (new version expected 2023)	2014
13577-3	ISO	Part 3: Generation and use of protective and reactive atmosphere gases	2016
13577-4	ISO	Part 4: Protective systems (als EN ISO 13577-4 in Europa übernommen)	2022

9.10 Übersicht von Normen für Thermoprozessanlagen mit Bezug zur Elektrotechnik

Neben den Normen, die der Maschinenrichtlinie zugeordnet sind, gibt es eine Vielzahl von Normen für Thermoprozessanlagen, die die elektrische Sicherheit beschreiben.

Tabelle 9.10: Übersicht wichtiger Normen für Elektrowärmeanlagen (Stand Mai 2023)

elektr. Sicherheit von Elektrowärmeanlagen			
Nr.	**Typ**	**Kurzbezeichnung**	**Status**
60519-1	DIN EN IEC	allgemeine Vorschriften	2020
841	IEV	Internationales Elektrotechnisches Wörterbuch – Teil 841: Industrielle Elektrowärme	2019 Entwurf2023

Überwiegend werden diese Normen in den Arbeitsgruppen des IEC/TC 27 und seinen nationalen Spiegelgremien erarbeitet. Das deutsche Spiegelgremium ist beim DKE in Frankfurt organisiert.

Das IEC/TC 27 erarbeitet die IEC-Normenreihe 60519 und weitere Prüfnormen für spezielle Elektrowärmeanlagen.

Die Normen der Normenreihe IEC 60519 – Sicherheit in Elektrowärmeanlagen – sind entweder als DIN EN IEC oder DIN EN veröffentlicht (**Tabelle 9.10**).

Definitionen und Begriffe für die Elektrowärme sind im „Internationalen Elektrotechnischen Wörterbuch" Teil 841 benannt: IEV 841 Internationales Elektrotechnisches Wörterbuch – Teil 841: Industrielle Elektrowärme [9.16].

9.11 Wie liest man eine Norm?

Der ungeübte Leser einer Norm sollte, bevor er sich in den Text einer Norm einliest, sich den Unterschied zwischen Anforderung – Empfehlung – Zulässigkeit – Möglichkeit im Normtext verdeutlichen (s. hierzu auch CEN-/CENELEC-Geschäftsordnung Teil 3 [9.12]):

- Anforderung: verbindliche Festlegung, die ohne Abweichungen eingehalten werden muss
- Empfehlung: von mehreren Möglichkeiten wird eine besonders empfohlen, ohne andere zu erwähnen oder auszuschließen
- Zulässigkeit: Handlungsweise, die im Rahmen einer Norm zulässig ist

Tabelle 9.11: Verbformen für Anforderungen (Quelle: CEN/CENELEC Geschäftsordnung Teil 3 [9.12]

Verbform	gleichbedeutende Ausdrücke	verbal form	equivalent expressions
muss	ist erforderlich es ist notwendig hat zu	shall	is required to it is necessary has to
darf nicht	es ist unzulässig es ist nicht zu es hat nicht zu	shall not	is required not to be is not to be is not allowed

Anmerkung:
Die englische Verbform „must" ist nicht als Alternative für „shall" anzuwenden.
Die englische Verbform „may not" ist nicht als Alternative für „shall not" anzuwenden.

- Möglichkeit: Angabe einer Möglichkeit, die in physischem als auch physikalischem oder kausalem Zusammenhang angewendet werden kann.

Die zur Unterscheidung in Normen angewandte Verbform geben **Tabelle 11**, **Tabelle 12**, **Tabelle 13** und **Tabelle 14** in deutscher und englischer Sprache an. Die „gleichbedeutenden Ausdrücke" dürfen nur in Ausnahmefällen angewendet werden, falls aus sprachlichen Gründen die Verbform nicht benutzt werden kann [9.13].

Tabelle 9.12: Verbformen für Empfehlungen (Quelle: CEN/CENELEC Geschäftsordnung Teil 3 [9.12])

Verbform	gleichbedeutende Ausdrücke	verbal form	equivalent expressions
sollte	es wird empfohlen, dass in der Regel	should	it is recommended that ought to
sollte nicht	es wird nicht empfohlen sollte vermieden werden	should not	it is not recommended that ought not to

Tabelle 9.13: Verbformen für Zulässigkeiten (Quelle: CEN/CENELEC Geschäftsordnung Teil 3 [9.12])

Verbform	gleichbedeutende Ausdrücke	verbal form	equivalent expressions
darf	ist zugelassen ist zulässig	may	is permitted is allowed
braucht nicht	ist nicht erforderlich, dass ist keine ... nötig	need not	it is not required that no ... is required

Tabelle 9.14: Verbformen für Möglichkeiten (Quelle: CEN/CENELEC Geschäftsordnung Teil 3 [9.12])

Verbform	gleichbedeutende Ausdrücke	verbal form	equivalent expressions
kann	es ist möglich, dass lässt sich	can	be able to it is possible to
kann nicht	es ist nicht möglich, dass lässt sich nicht	can not	be unable to it is not possible to

Literatur

[9.1] https://eur-lex.europa.eu

[9.2] www.cen.de

[9.3] Richtlinie 2006/42/EG des Europäischen Parlaments und des Rates vom 17. Mai 2006 über Maschinen und zur Änderung der Richtlinie 95/16/EG

[9.4] Neunte Verordnung zum Geräte- und Produktsicherheitsgesetz – Maschinenverordnung (9. GPSV)

[9.5] Richtlinie 2014/34/EU des Europäischen Parlaments und des Rates vom 26. Februar 2014 zur Harmonisierung der Rechtsvorschriften der Mitgliedstaaten für Geräte und Schutzsysteme zur bestimmungsgemäßen Verwendung in explosionsgefährdeten Bereichen

[9.6] DIN EN 746-1: Industrielle Thermoprozessanlagen – Teil 1: Allgemeine Sicherheitsanforderungen an industrielle Thermoprozessanlagen

[9.7] DIN EN 746-2: Industrielle Thermoprozessanlagen – Teil 2: Sicherheitsanforderungen an Feuerungen und Brennstoffführungssysteme

[9.8] DIN EN 746-3: Industrielle Thermoprozessanlagen – Teil 3: Sicherheitsanforderungen für die Erzeugung und Anwendung von Schutz- und Reaktionsgasen

[9.9] DIN EN ISO 12100:2011, Sicherheit von Maschinen – Allgemeine Gestaltungsleitsätze – Risikobeurteilung und Risikominderung (ISO 12100:2010); Deutsche Fassung EN ISO 12100:2010

[9.10] Europäische Kommission Generaldirektion Binnenmarkt, Industrie, Unternehmertum und KMU: Leitfaden für die Anwendung der Maschinenrichtlinie 2006/42/EG. Auflage 2.2, Oktober 2019

[9.11] Steck-Winter, H.; Treptow, F.: Sicherer Betrieb von Thermoprozessanlagen mit Schutzgasatmosphären. In: Gaswärme International, 4 (2010) 59, S. 250-262

[9.12] CEN-/CENELEC-Geschäftsordnung Teil 3: Juni 2019 (D und E), Regeln für den Aufbau und die Abfassung von CEN und CENELEC Publikationen

[9.13] ISO/IEC Directives Part 2: 2021, Principles and rules for the structure and drafting of ISO and IEC Documents

[9.14] Richtlinie 2014/68/EU des Europäischen Parlaments und des Rates vom 15.Mai 2014 zur Harmonisierung der Rechtsvorschriften der Mitgliedstaaten über die Bereitstellung von Druckgeräten auf dem Markt

[9.15] Verordnung (EU) 2016/426 des Europäischen Parlaments und des Rates vom 09. März 2016 über Geräte zur Verbrennung gasförmiger Brennstoffe und zur Aufhebung der Richtlinie 2009/142/EG

[9.16] IEV 841:2004/AMD1: 2021; Internationales Elektrotechnisches Wörterbuch – Teil 841: Industrielle Elektrowärme. Identisch mit IEC 60050-841:2004/AMD1: 2021

10. Industrielle Brennertechnik und nachhaltige Wärmeerzeugung in Zeiten des Wandels

Joachim G. Wünning

10. Industrielle Brennertechnik und nachhaltige Wärmeerzeugung in Zeiten des Wandels

Joachim G. Wünning

10.1 Einführung

Die letzten Jahrzehnte waren aus Sicht eines Brennerherstellers vor allem durch die Entwicklungsziele Effizienz und Schadstoffminderung geprägt. Die energetische Flexibilisierung der Industrie kommt als neues Schwerpunktthema hinzu.

Die beiden Ölkrisen in den 70er- und 80er-Jahren des 20. Jahrhunderts haben zu einem Umdenken bei der Nutzung fossiler Energie geführt. Autofreie Sonntage (**Bild 10.1**) waren für alle ein anschauliches Bild für unsere Abhängigkeit von Öl, das aus fernen Ländern importiert werden muss. Auch damals wurde schon über Wasserstoff als alternativen Energieträger nachgedacht und geforscht [10.1], [10.2]. Naheliegender war aber zuerst einmal die Nutzung erheblicher Effizienzpotenziale, um den Verbrauch von fossilen Energieträgern zu verringern.

Ein anderes, vor allem durch Feuerungen verursachtes Problem, die Luftverschmutzung, existierte zwar schon sehr lange, wurde aber lange als unvermeidbare Begleiterscheinung für die Industrialisierung und unseren Wohlstand angesehen. Noch heute ist das Sprichwort „Die Schornsteine müssen rauchen" ein Synonym für gut laufende Geschäfte. In Deutschland war es dann aber vor allem das rasant zunehmende Waldsterben in den Mittelgebirgen (**Bild 10.2**), das zu erheblich schärferen Grenzwerten von Schadstoffen aus Feuerungen führte. In einer relativ kurzen Zeitspanne wurden Abgasreinigungsanlagen in Kraftwerken installiert und die Luftqualität verbesserte sich auch in Industriezentren wie dem Ruhrgebiet erheblich. In anderen Ländern stehen diese Verbesserungen noch aus, aber in einigen Jahren wird auch die scheinbare ewige Dämmerung in Shanghai Geschichte sein.

Neben den Abgasreinigungsverfahren wurde die Verbrennungsforschung hinsichtlich Schadstoffminderung intensiviert. Im Bereich der Hochtemperaturprozesse gelang es durch die flammlose Oxidation, die thermische NO_x-Bildung auch bei hoher Verbrennungsluftvorwärmung, und somit hoher Effizienz, fast vollständig zu unterdrücken [10.3].

Bild 10.1: Ölkrisen (By © Raimond Spekking / CC BY-SA 4.0 (via Wikimedia Commons), CC BY-SA 4.0, https://commons.wikimedia.org/w/index.php?curid=96240882)

Bild 10.2: Waldsterben [10.14]

Bild 10.3: Klimastreik [10.15]

Eine weitere Auswirkung der Verbrennung von fossilen Brennstoffen ist die, vorrangig durch das Verbrennungsprodukt Kohlendioxid verursachte, Wirkung auf das globale Klima. Obwohl schon seit vielen Jahrzehnten bekannt, hat es den massiven, sympathischen Protest von engagierten Kindern gebraucht (**Bild 10.3**), um dieses Thema in den Fokus zu rücken. In weiten Teilen der Bevölkerung wird die Notwendigkeit zum Schutz des Weltklimas anerkannt, wobei man sich vielfach mit den notwendigen Konsequenzen noch schwertut. In der Industrie haben Unternehmen erkannt, dass es auch in ihrem eigenen wirtschaftlichen Interesse liegt, die Energiewende mitzugestalten, anstatt sie zu behindern. Mit der Energiewende wird ein weiterer Entwicklungsschwerpunkt bei der Prozesswärmeerzeugung an Bedeutung gewinnen: die energetische Flexibilisierung.

10.2 Energiewende

Der Primärenergieverbrauch in Deutschland betrug im Jahr 2020 etwa 3.300 TWh/a, was einem Durschnittsverbrauch von etwa 375 GW entspricht (3.300 TWh / 8.760 h). Die regenerative Stromerzeugung im Jahr 2020 betrug etwa 250 TWh/a (Ø 29 GW), wovon etwa 130 TWh/a (Ø 15 GW) auf die Windkraft und 50 TWh/a (Ø 6GW) auf Photovoltaik entfallen. Die verbleibenden etwa 70 TWh/a verteilen sich auf Biomasse, Müllverbrennung, Wasserkraft und Sonstige [10.4]. Um den heutigen Primärenergiebedarf in Deutschland mit Solar- und Windstrom zu decken, müssen diese knapp um den Faktor 20 ausgebaut werden. Dieser Ausbau wird nicht nur in Deutschland stattfinden, sondern auch in Regionen mit günstigen Rahmenbedingungen. In Zukunft wird importierter, gespeicherter Strom in Form von Wasserstoff oder Folgeprodukten eine Rolle spielen.

10.3 Fluktuierende Erzeugung

Heute kann Energie i. d. R. bedarfsgerecht bereitgestellt werden. Von den Stromanbietern werden dabei hohe konstante Abnahme favorisiert, die für eine gute Auslastung der Kraftwerke und der Stromnetze sorgen.

Bild 10.4 zeigt die zeitlichen Verläufe der regenerativen Stromerzeugung und des Stromverbrauchs für eine Woche im Sommer 2022 und eine Woche im Winter 2022. An einigen Stunden im Sommer kann durch hohen Solarertrag der Stromverbrauch schon vollständig durch regenerative Stromerzeugung gedeckt werden. Auch im Winter kommt man diesem Ziel an einigen Tagen durch hohe Windkraftleistung schon sehr nahe. Es zeigt sich aber, dass auch bei einer Verviel-

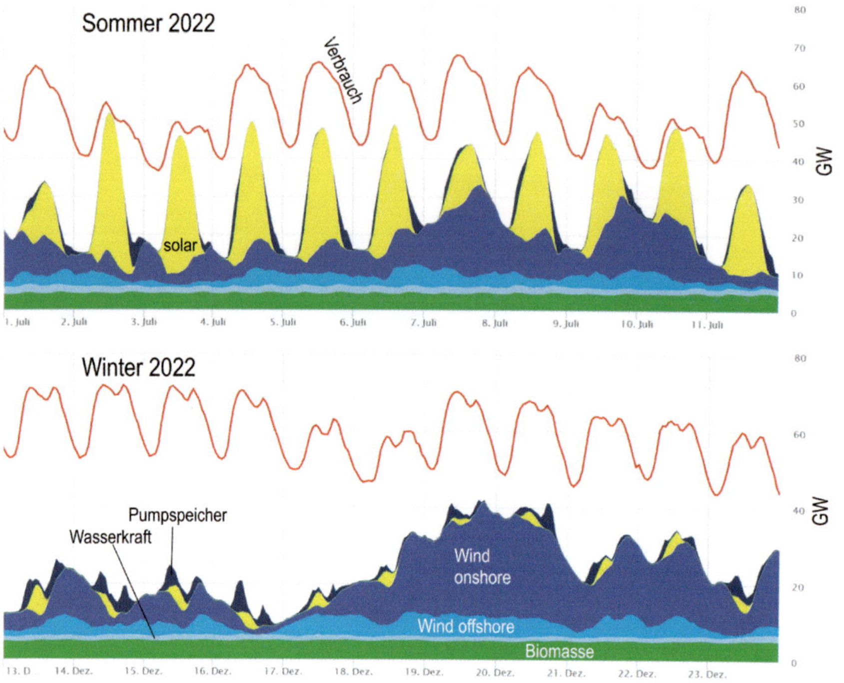

Bild 10.4: Regenerative Stromerzeugung [10.16]

fachung der Solar- und Windstrom-Erzeugungskapazitäten oft eine große Diskrepanz (> 50 GW) zwischen regenerativer Erzeugung und Verbrauch besteht, sowohl zeitlich als auch örtlich.

Wenn in Zukunft die großen fossilen und nuklearen Kraftwerke abgeschaltet werden, muss die anfallende Residuallast aus nichtfossilen Quellen gespeist werden oder aber die Residuallast durch Lastanpassung von Verbrauchern reduziert werden. Diese energetische Flexibilisierung der Industrie wird neben dem Ausbau der erneuerbaren Stromerzeugungskapazitäten zu den großen Aufgaben der Energiewende zählen. Die „Energieflexibilät in der Deutschen Industrie" ist auch Thema eines umfangreichen Forschungsprojektes [10.5].

Ein Wechsel von vorrangig, möglichst konstant laufenden, Großkraftwerken auf dezentrale, wetterabhängige regenerative Stromerzeugung wird auch starke Auswirkungen auf die Strompreise haben. Dazu kommt ein zunehmender Anteil von Energieimporten in Form von chemisch gespeichertem Strom, der in Regionen mit günstigen klimatischen Voraussetzungen erzeugt wird.

10.4 Zukünftige Entwicklung der Energiepreise

In den letzten Jahrzehnten und auch heute beträgt das Verhältnis von Gas- und Strompreisen in den meisten Regionen der Welt etwa 1:3, weitgehend unabhängig vom jeweiligen Energiepreisniveau. Wie sich dieses Verhältnis entwickeln wird, ist schwer vorherzusagen und wird von einer Vielzahl von Parametern abhängen. Auf den ersten Blick erscheint es logisch, dass, wenn Wasserstoff aus Strom hergestellt wird, dieser dann teurer als Strom sein wird. Wasserstoff wird deshalb manchmal auch als „Champagner der Energiewende" bezeichnet. Bei genauerer Betrachtung sieht das allerdings anders aus. Wasserstoff wird hier vorrangig bei einem zeitlichen oder lokalen Überangebot von Strom erzeugt werden. Ein zunehmender Anteil des Wasserstoffs wird zudem aus Gegenden importiert werden, die sich für die regenerative Stromerzeugung eignen, die aber zu weit entfernt sind, um in unser Stromnetz eingebunden zu werden. Ein erheblicher Anteil des Wasserstoffs wird dann benötigt werden, um in Zeiten geringer regenerativer Stromerzeugung rückverstromt zu werden. Dieser Strom wird dann deutlich teurer sein als der eingesetzte Wasserstoff. Zu den reinen Erzeugungskosten des Stroms und des Wasserstoffs kommen noch die Infrastruktur- und andere Kosten hinzu. Es ist also durchaus denkbar, dass das jetzige Verhältnis von (grünen) Gas- und Strompreisen weiterhin in ähnlicher Form bestehen bleibt, vor allem für Bezieher von Strom zu festen Tarifen, also denen, die den Strom nicht flexibel beziehen wollen oder können.

10.5 Thermoprozesstechnik

Die Thermoprozesstechnik ist geprägt von einer Vielzahl unterschiedlicher Anlagen und individueller, auf den Prozess zugeschnittenen Anlagen [10.6]. Eine Zuordnung bestimmter Energieträger für die jeweiligen Anlagen ist auch für Experten nicht zielführend. So wird heute weitgehend akzeptiert, dass es zukünftig ein Nebeneinander von direkt elektrischen und indirekt elektrischen (Wasserstoff oder andere grüne Gase) Beheizungen geben wird.

10.6 Direkte Elektrifizierung

Die für Raumwärme favorisierte Technik der Wärmepumpen kann für Hochtemperaturprozesse nicht angewendet werden, es stehen aber eine Reihe von anderen elektrischen Verfahren zur Verfügung. Zu nennen sind die Widerstandsbeheizung, Induktion, Laserewärmung, Mikrowellen und andere. Direkte Elektrifizierung kann dort zum Einsatz kommen, wo eine hohe Wertschöpfung auch hohe Strompreise toleriert oder aber wenn last-flexibel auf fluktuierende Strompreise reagiert werden kann.

10.7 Hybride Systeme

Direkte elektrische Beheizung kombiniert mit (Erd-) Gasheizung: Hier steht ein erhöhter Investitionsbedarf Einsparungen entgegen, die durch einen Wechsel auf den jeweils günstiger zur Verfügung stehenden Energieträger möglich sind. Erste vielversprechende Ergebnisse wurden in einem von der DBU (Deutsche Bundesstiftung Umwelt) geförderten Projekt erzielt [10.7], das im Rahmen des vom Bund geförderten Kopernikus-Synergie-Vorhabens fortgesetzt wird [10.8]. **Bild 10.5** zeigt einen Prototypen eines Mantelstrahlheizrohres mit einer Nettoheizleistung von 40 kW.

10.8 Brennstoffflexible Brenner

Fast alle Brennerhersteller arbeiten derzeit an Lösungen, um Brenner mit Wasserstoff oder Erdgas-Wasserstoff-Gemischen betreiben zu können [10.9]. Die Lösungen werden dabei als „H2-ready" oder auch als „Green Gas Ready" [10.10] bezeichnet, wobei diese Bezeichnungen unterschiedlich interpretiert werden. Auf der Normungsseite ist man derzeit dabei, die Anforderungen für den Transport und die Verwendung von Wasserstoff oder Erdgas/Wasserstoff-Gemischen zu definieren [10.11]. Durch die geringe Abweichung des Wobbeindexes von Wasserstoff zu Erdgas und einen ähnlichen Luftbedarf werden von den meisten Akteuren keine prinzipiellen Hürden in der Anwendung von Wasserstoff als Brenngas gesehen, wobei eine Umstellung von Erdgas auf Wasserstoff natürlich erheblichen Aufwand bedeuten wird, der allerdings von Anlage zu Anlage stark unterschiedlich sein kann. Bei der Beschaffung von Neuanlagen sollte eine potenzielle Umstellung auf Wasserstoff oder andere Gase auf jeden Fall berücksichtigt werden. Bei einer geeigneten Auslegung sollte eine effiziente und schadstoffarme, und zukünftig auch CO_2-freie, Beheizung möglich sein.

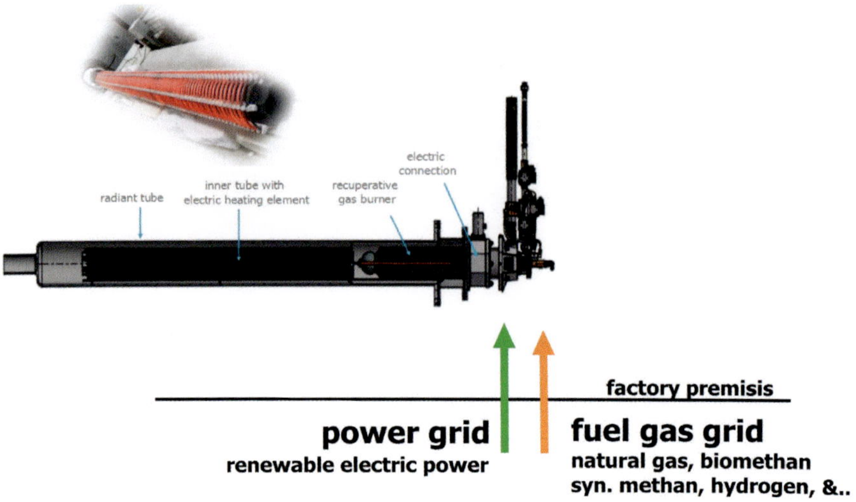

Bild 10.5: Hybrides Strahlheizrohr

Neben Wasserstoff wird zunehmend auch die Verbrennung von Ammoniak und Ammoniak-Spaltgas untersucht. Hierbei muss vor allem die Bildung von sogenanntem Brennstoff-NO_x beachtet werden. Erste Ansätze zur NO_x-armen Ammoniakverbrennung sind bekannt [10.12], aber es ist noch Forschungsbedarf notwendig.

10.9 Indirekte Elektrifizierung durch Nutzung von Elektrolysewasserstoff

Eine interessante Variante, um erneuerbare Energie zum Beheizen von Thermoprozessanlagen einzusetzen, ist die vor-Ort-Elektrolyse. Steht sogenannter Überschussstrom, also Strom, der bei Nichtabnahme zur Abregelung von Windkraft- oder Photovoltaikanlagen führen würde, zur Verfügung, kann dieser durch vor-Ort-Elektrolyse hergestellte Wasserstoff in ein lokales Netz dem Erdgas zugemischt werden, wie in **Bild 10.6** gezeigt wird. Alternativ können auch ein lokales zusätzliches Wasserstoffnetz und lokale Speicher aufgebaut werden. Im Idealfall sollten die Gasbrenner Erdgas-/Wasserstoff-Gemische von 0 bis 100 % flexibel nutzen können, um so das

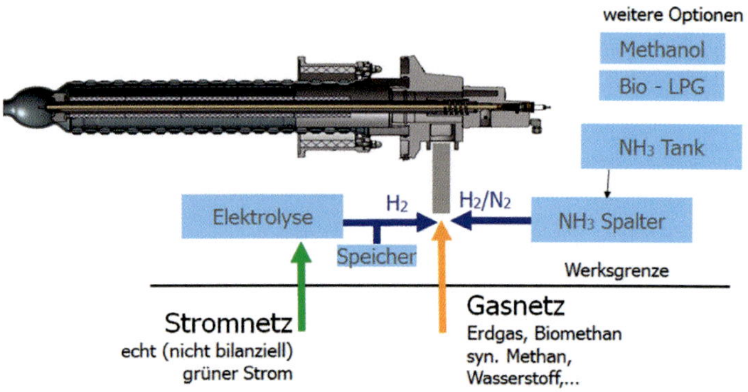

Bild 10.6: Indirekte Elektrifizierung mit Brennstoffflexiblen Brennern

CO_2-Minderungspotenzial voll auszuschöpfen. Die Voraussetzungen für einen solchen Betrieb der Brenner zu gewährleisten, wird derzeit in einem Forschungsprojekt untersucht [10.13].

10.10 Ausblick

Mit einigen Jahrzehnten Verspätung scheinen nun die erforderlichen Maßnahmen zu einem nachhaltigeren Umgang mit unserem Planeten und seinen Bewohnern angegangen zu werden. Green Steel wird vielleicht schneller kommen, als sich das mancher vorstellen kann und damit wird sich auch die Thermoprozesstechnik dem Wandel nicht entziehen können. Die Erkenntnis, dass Energie und natürliche Ressourcen wertvoll sind, wird den Wandel positiv unterstützen.

Mit einer Fülle von Technologien und einem offenen und fairen Wettbewerb sollten wir optimistisch in die Zukunft schauen.

Literatur

[10.1] Winter, C.-J.; Nietsch J. (Hrsg.): Wasserstoff als Energieträger. 2. Auflage, Springer Verlag, Berlin, 1989

[10.2] Wünning, J. G.: Wasserstoff für die Prozesswärmeerzeugung. Studienarbeit, RWTH Aachen, 1989

[10.3] Wünning, J. G.: Flammenlose Oxidation von Brennstoff mit hochvorgewärmter Luft. In: Chem.-Ing.-Tech., 63 (1991) 12, S. 1.243-1.245

[10.4] BMWK: Zahlen und Fakten: Energiedaten. Online, [htpps://www.bmwk.de] (Stichwort: Energiedaten: Gesamtausgabe), letzte Aktualisierung: 20.01.2022

[10.5] Sauer, A.; Buhl, H. U.; Mitsos, A.; Weigold, M. (Hrsg.): Energieflexibilität in der deutschen Industrie. Band 2, Kopernikus Projekte, Synergie, online, [https://synergie-projekt.de/aus-synergie/downloads]

[10.6] Pfeifer, H.; Nacke, B.; Beneke, F. (Hrsg.): Praxishandbuch Thermoprozesstechnik. Band 2, 3. Auflage, Vulkan Verlag, Essen, 2022

[10.7] DBU-AZ: 34825, Hybride Beheizung von Industrieöfen

[10.8] Queck, A.; Stranzinger, B.; Mann, M.; Miethe, R.; Peters, M.; Westerfeld, A.; Schneider, J.; Wünning, J. G.: Hybride Beheizung in der Stahlindustrie. 3. Aachener Ofenbau- und Thermoprozess-Kolloquium, Aachen, 2021

[10.9] Wünning, J. G.: Anforderungen an die Dekarbonisierung der Thermoprozesstechnik. 3. AOTK - Aachener Ofenbau- und Thermprozess Kolloquium, Aachen, 2021

[10.10] WS Wärmeprozesstechnik GmbH, [https://flox.com/green-gas-ready/]

[10.11] Krause, H.; Eckart, S.; Behrend, R.; Fritsche, C.: Entwicklung von ultra-emissionsarmen Verbrennungssystemen für Wasserstoff. Praxisseminar Industrielle Brennertechnik und nachhaltige Wärmeerzeugung, Salzgitter, Vulkan Verlag, 2022

[10.12] Domschke, T.; Becker, C.; Wünning, J. G.: Stickoxidarme Verbrennung N-haltiger Ströme – eine Kombination aus katalytischer Spaltung und Verbrennung.18. Flammentag 1997, Delft, VDI-Berichte 1313, S. 45-50

[10.13] FlexHeat2Anneal, Förderkennzeichen 03EN2078C, Projektförderung PtJ für BMWK7

[10.14] Deutsche Bundespost, scanned by NobbiP, gemeinfrei, [https://commons.wikimedia.org/w/index.php?curid=11327305]

[10.15] [https://commons.wikimedia.org/wiki/File:Stuttgart_Fridays_for_future_Plakat_3_20190315_yj.jpg], Fyrtaarn, CC BY-SA 3.0, <https://creativecommons.org/licenses/by-sa/3.0>, via Wikimedia Commons

[10.16] Bundesnetzagentur: SMARD – Strommarktdaten, [https://www.smard.de]

Anhang
Arbeitsblätter GWI

Kapitel 1.1	1. Begriffe und Einheiten	gwi Gaswärme-Institut e.V. Essen
Arbeitsblatt Nr. 01	Gaskenngrößen, Grundbegriffe	

Name	Einheit/Symbol	Erläuterung/Definition
Adiabate Verbrennungs-temperatur	T_{ad} ; K	Ist die Temperatur, die sich theoretisch bei der Verbrennung in einem geschlossenen System einstellt.
Brennwert	H_s, H_o ; $\frac{J}{m^3}$	Kennzeichnet die unter gleichen Bedingungen wie beim Heizwert freiwerdende Wärmemenge, wobei der durch die Verbrennung gebildete Wasserdampf vollständig im flüssigen Zustand vorhanden ist.
Dichte	$\rho = \frac{m}{V}$; $\frac{kg}{m^3}$	Verhältnis der Masse eines Stoffes zum Volumen. Aus Gründen der Vergleichbarkeit bezieht man die Dichte üblicherweise auf den Normzustand.
Heizwert	H_i, H_u ; $\frac{J}{m^3}$	Gibt die aus einem m³ trockenen Gas zu gewinnende Wärmemenge bei vollständiger Verbrennung – bezogen auf den chemischen Standardzustand an, wobei das gebildete Wasser im gasförmigen Zustand als Wasserdampf berücksichtigt wird.
Ideales Gas		Ist ein theoretisches oder hypothetisches Gas, das den so genannten Gasgesetzen vollkommen entspricht. Die tatsächlichen oder realen Gase nähern sich in ihrem Verhalten mehr oder weniger dem idealen Gas.
Laminare Zündgeschwindigkeit	Λ; $\frac{cm}{s}$	Als Flammen- oder Zündgeschwindigkeit bezeichnet man die Geschwindigkeit, mit welcher sich eine Verbrennungsfront in einem Brennstoff-Luftgemisch fortpflanzt.
Luftzahl	$\lambda = \frac{l}{l_{min}}$	Das Verhältnis der zugeführten zur stöchiometrischen Mindestluftmenge.
Mindestluft-bedarf	$l_{min} = \frac{O_{2,min}}{0{,}21}$; $\frac{m^3{}_{,Luft}}{m^3{}_{,Brennstoff}}$	Das Massenverhältnis von Brennstoff und der zugehörigen stöchiometrischen Luft.
Normzustand / Bezugszustand	N	Der Normzustand ist festgelegt durch eine bestimmte Temperatur (T_N=0°C für Berechnung von Volumenströmen und 25°C für Berechnung der Reaktionsenthalpie), einen bestimmten Druck (P_N=1,01325 bar) und den Feuchtigkeitsgehalt des Gases.
Reales Gas		Tatsächlich vorkommende Gase, deren Volumen in einem von den Gasgesetzen mehr oder weniger abweichenden Ausmaß von der Temperatur und dem Druck abhängt.
Realgasfaktor	$Z = \frac{p \cdot V_m}{R_m \cdot T}$	Berücksichtigt das Verhalten realer Gase durch Korrektur der thermischen Zustandsgleichung des idealen Gases. Für ideale Gase ist Z = 1.
Relative Dichte	$d = \frac{\rho_n}{\rho_{n,Luft}}$	Das Verhältnis der Dichte eines Gases zur Dichte der Luft unter gleichen Zustandsbedingungen (üblicherweise Normzustand).

1/2

Kapitel 1.1	1. Begriffe und Einheiten	gwi Gaswärme Institut e.V. Essen
Arbeitsblatt Nr. 01	Gaskenngrößen, Grundbegriffe	

Name	Einheit/Symbol	Erläuterung/Definition
Spezifische Wärmebelastung	$\dot{Q}_B$; $\frac{J}{s}$	Ist der dem Gasgerät zugeführte Energiestrom – bezogen auf den Heizwert des Brennstoffs.
Spezifische Wärmekapazität	c_p; $\frac{kJ}{kg \cdot K}$	Eine Stoffeigenschaft, die angibt, welche Energiemenge nötig ist, um den betreffenden Stoff auf seine Masse bezogen um ein Kelvin zu erhöhen.
Stoffmenge	$n = \frac{m}{M}$; mol	Ist der Quotient aus der Masse m(x) einer Stoffportion x und seiner molaren Masse M(x) und drückt die Molanzahl der Stoffmenge x aus.
Taupunkt-Temperatur	T_T; K	Ist diejenige Temperatur, bei der die Kondensation eines Gas-Dampf-Gemischs einsetzt. Bedingung ist, dass der Dampfdruck P_D dem Sättigungsdruck P_S gleich ist.
Trockenes und feuchtes Abgas	m^3	Im trockenen Abgas sind die Verbrennungsprodukte eines gasförmigen Brenngases wie z.B. CO_2, N_2, O_2 enthalten. Im feuchten Abgas ist noch H_2O enthalten.
Untere Zündgrenze, Obere Zündgrenze	U_{ZG}, O_{ZG} ; Vol.-%	Brennstoff-Luftgemische sind nur zündfähig, wenn ihre Zusammensetzung zwischen zwei Grenzwerten, den „Zündgrenzen" liegt. Zündgrenzen sind somit Grenzen des Mischungsverhältnisses, d. h. der Konzentration von Brennstoff im Gemisch mit Luft. Man unterscheidet eine „untere" Zündgrenze im luftreichen (magere Zündgrenze) und eine „obere" Zündgrenze im brennstoffreichen (fette Zündgrenze) Mischungsgebiet.
Viskosität	η; $Pa \cdot s$	Eine Stoffeigenschaft, die ein Maß für die Verschiebbarkeit der Fluidteilchen gegeneinander ist.
Wärmeleitfähigkeit	λ; $\frac{W}{m \cdot K}$	Eine Stoffeigenschaft, die angibt, welcher Wärmestrom pro Längeneinheit des Materials in Richtung des Wärmestromes und pro Kelvin Temperaturdifferenz übertragen werden kann.
Wobbe-Index	$W_{i,s} = \frac{H_{i,s}}{\sqrt{d}}$; $\frac{J}{m^3}$	Ein Maß für die Energielieferung eines Brenners. Der Wobbe-Index ist eine wesentliche Größe zur Beurteilung der Austauschbarkeit von Gasen. Konform dem DVGW – Arbeitsblatt G260. Gemäß dem Brenn- und Heizwert gibt es einen oberen (W_i) und einen unteren (W_s) Wobbe-Index.
Zündtemperatur	T_Z; K	Ist die niedrigste Temperatur, bei der die Verbrennung eingeleitet wird und unter starker Wärmeentwicklung selbsterhaltend weiter besteht.

Kapitel 1.2	1. Begriffe und Einheiten
Arbeitsblatt Nr. 02	Wärmetechnische Einheiten

Gaswärme-Institut e. V. Essen

Spez. Wärmekapazität

$1\ \frac{kcal}{kg \cdot °C}$	=	$4{,}1868 \cdot 10^3$	$\frac{J}{kg \cdot K}$
$1\ \frac{cal}{g \cdot °C}$	=	$4{,}1868 \cdot 10^3$	$\frac{J}{kg \cdot K}$
$1\ \frac{Btu}{lb \cdot °F}$	=	$4{,}1868 \cdot 10^3$	$\frac{J}{kg \cdot K}$
$1\ \frac{Chu}{lb \cdot °C}$	=	$4{,}1868 \cdot 10^3$	$\frac{J}{kg \cdot K}$

Wärmestromdichte

$1\ \frac{kcal}{m^2 \cdot h}$	=	$1{,}1630$	$\frac{W}{m^2}$
$1\ \frac{kcal}{ft^2 \cdot h}$	=	$1{,}2518 \cdot 10$	$\frac{W}{m^2}$
$1\ \frac{cal}{cm^2 \cdot s}$	=	$4{,}1868 \cdot 10^4$	$\frac{W}{m^2}$
$1\ \frac{Btu}{ft^2 \cdot h}$	=	$3{,}1546$	$\frac{W}{m^2}$
$1\ \frac{Chu}{ft^2 \cdot h}$	=	$5{,}6784$	$\frac{W}{m^2}$

Wärmeübertragungskoeffizient

$1\ \frac{kcal}{m^2 \cdot h \cdot °C}$	=	$1{,}1630$	$\frac{W}{m^2 \cdot K}$
$1\ \frac{cal}{cm^2 \cdot s \cdot °C}$	=	$4{,}1868 \cdot 10^4$	$\frac{W}{m^2 \cdot K}$
$1\ \frac{kcal}{ft^2 \cdot h \cdot °C}$	=	$1{,}2518 \cdot 10$	$\frac{W}{m^2 \cdot K}$
$1\ \frac{Btu}{ft^2 \cdot h \cdot °F}$	=	$5{,}6785$	$\frac{W}{m^2 \cdot K}$
$1\ \frac{Chu}{ft^2 \cdot h \cdot °C}$	=	$5{,}6783$	$\frac{W}{m^2 \cdot K}$

Massenstrom

$1\ \frac{lb}{h}$	=	$1{,}2600 \cdot 10^{-4}$	$\frac{kg}{s}$

Konzentration / Massenanteil / Volumenanteil

1 ppb	=	$1{,}0000 \cdot 10^{-7}$	Vol%
1 ppm	=	$1{,}0000 \cdot 10^{-4}$	Vol%
1 ‰	=	$1{,}0000 \cdot 10^{-1}$	Vol%

Druck

1 bar	=	$1{,}0000 \cdot 10^5$	Pa
1 at	=	$9{,}8067 \cdot 10^4$	Pa
$1\ \frac{kp}{cm^2}$	=	$9{,}8067 \cdot 10^4$	Pa
1 atm	=	$1{,}0133 \cdot 10^5$	Pa
1 Torr	=	$1{,}3332 \cdot 10^2$	Pa
1 mmHg	=	$1{,}3332 \cdot 10^2$	Pa
1 mmWS	=	$9{,}8067$	Pa
$1\ \frac{dyn}{cm^2}$	=	$1{,}0000 \cdot 10^{-1}$	Pa

Spezifische Enthalpie

$1\ \frac{kcal}{kg}$	=	$4{,}1868 \cdot 10^3$	$\frac{J}{kg}$
$1\ \frac{Btu}{lb}$	=	$2{,}3260 \cdot 10^3$	$\frac{J}{kg}$
$1\ \frac{Chu}{lb}$	=	$4{,}1868 \cdot 10^3$	$\frac{J}{kg}$

Volumenstrom

$1\ \frac{ft^3}{h}$	=	$7{,}8658 \cdot 10^{-6}$	$\frac{m^3}{s}$
$1\ \frac{USgal}{h}$	=	$1{,}0515 \cdot 10^{-6}$	$\frac{m^3}{s}$
$1\ \frac{UKgal}{h}$	=	$1{,}2628 \cdot 10^{-6}$	$\frac{m^3}{s}$
$1\ \frac{barrel}{day}$	=	$1{,}8401 \cdot 10^{-6}$	$\frac{m^3}{s}$

Heizwert / Brennwert / Wobbezahl

$1\ \frac{kcal}{m^3}$	=	$4{,}1868 \cdot 10^3$	$\frac{J}{m^3}$
$1\ \frac{Btu}{ft^3}$	=	$3{,}7260 \cdot 10^4$	$\frac{J}{m^3}$
$1\ \frac{Chu}{ft^3}$	=	$6{,}7067 \cdot 10^4$	$\frac{J}{m^3}$
$1\ \frac{therm}{ft^3}$	=	$3{,}7260 \cdot 10^9$	$\frac{J}{m^3}$

1/2

Anmerkung: Die hier publizierten GWI-Arbeitsblätter wurden sorgfältig erarbeitet. Dennoch übernehmen Autor, Herausgeber und Verlag für die Richtigkeit und Vollständigkeit von Angaben, Begriffen, Formeln und Zahlenwerten sowie für eventuelle Druckfehler keine Haftung.

Kapitel 1.2	1. Begriffe und Einheiten	gwi Gaswärme-Institut e.V. Essen
Arbeitsblatt Nr. 02	Wärmetechnische Einheiten	

Wärmeleitfähigkeit

$1\,\frac{kcal}{m \cdot h \cdot °C}$	=	1,1630	$\frac{W}{m \cdot K}$
$1\,\frac{cal}{cm \cdot s \cdot °C}$	=	$4{,}1868 \cdot 10^{2}$	$\frac{W}{m \cdot K}$
$1\,\frac{Btu}{ft^{2} \cdot h \cdot (°F/in)}$	=	$1{,}4423 \cdot 10^{-1}$	$\frac{W}{m \cdot K}$
$1\,\frac{Btu}{ft \cdot h \cdot °F}$	=	1,7308	$\frac{W}{m \cdot K}$
$1\,\frac{Chu}{ft \cdot h \cdot °C}$	=	1,7308	$\frac{W}{m \cdot K}$

Dichte

$1\,\frac{grain}{ft^{3}}$	=	$2{,}2884 \cdot 10^{-3}$	$\frac{kg}{m^{3}}$
$1\,\frac{lb}{ft^{3}}$	=	$1{,}6018 \cdot 10$	$\frac{kg}{m^{3}}$
$1\,\frac{lb}{UKgal}$	=	$9{,}9779 \cdot 10$	$\frac{kg}{m^{3}}$
$1\,\frac{lb}{USgal}$	=	$1{,}983 \cdot 10^{2}$	$\frac{kg}{m^{3}}$

Spezifisches Volumen

$1\,\frac{ft^{3}}{kg}$	=	$2{,}8317 \cdot 10^{-2}$	$\frac{m^{3}}{kg}$
$1\,\frac{ft^{3}}{lb}$	=	$6{,}2428 \cdot 10^{-2}$	$\frac{m^{3}}{kg}$

Temperatur

ϑ / °C = x_C : T	=	$(x_C + 273{,}15)$ K
ϑ / °F = x_F : T	=	$\left[\frac{5}{9} \cdot (x_F - 32) + 273{,}15\right]$ K
1°R	=	$\frac{5}{9}$ K

Energie / Wärme

1 N·m	=	1,0000	J
1 W·s	=	1,0000	J
1 dyn·cm	=	$1{,}0000 \cdot 10^{-7}$	J
1 erg	=	$1{,}0000 \cdot 10^{-7}$	J
1 kp·m	=	9,8067	J
1 kcal	=	$4{,}1868 \cdot 10^{3}$	J
1 kW·h	=	$3{,}6000 \cdot 10^{6}$	J
1 PS·h	=	$2{,}6478 \cdot 10^{6}$	J
1 Btu	=	$1{,}0551 \cdot 10^{3}$	J
1 Chu	=	$1{,}8991 \cdot 10^{3}$	J
1 therm	=	$1{,}0551 \cdot 10^{8}$	J

Leistung

$1\,\frac{m \cdot kp}{s}$	=	9,80665 W	
$1\,\frac{kcal}{h}$	=	1,1630	W
$1\,\frac{erg}{s}$	=	$1{,}0000 \cdot 10^{-7}$	W
1 PS	=	$7{,}3548 \cdot 10^{2}$	W
$1\,m^{3} \cdot \frac{atm}{h}$	=	$2{,}8150 \cdot 10$	W
$1\,\frac{Btu}{h}$	=	$2{,}9308 \cdot 10^{-1}$	W
$1\,\frac{Chu}{h}$	=	$5{,}2754 \cdot 10^{-1}$	W
1 hp (britisch)	=	$7{,}4570 \cdot 10^{2}$	W
$1\,\frac{therm}{h}$	=	$2{,}9308 \cdot 10^{4}$	W

2/2

Kapitel 2.1	2. Brenngase	gwi Gaswärme-Institut e.V. Essen
Arbeitsblatt Nr. 03	Einteilung der Brenngase / Gasarten	

Einteilung der Brenngase DIN 1340

Gruppe	Brennwert $H_{i,s}$ MJ/m_N^3	Zusammensetzung	Beispiele	Verwendung als Brennstoffe in
1	bis 10	N_2, CO, H_2	Hochofengas, Generatorgas	Industrie
2	10 … 30	CO, H_2, CH_4, N_2	Klär-, Biogas	Industrie, Gewerbe, Öffentliche Einrichtungen,
3	≈ 30 … ≈ 75	CH_4, C_nH_m	Erdgas, SNG	Wie Gruppe 2, daneben als Rohstoffe für chemische Prozesse und Haushalt
4	über 75	C_nH_m	Propan, Butan	Rohstoffe für chemische Prozesse und Haushalt

Einteilung der Brenngase nach DVGW-G 260

Gasfamilie	Hauptbestandteil	Gruppe
1	Wasserstoff (H_2)	A: Stadtgas B: Kokerei-, Fern- und Spaltgas
2	Methan (CH_4)	L: Erdgas L H: Erdgas H } und deren Austauschgase
3	Propan (C_3H_8), Butan (C_4H_{10}) („Flüssiggas")	1. Propan 2. Propan/Butan-Gemische
4	Kohlenwasserstoff/Luft-Gemische	1. Flüssiggas/Luft 2. Erdgas/Luft

Bezeichnung der Brenngase

Im internationalen Sprachgebrauch sind folgende Bezeichnungen üblich:

Gasbezeichnung	Erläuterung
Biogas	Biogas entsteht bei der anaeroben (sauerstofffreien) Vergärung von organischem Material. Als Biogas wird überwiegend ein Gemisch aus den Hauptkomponenten Methan (CH_4) und Kohlenstoffdioxid (CO_2) bezeichnet, obwohl auch andere Gase (beispielsweise Wasserstoff) biologischen Ursprungs sind. Der Hauptanteil, der energetisch genutzt wird, ist Methan. Daneben enthält Biogas je nach Ausgangsbedingungen geringe Mengen an Wasserdampf, Schwefelwasserstoff, Ammoniak, Wasserstoff, Stickstoff und Spuren von niederen Fettsäuren und Alkoholen.
CNG	Compressed natural gas, d.h. komprimiertes Erdgas in gasförmigem Zustand, z.B. für den Einsatz in Fahrzeugen.
Cyrogenics	Gase, die bei Temperaturen unter -150°C flüssig sind.
Deponiegas	Deponiegas entsteht hauptsächlich durch den bakteriologischen und chemischen Abbau von organischen Inhaltsstoffen des Mülls auf Deponien. Die Hauptbestandteile sind Methan (CH_4), Stickstoff (N_2) und Kohlendioxid (CO_2). Je Tonne Hausmüll werden etwa 100 m³ Deponiegas erzeugt. Aufgrund der sehr inhomogenen Deponieinhalte schwanken die Gaszusammensetzungen stark.
Erdgas	Erdgas ist ein in der Natur in unterirdischer Speicherung vorkommendes Brenngas, dessen Hauptbestandteil Methan CH_4 ist. Erdgas wird auch als Naturgas bezeichnet. Wenn das Erdgas keine kondensierbaren Kohlenwasserstoffe enthält, heißt es trockenes Erdgas, bei Anwesenheit kondensierbarer Kohlenwasserstoffe nasses Erdgas oder Erdölgas.

Kapitel 2.1	2. Brenngase	gwi GasWärme-Institut e. V. Essen
Arbeitsblatt Nr. 03	Einteilung der Brenngase / Gasarten	

Bezeichnung der Brenngase (Fortsetzung)

Im internationalen Sprachgebrauch sind folgende Bezeichnungen üblich:

Gasbezeichnung	Erläuterung
Flüssigerdgas (LNG)	LNG (Liquiefied natural gas) ist eine Bezeichnung für Flüssigerdgas, das durch Abkühlung von Erdgas auf -161 °C (112 K) entsteht. LNG hat nur etwa 1/600stel des Volumens von Erdgas in Gasform. Besonders zu Transport- und Lagerungszwecken hat LNG große Vorteile.
Flüssiggas (LPG)	Flüssiggas auch als LPG (liquefied petroleum gas) bezeichnet, besteht aus Kohlenwasserstoffen, hauptsächlich aus Propan und Butan. LPG ist unter atmosphärischen Bedingungen gasförmig, erheblich schwerer als Luft, kann aber unter relativ geringen Drücken verflüssigt werden. Da Flüssiggas in flüssigem Zustand nur einen Bruchteil seines Gasvolumens einnimmt, lässt es sich in großen Mengen in Druckflaschen und Druckbehältern transportieren.
Generatorgas	Als Generatorgas wird jedes in einem Generator hergestellte Brenngas bezeichnet. Im engeren Sinn gilt die Bezeichnung nur für Brenngase, die durch chemische Umwandlung von Brennstoffen bei hohen Temperaturen mit feuchter Luft im Wärmegleichgewicht und damit kontinuierlich erhalten werden. Infolge des hohen Stickstoffgehalts (um 50 Vol.-%) hat Generatorgas einen niedrigen Heizwert.
Grubengas	Grubengas ist das in Steinkohlengruben auftretende, methanreiche Brenngas, das bei dem zur weiteren Verwendung notwendigen Absaugen mit Luft verdünnt wird. Die Eigenschaften richten sich nach dem Luftgehalt.
Gichtgas	Gichtgas ist ein brennbares Gas, das aufgrund des Stickstoffgehaltes von etwa 45-60 % und Kohlenstoffmonoxid-Gehalts von etwa 20 - 30 % nur einen niedrigen Heizwert von 3,35 - 4 MJ/m_N^3 ≈ 1,05 kWh/m^3 aufweist. Gichtgas enthält außerdem noch ca. 20 - 25 % Kohlenstoffdioxid und ca. 2 - 4 % Wasserstoff. Es wird am oberen Schachtende des Hochofens - der Gicht - abgezogen und in einem Gichtgaswäscher gereinigt.
Inertgas	Inert bedeutet in diesem Zusammenhang nicht brennbar. Inertgas, dessen Hauptbestandteile Kohlenstoffdioxid (CO_2) und Stickstoff (N_2) sind, die auch kurz Inerte genannt werden, ist in der Regel nur eine Beimischung von technischen Brenngasen. Neben CO_2 und N_2 sind auch Edelgase inert.
Klärgas	Klärgas entsteht aus städtischen oder industriellen Abwässern durch biologische Umwandlung. Es enthält als Hauptbestandteile neben Methan (CH_4) etwa 30 Vol.-% Kohlenstoffdioxid (CO_2).
Kokereigas	Kokereigas ist ein synthetisch hergestelltes Gas, das durch Kohlevergasung hergestellt wird.
Konvertergas	Konvertergas ist ein Überschussprodukt der Stahlindustrie. Der Hauptbestandteil mit knapp 70 % ist Kohlenstoffmonoxid.
LNG	Liquefied natural gas, siehe „Flüssigerdgas"
LPG	Liquefied petroleum gas, siehe "Flüssiggas"
Naturgas (natural gas)	Im Ausland gebräuchliche Bezeichnung für Erdgas
Ölgas	Ölgas ist ein im Wesentlichen aus Kohlenwasserstoffen und Wasserstoff bestehendes Brenngas. Es wird aus Mineralölen, hauptsächlich der so genannten Gasölfraktion, wie durch Spaltung (= Erhitzung in Abwesenheit von Luft oder anderen mitreagierenden Fremdstoffen) gewonnen. Die Eigenschaften können je nach Herstellungsbedingungen verhältnismäßig stark schwanken.
Raffineriegas	Bei der Aufarbeitung von Erdölen und ihren Produkten fällt als Restgas (Nebenerzeugnis) brennbares Raffineriegas an, das je nach Arbeitsverhältnissen der Raffinerien hauptsächlich aus Kohlenwasserstoffen und Wasserstoff besteht und sehr unterschiedliche Zusammensetzungen haben kann.
Schutzgas	Schutzgase sind unbrennbare oder brennbare Gase, deren Zusammensetzung verhindert, dass Werkstoffe bei der Wärmebehandlung in Schutzgasatmosphären oxidiert oder korrodiert werden.
SNG	Synthetic natural gas, d. h. synthetisches Gas mit den Brenneigenschaften von Erdgas

Kapitel 2.2	2. Brenngase	Gaswärme-Institut e.V. Essen
Arbeitsblatt Nr. 04	Kenndaten technisch wichtiger Einzelgase	

Brenngas	chemisches Zeichen	Brennwert H_s	Heizwert H_i	Dichteverhältnis	Dichte	Wobbe-Index	theoretischer Sauerstoffbedarf	theoretischer Luftbedarf	Verbrennungsgasmenge (trocken)	Verbrennungsquotient	Verbrennungsgasmenge (feucht)	Höchst-Kohlendioxidgehalt
		H_s $\frac{MJ}{m_N^3}$	H_i $\frac{MJ}{m_N^3}$	d_v	ρ $\frac{kg}{m_N^3}$	$\frac{H_s}{\sqrt{d}}$ $\frac{MJ}{m_N^3}$	$O_{2,min}$	L_{min} $\frac{m_N^3}{m_{N,Gas}^3}$	V_{min}^{tr}	$\frac{L_{min}}{V_{min}^{tr}}$	V_{min}^{f} $\frac{m_N^3}{m_{N,Gas}^3}$	$CO_{2,max}$ %
Wasserstoff	H_2	12,745	10,788	0,0695	0,0899	48,351	0,499	2,384	1,882	1,267	2,823	0
Kohlenstoffmonoxid	CO	12,634	12,634	0,967	1,2505	12,846	0,49	2,38	2,88	0,826	2,88	34,5
Methan	CH_4	39,831	35,894	0,5549	0,7175	53,469	2,002	9,565	8,569	1,116	10,45	11,65
Ethan	C_2H_6	70,333	64,382	1,048	1,355	68,7	3,532	16,867	15,463	1,091	18,315	13,01
Propan	C_3H_8	101,242	93,215	1,555	2,011	81,123	5,105	24,385	22,733	1,073	26,582	13,432
n-Butan	C_4H_{10}	134,06	123,81	2,094	2,708	92,651	6,782	32,391	30,869	1,049	35,785	13,476
i-Butan	C_4H_{10}	133,119	122,91	2,0856	2,697	92,316	6,754	32,257	30,632	1,053	35,528	13,524
Ethylen	C_2H_4	63,435	59,478	0,975	1,261	64,231	3,02	14,422	13,48	1,070	15,38	14,882
Propylen	C_3H_6	93,595	87,59	1,479	1,913	76,93	4,581	21,877	20,642	1,060	23,52	14,742
Butylen	C_4H_8	125,607	117,47	2,01	2,599	88,677	6,224	29,725	28,503	1,043	32,412	14,507
Acetylen	C_2H_2	58,574	56,592	0,906	1,171	61,515	2,519	12,029	11,585	1,038	12,534	17,325
Benzol	C_6H_6	157,97	151,65	2,89	3,734	94,099	8,03	38,3	38,8	0,987	41,9	16,4

Kapitel 2.3	2. Brenngase
Arbeitsblatt Nr. 05	Kenndaten der Erdgase (H, L)

gwi Gaswärme Institut e.V. Essen

Erdgas-Durchschnittswerte

Benennung Analysewerte		Nordsee-Erdgas H	Misch-Erdgas H	Russ.-Erdgas H	Holland-Erdgas L	Verbund-Erdgas L	Weser/Ems-Erdgas L
CO_2	Vol.-%	1,91	1,96	0,09	1,71	1,74	2,55
	Mol.%	1,92	1,97	0,09	1,72	1,75	2,56
N_2	Vol. %	0,93	2,65	0,83	10,11	9,21	8,71
	Mol.%	0,92	2,64	0,83	10,09	9,19	8,69
O_2	Vol.-%	<0,01	<0,01	<0,01	<0,01	<0,01	<0,01
	Mol.%	<0,01	<0,01	<0,01	<0,01	<0,01	<0,01
CH_4	Vol.-%	86,25	87,50	97,63	83,08	85,46	88,08
	Mol.%	86,22	87,43	97,61	83,04	85,43	88,08
C_2H_6	Vol.-%	8,56	6,80	1,00	3,97	2,91	0,61
	Mol.%	8,61	6,85	1,01	4,00	2,93	0,61
C_3H_8	Vol.-%	1,89	0,90	0,32	0,81	0,47	0,04
	Mol.%	1,91	0,92	0,33	0,82	0,48	0,04
C_4H_{10}	Vol.-%	0,39	0,16	0,11	0,22	0,15	0,01
	Mol.%	0,39	0,16	0,11	0,22	0,15	0,02
C_5H_{12}	Vol.-%	0,05	0,02	0,01	0,06	0,03	<0,01
	Mol.%	0,05	0,02	0,01	0,06	0,03	<0,01
C_{6+}	Vol.-%	0,02	0,01	0,01	0,04	0,03	<0,01
	Mol.%	0,02	0,01	0,01	0,05	0,04	<0,01
Brennwert $H_{s,n}$	kWh/m_N^3	11,905	11,332	11,135	10,322	10,241	9,880
Heizwert $H_{i,n}$	kWh/m_N^3	10,766	10,237	10,040	9,320	9,241	8,906
Wärmeverhältnis H_i/H_n	-	0,9043	0,9034	0,9017	0,9029	0,9024	0,9014
Normdichte ρ	kg/m^3	0,83363	0,8150	0,7362	0,8357	0,8178	0,8006
Dichteverhältnis (Luft=1)	-	0,6448	0,630	0,569	0,646	0,632	0,619
Wobbe-Index $W_{s,n}$	kWh/m_N^3	14,826	14,277	14,762	12,842	12,882	12,588
Wobbe-Index $W_{i,n}$	kWh/m_N^3	13,329	12,897	13,310	11,596	11,624	11,320
Methanzahl (+/- 2) MZ	-	75	82	91	86	90	102
min Luftbedarf l_{min}	m^3/m^3	10,33	9,77	9,6	8,9	8,83	8,52
min. Sauerstoffbedarf $O_{2,min}$	m^3/m^3	2,169	2,052	2,016	1,869	1,854	1,789
spez. min. Luftbedarf bez. auf $H_{i,n}$ l_0	m_N^3/kWh	0,959	0,954	0,956	0,955	0,956	0,957

Kapitel 2.4	2. Brenngase	gwi Gaswärme-Institut e.V. Essen
Arbeitsblatt Nr. 06	Kenndaten technischer Brenngase	

Methan-Luft-Gemisch

CH_4-Anteil	**Vol.-%**	**100**	**90**	**80**	**70**	**60**	**50**	**40**	**30**	**20**	**10**	**0**
Luft-Anteil	**Vol.-%**	**0**	**10**	**20**	**30**	**40**	**50**	**60**	**70**	**80**	**90**	**100**
Brennwert $H_{s,n}$	kWh/m_N^3	11,064	9,958	8,851	7,745	6,639	5,532	4,426	3,319	2,213	1,106	0
Heizwert $H_{i,n}$	kWh/m_N^3	9,971	8,974	7,976	6,979	5,982	4,985	3,988	2,991	1,994	0,997	0
Normdichte	kg/m^3	0,7175	0,775	0,832	0,889	0,946	1,003	1,06	1,117	1,174	1,231	1,293
Dichteverhältnis (Luft = 1)	-	0,555	0,599	0,643	0,687	0,731	0,775	0,819	0,863	0,908	0,952	1,0
Wobbe-Index $W_{s,n}$	kWh/m_N^3	14,854	12,869	11,038	9,344	7,764	6,283	4,889	3,572	2,323	1,134	0
Wobbe-Index $W_{i,n}$	kWh/m_N^3	13,386	11,595	9,947	8,42	6,994	5,662	4,406	3,219	2,093	1,022	0
Luftzahl des Brennstoff-Luft-Gemisches		0	0,012	0,026	0,045	0,07	0,105	0,158	0,245	0,42	0,945	∞
theor. Luftbedarf l_{min}	$m^3/m_{N,Gas}^3$	9,524	8,471	7,419	6,367	5,314	4,262	3,21	2,157	1,105	0,052	0
theor. Sauerstoffbedarf $O_{2\,min}$	$m^3/m_{N,Gas}^3$	2,0	1,779	1,558	1,337	1,116	0,895	0,674	0,453	0,232	0,011	0
Verbrennungsgasmenge (trocken)	m^3/m^3	8,524	7,671	6,819	5,967	5,114	4,262	3,41	2,557	1,705	0,852	0
Verbrennungsgasmenge (feucht)	m^3/m^3	10,524	9,471	8,419	7,367	6,314	5,262	4,21	3,157	2,105	1,052	0
CO_{2max}	Vol.-%	11,7	11,7	11,7	11,7	11,7	11,7	11,7	11,7	11,7	11,7	0
Verbrennungsquotient	-	1,117	1,104	1,088	1,067	1,039	1,0	0,941	0,844	0,649	0,067	-

Bio-, Klär- und Deponiegase

Zusammensetzung der Gase aus Bio-, Klär- und Deponiegasanlagen

Herkunft	**Hauptkomponenten in Vol.-%**			**Gasbegleitstoffe in mg/m³**			**Betriebsdaten der Anlage**	
	CH_4	CO_2	N_2	C_nH_m	H_2S	FCKW	p_n mbar	T °C
Biogasanlagen	50 – 85	50 – 15	Rest	-	≤ 10000	-	≤ 50	ca. 35
Klärgasanlagen	65 – 70	35 – 20	Rest	≤ 10	≤ 10000	-	≤ 50	ca. 35
Mülldeponie	40 – 60	40 – 20	Rest	≤ 300	≤ 900	20 bis 1000	0 - 3	ca. 25

Kapitel 2.4	2. Brenngase
Arbeitsblatt Nr. 07	Kenndaten technischer Brenngase

Gaswärme-Institut e. V. Essen

Bio-, Klär- und Deponiegase

Kenndaten

Art und Herkunft des Gases		Beispiele für Bio- und Klärgase					Beispiele für Deponiegase			
		Gülle	Abwasser		TKV	Br	Hausmüll		Haus- und Gewerbemüll	
Gaszusammensetzung (trocken)			Bsp. 1	Bsp. 2			Bsp. 1	Bsp. 2	Bsp. 1	Bsp. 2
Haupt-Komponenten in Vol.-%	CH_4	65	60	74	85	70	61	43	55	36
	CO_2	34	39	26	14	30	39	31	43	28
	N_2	1	1	-	1	-	-	23	1	31
	O_2	-	-	> 1	-	-	-	3	1	5
Gas-begleitstoffe in mg/m³	H_2S	300	20 bis 500 1)	20 bis 3000 1)	10000	400	30	10	140	900
	NH_3	1	n. b.	n. b.	n. b.	n. b.	n. b.	5	n. b.	5
	C_nH_m	n. b.	n. b.	n. b.	n. b.	n. b.	n. b.	n. b.	180	n. b.
	FCKW	-	0 – 3	0 – 3	-	-	50	180	800	60
Brennwert $H_{s,n}$	kWh/m_N^3	7,192	6,639	8,187	9,408	7,745	6,749	4,758	6,085	3,983
Heizwert $H_{i,n}$	kWh/m_N^3	6,481	5,982	7,378	8,478	6,979	6,082	4,287	5,484	3,589
Normdichte	kg/m^3	1,151	1,214	1,045	0,899	1,095	1,209	1,252	1,271	1,271
Dichteverhältnis (Luft = 1)	-	0,89	0,939	0,808	0,695	0,847	0,935	0,968	0,983	0,983
Wobbe-Index $W_{s,n}$	kWh/m_N^3	7,623	6,852	9,108	11,279	8,415	6,981	4,836	6,137	4,018
Wobbe-Index $W_{i,n}$	kWh/m_N^3	6,869	6,174	8,208	10,164	7,584	6,291	4,358	5,53	3,621
theor. Luftbedarf l_{min}	m^3/m^3	6,19	5,714	7,048	8,095	6,667	5,81	3,952	5,19	3,19
theor. Sauerstoffbedarf $O_{2,min}$	m^3/m^3	1,3	1,2	1,48	1,7	1,4	1,22	0,83	1,09	0,67
Verbrennungsgasmenge (trocken)	$m^3/m_{N,Gas}^3$	5,89	5,514	6,568	7,395	6,267	5,59	4,092	5,09	3,47
Verbrennungsgasmenge (feucht)	$m^3/m_{N,Gas}^3$	7,19	6,714	8,048	9,095	7,667	6,81	4,952	6,19	4,19
$O_{2,max}$	Vol.-%	16,8	18	15,2	13,4	16	17,9	18,1	19,3	18,4

TKV = Tierkörperverwertung
Br = Brennerei
n. b. = nicht bestimmt

1) Werte je nach Behandlungsverfahren

Kapitel 2.4	2. Brenngase	gwi Gaswärme-Institut e.V. Essen
Arbeitsblatt Nr. 08	Kenndaten technischer Brenngase	

Generator-, Gicht-, Gruben-, Kokerei- und Konvertergase

Art des Gases		Generatorgas		Gichtgas		Grubengas				Kokereigas	Konvertergas
Gaszusammensetzung		Bsp. 1	Bsp. 2	Bsp. 1	Bsp. 2	aktives Bergwerk Bsp. 1	aktives Bergwerk Bsp. 2	stillgelegtes Bergwerk Bsp. 1	stillgelegtes Bergwerk Bsp. 2		
Komponenten in Vol.-%	CH_4	-	2	-	-	35	60	60	80	25	-
	CO	25	20	20	30	0,1	0,4	-	-	5	65
	CO_2	4	12	20	23	6	6	8	15	2	16
	C_mH_n	-	-	-	-	-	-	-	-	2,5	-
	H_2	1	18	4	2	-	-	-	-	55	2
	N_2	70	46	56	45	42	16,6	32	5	10	17
	O_2	-	2	-	-	16,9	17	-	-	0,5	-
Brennwert $H_{s,n}$	kWh/m_N^3	0,913	1,56	0,844	1,124	3,876	6,653	6,639	8,851	5,377	2,352
Heizwert $H_{i,n}$	kWh/m_N^3	0,907	1,44	0,822	1,113	3,493	5,996	5,982	7,976	4,762	2,341
Normdichte	kg/m^3	1,268	1,121	1,349	1,394	1,137	1,005	0,989	0,933	0,497	1,343
Dichteverhältnis (Luft = 1)	-	0,981	0,867	1,043	1,078	0,88	0,777	0,765	0,722	0,384	1,039
Wobbe-Index $W_{s,n}$	kWh/m_N^3	0,922	1,675	0,826	1,082	4,133	7,548	7,592	10,421	8,675	2,308
Wobbe-Index $W_{i,n}$		0,916	1,547	0,804	1,072	3,725	6,804	6,842	9,391	7,683	2,297
theor. Luftbedarf l_{min}	m^3/m^3	0,619	1,0	0,571	0,762	2,531	4,914	5,714	7,19	4,202	1,595
theor. Sauerstoffbedarf $O_{2,min}$	m^3/m^3	0,13	0,21	0,12	0,16	0,532	1,032	1,2	1,6	0,883	0,335
Verbrennungsgasmenge (trocken)	m^3/m^3	1,479	1,59	1,411	1,582	2,83	4,712	5,514	7,019	3,79	2,24
Verbrennungsgasmenge (trocken)	m^3/m^3	1,489	1,81	1,451	1,602	3,53	5,912	6,714	8,619	4,915	2,26
$CO_{2,max}$	Vol.-%	19,6	21,4	28,3	33,5	14,5	14,1	12,3	13,5	9,8	36,2

Kapitel 2.4	2. Brenngase	gwi Gaswärme-Institut e.V. Essen
Arbeitsblatt Nr. 09	Kenndaten technischer Brenngase	

Erdgas L-Luft-Gemisch

(Zusammensetzung Erdgas L, siehe Holland-Erdgas L, Arbeitsblatt 5)

Erdgas L-Anteil	**Vol.-%**	**100**	**90**	**80**	**70**	**60**	**50**	**40**	**30**	**20**	**10**	**0**
Luft-Anteil	**Vol.-%**	**0**	**10**	**20**	**30**	**40**	**50**	**60**	**70**	**80**	**90**	**100**
Brennwert $H_{s,n}$	kWh/m_N^3	10,322	9,296	8,263	7,230	6,198	5,165	4,132	3,099	2,066	1,033	0
Heizwert $H_{i,n}$	kWh/m_N^3	9,327	8,394	7,461	6,529	5,596	4,663	3,731	2,798	1,865	0,933	0
Normdichte	kg/m^3	0,836	0,881	0,926	0,972	1,017	1,062	1,107	1,152	1,197	1,242	1,287
Dichteverhältnis (Luft = 1)	-	0,647	0,682	0,716	0,751	0,786	0,821	0,856	0,891	0,926	0,961	1
Wobbe-Index $W_{S,n}$	kWh/m_N^3	12,84	11,26	9,76	8,34	6,99	5,70	4,47	3,28	2,15	1,05	0
Wobbe-Index $W_{i,n}$	kWh/m_N^3	11,60	10,17	8,81	7,53	6,31	5,15	4,03	2,96	1,94	0,95	0
Luftzahl des Brennstoff-Luft-Gemisches	-	0	0,013	0,028	0,048	0,075	0,113	0,169	0,263	0,451	1,014	∞
theor. Luftbedarf l_{min}	m^3/m^3	8,876	7,889	6,902	5,915	4,927	3,940	2,953	1,966	0,979	-	0
theor. Sauerstoffbedarf $O_{2\ min}$	m^3/m^3	1,864	1,657	1,449	1,242	1,035	0,827	0,620	0,413	0,206	-	0
$v_{min,tr}$	m^3/m^3	8,079	7,271	6,464	5,657	4,849	4,042	3,234	2,427	1,620	0,812	0
$v_{min,f}$	m^3/m^3	9,909	8,919	7,928	6,938	5,948	4,957	3,967	2,976	1,986	0,995	0
CO_{2max}	Vol.-%	11,95	11,95	11,95	11,95	11,95	11,95	11,94	11,94	11,93	11,89	0
Verbrennungsquotient	-	1,099	1,085	1,068	1,046	1,016	0,975	0,913	0,810	0,604	-	-

Erdgas H-Luft-Gemisch

(Zusammensetzung Erdgas H, siehe Nordsee-Erdgas H, Arbeitsblatt 5)

Erdgas H-Anteil	**Vol.-%**	**100**	**90**	**80**	**70**	**60**	**50**	**40**	**30**	**20**	**10**	**0**
Luft-Anteil	**Vol.-%**	**0**	**10**	**20**	**30**	**40**	**50**	**60**	**70**	**80**	**90**	**100**
Brennwert $H_{s,n}$	kWh/m_N^3	11,927	10,73	9,542	8,349	7,156	5,964	4,771	3,578	2,385	1,193	0
Heizwert $H_{i,n}$	kWh/m_N^3	10,786	9,708	8,629	7,550	6,472	5,393	4,315	3,236	2,157	1,079	0
Normdichte	kg/m^3	0,835	0,881	0,926	0,971	1,016	1,061	1,107	1,152	1,197	1,242	1,287
Dichteverhältnis (Luft = 1)	-	0,646	0,681	0,716	0,751	0,786	0,821	0,856	0,891	0,926	0,961	1
Wobbe-Index $W_{S,n}$	kWh/m_N^3	14,84	13,01	11,28	9,63	8,07	6,58	5,16	3,79	2,48	1,22	0
Wobbe-Index $W_{i,n}$	kWh/m_N^3	13,42	11,76	10,20	8,71	7,30	5,95	4,66	3,43	2,24	1,10	0
Luftzahl des Brennstoff-Luft-Gemisches	-	0	0,011	0,024	0,042	0,065	0,098	0,146	0,228	0,391	0,879	∞
theor. Luftbedarf l_{min}	m^3/m^3	10,240	9,116	7,993	6,869	5,746	4,622	3,499	2,375	1,252	0,128	0
theor. Sauerstoffbedarf $O_{2\ min}$	m^3/m^3	2,150	1,914	1,678	1,443	1,207	0,971	0,735	0,499	0,263	0,027	0
$v_{min,tr}$	m^3/m^3	9,228	8,305	7,383	6,461	5,538	4,616	3,694	2,772	1,849	0,927	0
$v_{min,f}$	m^3/m^3	11,309	10,18	9,048	7,918	6,787	5,657	4,526	3,396	2,266	1,135	0
CO_{2max}	Vol.-%	12,23	12,23	12,23	12,23	12,23	12,23	12,22	12,22	12,21	12,18	0
Verbrennungsquotient	-	1,110	1,098	1,083	1,063	1,037	1,001	0,947	0,857	0,677	0,138	-

Kapitel 2.4	2. Brenngase	gwi Gaswärme-Institut e.V. Essen
Arbeitsblatt Nr. 10	Kenndaten technischer Brenngase	

Propan-Luft-Gemisch

Propan (C_3H_8)	**Vol.-%**	**100**	**90**	**80**	**70**	**60**	**50**	**40**	**30**	**20**	**10**	**0**
Luft	**Vol.-%**	**0**	**10**	**20**	**30**	**40**	**50**	**60**	**70**	**80**	**90**	**100**
Brennwert $H_{s,n}$	kWh/m_N^3	28,095	25,286	22,476	19,667	16,857	14,048	11,238	8,429	5,619	2,810	0
Heizwert $H_{i,n}$	kWh/m_N^3	25,866	23,280	20,693	18,106	15,520	12,933	10,346	7,660	5,173	2,587	0
Normdichte	kg/m^3	2,010	1,938	1,865	1,793	1,721	1,649	1,576	1,504	1,432	1,360	1,287
Dichteverhältnis (Luft = 1)	-	1,555	1,499	1,443	1,387	1,331	1,275	1,219	1,163	1,107	1,052	1
Wobbe-Index $W_{S,n}$	kWh/m_N^3	22,53	20,66	18,71	16,70	14,61	12,44	10,18	7,81	5,34	2,74	0
Wobbe-Index $W_{i,n}$	kWh/m_N^3	20,75	19,02	17,23	15,38	13,45	11,45	9,37	7,19	4,92	2,52	0
Luftzahl des Brennstoff-Luft-Gemisches	-	0	0,005	0,011	0,018	0,028	0,042	0,063	0,098	0,168	0,378	∞
theor. Sauerstoffbedarf	m^3/m^3	5,000	4,479	3,958	3,437	3,916	2,396	1,875	1,354	0,833	0,312	0
theor. Luftbedarf l_{min}	m^3/m^3	23,810	21,329	18,849	16,368	13,888	11,407	8,927	6,446	3,966	1,485	0
$v_{min,tr}$	m^3/m^3	21,810	19,629	17,449	15,268	13,088	10,907	8,727	6,546	4,366	2,185	0
$v_{min,f}$	m^3/m^3	25,810	23,229	20,649	18,068	15,488	12,907	10,327	7,746	5,166	2,585	0
CO_{2max}	Vol.-%	13,76	13,76	13,76	13,76	13,76	13,76	13,76	13,76	13,76	13,76	0
Verbrennungsquotient	-	1,092	1,087	1,080	1,072	1,061	1,046	1,023	0,985	0,908	0,680	-

Butan-Luft-Gemisch

Butan (C_4H_{10})	**Vol.-%**	**100**	**90**	**80**	**70**	**60**	**50**	**40**	**30**	**20**	**10**	**0**
Luft	**Vol.-%**	**0**	**10**	**20**	**30**	**40**	**50**	**60**	**70**	**80**	**90**	**100**
Brennwert $H_{s,n}$	kWh/m_N^3	37,254	33,529	29,803	26,078	22,353	18,627	14,902	11,176	7,451	3,725	0
Heizwert $H_{i,n}$	kWh/m_N^3	34,405	30,964	27,524	24,083	20,643	17,202	13,762	10,321	6,881	3,440	0
Normdichte	kg/m^3	2,709	2,567	2,425	2,283	2,140	1,998	1,856	1,714	1,572	1,430	1,287
Dichteverhältnis (Luft = 1)	-	2,095	1,985	1,875	1,765	1,655	1,545	1,435	1,326	1,216	1,106	1,000
Wobbe-Index $W_{S,n}$	kWh/m_N^3	25,74	23,80	21,76	19,63	17,37	14,98	12,44	9,71	6,76	3,54	0
Wobbe-Index $W_{i,n}$	kWh/m_N^3	23,77	21,98	20,10	18,13	16,04	13,84	11,49	8,96	6,24	3,27	0
Luftzahl des Brennstoff-Luft-Gemisches	-	0	0,004	0,008	0,014	0,022	0,032	0,048	0,075	0,129	0,291	∞
theor. Sauerstoffbedarf $O_{2\ min}$	m^3/m^3	6,500	5,829	5,158	4,487	3,816	3,146	2,475	1,804	1,133	0,462	0
theor. Luftbedarf l_{min}	m^3/m^3	30,952	27,758	24,563	21,368	18,173	14,979	11,784	8,589	5,394	2,200	0
$v_{min,tr}$	m^3/m^3	28,452	25,608	22,763	19,918	17,073	14,229	11,384	8,539	5,694	2,850	0
$v_{min,f}$	m^3/m^3	33,452	30,108	26,763	23,418	20,073	16,729	13,384	10,039	6,694	3,350	0
CO_{2max}	Vol.-%	14,06	14,06	14,06	14,06	14,06	14,06	14,06	14,05	14,05	14,04	0,00
Verbrennungsquotient	-	1,088	1,084	1,079	1,073	1,064	1,053	1,035	1,006	0,947	0,772	-

Kapitel 2.4	2. Brenngase	Gaswärme-Institut e.V. Essen
Arbeitsblatt Nr. 11	Kenndaten technischer Brenngase	

Propan-Butan-Gemisch

Volumenmäßige Zusammensetzung

Propan	**Vol.-%**	**100**	**90**	**80**	**70**	**60**	**50**	**40**	**30**	**20**	**10**	**0**
Butan	**Vol.-%**	**0**	**10**	**20**	**30**	**40**	**50**	**60**	**70**	**80**	**90**	**100**
Brennwert $H_{s,n}$	kWh/m_N^3	28,095	29,011	29,927	30,843	31,759	32,675	33,591	34,506	35,422	36,338	37,254
Heizwert $H_{i,n}$	kWh/m_N^3	25,866	26,720	27,574	28,428	29,282	30,135	30,989	31,843	32,697	33,551	34,405
Normdichte	kg/m^3	2,010	2,080	2,150	2,220	2,290	2,360	2,429	2,499	2,569	2,639	2,709
Dichte-verhältnis (Luft = 1)	(Luft = 1)	1,555	1,609	1,663	1,717	1,771	1,825	1,879	1,933	1,987	2,041	2,095
Wobbe-Index $W_{S,n}$	kWh/mN^3	22,53	22,87	23,21	23,54	23,87	24,19	24,51	24,82	25,13	25,44	25,74
Wobbe-Index $W_{i,n}$	kWh/mN^3	20,75	21,07	21,38	21,70	22,00	22,31	22,61	22,90	23,20	23,48	23,77
theor. Sauer-stoffbedarf $O_{2\ min}$	m^3/m^3	5,000	5,150	5,300	5,450	5,600	5,750	5,900	6,050	6,200	6,350	6,500
theor. Luftbedarf l_{min}	m^3/m^3	23,810	24,524	25,238	25,952	26,667	27,381	28,095	28,810	29,524	30,238	30,952
$v_{min,tr}$	m^3/m^3	21,810	22,474	23,138	23,802	24,467	25,131	25,795	26,460	27,124	27,788	28,452
$v_{min,f}$	m^3/m^3	25,810	26,574	27,338	28,102	28,867	29,631	30,395	31,160	31,924	32,688	33,452
CO_{2max}	Vol.-%	13,76	13,79	13,83	13,86	13,90	13,93	13,96	13,98	14,01	14,03	14,06
Verbrennungs-quotient	-	1,092	1,091	1,091	1,090	1,090	1,090	1,089	1,089	1,088	1,088	1,088

Propan-Butan-Gemisch

Massenmäßige Zusammensetzung

Propan	**Vol.-%**	**100**	**90**	**80**	**70**	**60**	**50**	**40**	**30**	**20**	**10**	**0**
Butan	**Vol.-%**	**0**	**10**	**20**	**30**	**40**	**50**	**60**	**70**	**80**	**90**	**100**
Brennwert $H_{s,n}$	kWh/m_N^3	28,095	28,793	29,529	30,306	31,128	31,998	32,921	33,903	34,947	36,062	37,254
Heizwert $H_{i,n}$	kWh/m_N^3	25,866	26,517	27,203	27,928	28,694	29,505	30,365	31,280	32,254	33,293	34,405
Normdichte	kg/m^3	2,010	2,063	2,119	2,179	2,241	2,308	2,378	2,453	2,533	2,618	2,709
Dichte-verhältnis (Luft = 1)	(Luft = 1)	1,555	1,596	1,639	1,685	1,734	1,785	1,839	1,897	1,959	2,025	2,095
Wobbe-Index $W_{S,n}$	kWh/mN^3	22,53	22,79	23,06	23,35	23,64	23,95	24,27	24,61	24,97	25,34	25,74
Wobbe-Index $W_{i,n}$	kWh/mN^3	20,75	20,99	21,25	21,51	21,79	22,08	22,39	22,71	23,04	23,40	23,77
theor. Sauer-stoffbedarf $O_{2\ min}$	m^3/m^3	5,000	5,114	5,235	5,362	5,497	5,639	5,790	5,951	6,122	6,3047	6,500
theor. Luftbedarf l_{min}	m^3/m^3	23,81	24,354	24,928	25,534	26,175	26,853	27,573	28,339	29,153	30,023	30,952
$v_{min,tr}$	m^3/m^3	21,81	22,316	22,850	23,413	24,009	24,640	25,310	26,022	26,779	27,588	28,452
$v_{min,f}$	m^3/m^3	25,81	26,392	27,006	27,655	28,340	29,067	29,837	30,656	31,527	32,458	33,452
CO_{2max}	Vol.-%	13,76	13,78	13,81	13,84	13,87	13,90	13,94	13,97	14,00	14,03	14,06
Verbrennungs-quotient	-	1,092	1,091	1,091	1,091	1,091	1,090	1,090	1,089	1,089	1,089	1,088

Anmerkung: Die hier publizierten GWI-Arbeitsblätter wurden sorgfältig erarbeitet. Dennoch übernehmen Autor, Herausgeber und Verlag für die Richtigkeit und Vollständigkeit von Angaben, Begriffen, Formeln und Zahlenwerten sowie für eventuelle Druckfehler keine Haftung.

Kapitel 2.4	2. Brenngase	gwi Gaswärme-Institut e.V. Essen
Arbeitsblatt Nr. 12	Kenndaten technischer Brenngase	

Propan-Butan-Gemisch

Spezifisches Volumen von flüssigen Propan/n-Butan-Gemischen (l/kg)

Propan	**Massen-%**	**100**	**90**	**80**	**70**	**60**	**50**	**40**	**30**	**20**	**10**	**0**
Butan	**Massen-%**	**0**	**10**	**20**	**30**	**40**	**50**	**60**	**70**	**80**	**90**	**100**
Temperatur des Flüssiggases [°C]	-20	1,786	1,768	1,751	1,734	1,717	1,699	1,682	1,665	1,647	1,630	1,613
	-10	1,835	1,815	1,796	1,776	1,757	1,737	1,718	1,698	1,678	1,659	1,639
	0	1,869	1,849	1,829	1,808	1,788	1,768	1,748	1,727	1,707	1,687	1,667
	+10	1,923	1,900	1,877	1,855	1,832	1,809	1,786	1,763	1,741	1,718	1,695
	+20	1,980	1,955	1,929	1,903	1,878	1,852	1,827	1,801	1,775	1,750	1,724
	+30	2,041	2,014	1,987	1,960	1,932	1,905	1,878	1,851	1,824	1,797	1,770
	+40	2,128	2,095	2,062	2,030	1,997	1,965	1,932	1,900	1,867	1,834	1,802
	+50	2,222	2,185	2,148	2,111	2,074	2,037	2,000	1,963	1,926	1,889	1,852

Dichte von flüssigen Propan/n-Butan-Gemischen (kg/l)

Propan	**Massen-%**	**100**	**90**	**80**	**70**	**60**	**50**	**40**	**30**	**20**	**10**	**0**
Butan	**Massen-%**	**0**	**10**	**20**	**30**	**40**	**50**	**60**	**70**	**80**	**90**	**100**
Temperatur des Flüssiggases [°C]	-20	0,560	0,566	0,572	0,578	0,584	0,590	0,596	0,602	0,608	0,614	0,620
	-10	0,545	0,552	0,558	0,565	0,571	0,578	0,584	0,591	0,597	0,604	0,610
	0	0,535	0,542	0,548	0,555	0,561	0,568	0,574	0,581	0,587	0,594	0,600
	+10	0,520	0,527	0,534	0,541	0,548	0,555	0,562	0,569	0,576	0,583	0,590
	+20	0,505	0,513	0,520	0,528	0,535	0,543	0,550	0,558	0,565	0,573	0,580
	+30	0,490	0,498	0,505	0,513	0,520	0,528	0,535	0,543	0,550	0,558	0,565
	+40	0,470	0,479	0,487	0,496	0,504	0,513	0,521	0,530	0,538	0,547	0,560
	+50	0,450	0,459	0,468	0,477	0,486	0,495	0,504	0,513	0,522	0,531	0,540

Dampfdrücke von Propan/n-Butan-Gemischen in bar

Propan	**Massen-%**	**100**	**90**	**80**	**70**	**60**	**50**	**40**	**30**	**20**	**10**	**0**
Butan	**Massen-%**	**0**	**10**	**20**	**30**	**40**	**50**	**60**	**70**	**80**	**90**	**100**
Temperatur [°C]	-10	3,4	3,2	3,0	2,7	2,5	2,2	2,0	1,7	1,4	1,0	0,7
	-5	4,1	3,8	3,6	3,3	3,0	2,7	2,3	2,0	1,6	1,2	0,8
	0	4,8	4,5	4,2	3,9	3,5	3,2	2,8	2,4	1,9	1,5	1,0
	+5	5,6	5,3	4,9	4,5	4,1	3,7	3,3	2,8	2,3	1,8	1,2
	+10	6,5	6,1	5,7	5,2	4,8	4,3	3,8	3,2	2,7	2,1	1,4
	+15	7,6	7,1	6,7	6,2	5,6	5,1	4,5	3,8	3,2	2,5	1,7
	+20	8,7	8,2	7,6	7,1	6,5	5,9	5,2	4,5	3,7	2,9	2,1
	+25	9,8	9,2	8,6	8,0	7,3	6,7	5,9	5,1	4,3	3,4	2,5
	+30	11,1	10,5	9,8	9,1	8,3	7,6	6,7	5,9	4,9	3,9	2,9
	+35	12,5	11,8	11,0	10,3	9,4	8,6	7,7	6,7	5,7	4,6	3,4
	+40	14,1	13,3	12,5	11,6	10,7	9,7	8,7	7,6	6,4	5,2	3,9
	+45	15,8	14,9	14,0	13,0	12,0	10,9	9,8	8,6	7,3	5,9	4,5
	+50	17,6	16,6	15,6	14,5	13,4	12,2	10,9	9,6	8,2	6,7	5,1
	+55	19,8	18,7	17,6	16,4	15,1	13,8	12,3	10,9	9,3	7,6	5,8
	+60	22,1	20,9	19,6	18,3	16,9	15,4	13,8	12,1	10,4	8,5	6,5

Kapitel 2.4	2. Brenngase
Arbeitsblatt Nr. 13	Kenndaten technischer Brenngase

gwi Gaswärme-Institut e. V. Essen

Propan-Butan-Gemisch und Propan-Butan-Luft-Gemisch

Taupunkte von Propan/n-Butan-Gemischen in °C

Absolutdruck bzw. Partialdruck des Flüssiggases [bar]	Zusammensetzung des Flüssiggases in Massen-%										
	Propan	90/10	80/20	70/30	60/40	50/50	40/60	30/70	20/80	10/90	Butan
1	-43,0	-36,0	-30,0	-25,0	-20,0	-15,5	-12,0	-9,0	-6,0	-3,0	0,0
1,5	-33,5	-26,0	-18,5	-14,0	-9,5	-5,0	-1,5	2,0	5,0	8,0	11,0
2	-26,5	-19,0	-11,0	-6,0	-1,5	3,0	6,0	10,0	13,0	16,0	19,0
2,5	-20,0	-13,5	-5,0	0,0	4,5	9,0	12,0	16,0	19,0	22,5	25,5
3	-14,0	-6,0	0,0	5,5	10,0	14,0	17,5	21,5	24,5	28,0	31,0
3,5	-9,0	-2,0	4,5	9,5	14,0	19,0	22,0	26,0	29,5	33,0	36,0
4	-5,5	2,0	8,5	13,5	18,0	23,0	26,5	30,5	34,0	37,5	40,5
4,5	-2,0	5,5	12,0	17,5	22,0	27,0	30,0	34,5	38,0	41,5	45,0
5	1,0	9,0	15,5	21,0	25,5	30,0	34,0	38,0	42,0	45,5	49,0
6	7,0	15,0	21,5	27,0	32,0	36,5	40,5	45,0	49,0	52,5	56,5
7	12,0	20,0	27,0	32,5	37,5	42,0	46,5	51,0	55,0	59,0	62,5
8	17,0	25,0	31,5	37,0	42,5	47,0	52,0	56,0	61,0	65,0	68,0
9	22,0	29,5	36,0	42,0	47,0	52,0	57,0	61,0	65,0	69,5	73,0
10	26,0	33,5	40,0	46,0	51,5	56,0	61,5	65,5	69,0	73,5	78,0

Taupunkte (Kondensationstemperatur) von Propan/n-Butan-Luft-Gemischen in °C bei 1,01325 bar

Heizwert kWh/m_N^3	Zusammensetzung des Flüssiggasanteils in Massen-%										
	Propan	90/10	80/20	70/30	60/40	50/50	40/60	30/70	20/80	10/90	Butan
1											
2											
3											
4	Unter –50 °C										
5							-50,0	-48,5	-47,0	-45,5	-44,0
6						-49,0	-47,0	-45,0	-43,0	-42,0	-40,5
7					-49,5	-46,5	-44,0	-42,0	-41,0	-38,5	-38,0
8					-48,0	-44,0	-42,0	-39,5	-38,0	-36,0	-35,0
9					-45,0	-41,5	-39,5	-37,0	-36,0	-33,5	-32,5
10				-47,5	-43,0	-40,0	-38,0	-35,0	-33,5	-31,5	-30,5
12			-48,0	-44,0	-39,5	-36,0	-34,0	-31,0	-29,5	-27,5	-26,5
14		-49,5	-44,5	-41,0	-36,5	-33,0	-31,0	-28,0	-26,5	-24,0	-23,0
16		-46,5	-41,5	-38,0	-33,5	-30,0	-28,0	-25,0	-23,5	-21,0	-20,0
18	-50,0	-44,0	-39,0	-35,0	-31,0	-27,5	-25,5	-22,0	-20,5	-18,0	-17,0
20	-48,0	-41,5	-36,5	-33,0	-28,5	-25,0	-23,0	-20,0	-18,0	-15,5	-14,5
22	-45,5	-39,5	-34,5	-30,5	-26,0	-22,5	-20,5	-17,5	-15,5	-13,5	-12,5
24	-44,0	-37,5	-32,5	-28,5	-24,0	-20,5	-18,5	-15,0	-13,5	-11,5	-10,5
26	42,0	-36,0	-30,0	-26,5	-21,5	-18,0	-16,0	-13,0	-12,0	-9,5	-8,0
28	-	-	-	-25,0	-19,5	-16,0	-14,0	-11,0	-10,0	-7,5	-6,0
30	-	-	-	-	-	-13,0	-12,0	-9,5	-8,5	-5,5	-4,0
32	-	-	-	-	-	-	-	-	-	-3,5	-2,0

Kapitel 2.4	2. Brenngase	Gaswärme-Institut e.V. Essen
Arbeitsblatt Nr. 14	Kenndaten technischer Brenngase	

Propan-Butan-Luft-Gemisch

Volumen-% Flüssiggas im Flüssiggas-Luftgemisch

Heizwert kWh/m_N^3	Zusammensetzung des Flüssiggasanteils in Massen-%										
	Propan	90/10	80/20	70/30	60/40	50/50	40/60	30/70	20/80	10/90	Butan
1) 1	3,86	3,76	3,67	3,57	3,48	3,38	3,28	3,19	3,09	3,00	2,90
1) 2	7,72	7,53	7,36	7,14	6,95	6,76	6,57	6,38	6,18	5,99	5,80
3	11,58	11,29	11,00	10,72	10,43	10,14	9,85	9,56	9,28	8,99	8,70
4	15,44	15,16	14,67	14,29	13,90	13,52	13,14	12,75	12,37	11,98	11,60
5	19,30	18,00	18,34	17,86	17,38	16,90	16,42	15,94	15,46	14,98	14,50
6	23,16	22,58	22,01	21,43	20,85	20,28	19,70	19,13	18,55	17,97	17,40
7	27,02	26,35	25,68	25,00	24,33	23,66	22,99	22,32	21,64	20,97	20,30
8	30,88	30,11	29,34	28,58	27,81	27,04	26,27	25,50	24,74	23,97	23,20
9	34,74	33,88	33,01	32,15	31,28	30,42	29,56	28,69	27,83	26,96	26,10
10	38,60	37,64	36,68	35,72	34,76	33,80	32,84	31,88	30,92	29,96	29,00
12	46,32	45,17	44,01	42,86	41,71	40,56	39,41	38,25	37,10	35,95	34,80
14	54,04	52,70	51,35	50,01	48,66	47,32	45,98	44,63	43,29	41,94	40,60
16	61,76	60,23	58,69	57,15	55,61	54,08	52,55	51,01	49,47	47,93	46,40
18	69,48	67,75	66,02	64,30	62,56	60,84	59,11	57,38	55,66	53,92	52,20
20	77,20	75,28	73,36	71,44	69,52	67,60	65,68	63,76	61,84	59,92	58,00
22	84,92	82,81	80,69	78,59	76,47	74,36	72,25	70,13	68,02	65,91	63,80
24	92,64	90,34	88,03	85,73	83,42	81,12	78,82	76,51	74,21	71,90	69,60
26	-	97,87	95,37	92,87	90,37	87,88	85,37	82,89	80,39	77,89	75,40
28	-	-	-	-	97,32	94,64	91,95	89,26	96,58	83,88	81,20
30	-	-	-	-	-	-	98,52	95,64	92,76	89,87	87,00
32	-	-	-	-	-	-	-	-	98,94	95,87	92,80
34	-	-	-	-	-	-	-	-	-	-	98,60

kg Flüssiggas je m^3 Luft

Heizwert kWh/m_N^3	Zusammensetzung des Flüssiggasanteils in Massen-%										
	Propan	90/10	80/20	70/30	60/40	50/50	40/60	30/70	20/80	10/90	Butan
1) 1	0,082	0,082	0,082	0,082	0,082	0,082	0,082	0,082	0,082	0,081	0,081
1) 2	0,170	0,170	0,171	0,171	0,171	0,171	0,171	0,170	0,169	0,168	0,166
3	0,266	0,266	0,266	0,266	0,266	0,266	0,265	0,264	0,263	0,260	0,258
4	0,370	0,370	0,370	0,370	0,370	0,369	0,368	0,365	0,362	0,359	0,355
5	0,483	0,483	0,483	0,482	0,482	0,480	0,477	0,474	0,469	0,464	0,458
6	0,609	0,609	0,608	0,607	0,604	0,601	0,596	0,591	0,584	0,577	0,569
7	0,748	0,747	0,745	0,741	0,737	0,732	0,725	0,718	0,709	0,699	0,688
8	0,902	0,899	0,895	0,890	0,883	0,875	0,866	0,855	0,844	0,831	0,817
9	1,075	1,070	1,062	1,054	1,044	1,032	1,019	1,005	0,990	0,972	0,955
10	1,269	1,260	1,249	1,236	1,222	1,205	1,188	1,169	1,149	1,127	1,104
12	1,740	1,720	1,690	1,670	1,640	1,610	1,580	1,550	1,510	1,480	1,440
14	2,370	2,330	2,280	2,230	2,170	2,120	2,070	2,010	1,960	1,900	1,850
16	3,260	3,160	3,060	2,970	2,870	2,780	2,690	2,600	2,510	2,430	2,340
18	4,600	4,390	4,190	4,010	3,830	3,670	3,510	3,360	3,220	3,080	2,950
20	6,840	6,360	5,940	5,560	5,230	4,930	4,650	4,390	4,160	3,940	3,730
22	11,370	10,420	9,010	8,160	7,450	6,850	6,330	5,860	5,460	5,090	4,760
24	25,410	19,520	15,850	13,360	11,530	10,140	9,040	8,140	7,380	6,740	6,190
26	-	95,910	44,410	28,970	21,510	17,120	14,180	12,100	10,520	9,280	8,320
28	-	-	-	-	83,250	41,690	27,750	20,760	16,560	13,710	11,670
30	-	-	-	-	-	-	161,700	54,790	32,880	23,370	18,090
32	-	-	-	-	-	-	-	-	239,500	61,160	34,840
34	-	-	-	-	-	-	-	-	-	-	190,400

1) Diese Gemische liegen im Zündbereich

Kapitel 2.4	2. Brenngase	gwi Gaswärme-Institut e.V. Essen
Arbeitsblatt Nr. 15	Kenndaten technischer Brenngase	

Isobare und molare spezifische Wärmekapazität technischer Einzelgase

Isobare spezifische Wärmekapazität in kJ/kgK bei p = 1,01325 bar

T in °C	N_2	O_2	CO	CO_2	H_2	H_2O	CH_4	C_2H_6	C_3H_8	C_4H_{10}
0	1,041	0,915	1,038	0,817	14,210	-	2,206	1,644	1,543	1,631
100	1,043	0,935	1,047	0,916	14,450	1,891	2,471	2,073	2,022	2,048
200	1,053	0,964	1,059	0,996	14,520	1,940	2,804	2,484	2,455	2,451
300	1,070	0,995	1,080	1,061	14,540	1,999	3,165	2,874	2,837	2,820
400	1,092	1,024	1,105	1,114	14,600	2,064	3,527	3,220	3,168	3,144
500	1,116	1,049	1,135	1,159	14,680	2,131	3,873	3,523	3,453	3,424
600	1,140	1,070	1,160	1,196	14,790	2,201	4,191	3,788	3,698	3,662
700	1,163	1,086	1,181	1,227	14,930	2,271	4,477	4,024	3,916	3,866
800	1,182	1,090	1,202	1,252	15,120	2,346	4,731	4,233	4,107	4,044
900	1,199	1,110	1,218	1,272	15,330	2,416	4,957	4,414	4,272	4,202
1000	1,214	1,120	1,231	1,291	15,530	2,482	5,160	4,572	4,416	4,342
1100	1,228	1,130	1,243	1,307	15,740	2,544	5,343	4,710	4,542	4,463
1200	1,240	1,140	1,256	1,322	15,970	2,601	5,510	4,830	4,651	4,555
1300	1,251	1,149	1,264	1,335	16,180	2,655	5,660	4,936	4,744	4,598
1400	1,261	1,157	1,273	1,346	16,390	2,705	5,789	5,031	4,824	4,561
1500	1,270	1,166	1,281	1,356	16,570	2,752	5,885	5,118	4,889	4,398

Molare spezifische Wärmekapazität in kJ/m³K bei p = 1,01325 bar

T in °C	N_2	O_2	CO	CO_2	H_2	H_2O	CH_4	C_2H_6	C_3H_8	C_4H_{10}
0	1,307	1,315	1,302	1,680	1,220	1,515	1,580	2,243	3,118	4,231
100	1,306	1,342	1,311	1,823	1,289	1,671	1,770	2,766	3,943	5,314
200	1,317	1,378	1,328	1,949	1,298	1,583	2,008	3,312	4,769	6,361
300	1,339	1,418	1,353	2,064	1,309	1,610	2,267	3,835	5,537	7,316
400	1,366	1,448	1,382	2,163	1,322	1,656	2,526	*4,314*	6,219	8,159
500	1,397	1,471	1,414	2,250	1,335	1,707	2,774	*4,736*	6,805	8,884
600	1,427	1,492	1,447	2,328	1,349	1,761	3,002	*5,101*	7,303	9,502
700	1,454	1,513	1,477	2,395	1,363	1,817	3,206	*5,416*	7,725	10,032
800	1,474	1,533	1,502	2,454	1,377	1,873	3,389	*5,689*	8,090	10,493
900	1,485	1,552	1,523	2,503	1,392	1,931	3,551	*5,930*	8,412	10,902
1000	1,489	1,572	1,539	2,547	1,406	1,989	3,695	*6,141*	8,695	11,267
1100	1,506	1,591	1,553	2,582	1,420	2,047	3,827	*6,318*	*8,933*	11,581
1200	1,524	1,610	1,570	2,617	1,434	2,106	3,946	*6,447*	*9,094*	*11,820*
1300	1,541	1,630	1,595	2,643	1,449	2,165	4,054	*6,495*	*9,126*	*11,932*
1400	1,557	1,648	1,638	2,664	1,464	2,225	4,146	*6,414*	*8,941*	*11,834*
1500	1,574	1,668	1,713	2,684	1,478	2,284	4,215	*6,130*	*8,418*	*11,412*

Kursiv: erhebliche Abweichungen der Werte zwischen verschiedenen Literaturquellen

Kapitel 2.4	2. Brenngase	gwi Gaswärme-Institut e.V. Essen
Arbeitsblatt Nr. 16	Kenndaten technischer Brenngase	

Wärmeleitfähigkeit und dynamische Viskosität technischer Einzelgase

Wärmeleitfähigkeit in W/mK bei p = 1,01325 bar

T in °C	N_2	O_2	CO	CO_2	H_2	H_2O	CH_4	C_2H_6	C_3H_8	C_4H_{10}
0	0,0244	0,0244	0,0244	0,0164	0,1767	0,0182	0,0313	0,0186	0,0150	0,0153
100	0,0314	0,0325	0,0314	0,0241	0,2198	0,0248	0,0456	0,0325	0,0267	0,0258
200	0,0372	0,0394	0,0372	0,0313	0,2568	0,0335	0,0623	0,0478	0,0408	0,0392
300	0,0431	0,0464	0,0431	0,0380	0,2902	0,0436	0,0810	0,0639	0,0558	0,0539
400	0,0478	0,0536	0,0489	0,0446	0,3219	0,0548	0,1011	0,0825	0,0708	0,0693
500	0,0536	0,0606	0,0547	0,0511	0,3530	0,0669	0,1217	0,1000	0,0861	0,0851
600	0,0594	0,0664	0,0606	0,0575	0,3843	0,0798	0,1424	0,1175	0,1022	0,1010
700	0,0650	0,0733	0,0664	0,0638	0,4154	0,0933	0,1632	*0,1361*	0,1175	*0,1170*
800	0,0697	0,0781	0,0722	0,0699	0,4475	0,1075	0,1835	*0,1522*	0,1314	*0,1329*
900	0,0756	0,0836	0,0781	0,0759	0,4803	0,1222	0,2034	*0,1697*	0,1467	*0,1488*
1000	0,0803	0,0894	0,0825	0,0817	0,5300	0,1375	0,2230	*0,1850*	0,1606	*0,1649*
1100	0,0850	0,0942	0,0872	0,0873	0,5458	0,1531	0,2423	*0,2011*	0,1733	*0,1812*
1200	0,0894	0,0989	0,0919	0,0927	0,5785	0,1692	0,2611	*0,2164*	*0,1861*	*0,1979*
1300	0,0942	0,1047	0,0967	0,0980	0,6114	0,1856	0,2795	*0,2314*	*0,2000*	*0,2155*
1400	0,0989	0,1094	0,1011	0,1030	0,6442	0,2023	0,2974	*0,2453*	*0,2117*	*0,2341*
1500	0,1036	0,1150	0,1069	0,1079	0,6771	0,2194	0,3149	*0,2594*	*0,2233*	*0,2542*

Kursiv: erhebliche Abweichungen der Werte zwischen verschiedenen Literaturquellen

Dynamische Viskosität in kg/ms * 10^{-6} bei p = 1,01325 bar

T in °C	N_2	O_2	CO	CO_2	H_2	H_2O	CH_4	C_2H_6	C_3H_8	C_4H_{10}
0	16,50	19,10	16,45	13,60	8,30	9,11	10,20	8,60	7,60	6,86
100	20,23	24,20	20,80	18,07	10,30	13,30	13,30	11,60	10,20	9,45
200	23,92	28,80	24,63	22,16	12,20	16,90	16,10	14,10	12,60	11,93
300	27,34	33,10	28,09	25,93	13,70	20,50	18,50	16,50	14,60	14,29
400	30,55	37,00	32,28	29,43	15,20	24,00	20,90	18,70	16,60	16,54
500	33,59	40,40	34,25	32,70	16,70	27,80	23,00	20,80	18,50	18,69
600	36,49	43,90	37,05	35,79	18,10	31,40	24,90	22,80	20,20	20,74
700	39,26	47,20	39,71	38,72	19,40	34,90	26,80	24,60	22,00	22,70
800	41,49	50,20	42,26	41,51	20,70	38,40	28,60	26,30	23,50	24,59
900	44,52	53,20	44,71	44,18	21,90	41,70	30,50	28,00	25,00	26,40
1000	47,02	56,00	47,07	46,74	23,20	44,90	32,20	29,60	26,60	28,15
1100	49,45	58,90	49,36	49,21	24,30	48,10	33,70	31,20	28,00	29,84
1200	51,82	61,60	51,59	51,50	25,40	51,20	35,40	32,80	29,30	31,47
1300	54,12	64,30	53,76	53,90	26,60	54,20	36,90	34,10	30,70	33,06
1400	56,37	65,90	55,86	56,14	27,70	57,10	38,40	35,60	32,00	34,59
1500	58,57	69,60	57,96	58,32	28,60	60,00	39,90	37,00	33,20	36,09

Kapitel 2.4	2. Brenngase	Gaswärme-Institut e.V Essen
Arbeitsblatt Nr. 17	Kenndaten technischer Brenngase	

Isobare und molare spezifische Wärmekapazität technischer Brenngase

Isobare spezifische Wärmekapazität in kJ/kgK bei p = 1,01325 bar

Temperatur [°C]	Misch-Erdgas H [1)]	Verbund-Erdgas L [1)]	Biogas [2)]	Deponie-gas [3)]	Generator-gas [4)]	Gicht-gas [5)]	Gruben-gas [6)]	Kokerei-gas [7)]	Konverter-gas [7)]
0	2,015	1,948	1,541	1,234	1,196	0,998	1,520	2,735	1,015
10	2,039	1,967	1,556	1,242	1,199	1,000	1,530	2,755	1,017
20	2,063	1,987	1,571	1,252	1,201	1,003	1,541	2,775	1,019
30	2,087	2,008	1,587	1,261	1,205	1,005	1,553	2,795	1,021
40	2,112	2,030	1,604	1,270	1,208	1,008	1,565	2,815	1,023
50	2,139	2,053	1,620	1,282	1,211	1,011	1,577	2,836	1,025
60	2,165	2,077	1,638	1,291	1,214	1,013	1,591	2,857	1,027
70	2,193	2,100	1,655	1,302	1,217	1,016	1,604	2,878	1,030
80	2,221	2,125	1,674	1,313	1,221	1,019	1,617	2,899	1,032
90	2,251	2,150	1,692	1,324	1,224	1,021	1,632	2,920	1,035
100	2,280	2,176	1,712	1,335	1,227	1,024	1,646	2,941	1,037
150	2,434	2,313	1,810	1,392	1,240	1,038	1,723	3,022	1,049
200	2,598	2,457	1,913	1,451	1,255	1,053	1,806	3,109	1,062
250	2,765	2,607	2,018	1,513	1,271	1,068	1,891	3,199	1,076
300	2,934	2,759	2,125	1,573	1,288	1,084	1,979	3,290	1,090
350	3,102	2,911	2,230	1,635	1,305	1,100	2,067	3,382	1,105
400	3,267	3,060	2,334	1,694	1,322	1,116	2,154	3,472	1,120
450	3,426	3,205	2,434	1,751	1,340	1,132	2,239	3,560	1,136
500	3,580	3,345	2,532	1,807	1,357	1,148	2,321	3,646	1,150

Molare spezifische Wärmekapazität in kJ/m³K bei p = 1,01325 bar

Temperatur [°C]	Misch-Erdgas H [1)]	Verbund-Erdgas L [1)]	Biogas [2)]	Deponie-gas [3)]	Generator-gas [4)]	Gicht-gas [5)]	Gruben-gas [6)]	Kokerei-gas [7)]	Konverter-gas [7)]
0	1,5993	1,5644	1,5823	1,5145	1,3394	1,3727	1,4873	1,3743	1,3514
10	1,6154	1,5781	1,5974	1,5264	1,3429	1,3773	1,497	1,3816	1,3547
20	1,6325	1,5929	1,6133	1,5388	1,3464	1,3821	1,5073	1,389	1,3581
30	1,6507	1,6085	1,63	1,5518	1,3498	1,3868	1,5183	1,3964	1,3616
40	1,6698	1,6249	1,6471	1,5651	1,3533	1,3917	1,5298	1,4039	1,3651
50	1,6899	1,6423	1,6653	1,5788	1,3568	1,3966	1,5419	1,4114	1,3687
60	1,7108	1,6604	1,6839	1,593	1,3602	1,4015	1,5545	1,419	1,3723
70	1,7326	1,6792	1,7031	1,6074	1,3636	1,4064	1,5676	1,4266	1,376
80	1,7552	1,6989	1,7229	1,6222	1,3671	1,4113	1,5812	1,4343	1,3797
90	1,7786	1,7192	1,7432	1,6372	1,3705	1,4163	1,5953	1,4421	1,3834
100	1,8027	1,7402	1,764	1,6526	1,3739	1,4212	1,6099	1,45	1,3872
150	1,9374	1,8607	1,8813	1,7358	1,3893	1,444	1,6934	1,4903	1,4056
200	2,0785	1,9899	2,005	1,8215	1,4048	1,4659	1,7841	1,5314	1,4247
250	2,2171	2,1173	2,1219	1,9026	1,4243	1,4901	1,8749	1,5746	1,4465
300	2,3507	2,2407	2,233	1,9796	1,4455	1,5148	1,9638	1,6179	1,4691
350	2,4771	2,3583	2,3394	2,0533	1,4659	1,5384	2,049	1,6591	1,4907
400	2,5963	2,4701	2,4411	2,1238	1,4855	1,5609	2,1306	1,6982	1,5113
450	2,7083	2,5761	2,5383	2,191	1,5043	1,5824	2,2086	1,7353	1,531
500	2,8134	2,6766	2,6311	2,2552	1,5224	1,6029	2,2831	1,7703	1,5498

1) Zusammensetzung siehe Arbeitsblatt 05
2) Zusammensetzung siehe Arbeitsblatt 07, Bio- und Klärgas/Abwasser/Bsp. 2
3) Zusammensetzung siehe Arbeitsblatt 07, Deponiegas/Hausmüll/Bsp. 2
4) Zusammensetzung siehe Arbeitsblatt 08, Generatorgas/Bsp. 2
5) Zusammensetzung siehe Arbeitsblatt 08, Gichtgas/Bsp. 2
6) Zusammensetzung siehe Arbeitsblatt 08, Grubengas/stillgelegtes Bergwerk/Bsp. 1
7) Zusammensetzung siehe Arbeitsblatt 08

Kapitel 2.4	2. Brenngase	gwi Gaswärme-Institut e.V. Essen
Arbeitsblatt Nr. 18	Kenndaten technischer Brenngase	

Wärmeleitfähigkeit und dynamische Viskosität technischer Brenngase

Wärmeleitfähigkeit in W/mK bei p = 1,01325 bar

Temperatur [°C]	Misch-Erdgas H 1)	Verbund-Erdgas L 1)	Biogas 2)	Deponie-gas 3)	Generator-gas 4)	Gicht-gas 5)	Gruben-gas 6)	Kokerei-gas 7)	Konverter-gas 7)
0	0,02815	0,02848	0,02532	0,02298	*0,03550*	0,02238	0,02655	*0,07675*	0,02302
10	0,02954	0,02983	0,02657	0,02403	*0,03663*	0,02317	0,02771	*0,07919*	0,02381
20	0,03094	0,03121	0,02784	0,02508	*0,03776*	0,02396	0,02889	*0,08163*	0,02460
30	0,03237	0,03261	0,02912	0,02614	*0,03888*	0,02475	0,03008	*0,08405*	0,02538
40	0,03382	0,03402	0,03042	0,02722	*0,03999*	0,02553	0,03128	*0,08646*	0,02615
50	0,03529	0,03546	0,03174	0,02830	*0,04109*	0,02630	0,03249	*0,08887*	0,02692
60	0,03678	0,03691	0,03307	0,02939	*0,04218*	0,02707	0,03371	*0,09126*	0,02768
70	0,03829	0,03838	0,03442	0,03048	*0,04326*	0,02784	0,03494	*0,09364*	0,02844
80	0,03982	0,03986	0,03578	0,03159	*0,04434*	0,02860	0,03618	*0,09601*	0,02919
90	0,04136	0,04136	0,03716	0,03270	*0,04541*	0,02936	0,03742	*0,09837*	0,02994
100	0,04292	0,04288	0,03854	0,03382	*0,04647*	0,03012	0,03868	*0,10072*	0,03068
150	0,05098	0,05067	0,04565	0,03949	*0,05167*	0,03384	0,04508	*0,11235*	0,03432
200	0,05939	0,05876	0,05299	0,04527	*0,05672*	0,03746	0,05165	*0,12379*	0,03785
250	0,06810	0,06712	0,06053	0,05114	*0,06162*	0,04100	0,05835	*0,13504*	0,04126
300	0,07703	0,07568	0,06823	0,05707	*0,06639*	0,04444	0,06517	*0,14613*	0,04457
350	0,08615	0,08441	0,07604	0,06303	*0,07104*	0,04780	0,07209	*0,15704*	0,04779
400	0,09540	0,09328	0,08396	0,06902	*0,07557*	0,05107	0,07908	*0,16780*	0,05092
450	0,10472	0,10226	0,09194	0,07502	*0,08001*	0,05426	0,08614	*0,17838*	0,05395
500	0,11408	0,11130	0,09999	0,08101	*0,08435*	0,05736	0,09325	*0,18880*	0,05691

Kursiv: Abweichungen der Werte zwischen verschiedenen Literaturquellen

Dynamische Viskosität in kg/ms * 10^{-6} bei p = 1,01325 bar

Temperatur [°C]	Misch-Erdgas H 1)	Verbund-Erdgas L 1)	Biogas 2)	Deponie-gas 3)	Generator-gas 4)	Gicht-gas 5)	Gruben-gas 6)	Kokerei-gas 7)	Konverter-gas 7)
0	10,425	10,952	11,80	13,46	15,93	15,74	12,87	12,43	15,95
10	10,756	11,295	12,19	13,89	16,40	16,22	13,27	12,80	16,43
20	11,083	11,635	12,57	14,32	16,87	16,69	13,66	13,16	16,90
30	11,408	11,970	12,95	14,75	17,33	17,16	14,05	13,52	17,37
40	11,728	12,302	13,33	15,17	17,79	17,63	14,43	13,87	17,83
50	12,046	12,630	13,70	15,59	18,24	18,08	14,81	14,22	18,28
60	12,359	12,955	14,07	16,00	18,68	18,54	15,18	14,57	18,73
70	12,670	13,275	14,43	16,40	19,12	18,98	15,55	14,91	19,17
80	12,977	13,592	14,79	16,81	19,55	19,42	15,92	15,25	19,61
90	13,281	13,906	15,15	17,20	19,98	19,86	16,28	15,58	20,04
100	13,582	14,216	15,50	17,60	20,40	20,29	16,63	15,91	20,46
150	15,038	15,716	17,20	19,50	22,45	22,36	18,36	17,52	22,52
200	16,419	17,137	18,81	21,30	24,39	24,33	19,99	19,05	24,46
250	17,731	18,486	20,35	23,02	26,23	26,21	21,54	20,51	26,30
300	18,979	19,767	21,80	24,66	28,00	28,00	23,02	21,90	28,07
350	20,167	20,988	23,19	26,23	29,70	29,72	24,43	23,24	29,75
400	21,301	22,152	24,52	27,73	31,34	31,38	25,78	24,54	31,37
450	22,384	23,264	25,79	29,17	32,92	32,97	27,08	25,78	32,94
500	23,420	24,328	27,00	30,56	34,45	34,52	28,32	26,98	34,44

1) Zusammensetzung siehe Arbeitsblatt 05
2) Zusammensetzung siehe Arbeitsblatt 07, Bio- und Klärgas/Abwasser/Bsp. 2
3) Zusammensetzung siehe Arbeitsblatt 07, Deponiegas/Hausmüll/Bsp. 2
4) Zusammensetzung siehe Arbeitsblatt 08, Generatorgas/Bsp. 2
5) Zusammensetzung siehe Arbeitsblatt 08, Gichtgas/Bsp. 2
6) Zusammensetzung siehe Arbeitsblatt 08, Grubengas/stillgelegtes Bergwerk/Bsp. 1
7) Zusammensetzung siehe Arbeitsblatt 08

Kapitel 3.1	3. Luft	Gaswärme-Institut e.V. Essen
Arbeitsblatt Nr. 19	Stoffwerte (1bar)	

Stoffwerte von Luft beim Druck p = 1 bar

ϑ	ρ	h	s	c_p	β	λ	η	ν	a	Pr
-200	5,106	68,2	5,407	1,186	17,240	6,886	4,997	9,79	11,37	0,8606
-180	3,851	90,5	5,678	1,071	11,830	8,775	6,623	17,20	21,27	0,8086
-160	3,126	111,5	5,882	1,036	9,293	10,64	7,994	25,58	32,86	0,7784
-140	2,639	132,1	6,050	1,021	7,726	12,47	9,294	35,22	46,77	0,7617
-120	2,287	152,4	6,192	1,014	6,657	14,26	10,55	46,14	61,50	0,7502
-100	2,019	172,7	6,316	1,011	5,852	16,02	11,77	58,29	78,51	0,7423
-80	1,807	192,9	6,427	1,009	5,227	17,74	12,94	71,59	97,30	0,7357
-60	1,636	213,0	6,526	1,007	4,725	19,41	14,07	85,98	117,8	0,7301
-40	1,495	233,1	6,618	1,007	4,313	21,04	15,16	101,4	139,7	0,7258
-30	1,433	243,2	6,660	1,007	4,133	21,84	15,70	109,5	151,3	0,7236
-20	1,377	253,3	6,701	1,007	3,968	22,63	16,22	117,8	163,3	0,7215
-10	1,324	263,3	6,740	1,006	3,815	23,41	16,74	126,4	175,7	0,7196
0	1,275	273,4	6,778	1,006	3,674	24,18	17,24	135,2	188,3	0,7179
10	1,230	283,5	6,814	1,007	3,543	24,94	17,74	144,2	201,4	0,7163
20	1,188	293,5	6,849	1,007	3,421	25,69	18,24	153,5	214,7	0,7148
30	1,149	303,6	6,882	1,007	3,307	26,43	18,72	163,0	228,4	0,7134
40	1,112	313,7	6,915	1,007	3,200	27,16	19,20	172,6	242,4	0,7122
60	1,045	333,8	6,978	1,009	3,007	28,60	20,14	192,7	271,3	0,7100
80	0,9859	354,0	7,036	1,010	2,836	30,01	21,05	213,5	301,4	0,7083
100	0,9329	374,2	7,092	1,012	2,683	31,39	21,94	235,1	332,6	0,7070
120	0,8854	394,5	7,145	1,014	2,546	32,75	22,80	257,5	364,8	0,7060
140	0,8425	414,8	7,195	1,016	2,422	34,08	23,65	280,7	398,0	0,7054
160	0,8036	435,1	7,243	1,102	2,310	35,39	24,48	304,6	432,1	0,7050
180	0,7681	455,6	7,289	1,022	2,208	36,68	25,29	329,3	467,1	0,7049
200	0,7356	476,0	7,334	1,026	2,115	37,95	26,09	354,7	503,0	0,7051
250	0,6653	527,5	7,437	1,035	1,912	41,06	28,02	421,1	596,2	0,7063
300	0,6072	579,6	7,532	1,046	1,745	44,09	29,86	491,8	694,3	0,7083
350	0,5585	632,1	7,620	1,057	1,605	47,05	31,64	566,5	796,8	0,7109
400	0,5170	685,3	7,702	1,069	1,486	49,96	33,35	645,1	903,8	0,7137
450	0,4813	739,0	7,779	1,081	1,383	52,82	35,01	727,4	1015	0,7166
500	0,4502	793,4	7,852	1,093	1,293	55,64	36,62	813,5	1131	0,7194
550	0,4228	848,3	7,921	1,105	1,215	58,41	38,19	903,1	1251	0,7221
600	0,3986	903,9	7,986	1,116	1,145	61,14	39,17	996,3	1375	0,7247
650	0,3770	959,9	8,049	1,126	1,083	63,83	41,20	1093	1503	0,7271
700	0,3576	1016	8,108	1,137	1,027	66,46	42,66	1193	1635	0,7295
750	0,3402	1074	8,165	1,146	0,9772	69,03	44,08	1296	1771	0,7318
800	0,3243	1131	8,220	1,155	0,9317	71,54	45,48	1402	1910	0,7342
850	0,3099	1189	8,273	1,163	0,8902	73,98	46,85	1512	2052	0,7368
900	0,2967	1247	8,324	1,171	0,8523	76,33	48,19	1624	2197	0,7395
1000	0,2734	1365	8,420	1,185	0,7853	80,77	50,82	1859	2492	0,7458

ϑ Temperatur in °C
ρ Dichte in kg/m³
h spezifische Enthalpie in kJ/kg
s absolute spezifische Entropie in kJ/kg K
c_p spezifische isobare Wärmekapazität in kJ/kg K
β isobarer Wärmeausdehnungskoeffizient $(1/v)(dv/d\vartheta)_p$ in 10^{-3}/K

λ Wärmeleitfähigkeit in 10^{-3} W/m K
η dynamische Viskosität in 10^{-6} Pa s
ν kinematische Viskosität in 10^{-7} m²/s
a Temperaturleitfähigkeit in 10^{-7} m²/s
Pr Prandtl-Zahl

Charakteristische Größen: Molare Masse M = 28,96 kg/kmol, Gaskonstante R = 287,22 J/kg K

Kritische Zustandsgrößen: p_c = 37,66 bar, T_c = 132,52 K bzw. ϑ_c = - 140,63 °C, ρ_c = 313 kg/m³

Tripelpunkttemperatur T_t = 60 K bzw. ϑ_t = -213,15 °C

Kapitel 3.1	3. Luft	gwi Gaswärme-Institut e.V. Essen
Arbeitsblatt Nr. 20	Stoffwerte / Siedekurve	

Stoffwerte von Luft auf der Siedekurve

ϑ	p	ρ´	h´	s´	β´	λ´	η´	ν´
-200	0,509	849,2	-135,5	2,869	-2,566	134,9	97,60	1,149
-195	0,941	827,8	-127,8	2,970	-2,090	128,6	90,87	1,098
-190	1,615	805,7	-119,5	3,072	-1,373	122,3	84,37	1,047
-185	2,607	782,4	-110,7	3,174	-0,214	115,8	78,01	0,997
-180	3,998	757,7	-101,2	3,277	1,697	109,2	71,78	0,9473
-178	4,685	747,4	-97,17	3,318	2,754	106,5	69,33	0,9277
-176	5,453	736,8	-93,07	3,360	4,007	103,8	66,91	0,9082
-174	6,309	725,9	-88,85	3,401	5,462	101,1	64,53	0,8889
-172	7,258	714,9	-84,51	3,443	7,112	98,34	62,18	0,8699
-170	8,303	703,5	-80,04	3,486	8,935	95,58	59,88	0,8512
-168	9,451	691,9	-75,42	3,528	10,90	92,82	57,62	0,8328
-166	10,70	680,0	-70,66	3,571	12,96	90,05	55,40	0,8147
-164	12,06	667,8	-65,72	3,615	15,11	87,28	53,23	0,7971
-162	13,55	655,3	-60,62	3,659	17,35	84,49	51,10	0,7798
-160	15,15	642,4	-55,32	3,704	19,72	81,68	49,00	0,7628
-158	16,88	629,1	-49,82	3,750	22,30	78,85	46,94	0,7461
-156	18,74	615,1	-44,11	3,796	25,23	75,97	44,89	0,7297
-154	20,73	600,4	-38,17	3,844	28,75	73,01	42,84	0,7135
-152	22,86	584,7	-31,98	3,892	33,22	69,96	40,77	0,6973
-150	25,14	567,6	-25,49	3,942	39,28	66,74	38,65	0,6810
-148	27,60	548,5	-18,61	3,994	48,23	63,26	36,43	0,6642
-146	30,24	526,0	-10,96	4,051	63,17	59,35	34,00	0,6465
-144	33,09	497,0	-1,859	4,117	94,45	54,58	31,15	0,6268
-142	36,09	448,3	8,768	4,194	216,7	47,25	26,95	0,6010

ϑ Temperatur in °C
p Druck in bar
ρ′ Dichte in kg/m^3
h′ spezifische Enthalpie in kJ/kg
s′ absolute spezifische Entropie in kJ/kg K
β′ isobarer Wärmeausdehnungskoeffizient $(1/v)(dv/d\vartheta)_P$ in 10^{-3}/K
λ′ Wärmeleitfähigkeit in 10^{-3} W/m K
η′ dynamische Viskosität in 10^{-6} Pa s
ν′ kinematische Viskosität in 10^{-7} m^2/s

Charakteristische Größen: Molare Masse M = 28,96 kg/kmol, Gaskonstante R = 287,22 J/kg K
Kritische Zustandsgrößen: p_c = 37,66 bar, T_c = 132,52 K bzw. ϑ_c = - 140,63 °C, ρ_c = 313 kg/m^3
Tripelpunkttemperatur T_t = 60 K bzw. ϑ_t = -213,15 °C

Kapitel 3.1	3. Luft	Gaswärme-Institut e.V. Essen
Arbeitsblatt Nr. 20	Stoffwerte / Taukurve	

Stoffwerte von Luft auf der Taukurve

ϑ	p	ρ''	h''	s''	c_p''	β''	λ''	η''	ν''	a''	Pr''
-200	0,3229	1,571	71,54	5,765	1,057	14,70	6,733	4,963	31,60	40,56	0,7790
-195	0,6359	2,932	75,52	5,628	1,088	14,33	7,281	5,439	18,55	22,83	0,8125
-190	1,154	5,089	79,08	5,508	1,128	14,22	7,862	5,878	11,55	13,69	0,8434
-185	1,958	8,323	82,15	5,401	1,180	14,34	8,487	6,299	7,568	8,644	0,8755
-180	3,138	12,97	84,66	5,305	1,243	14,71	9,170	6,728	5,179	5,686	0,9108
-178	3,738	15,32	85,50	5,269	1,272	14,94	9,463	6,888	4,498	4,856	0,9262
-176	4,420	17,98	86,23	5,233	1,304	15,21	9,770	7,061	3,928	4,167	0,9426
-174	5,192	20,99	86,85	5,199	1,339	15,54	10,09	7,238	3,448	3,591	0,9603
-172	6,059	24,39	87,36	5,166	1,377	15,94	10,43	7,420	3,042	3,106	0,9794
-170	7,029	28,22	87,75	5,134	1,418	16,41	10,78	7,607	2,696	2,695	1,000
-168	8,109	32,51	88,01	5,102	1,465	16,97	11,16	7,803	2,400	2,344	1,024
-166	9,304	37,33	88,12	5,071	1,517	17,64	11,56	8,008	2,145	2,042	1,051
-164	10,62	42,74	88,08	5,040	1,576	18,45	11,98	8,224	1,924	1,779	1,082
-162	12,07	48,80	87,87	5,009	1,646	19,44	12,44	8,454	1,732	1,548	1,119
-160	13,65	55,62	87,46	4,979	1,730	20,68	12,93	8,701	1,564	1,344	1,164
-158	15,38	63,30	86,81	4,948	1,832	22,25	13,46	8,968	1,417	1,161	1,221
-156	17,25	71,99	85,90	4,916	1,961	24,28	14,04	9,263	1,287	0,9943	1,294
-154	19,27	81,91	84,66	4,883	2,131	26,99	14,68	9,591	1,171	0,8411	1,392
-152	21,46	93,34	83,01	4,849	2,363	30,74	15,40	9,963	1,067	0,6982	1,529
-150	23,80	106,7	80,84	4,811	2,701	36,21	16,23	10,390	0,9741	0,5631	1,730
-148	26,32	122,7	77,97	4,771	3,230	44,76	17,21	10,910	0,8894	0,4342	2,048
-146	29,01	142,5	74,10	4,724	4,162	59,71	18,43	11,560	0,8114	0,3107	2,611
-144	31,89	168,6	68,62	4,667	6,152	91,22	20,08	12,450	0,7382	0,1935	3,814
-142	34,96	208,4	59,84	4,586	12,51	190,0	22,74	13,880	0,6659	0,0872	7,636

ϑ Temperatur in °C
p Druck in bar
ρ'' Dichte in kg/m^3
h'' spezifische Enthalpie in kJ/kg
s'' absolute spezifische Entropie in kJ/kg K
c_p'' spezifische isobare Wärmekapazität in kJ/kg K
β'' isobarer Wärmeausdehnungskoeffizient $(1/v)(dv/d\vartheta)_p$ in 10^{-3}/K
λ'' Wärmeleitfähigkeit in 10^{-3} W/m K
η'' dynamische Viskosität in 10^{-6} Pa s
ν'' kinematische Viskosität in 10^{-7} m^2/s
a'' Temperaturleitfähigkeit in 10^{-7} m^2/s
Pr'' Prandtl-Zahl

Charakteristische Größen: Molare Masse M = 28,96 kg/kmol, Gaskonstante R = 287,22 J/kg K
Kritische Zustandsgrößen: p_c = 37,66 bar, T_c = 132,52 K bzw. ϑ_c = - 140,63 °C, ρ_c = 313 kg/m^3
Tripelpunkttemperatur T_t = 60 K bzw. ϑ_t = -213,15 °C

2/2

Kapitel 3.1	3. Luft
Arbeitsblatt Nr. 21	**Stoffwerte / Dichte**

Gaswärme-Institut e.V. Essen

Dichte trockener und wasserdampfgesättigter n-Luft bei verschiedenen Temperaturen und verschiedenem Barometerstand in kg/m³

ϑ [°C]	p = 959,9 mbar		p = 1013,25 mbar		p = 1066,6 mbar	
	trocken	H_2O_D gesätt.	trocken	H_2O_D gesätt.	trocken	H_2O_D gesätt.
0	1,225	1,222	1,293	1,290	1,361	1,358
1	1,220	1,217	1,288	1,285	1,356	1,353
2	1,216	1,213	1,284	1,280	1,351	1,348
3	1,212	1,208	1,279	1,275	1,346	1,343
4	1,207	1,203	1,274	1,270	1,341	1,337
5	1,203	1,199	1,270	1,266	1,337	1,332
6	1,199	1,194	1,265	1,261	1,332	1,327
7	1,194	1,190	1,261	1,256	1,327	1,322
8	1,190	1,185	1,256	1,251	1,322	1,317
9	1,186	1,181	1,252	1,246	1,318	1,312
10	1,182	1,176	1,247	1,242	1,313	1,307
11	1,177	1,171	1,243	1,237	1,308	1,302
12	1,173	1,167	1,239	1,232	1,304	1,297
13	1,169	1,162	1,234	1,227	1,299	1,292
14	1,165	1,158	1,230	1,223	1,295	1,287
15	1,161	1,153	1,226	1,218	1,290	1,282
16	1,157	1,149	1,221	1,213	1,286	1,278
17	1,153	1,144	1,217	1,208	1,281	1,272
18	1,149	1,140	1,213	1,204	1,277	1,268
19	1,145	1,135	1,209	1,199	1,273	1,263
20	1,141	1,131	1,205	1,194	1,268	1,258
21	1,138	1,126	1,201	1,190	1,264	1,253
22	1,134	1,122	1,197	1,185	1,260	1,248
23	1,130	1,117	1,193	1,180	1,255	1,243
24	1,126	1,113	1,189	1,175	1,251	1,238
25	1,122	1,108	1,185	1,171	1,247	1,233
26	1,118	1,104	1,181	1,166	1,243	1,228
27	1,115	1,099	1,177	1,161	1,239	1,223
28	1,111	1,095	1,173	1,156	1,235	1,218
29	1,107	1,090	1,169	1,151	1,230	1,213
30	1,104	1,085	1,165	1,147	1,226	1,208
31	1,100	1,081	1,161	1,142	1,222	1,203
32	1,096	1,076	1,157	1,137	1,218	1,198
33	1,093	1,071	1,154	1,132	1,214	1,193
34	1,089	1,067	1,150	1,127	1,210	1,188
35	1,086	1,062	1,146	1,122	1,206	1,182
36	1,082	1,057	1,142	1,117	1,203	1,177
37	1,079	1,052	1,139	1,112	1,199	1,172
38	1,075	1,047	1,135	1,107	1,195	1,167
39	1,072	1,042	1,131	1,102	1,191	1,162
40	1,068	1,037	1,128	1,097	1,187	1,156
50	1,035	0,985	1,093	1,043	1,150	1,100
60	1,004	0,926	1,060	0,981	1,116	1,037
70	0,975	0,855	1,029	0,910	1,083	0,964
80	0,947	0,771	1,000	0,823	1,053	0,876
90	0,921	0,667	0,973	0,718	1,024	0,769
100	0,897	0,558*	0,946	0,589*	0,996	0,638
	* reiner Wasserdampf					

Anmerkung: Die hier publizierten GWI-Arbeitsblätter wurden sorgfältig erarbeitet. Dennoch übernehmen Autor, Herausgeber und Verlag für die Richtigkeit und Vollständigkeit von Angaben, Begriffen, Formeln und Zahlenwerten sowie für eventuelle Druckfehler keine Haftung.

Download: www.gaswaerme-online.de

Kapitel 4.1	4. Zündung	Gaswärme-Institut e.V Essen
Arbeitsblatt Nr. 22	Zündgrenzen	

Zündung einiger Einzelgase in Normalluft und Sauerstoff bei 1,01325 bar und Umgebungstemperatur

Brennstoff	Chem. Zeichen	Zündgrenzen mit Luft		Zündgrenzen mit O_2	
		untere (Vol-% Gas)	obere (Vol-% Gas)	untere (Vol-% Gas)	obere (Vol-% Gas)
Wasserstoff	H_2	4,00	74,20	4,65	93,9
Kohlenmonoxid	CO	12,50	74,20	15,50	93,9
Methan	CH_4	5,00	15,00	5,40	59,2
Ethan	C_2H_6	3,00	12,50	4,10	50,5
Propan	C_2H_8	2,12	9,35	2,30	55,0
n-Butan	C_4H_{10}	1,86	8,41	1,80	49,0
i-Butan	C_4H_{10}	1,80	8,44	1,80	48,0
Athen	C_2H_4	2,75	18,60	2,90	79,9
Propen	C_2H_6	2,00	11,10	2,10	52,8
Buten-1	C_4H_8	1,65	9,95		
Buten-2	C_4H_8	1,75	9,70		
Äthin	C_2H_2	2,50	80,00	2,50	ca 98,1
Benzol	C_6H_6	1,40	7,10	2,60	30,1
Toluol	C_7H_8	1,27	6,75		
Xylol		1,00	6,00		

Die Werte der oberen und unteren Zündgrenzen schwanken je nach Literaturquelle, Berechnungsverfahren oder Experiment. Die hier aufgeführten Werte sind deshalb als Anhaltswerte zu verstehen. In der unteren Tabelle sind Werte der Zündgrenzen von 1963 und 1990 aus verschiedenen Quellen gegenübergestellt.

Brennstoff	Chem. Zeichen	Untere		Obere	
		1963	1990	1963	1990
Wasserstoff	H_2	4,0	4,0	75,6	77,0
Kohlenmonxyd	CO	12,5	10,9	74,0	76,0
Methan	CH_4	5,0	4,4	15,0	16,5
Ethan	C_2H_6	3,0	2,7	12,5	14,7
Ethen	C_2H_4	2,7	2,3	28,5	32,4
Ethin	C_2H_2	1,5	2,3	82,0	78,0
Propan	C_3H_8	2,1	1,7	9,5	10,9
Propen	C_3H_6	2,0	2,0	11,7	11,1
i-Butan	C_4H_{10}	1,8	1,8	8,5	8,5
n-Butan	C_4H_{10}	1,5	1,4	8,5	9,3
Buten	C_4H_8	1,6	1,6	9,3	9,3
Butadien 1,3	C_4H_6	1,1	1,4	10,0	16,3
ne-Pentan[1]	C_5H_{12}		1,3		7,6
i-Pentan	C_5H_{12}	1,3	1,3	7,6	7,6
n-Pentan	C_5H_{12}	1,4	1,4	7,8	7,8
Hexan	C_6H_{14}	1,2	1,0	6,9	8,1
Heptan	C_7H_{16}	1,1	1,1	6,7	6,7
Oktan	C_8H_{18}	0,8	0,8	6,5	6,5
Nonan	C_9H_{20}	0,7	0,7	5,6	5,6
Dekan	$C_{10}H_{22}$	0,7	0,7	5,4	5,4
Benzol	C_6H_6	1,2	1,2	8,0	8,0
Toluol	C_7H_8	1,2	1,2	7,0	7,8
o,m,p-Xylol	C_8H_{10}	1,1	1,1	7,0	7,0

Kapitel 4.1	4. Zündung	gwi Gaswärme-Institut e.V. Essen
Arbeitsblatt Nr. 23	Zündgrenzen	

Zündbereiche einiger Methan-/ Stickstoffgemische in Mischung mit trockener Luft bei 1,013 bar und höheren Temperaturen

Temperatur °C	Zündbereiche (untere und obere Zündgrenze der Brenngase in Vol.-%)				
	Methan	**100**	**95**	**90**	**85**
	Stickstoff	**0**	**5**	**10**	**15**
0		5,2-13,4	5,2-12,9	5,2-12,5	5,2-12,1
20		5,1-13,5	5,1-13,1	5,1-12,7	5,1-12,3
50		4,9-13,6	4,9-13,2	4,9-12,9	4,9-12,5
100		4,7-13,7	4,7-13,5	4,7-13,3	4,7-13,1
150		4,4-14,1	4,4-13,9	4,4-13,8	4,4-13,6
200		4,2-14,7	4,2-14,5	4,2-14,4	4,2-14,2
250		3,9-15,3	3,9-15,1	3,9-14,9	3,9-14,7
300		3,7-15,9	3,7-15,7	3,7-15,5	3,7-15,3
350		3,5-16,6	3,5-16,3	3,5-16,1	3,5-15,8
400		3,1-17,3	3,1-17,0	3,1-16,7	3,1-16,4

Zündbereiche (untere-/obere Zündgrenzen) binärer Brenngasgemische aus Wasserstoff und Kohlenoxid in Mischung mit trockener Luft bei 1,013 bar und höheren Temperaturen

Zusammensetzung des Brenngases in Vol.-%		Vorwärmtemperatur des Gemisches in °C									
H_2	CO	0	20	50	100	150	200	250	300	350	400
100	0	4,7-72,2	4,5-72,5	4,3-73,1	4,0-74,2	3,6-75,7	3,3-77,8	3,0-80,5	2,6-83,2	2,3-85,5	2,0-87,0
90	10	4,9-72,5	4,7-72,7	4,5-73,3	4,3-74,1	3,9-75,4	3,6-77,2	3,3-79,6	2,8-32,2	2,5-84,4	2,3-85,8
80	20	5,2-72,7	5,0-72,9	4,8-73,4	4,5-74,0	4,3-75,1	3,9-76,7	3,6-78,8	3,2-81,2	2,8-83,3	2,5-85,0
70	30	5,4-72,9	5,3-73,1	5,2-73,5	4,8-74,0	4,6-74,9	4,3-76,3	3,9-78,3	3,5-80,5	3,2-2,6	2,7-4,3
60	40	5,8-73,1	5,7-73,3	5,5-73,6	5,3-74,0	5,0-74,7	4,7-76,2	4,3-76,1	3,9-80,2	3,5-82,2	3,2-84,0
50	50	6,3-73,4	6,2-73,5	6,0-73,7	5,7-74,0	5,5-74,8	5,2-76,3	4,7-78,1	4,3-80,1	4,1-82,0	3,7-84,0
40	60	7,1-73,2	6,6-73,4	6,6-73,6	6,4-74,2	6,3-75,2	5,9-76,4	5,5-78,3	5,1-80,3	4,7-82,0	4,3-84,0
30	70	8,3-72,9	7,9-73,3	7,7-73,8	7,3-74,4	7,2-75,4	6,9-76,7	6,5-78,6	6,0-80,4	5,5-82,2	5,0-84,0
20	80	10,3-72,8	9,8-73,1	9,4-73,9	9,1-74,7	8,8-75,8	8,4-77,3	7,7-79,0	7,3-80,7	6,8-82,5	6,2-84,3
10	90	13,4-72,6	12,6-72,9	12,3-73,9	11,6-75,1	11,1-76,5	10,3-77,8	9,5-79,6	8,9-81,1	8,4-82,8	7,6-84,6
0	100	20,1-72,3	19,6-72,8	18,8-74,0	17,5-75,5	15,9-77,2	14,5-76,5	13,2-80,1	12,4-81,5	11,8-83,2	11,1-84,8

Kapitel 4.1	4. Zündung	gwi Gaswärme-Institut e.V. Essen
Arbeitsblatt Nr. 24	Zündgrenzen	

Zündbereiche (untere-/obere Zündgrenzen) binärer Brenngasgemische aus Kohlenoxid und Methan in Mischung mit trockener Luft bei 1,013 bar und höheren Temperaturen

Zusammensetzung des Brenngases in Vol.-%		**Vorwärmtemperatur des Gemisches in °C**									
CO	**CH_4**	**0**	**20**	**50**	**100**	**150**	**200**	**250**	**300**	**350**	**400**
100	0										
90	10	15,6-54,1	15,0-45,0	14,2-46,5	12,7-48,5	11,4-50,3	10,5-52,7	9,9-54,4	9,3-55,5	8,7-57,0	8,0-58,2
80	20	13,0-34,0	12,4-34,5	11,6-35,8	10,3-37,5	9,2-38,7	8,5-40,7	8,0-42,1	7,6-43,4	7,2-44,3	6,6-45,6
70	30	11,1-27,7	10,5-23,3	9,9-29,2	8,6-30,6	7,7-31,6	7,4-33,5	6,6-34,5	5,5-35,5	6,2-36,5	5,7-37,8
60	40	9,6-23,6	9,1-24,0	8,5-24,7	7,5-26,0	6,7-26,8	6,4-28,2	6,0-29,0	5,7-30,0	5,4-30,8	5,0-32,0
50	50	6,6-20,8	8,2-21,2	7,7-21,7	6,8-22,7	6,2-23,6	5,9-24,5	5,5-25,3	5,2-26,1	4,9-27,0	4,6-28,0
40	60	7,6-18,6	7,3-18,9	6,8-19,3	6,2-20,1	5,6-20,7	5,4-21,6	5,0-22,4	4,7-23,2	4,5-23,8	4,2-24,7
30	70	6,8-16,9	6,6-17,2	6,3-17,5	5,7-18,0	5,3-18,5	5,0-19,4	4,7-20,0	4,4-20,7	4,2-21,5	3,7-22,4
20	80	6,3-15,6	6,0-15,7	5,7-16,0	5,3-16,4	4,9-16,7	4,7-17,5	4,4-18,3	4,2-18,8	3,9-19,6	3,5-20,4
10	90	5,7-14,4	5,5-14,5	5,3-14,7	5,0-15,0	4,6-15,3	4,4-16,0	4,2-16,6	3,9-17,4	3,7-18,0	3,3-18,6
0	100	5,2-13,4	5,1-13,5	4,9-13,5	4,7-13,7	4,4-14,1	4,2-14,7	3,9-15,3	3,7-15,9	3,5-16,6	3,1-17,3

Zündbereiche (untere-/obere Zündgrenzen) binärer Brenngasgemische aus Methan und Wasserstoff in Mischung mit trockener Luft bei 1,013 bar und höheren Temperaturen

Zusammensetzung des Brenngases in Vol.-%		**Vorwärmtemperatur des Gemisches in °C**									
CH_4	**H_2**	**0**	**20**	**50**	**100**	**150**	**200**	**250**	**300**	**350**	**400**
100	0	5,2-13,4	5,1-13,5	4,9-13,5	4,7-13,7	4,4-14,1	4,2-14,7	3,9-15,3	3,7-15,9	3,5-16,6	3,1-17,3
90	10	5,1-14,4	4,9-14,5	4,7-14,7	4,3-15,0	4,1-15,4	3,9-16,0	3,7-16,8	3,5-17,5	3,4-18,2	3,1-19,0
80	20	5,0-15,9	4,8-16,0	4,6-16,2	4,2-16,5	3,9-17,0	3,7-17,8	3,6-18,7	3,4-19,5	3,3-20,3	3,1-21,2
70	30	4,9-17,5	4,7-17,7	4,5-17,8	4,0-18,4	3,7-19,0	3,5-19,8	3,4-20,8	3,3-21,7	3,2-22,7	3,1-23,6
60	40	4,8-19,6	4,6-19,8	4,4-20,0	3,9-20,5	3,6-21,5	3,3-22,4	3,3-23,6	3,2-24,6	3,1-25,8	3,0-26,8
50	50	4,7-22,2	4,5-22,5	4,3-22,9	3,8-23,6	3,5-24,4	3,2-25,5	3,2-26,9	3,1-28,3	3,0-29,7	3,0-30,9
40	60	4,7-25,4	4,5-25,8	4,3-26,5	3,8-27,2	3,5-28,2	3,2-29,4	3,2-31,0	3,0-32,5	2,9-34,2	2,9-35,4
30	70	4,7-30,2	4,5-30,6	4,3-31,5	3,8-32,4	3,5-33,4	3,2-34,5	3,1-36,4	2,9-38,2	2,8-40,0	2,7-11,4
20	80	4,7-37,4	4,5-37,7	4,3-38,8	3,9-40,0	3,6-41,0	3,3-42,4	3,1-44,2	2,8-46,2	2,6-18,4	2,5-49,7
10	90	4,7-48,8	4,5-19,5	4,3-50,5	3,9-51,5	3,6-52,8	3,3-54,0	3,0-56,0	2,7-58,5	2,4-50,7	2,3-62,7
0	100	4,7-72,2	4,5-72,5	4,3-73,1	4,0-74,2	3,6-75,7	3,3-77,8	3,0-80,5	2,6-83,2	2,3-55,5	2,0-87,0

Kapitel 4.2	4. Zündung	Gaswärme-Institut e.V. Essen
Arbeitsblatt Nr. 25	Zünddiagramm und Zündtemperaturen technischer Einzelgase	

Zünddiagramme

für das System CH_4-O_2-N_2 bei 1,01325 bar und 25 °C nach Zabetakis

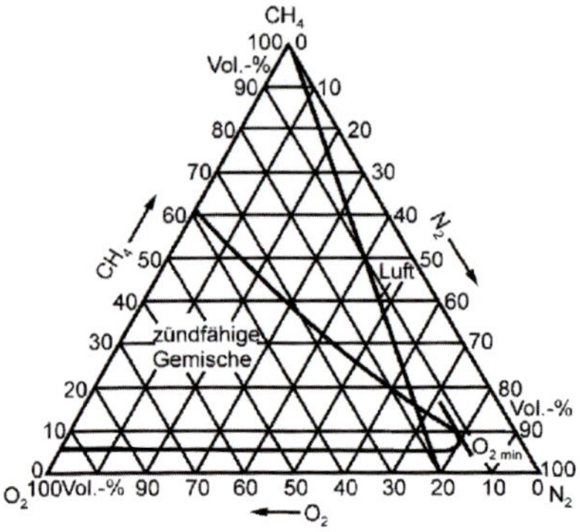

für das System H_2-O_2 bei 1,01325 bar nach Maas und Warnatz

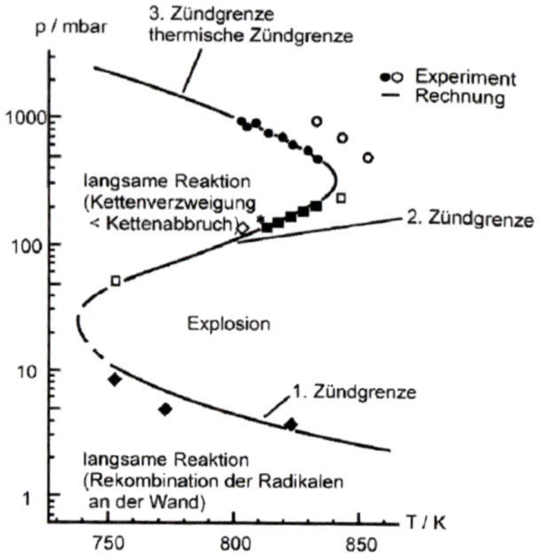

Zündtemperaturen einiger Einzelgase in Luft bei 1,01325 bar nach verschiedenen Literaturquellen

Brenngas	chem. Zeichen	Zündtemperaturen in °C				
		1)	2)	3)	4)	5)
Wasserstoff	H_2	560	580	574	530	560
Kohlenmonoxid	CO	605	651	609	610	605
Methan	CH_4	595	538	632	645	595
Ethan	C_2H_6	515	510	472	530	515
Ethylen	C_2H_4	425	542	490	540	440
Acetylen	C_2H_2	305	335	305	335	305
Propan	C_3H_8	470	467	481	510	470
Propylen	C_3H_6	455		456	460	485
n-Butan	C_4H_{10}	365	430	441	490	365
i-Butan	C_4H_{10}	460		543		460
Butylen	C_4H_8	440				360
Benzol	C_6H_6	555	580	580		
Toluol	C_7H_8	535	552	552		

1) Nabert-Schön: Sicherheitstechnische Kennzahlen brennbarer Gase und Dämpfe. 2. Auflage, Berlin 1963
2) Lange's Handbook of Chemistry. 8. Auflage, Sandusky (Ohio), 1952
3) Shindman: Gaseous Fuels. 2. Auflage, New York, 1954
4) J. G. Wünning: Handbuch der Brennertechnik für Industrieöfen. Vulkan Verlag, 2007
5) Air Liquide Deutschland GmbH: 1 x 1 der Gase. 2. Auflage, 2006

Kapitel 5.1	5. Verbrennung	gwi Gaswärme-Institut e.V. Essen
Arbeitsblatt Nr. 26	Verbrennungsrechnung	

Berechnung des Heizwertes, des Wobbe-Indexes, des Brennwertes, der Dichte, der oberen und unteren Zündgrenze, des Mindestsauerstoff- und -luftbedarfes von Gasgemischen

Gemisch-komponenten	**SP 1**	**SP 2**	**SP 3**	**SP 4**	**SP 5**
	Zusammen-setzung in Vol.-Anteil	**Heizwert Einzelgas**	**Heizwertanteil des Einzelgases im Gemisch**	**Wobbe-Index Einzelgas**	**Brennwert Einzelgas**
		MJ/m$_N^3$	**MJ/m$_N^3$**	**MJ/m$_N^3$**	**MJ/m$_N^3$**
			SP 1 x SP 2 1)		
CO		12,634		12,846	12,634
H_2		10,788		48,351	12,745
CH_4		35,894		53,469	39,831
C_2H_4		59,478		64,231	63,435
C_2H_6		64,382		68,7	70,333
C_3H_8		93,215		81,123	101,242
C_4H_{10}		123,81		92,651	134,06
C_nH_m					
CO_2		-		-	-
N_2		-		-	-
O_2		-		-	-
Σ	1				

Die Größen Wobbe-Index, Brennwert, Dichte, obere und untere Zündgrenze, Mindestsauerstoff- und -luftbedarf werden analog der Berechnung des Heizwertes durchgeführt

Gemisch-komponenten	**SP 1**	**SP 6**	**SP 7**	**SP 8**	**SP 9**	**SP 10**
	Zusammen-setzung in Vol.-Anteil	**Dichte Einzelgas**	**untere Zündgrenze Einzelgas**	**obere Zündgrenze Einzelgas**	**Mindestsauer-stoffbedarf (λ=1) Einzelgas**	**Mindestluft-bedarf (λ=1) Einzelgas**
		kg/m³	**Vol.-%**	**Vol.-%**	**m^3_{O2}/m^3_{Gas}**	**m^3_{Luft}/m^3_{Gas}**
CO		1,2505	12,50	74,20	0,499	2,380
H_2		0,08989	4,00	74,20	0,490	2,384
CH_4		0,7175	5,00	15,00	2,002	9,565
C_2H_4		1,2611	2,75	28,60	3,020	14,422
C_2H_6		1,3551	3,00	12,50	3,532	16,867
C_3H_8		2,010	2,12	9,35	5,105	24,385
C_4H_{10}		2,709	1,86	8,41	6,782	32,391
C_nH_m						
CO_2		1,977	-	-	-	-
N_2		1,25	-	-	-	-
O_2		1,429	-	-	-	-
Σ	1					a =

1) Sp = Spalten-Nr.

Kapitel 5.1	5. Verbrennung	gwi Gaswärme-Institut e.V. Essen
Arbeitsblatt Nr. 27	Verbrennungsrechnung	

Berechnung der Abgaszusammensetzung bei stöchiometrischer Verbrennung (λ = 1)

Gemisch-komponenten	**SP 1**	**SP 11**	**SP 12**	**SP 13**	**SP 14**	**SP 15**	**SP 16**
	Zusammen-setzung in Vol.-Anteil	**Abgasbestandteil bei λ = 1**					
		f_{CO2}	v_{CO2}	f_{H2O}	v_{H2O}	f_{N2}	v_{N2}
		-	m^3_{CO2}/m^3_{Gas}	-	m^3_{H2O}/m^3_{Gas}	-	m^3_{N2}/m^3_{Gas}
			SP 1 x SP 11		SP 1 x SP 13		SP 1 x SP 15
CO		1		-		-	
H_2		-		1		-	
CH_4		1		2		-	
C_2H_4		2		2		-	
C_2H_6		2		3		-	
C_3H_8		3		4		-	
C_4H_{10}		4		5		-	
C_nH_m		(n)		(m/2)		-	
CO_2		-		-		-	
N_2		-		-		1	
O_2		-		-		-	
Σ	1		b =		c =		d =

Abgasbestandteil		**Abgasmenge**		
N_2	$v_{N_2,Abgas} = v_{N_2,Luft} + v_{N_2,Gas}$	**trocken**	$v_{Abgas,trocken} = v_{N_2,Abgas} + v_{CO_2,Abgas}$	$[m^3_{Abgas,tr}/m^3_{Gas}]$
	$v_{N_2,Luft} = 0{,}79 * a$ (Mindestluftbedarf)	**feucht**	$v_{Abgas,feucht} = v_{N_2,Abgas} + v_{CO_2,Abgas} + v_{H_2O,Abgas}$	$[m^3_{Abgas,f}/m^3_{Gas}]$
	$v_{N_2,Gas} = d$			
CO_2	$v_{CO_2,Abgas} = v_{CO_2,Gas} = b$	**Abgaszusammensetzung**		
H_2O	$v_{H_2O,Abgas} = v_{H_2O,Gas} = c$		**trocken**	**feucht**

	trocken	**feucht**	
N_2	$v_{N_2,Abgas}/v_{Abgas,trocken}$	$v_{N_2,Abgas}/v_{Abgas,feucht}$	$[m^3_{N_2}/m^3_{Abgas}]$
CO_2	$v_{CO_2,Abgas}/v_{Abgas,trocken}$	$v_{CO_2,Abgas}/v_{Abgas,feucht}$	$[m^3_{CO_2}/m^3_{Abgas}]$
H_2O	-	$v_{H_2O,Abgas}/v_{Abgas,feucht}$	$[m^3_{H_2O}/m^3_{Abgas}]$

Berechnung der Abgaszusammensetzung bei überstöchiometrischer Verbrennung (λ = 1)

Abgasbestandteil		**Abgasmenge**		
N_2	$v_{N_2,Abgas} = v_{N_2,Luft} + v_{N_2,Gas}$	**trocken**	$v_{Abgas,trocken} = v_{N_2,Abgas} + v_{CO_2,Abgas} + v_{O_2,Abgas}$	$[m^3_{Abgas,tr}/m^3_{Gas}]$
	$v_{N_2,Luft} =$ Luftzahl $(\lambda) * 0{,}79 * a$	**feucht**	$v_{Abgas,feucht} = v_{N_2,Abgas} + v_{CO_2,Abgas} + v_{H_2O,Abgas} + v_{O_2,Abgas}$	$[m^3_{Abgas,f}/m^3_{Gas}]$
	$v_{N_2,Gas} = d$			
CO_2	$v_{CO_2,Abgas} = v_{CO_2,Gas} = b$	**Abgaszusammensetzung**		
H_2O	$v_{H_2O,Abgas} = v_{H_2O,Gas} = c$		**trocken**	**feucht**
O_2	$v_{O_2,Abgas} = 0{,}21 * (\lambda - 1) * a$			

	trocken	**feucht**	
N_2	$v_{N_2,Abgas}/v_{Abgas,trocken}$	$v_{N_2,Abgas}/v_{Abgas,feucht}$	$[m^3_{N_2}/m^3_{Abgas}]$
CO_2	$v_{CO_2,Abgas}/v_{Abgas,trocken}$	$v_{CO_2,Abgas}/v_{Abgas,feucht}$	$[m^3_{CO_2}/m^3_{Abgas}]$
H_2O	-	$v_{H_2O,Abgas}/v_{Abgas,feucht}$	$[m^3_{H_2O}/m^3_{Abgas}]$
O_2	$v_{O_2,Abgas}/v_{Abgas,trocken}$	$v_{O_2,Abgas}/v_{Abgas,feucht}$	$[m^3_{O_2}/m^3_{Abgas}]$

1) SP = Spalten-Nr.

Kapitel 5.2	5. Verbrennung
Arbeitsblatt Nr. 28	Menge, Zusammensetzung und mittlere spezifische Wärmekapazität der Verbrennungsgase von Nordsee-Erdgas H

Brennstoff	Nordsee Erdgas H (siehe Arbeitsblatt 08)						
CH_4	86,22	C_4H_{10}	0,39	CO_2	1,91	H_2	0
C_2H_6	8,61	C_5H_{12}	0,05	O_2	0,01	CO	0
C_3H_8	1,91	C_{6+}	0,02	N_2	0,92		

Luftzahl :	1	1,05	1,1	1,15	1,2	1,25	1,3	1,4	1,5	1,75	2
Verbrennungsgasmenge (trocken): V_{tr} [Nm^3/Nm^3 Brst]	9,322	9,806	10,30	10,80	11,31	11,81	12,32	13,34	14,36	16,92	19,49
Verbrennungsgasmenge (feucht): V_f [Nm^3/Nm^3 Brst]	11,340	11,840	12,35	12,86	13,37	13,88	14,39	15,42	16,44	19,00	21,57
Verbrennungsgaszusammensetzung (trocken)											
CO_2 Vol-%:	11,0	10,9	10,6	10,3	9,9	9,5	9,1	8,5	7,9	6,7	5,8
O_2 Vol-%:	0,6	1,4	2,2	3,0	3,8	4,5	5,2	6,4	7,5	9,5	11,0
N_2 Vol-%:	88,4	87,7	87,2	86,7	86,3	86,0	85,7	85,1	84,6	83,8	83,2
Verbrennungsgaszusammensetzung (feucht)											
CO_2 Vol-%:	9,0	9,1	8,9	8,6	8,4	8,1	7,8	7,3	6,9	5,9	5,2
H_2O Vol-%:	17,8	17,2	16,6	16,0	15,4	14,9	14,4	13,5	12,6	10,9	9,7
O_2 Vol-%:	0,5	1,1	1,8	2,5	3,2	3,9	4,5	5,6	6,5	8,5	10,0
N_2 Vol-%:	72,7	72,6	72,7	72,9	73,0	73,1	73,3	73,6	74,0	74,7	75,1
mittl. spez. Wärmekapazität c_p [kJ/Nm³K]											
0 °C	1,357	1,355	1,354	1,352	1,350	1,348	1,346	1,343	1,340	1,334	1,330
100 °C	1,373	1,372	1,37	1,368	1,366	1,364	1,362	1,358	1,355	1,348	1,342
200 °C	1,389	1,388	1,386	1,383	1,381	1,379	1,376	1,372	1,369	1,361	1,355
300 °C	1,404	1,403	1,401	1,399	1,396	1,394	1,391	1,387	1,383	1,375	1,368
400 °C	1,421	1,420	1,417	1,415	1,412	1,410	1,407	1,402	1,398	1,389	1,383
500 °C	1,438	1,437	1,435	1,432	1,429	1,427	1,424	1,419	1,414	1,405	1,398
600 °C	1,457	1,456	1,453	1,450	1,447	1,445	1,442	1,437	1,432	1,422	1,415
700 °C	1,476	1,475	1,472	1,469	1,466	1,463	1,460	1,455	1,450	1,440	1,432
800 °C	1,494	1,493	1,49	1,487	1,484	1,481	1,478	1,472	1,467	1,457	1,449
900 °C	1,512	1,511	1,508	1,505	1,501	1,498	1,495	1,489	1,484	1,473	1,464
1000 °C	1,529	1,528	1,525	1,521	1,518	1,515	1,511	1,505	1,499	1,488	1,479
1100 °C	1,545	1,544	1,541	1,537	1,534	1,530	1,527	1,520	1,514	1,503	1,493
1200 °C	1,561	1,559	1,556	1,552	1,548	1,545	1,541	1,534	1,529	1,516	1,507
1300 °C	1,575	1,574	1,570	1,566	1,563	1,559	1,555	1,548	1,542	1,529	1,520
1400 °C	1,589	1,587	1,584	1,580	1,576	1,572	1,568	1,561	1,555	1,542	1,532
1500 °C	1,602	1,600	1,597	1,593	1,589	1,585	1,581	1,573	1,567	1,553	1,543

Kapitel 5.3	5. Verbrennung
Arbeitsblatt Nr. 29	Menge, Zusammensetzung und mittlere spezifische Wärmekapazität der Verbrennungsgase von Misch-Erdgas H

gwi Gaswärme-Institut e.V. Essen

Brennstoff	Misch-Erdgas H (siehe Arbeitsblatt 08)						
CH_4	87,43	C_4H_{10}	0,16	CO_2	1,97	H_2	0
C_2H_6	6,85	C_5H_{12}	0,02	O_2	0,01	CO	0
C_3H_8	0,92	C_{6+}	0,01	N_2	2,64		

Luftzahl :	1	1,05	1,1	1,15	1,2	1,25	1,3	1,4	1,5	1,75	2
Verbrennungsgasmenge (trocken): V_{tr} [Nm^3/Nm^3 Brst]	8,875	9,335	9,805	10,28	10,76	11,24	11,73	12,70	13,67	16,11	18,54
Verbrennungsgasmenge (feucht): V_f [Nm^3/Nm^3 Brst]	10,810	11,290	11,780	12,26	12,75	13,23	13,72	14,69	15,67	18,11	20,54
Verbrennungsgaszusammensetzung (trocken)											
CO_2 Vol-%:	10,9	10,9	10,6	10,2	9,8	9,4	9,1	8,4	7,8	6,6	5,8
O_2 Vol-%:	0,6	1,4	2,2	3,0	3,8	4,5	5,2	6,4	7,5	9,5	11,0
N_2 Vol-%:	88,5	87,7	87,2	86,8	86,4	86,1	85,7	85,2	84,7	83,9	83,2
Verbrennungsgaszusammensetzung (feucht)											
CO_2 Vol-%:	9,0	9,0	8,8	8,5	8,3	8,0	7,7	7,2	6,8	5,9	5,2
H_2O Vol-%:	17,9	17,3	16,7	16,1	15,6	15,0	14,5	13,6	12,7	11,0	9,7
O_2 Vol-%:	0,5	1,1	1,8	2,5	3,2	3,9	4,5	5,6	6,5	8,5	10,0
N_2 Vol-%:	72,6	72,6	72,7	72,9	72,9	73,1	73,3	73,6	74,0	74,6	75,1
mittl. spez. Wärmekapazität c_p [kJ/Nm^3K]											
0 °C	1,357	1,356	1,354	1,352	1,350	1,348	1,346	1,343	1,340	1,334	1,330
100 °C	1,373	1,372	1,370	1,368	1,366	1,364	1,362	1,358	1,355	1,348	1,342
200 °C	1,389	1,387	1,385	1,383	1,381	1,379	1,376	1,372	1,369	1,361	1,355
300 °C	1,404	1,403	1,401	1,399	1,396	1,394	1,391	1,387	1,383	1,375	1,368
400 °C	1,421	1,419	1,417	1,415	1,412	1,409	1,407	1,402	1,398	1,389	1,383
500 °C	1,438	1,437	1,435	1,432	1,429	1,426	1,424	1,419	1,414	1,405	1,398
600 °C	1,457	1,455	1,453	1,450	1,447	1,444	1,442	1,436	1,432	1,422	1,415
700 °C	1,476	1,474	1,472	1,469	1,466	1,463	1,46	1,454	1,450	1,440	1,432
800 °C	1,494	1,493	1,490	1,487	1,484	1,481	1,478	1,472	1,467	1,456	1,448
900 °C	1,512	1,511	1,508	1,505	1,501	1,498	1,495	1,489	1,483	1,473	1,464
1000 °C	1,529	1,527	1,525	1,521	1,518	1,514	1,511	1,505	1,499	1,488	1,479
1100 °C	1,545	1,544	1,541	1,537	1,533	1,530	1,526	1,520	1,514	1,502	1,493
1200 °C	1,560	1,559	1,556	1,552	1,548	1,545	1,541	1,534	1,528	1,516	1,507
1300 °C	1,575	1,573	1,570	1,566	1,562	1,559	1,555	1,548	1,542	1,529	1,519
1400 °C	1,589	1,587	1,584	1,580	1,576	1,572	1,568	1,561	1,555	1,541	1,531
1500 °C	1,602	1,600	1,597	1,593	1,588	1,584	1,580	1,573	1,567	1,553	1,543

Kapitel 5.4	5. Verbrennung
Arbeitsblatt Nr. 30	Menge, Zusammensetzung und mittlere spezifische Wärmekapazität der Verbrennungsgase von Russ.-Erdgas H

Brennstoff	Russ. Erdgas H (siehe Arbeitsblatt 08)						
CH_4	97,61	C_4H_{10}	0,11	CO_2	0,09	H_2	0
C_2H_6	1,01	C_5H_{12}	0,01	O_2	0,01	CO	0
C_3H_8	0,33	C_{6+}	0,01	N_2	0,83		

Luftzahl :	1	1,05	1,1	1,15	1,2	1,25	1,3	1,4	1,5	1,75	2
Verbrennungsgasmenge (trocken): V_{tr} [Nm³/Nm³ Brst]	8,672	9,125	9,587	10,06	10,53	11,00	11,48	12,43	13,39	15,78	18,18
Verbrennungsgasmenge (feucht): V_f [Nm³/Nm³ Brst]	10,610	11,090	11,560	12,03	12,51	12,99	13,47	14,43	15,39	17,78	20,18
Verbrennungsgaszusammensetzung (trocken)											
CO_2 Vol-%:	10,6	10,5	10,3	9,9	9,5	9,1	8,8	8,1	7,6	6,4	5,6
O_2 Vol-%:	0,6	1,4	2,2	3,0	3,8	4,6	5,2	6,5	7,5	9,6	11,1
N_2 Vol-%:	88,8	88,1	87,5	87,1	86,7	86,3	86,0	85,4	84,9	84,0	83,3
Verbrennungsgaszusammensetzung (feucht)											
CO_2 Vol-%:	8,7	8,7	8,5	8,3	8,0	7,7	7,5	7,0	6,6	5,7	5,0
H_2O Vol-%:	18,3	17,7	17,1	16,4	15,9	15,3	14,8	13,8	13,0	11,3	9,9
O_2 Vol-%:	0,5	1,1	1,8	2,5	3,2	3,9	4,5	5,6	6,5	8,5	10,0
N_2 Vol-%:	72,5	72,5	72,6	72,8	72,9	73,1	73,2	73,6	73,9	74,5	75,1
mittl. spez. Wärmekapazität c_p [kJ/Nm³K]											
0 °C	1,356	1,355	1,354	1,352	1,350	1,348	1,346	1,343	1,340	1,334	1,330
100 °C	1,372	1,371	1,369	1,367	1,365	1,363	1,361	1,357	1,354	1,347	1,342
200 °C	1,388	1,387	1,385	1,382	1,380	1,378	1,376	1,372	1,368	1,360	1,355
300 °C	1,403	1,402	1,400	1,398	1,395	1,393	1,390	1,386	1,382	1,374	1,368
400 °C	1,420	1,419	1,416	1,414	1,411	1,409	1,406	1,401	1,397	1,389	1,382
500 °C	1,437	1,436	1,434	1,431	1,428	1,425	1,423	1,418	1,413	1,404	1,398
600 °C	1,455	1,454	1,452	1,449	1,446	1,443	1,441	1,435	1,431	1,421	1,414
700 °C	1,474	1,473	1,471	1,468	1,465	1,462	1,459	1,453	1,449	1,439	1,431
800 °C	1,493	1,492	1,489	1,486	1,483	1,480	1,477	1,471	1,466	1,456	1,448
900 °C	1,511	1,509	1,507	1,503	1,500	1,497	1,494	1,488	1,482	1,472	1,463
1000 °C	1,528	1,526	1,523	1,520	1,516	1,513	1,510	1,504	1,498	1,487	1,478
1100 °C	1,544	1,542	1,539	1,536	1,532	1,529	1,525	1,519	1,513	1,501	1,493
1200 °C	1,559	1,557	1,554	1,551	1,547	1,543	1,540	1,533	1,527	1,515	1,506
1300 °C	1,574	1,572	1,569	1,565	1,561	1,557	1,554	1,547	1,541	1,528	1,519
1400 °C	1,588	1,586	1,582	1,579	1,575	1,571	1,567	1,560	1,553	1,541	1,531
1500 °C	1,601	1,599	1,595	1,591	1,587	1,583	1,579	1,572	1,566	1,552	1,542

Kapitel 5.5	5. Verbrennung
Arbeitsblatt Nr. 31	**Menge, Zusammensetzung und mittlere spezifische Wärmekapazität der Verbrennungsgase von Holland-Erdgas L**

Gaswärme-Institut e.V. Essen

Brennstoff	Holland-Erdgas L (siehe Arbeitsblatt 08)						
CH_4	83,04	C_4H_{10}	0,22	CO_2	1,72	H_2	0
C_2H_6	4,00	C_5H_{12}	0,06	O_2	0,01	CO	0
C_3H_8	0,82	C_{6+}	0,05	N_2	9,19		

Luftzahl :	1	1,05	1,1	1,15	1,2	1,25	1,3	1,4	1,5	1,75	2
Verbrennungsgasmenge (trocken): V_{tr} [Nm^3/Nm^3 Brst]	8,045	8,455	8,876	9,304	9,736	10,17	10,61	11,48	12,35	14,54	16,73
Verbrennungsgasmenge (feucht): V_f [Nm^3/Nm^3 Brst]	9,804	10,250	10,680	11,120	11,560	11,99	12,43	13,31	14,19	16,38	18,57
Verbrennungsgaszusammensetzung (trocken)											
CO_2 Vol-%:	10,8	10,8	10,5	10,2	9,8	9,4	9,1	8,4	7,8	6,6	5,8
O_2 Vol-%:	0,5	1,0	1,8	2,6	3,4	4,1	4,8	6,1	7,1	9,3	10,8
N_2 Vol-%:	88,7	88,2	87,7	87,2	86,8	86,5	86,1	85,5	85,1	84,1	83,4
Verbrennungsgaszusammensetzung (feucht)											
CO_2 Vol-%:	8,8	8,9	8,7	8,5	8,2	8,0	7,7	7,2	6,8	5,9	5,2
H_2O Vol-%:	17,9	17,5	16,9	16,3	15,7	15,2	14,7	13,8	12,9	11,2	9,9
O_2 Vol-%:	0,4	0,8	1,5	2,2	2,8	3,5	4,1	5,2	6,2	8,2	9,8
N_2 Vol-%:	72,9	72,8	72,9	73,0	73,3	73,3	73,5	73,8	74,1	74,7	75,1
mittl. spez. Wärmekapazität c_p [kJ/Nm^3K]											
0 °C	1,358	1,358	1,356	1,354	1,352	1,351	1,349	1,346	1,343	1,337	1,332
100 °C	1,372	1,372	1,370	1,368	1,366	1,364	1,362	1,358	1,355	1,348	1,343
200 °C	1,387	1,387	1,385	1,383	1,380	1,378	1,376	1,372	1,368	1,361	1,355
300 °C	1,403	1,402	1,400	1,398	1,396	1,393	1,391	1,386	1,383	1,374	1,368
400 °C	1,419	1,419	1,417	1,415	1,412	1,409	1,407	1,402	1,398	1,389	1,383
500 °C	1,437	1,437	1,435	1,432	1,429	1,426	1,424	1,419	1,415	1,405	1,398
600 °C	1,456	1,455	1,453	1,450	1,447	1,445	1,442	1,437	1,432	1,422	1,415
700 °C	1,475	1,474	1,472	1,469	1,466	1,463	1,460	1,455	1,450	1,440	1,432
800 °C	1,493	1,492	1,490	1,487	1,484	1,481	1,478	1,472	1,467	1,457	1,449
900 °C	1,511	1,510	1,508	1,505	1,501	1,498	1,495	1,489	1,484	1,473	1,464
1000 °C	1,528	1,527	1,525	1,521	1,518	1,514	1,511	1,505	1,499	1,488	1,479
1100 °C	1,544	1,543	1,541	1,537	1,534	1,530	1,527	1,520	1,515	1,503	1,494
1200 °C	1,560	1,559	1,556	1,552	1,549	1,545	1,541	1,535	1,529	1,517	1,507
1300 °C	1,574	1,573	1,570	1,567	1,563	1,559	1,555	1,549	1,542	1,530	1,520
1400 °C	1,588	1,587	1,584	1,580	1,576	1,572	1,569	1,562	1,555	1,542	1,532
1500 °C	1,602	1,600	1,597	1,593	1,589	1,585	1,581	1,574	1,568	1,554	1,544

Kapitel 5.6	5. Verbrennung
Arbeitsblatt Nr. 32	Menge, Zusammensetzung und mittlere spezifische Wärmekapazität der Verbrennungsgase von Verbund-Erdgas L

Gaswärme-Institut e. V. Essen

Brennstoff	Verbund-Erdgas L (siehe Arbeitsblatt 08)			
CH_4	85,43 C_4H_{10}	0,15 CO_2	1,75 H_2	0
C_2H_6	2,93 C_5H_{12}	0,03 O_2	0,01 CO	0
C_3H_8	0,48 C_{6+}	0,04 N_2	9,19	

Luftzahl :	1	1,05	1,1	1,15	1,2	1,25	1,3	1,4	1,5	1,75	2
Verbrennungsgasmenge (trocken): V_{tr} [Nm^3/Nm^3 Brst]	8,077	8,494	8,919	9,351	9,785	10,22	10,66	11,54	12,42	14,62	16,82
Verbrennungsgasmenge (feucht): V_f [Nm^3/Nm^3 Brst]	9,851	10,290	10,720	11,160	11,600	12,04	12,48	13,36	14,24	16,44	18,65
Verbrennungsgaszusammensetzung (trocken)											
CO_2 Vol-%:	10,8	10,7	10,4	10,0	9,7	9,3	8,9	8,3	7,7	6,5	5,7
O_2 Vol-%:	0,6	1,3	2,2	3,0	3,8	4,5	5,2	6,4	7,4	9,5	11,0
N_2 Vol-%:	88,6	88,0	87,4	87,0	86,5	86,2	85,9	85,3	84,9	84,0	83,3
Verbrennungsgaszusammensetzung (feucht)											
CO_2 Vol-%:	8,8	8,8	8,7	8,4	8,1	7,9	7,6	7,1	6,7	5,8	5,1
H_2O Vol-%:	18,0	17,4	16,8	16,2	15,6	15,1	14,6	13,6	12,8	11,1	9,8
O_2 Vol-%:	0,5	1,1	1,8	2,5	3,2	3,8	4,4	5,5	6,5	8,4	9,9
N_2 Vol-%:	72,7	72,7	72,7	72,9	73,1	73,2	73,4	73,8	74,0	74,7	75,2
mittl. spez. Wärmekapazität c_p [kJ/Nm^3K]											
0 °C	1,356	1,355	1,354	1,352	1,350	1,348	1,346	1,343	1,340	1,334	1,330
100 °C	1,372	1,371	1,369	1,367	1,365	1,363	1,361	1,357	1,354	1,347	1,342
200 °C	1,388	1,387	1,385	1,383	1,380	1,378	1,376	1,372	1,368	1,361	1,355
300 °C	1,404	1,403	1,400	1,398	1,395	1,393	1,391	1,386	1,382	1,374	1,368
400 °C	1,420	1,419	1,417	1,414	1,411	1,409	1,406	1,402	1,397	1,389	1,382
500 °C	1,437	1,436	1,434	1,431	1,428	1,426	1,423	1,418	1,414	1,405	1,398
600 °C	1,456	1,455	1,452	1,449	1,447	1,444	1,441	1,436	1,431	1,422	1,414
700 °C	1,475	1,474	1,471	1,468	1,465	1,462	1,459	1,454	1,449	1,439	1,431
800 °C	1,493	1,492	1,489	1,486	1,483	1,480	1,477	1,471	1,466	1,456	1,448
900 °C	1,511	1,510	1,507	1,504	1,500	1,497	1,494	1,488	1,483	1,472	1,464
1000 °C	1,528	1,527	1,524	1,520	1,517	1,513	1,510	1,504	1,499	1,487	1,479
1100 °C	1,544	1,543	1,540	1,536	1,532	1,529	1,526	1,519	1,513	1,502	1,493
1200 °C	1,560	1,558	1,555	1,551	1,547	1,544	1,540	1,534	1,528	1,516	1,506
1300 °C	1,574	1,572	1,569	1,565	1,561	1,558	1,554	1,547	1,541	1,529	1,519
1400 °C	1,588	1,586	1,583	1,579	1,575	1,571	1,567	1,560	1,554	1,541	1,531
1500 °C	1,601	1,599	1,596	1,592	1,588	1,583	1,580	1,572	1,566	1,553	1,542

Kapitel 5.7	5. Verbrennung
Arbeitsblatt Nr. 33	Menge, Zusammensetzung und mittlere spezifische Wärmekapazität der Verbrennungsgase von Weser/Ems-Erdgas L

gwi Gaswärme-Institut e.V. Essen

Brennstoff	Weser-Ems-Erdgas L (siehe Arbeitsblatt 08)							
CH_4	88,08	C_4H_{10}	0,02	CO_2	2,56	H_2	0
C_2H_6	0,61	C_5H_{12}	0,01	O_2	0,01	CO	0
C_3H_8	0,04	C_{6+}	0,01	N_2	8,69		

Luftzahl :	1	1,05	1,1	1,15	1,2	1,25	1,3	1,4	1,5	1,75	2
Verbrennungsgasmenge (trocken): V_{tr} [Nm³/Nm³ Brst]	7,800	8,203	8,615	9,032	9,452	9,873	10,30	11,14	11,99	14,12	16,25
Verbrennungsgasmenge (feucht): V_f [Nm³/Nm³ Brst]	9,533	9,952	10,370	10,800	11,220	11,650	12,07	12,92	13,77	15,90	18,03
Verbrennungsgaszusammensetzung (trocken)											
CO_2 Vol-%:	10,8	10,7	10,4	10,0	9,7	9,3	8,9	8,3	7,7	6,5	5,7
O_2 Vol-%:	0,6	1,3	2,2	3,0	3,8	4,5	5,2	6,4	7,4	9,5	11,0
N_2 Vol-%:	88,6	87,9	87,4	87,0	86,6	86,2	85,9	85,3	84,9	84,0	83,3
Verbrennungsgaszusammensetzung (feucht)											
CO_2 Vol-%:	8,8	8,8	8,6	8,4	8,1	7,9	7,6	7,1	6,7	5,8	5,1
H_2O Vol-%:	18,2	17,6	16,9	16,3	15,8	15,2	14,7	13,8	12,9	11,2	9,9
O_2 Vol-%:	0,5	1,1	1,8	2,5	3,2	3,8	4,4	5,5	6,5	8,4	9,9
N_2 Vol-%:	72,5	72,5	72,6	72,7	72,9	73,1	73,3	73,6	73,9	74,6	75,1
mittl. spez. Wärmekapazität c_p [kJ/Nm³K]											
0 °C	1,357	1,355	1,354	1,352	1,350	1,348	1,346	1,343	1,340	1,334	1,330
100 °C	1,373	1,372	1,370	1,368	1,365	1,363	1,361	1,358	1,354	1,348	1,342
200 °C	1,388	1,387	1,385	1,383	1,381	1,378	1,376	1,372	1,368	1,361	1,355
300 °C	1,404	1,403	1,401	1,398	1,396	1,393	1,391	1,386	1,383	1,374	1,368
400 °C	1,420	1,419	1,417	1,414	1,412	1,409	1,407	1,402	1,398	1,389	1,383
500 °C	1,438	1,437	1,434	1,432	1,429	1,426	1,423	1,418	1,414	1,405	1,398
600 °C	1,456	1,455	1,453	1,450	1,447	1,444	1,441	1,436	1,431	1,422	1,415
700 °C	1,475	1,474	1,471	1,468	1,465	1,462	1,459	1,454	1,449	1,439	1,432
800 °C	1,494	1,492	1,490	1,487	1,483	1,480	1,477	1,472	1,467	1,456	1,448
900 °C	1,512	1,510	1,507	1,504	1,501	1,497	1,494	1,488	1,483	1,472	1,464
1000 °C	1,529	1,527	1,524	1,521	1,517	1,514	1,510	1,504	1,499	1,488	1,479
1100 °C	1,545	1,543	1,540	1,536	1,533	1,529	1,526	1,519	1,514	1,502	1,493
1200 °C	1,560	1,558	1,555	1,552	1,548	1,544	1,540	1,534	1,528	1,516	1,507
1300 °C	1,575	1,573	1,570	1,566	1,562	1,558	1,554	1,547	1,541	1,529	1,519
1400 °C	1,589	1,587	1,583	1,579	1,575	1,571	1,567	1,560	1,554	1,541	1,531
1500 °C	1,602	1,600	1,596	1,592	1,588	1,584	1,580	1,573	1,566	1,553	1,543

Kapitel 5.8	5. Verbrennung
Arbeitsblatt Nr. 34	Menge, Zusammensetzung und mittlere spezifische Wärmekapazität der Verbrennungsgase von Biogas (Gülle)

gwi Gaswärme-Institut e.V. Essen

Brennstoff	Biogas, Gülle (siehe Arbeitsblatt 08)						
CH_4	65	C_4H_{10}	0	CO_2	34	H_2	0
C_2H_6	0	C_5H_{12}	0	O_2	0	CO	0
C_3H_8	0	C_{6+}	0	N_2	1		

Luftzahl :	1	1,05	1,1	1,15	1,2	1,25	1,3	1,4	1,5	1,75	2
Verbrennungsgasmenge (trocken): V_{tr} [Nm^3/Nm^3 Brst]	5,930	6,225	6,526	6,831	7,137	7,445	7,753	8,370	8,988	10,534	12,082
Verbrennungsgasmenge (feucht): V_f [Nm^3/Nm^3 Brst]	7,205	7,509	7,814	8,122	8,430	8,739	9,049	9,668	10,286	11,834	13,381
Verbrennungsgaszusammensetzung (trocken)											
CO_2 Vol-%:	15,8	15,5	14,9	14,4	13,8	13,3	12,7	11,8	11,0	9,4	8,2
O_2 Vol-%:	0,4	1,1	1,9	2,7	3,5	4,2	4,9	6,1	7,1	9,2	10,7
N_2 Vol-%:	83,8	83,4	83,2	82,9	82,7	82,5	82,4	82,1	81,9	81,4	81,1
Verbrennungsgaszusammensetzung (feucht)											
CO_2 Vol-%:	13,0	12,8	12,5	12,1	11,7	11,3	10,9	10,2	9,6	8,4	7,4
H_2O Vol-%:	17,7	17,1	16,5	15,9	15,3	14,8	14,3	13,4	12,6	11,0	9,7
O_2 Vol-%:	0,3	0,9	1,6	2,3	3,0	3,6	4,2	5,3	6,2	8,2	9,7
N_2 Vol-%:	69,0	69,2	69,4	69,7	70,0	70,3	70,6	71,1	71,6	72,4	73,2
mittl. spez. Wärmekapazität c_p [kJ/Nm^3K]											
0 °C	1,371	1,369	1,367	1,365	1,362	1,360	1,358	1,354	1,351	1,344	1,339
100 °C	1,389	1,387	1,384	1,382	1,379	1,376	1,374	1,370	1,366	1,358	1,351
200 °C	1,407	1,405	1,402	1,399	1,396	1,393	1,391	1,386	1,381	1,372	1,365
300 °C	1,425	1,423	1,420	1,417	1,414	1,411	1,408	1,402	1,398	1,388	1,380
400 °C	1,444	1,442	1,439	1,435	1,432	1,429	1,426	1,420	1,415	1,404	1,396
500 °C	1,464	1,462	1,458	1,455	1,451	1,447	1,444	1,438	1,433	1,421	1,413
600 °C	1,484	1,482	1,478	1,474	1,470	1,467	1,463	1,457	1,451	1,439	1,430
700 °C	1,504	1,502	1,498	1,494	1,490	1,486	1,482	1,476	1,470	1,457	1,448
800 °C	1,524	1,521	1,518	1,513	1,509	1,505	1,501	1,494	1,488	1,475	1,465
900 °C	1,543	1,540	1,536	1,532	1,527	1,523	1,519	1,512	1,505	1,492	1,481
1000 °C	1,561	1,558	1,554	1,549	1,544	1,54	1,536	1,528	1,522	1,508	1,497
1100 °C	1,578	1,575	1,570	1,566	1,561	1,556	1,552	1,544	1,537	1,523	1,511
1200 °C	1,594	1,591	1,586	1,581	1,576	1,572	1,567	1,559	1,552	1,537	1,525
1300 °C	1,609	1,606	1,601	1,596	1,591	1,586	1,582	1,573	1,566	1,550	1,539
1400 °C	1,624	1,620	1,616	1,610	1,605	1,600	1,595	1,587	1,579	1,563	1,551
1500 °C	1,637	1,634	1,629	1,624	1,618	1,613	1,608	1,600	1,592	1,575	1,563

Kapitel 5.9	5. Verbrennung
Arbeitsblatt Nr. 35	Menge, Zusammensetzung und mittlere spezifische Wärmekapazität der Verbrennungsgase von Bio- und Klärgas (Abwasser Bsp.1)

gwi Gaswärme-Institut e.V. Essen

Brennstoff	Bio- und Klärgas, Abwasser Bsp. 1 (siehe Arbeitsblatt 08)			
CH_4	60 C_4H_{10}	0 CO_2	39 H_2	0
C_2H_6	0 C_5H_{12}	0 O_2	0 CO	0
C_3H_8	0 C_{6+}	0 N_2	1	

Luftzahl :	1	1,05	1,1	1,15	1,2	1,25	1,3	1,4	1,5	1,75	2
Verbrennungsgasmenge (trocken): V_{tr} [Nm³/Nm³ Brst]	5,548	5,821	6,099	6,381	6,664	6,948	7,233	7,803	8,373	9,801	11,23
Verbrennungsgasmenge (feucht): V_f [Nm³/Nm³ Brst]	6,728	7,008	7,29	7,574	7,859	8,144	8,43	9,001	9,572	11,000	12,43
Verbrennungsgaszusammensetzung (trocken)											
CO_2 Vol-%:	17,0	16,6	16,0	15,4	14,8	14,2	13,7	12,7	11,8	10,1	8,8
O_2 Vol-%:	0,4	1,1	1,9	2,7	3,5	4,2	4,9	6,0	7,1	9,1	10,7
N_2 Vol-%:	82,6	82,3	82,1	81,9	81,7	81,6	81,4	81,3	81,1	80,8	80,5
Verbrennungsgaszusammensetzung (feucht)											
CO_2 Vol-%:	14,0	13,8	13,4	13,0	12,5	12,1	11,7	11,0	10,3	9,0	8,0
H_2O Vol-%:	17,5	16,9	16,3	15,7	15,2	14,7	14,2	13,3	12,5	10,9	9,7
O_2 Vol-%:	0,3	0,9	1,6	2,3	2,9	3,6	4,2	5,2	6,2	8,1	9,6
N_2 Vol-%:	68,2	68,4	68,7	69,0	69,4	69,6	69,9	70,5	71,0	72,0	72,7
mittl. spez. Wärmekapazität c_p [kJ/Nm³K]											
0 °C	1,374	1,372	1,370	1,367	1,365	1,362	1,360	1,356	1,353	1,346	1,340
100 °C	1,392	1,391	1,388	1,385	1,382	1,380	1,377	1,372	1,368	1,360	1,354
200 °C	1,411	1,409	1,406	1,403	1,400	1,397	1,394	1,389	1,385	1,375	1,368
300 °C	1,431	1,428	1,425	1,422	1,418	1,415	1,412	1,406	1,401	1,391	1,383
400 °C	1,450	1,448	1,444	1,441	1,437	1,433	1,430	1,424	1,419	1,408	1,399
500 °C	1,470	1,468	1,464	1,460	1,456	1,453	1,449	1,443	1,437	1,425	1,416
600 °C	1,491	1,488	1,484	1,480	1,476	1,472	1,469	1,462	1,456	1,443	1,434
700 °C	1,511	1,509	1,505	1,500	1,496	1,492	1,488	1,481	1,475	1,462	1,452
800 °C	1,531	1,528	1,524	1,520	1,515	1,511	1,507	1,500	1,493	1,480	1,469
900 °C	1,550	1,547	1,543	1,538	1,534	1,529	1,525	1,517	1,510	1,496	1,486
1000 °C	1,568	1,565	1,561	1,556	1,551	1,546	1,542	1,534	1,527	1,512	1,501
1100 °C	1,586	1,582	1,578	1,572	1,568	1,563	1,558	1,550	1,543	1,528	1,516
1200 °C	1,602	1,598	1,594	1,588	1,583	1,578	1,574	1,565	1,558	1,542	1,530
1300 °C	1,617	1,614	1,609	1,603	1,598	1,593	1,588	1,579	1,572	1,556	1,543
1400 °C	1,632	1,628	1,623	1,618	1,612	1,607	1,602	1,593	1,585	1,568	1,556
1500 °C	1,646	1,642	1,637	1,631	1,625	1,620	1,615	1,606	1,598	1,581	1,568

Kapitel 5.10	5. Verbrennung
Arbeitsblatt Nr. 36	Menge, Zusammensetzung und mittlere spezifische Wärmekapazität der Verbrennungsgase von Klärgas (Abwasser Bsp.2)

gwi Gaswärme-Institut e.V. Essen

Brennstoff	Bio- und Klärgas, Abwasser Bsp. 2 (siehe Arbeitsblatt 08)						
CH_4	74	C_4H_{10}	0	CO_2	26	H_2	0
C_2H_6	0	C_5H_{12}	0	O_2	0	CO	0
C_3H_8	0	C_{6+}	0	N_2	0		

Luftzahl :	1	1,05	1,1	1,15	1,2	1,25	1,3	1,4	1,5	1,75	2
Verbrennungsgasmenge (trocken): V_{tr} [Nm^3/Nm^3 Brst]	6,617	6,952	7,294	7,640	7,988	8,338	8,689	9,391	10,10	11,86	13,62
Verbrennungsgasmenge (feucht): V_f [Nm^3/Nm^3 Brst]	8,065	8,410	8,758	9,108	9,459	9,811	10,160	10,870	11,57	13,33	15,10
Verbrennungsgaszusammensetzung (trocken)											
CO_2 Vol-%:	14,1	13,9	13,5	12,9	12,4	11,9	11,5	10,6	9,9	8,4	7,3
O_2 Vol-%:	0,5	1,2	2,0	2,8	3,6	4,3	5,0	6,2	7,2	9,3	10,8
N_2 Vol-%:	85,4	84,9	84,5	84,3	84,0	83,8	83,7	83,2	82,9	82,3	81,9
Verbrennungsgaszusammensetzung (feucht)											
CO_2 Vol-%:	11,6	11,5	11,2	10,9	10,5	10,2	9,8	9,2	8,6	7,5	6,6
H_2O Vol-%:	17,9	17,3	16,7	16,1	15,5	15,0	14,5	13,6	12,8	11,1	9,8
O_2 Vol-%:	0,4	1,0	1,6	2,3	3,0	3,6	4,2	5,3	6,3	8,3	9,8
N_2 Vol-%:	70,1	70,2	70,5	70,7	71,0	71,2	71,5	71,9	72,3	73,1	73,8
mittl. spez. Wärmekapazität c_p [kJ/Nm^3K]											
0 °C	1,367	1,366	1,363	1,361	1,359	1,357	1,355	1,351	1,348	1,341	1,336
100 °C	1,384	1,382	1,380	1,377	1,375	1,372	1,370	1,366	1,362	1,354	1,348
200 °C	1,401	1,399	1,396	1,394	1,391	1,388	1,386	1,381	1,377	1,368	1,362
300 °C	1,418	1,416	1,414	1,411	1,408	1,405	1,402	1,397	1,392	1,383	1,376
400 °C	1,436	1,435	1,432	1,429	1,425	1,422	1,419	1,414	1,409	1,399	1,391
500 °C	1,455	1,454	1,450	1,447	1,444	1,440	1,437	1,432	1,426	1,416	1,408
600 °C	1,475	1,473	1,470	1,466	1,463	1,459	1,456	1,450	1,445	1,433	1,425
700 °C	1,495	1,493	1,489	1,486	1,482	1,478	1,475	1,469	1,463	1,451	1,442
800 °C	1,514	1,512	1,508	1,505	1,501	1,497	1,493	1,487	1,481	1,469	1,459
900 °C	1,532	1,530	1,527	1,523	1,519	1,515	1,511	1,504	1,498	1,485	1,476
1000 °C	1,550	1,548	1,544	1,540	1,536	1,532	1,528	1,520	1,514	1,501	1,491
1100 °C	1,567	1,565	1,561	1,556	1,552	1,548	1,544	1,536	1,529	1,516	1,505
1200 °C	1,583	1,580	1,576	1,572	1,567	1,563	1,559	1,551	1,544	1,530	1,519
1300 °C	1,598	1,595	1,591	1,586	1,582	1,577	1,573	1,565	1,558	1,543	1,532
1400 °C	1,612	1,610	1,605	1,600	1,596	1,591	1,587	1,578	1,571	1,556	1,545
1500 °C	1,626	1,623	1,619	1,614	1,609	1,604	1,599	1,591	1,583	1,568	1,556

Kapitel 5.11	# 5. Verbrennung
Arbeitsblatt Nr. 37	Menge, Zusammensetzung und mittlere spezifische Wärmekapazität der Verbrennungsgase von Biogas (Tierkörperverwertung)

gwi Gaswärme-Institut e.V. Essen

Brennstoff	Biogas, Tierkörperverwertung (siehe Arbeitsblatt 08)						
CH_4	85	C_4H_{10}	0	CO_2	14	H_2	0
C_2H_6	0	C_5H_{12}	0	O_2	0	CO	0
C_3H_8	0	C_{6+}	0	N_2	1		

Luftzahl :	1	1,05	1,1	1,15	1,2	1,25	1,3	1,4	1,5	1,75	2
Verbrennungsgasmenge (trocken): V_{tr} [Nm^3/Nm^3 Brst]	7,458	7,841	8,233	8,629	9,029	9,43	9,833	10,64	11,45	13,47	15,49
Verbrennungsgasmenge (feucht): V_f [Nm^3/Nm^3 Brst]	9,114	9,512	9,911	10,310	10,720	11,12	11,530	12,33	13,14	15,17	17,19
Verbrennungsgaszusammensetzung (trocken)											
CO_2 Vol-%:	12,2	12,1	11,7	11,3	10,9	10,4	10,0	9,3	8,6	7,4	6,4
O_2 Vol-%:	0,5	1,2	2,0	2,8	3,6	4,3	5,0	6,3	7,3	9,4	10,9
N_2 Vol-%:	87,3	86,7	86,3	85,9	85,5	85,3	85,0	84,4	84,1	83,2	82,7
Verbrennungsgaszusammensetzung (feucht)											
CO_2 Vol-%:	10,0	10,0	9,8	9,5	9,2	8,9	8,6	8,0	7,5	6,5	5,8
H_2O Vol-%:	18,2	17,6	16,9	16,3	15,7	15,2	14,7	13,7	12,9	11,2	9,9
O_2 Vol-%:	0,4	1,0	1,7	2,4	3,0	3,7	4,3	5,4	6,4	8,3	9,9
N_2 Vol-%:	71,4	71,4	71,6	71,8	72,1	72,2	72,4	72,9	73,2	74,0	74,4
mittl. spez. Wärmekapazität c_p [kJ/Nm^3K]											
0 °C	1,362	1,361	1,359	1,357	1,355	1,353	1,351	1,348	1,345	1,339	1,334
100 °C	1,378	1,376	1,374	1,372	1,370	1,367	1,365	1,361	1,358	1,351	1,345
200 °C	1,393	1,392	1,390	1,387	1,385	1,382	1,380	1,376	1,372	1,364	1,358
300 °C	1,410	1,409	1,406	1,404	1,401	1,398	1,396	1,391	1,387	1,378	1,371
400 °C	1,427	1,426	1,423	1,421	1,418	1,415	1,412	1,407	1,403	1,393	1,386
500 °C	1,445	1,444	1,441	1,438	1,435	1,432	1,430	1,424	1,419	1,410	1,402
600 °C	1,464	1,463	1,460	1,457	1,454	1,451	1,448	1,442	1,437	1,427	1,419
700 °C	1,484	1,482	1,479	1,476	1,473	1,469	1,466	1,460	1,455	1,445	1,436
800 °C	1,503	1,501	1,498	1,495	1,491	1,488	1,484	1,478	1,473	1,462	1,453
900 °C	1,521	1,519	1,516	1,512	1,509	1,505	1,502	1,495	1,490	1,478	1,469
1000 °C	1,538	1,536	1,533	1,529	1,525	1,522	1,518	1,511	1,506	1,493	1,484
1100 °C	1,554	1,553	1,549	1,545	1,541	1,537	1,534	1,527	1,521	1,508	1,499
1200 °C	1,570	1,568	1,565	1,561	1,557	1,552	1,549	1,542	1,535	1,522	1,512
1300 °C	1,585	1,583	1,579	1,575	1,571	1,567	1,563	1,555	1,549	1,535	1,525
1400 °C	1,599	1,597	1,593	1,589	1,585	1,580	1,576	1,569	1,562	1,548	1,537
1500 °C	1,613	1,611	1,607	1,602	1,598	1,593	1,589	1,581	1,574	1,560	1,549

Kapitel 5.12	5. Verbrennung	gwi Gaswärme-Institut e.V. Essen
Arbeitsblatt Nr. 38	Menge, Zusammensetzung und mittlere spezifische Wärmekapazität der Verbrennungsgase von Biogas (Brennerei)	

Brennstoff	Biogas, Brennerei (siehe Arbeitsblatt 08)						
CH_4	70	C_4H_{10}	0	CO_2	30	H_2	0
C_2H_6	0	C_5H_{12}	0	O_2	0	CO	0
C_3H_8	0	C_{6+}	0	N_2	0		

Luftzahl :	1	1,05	1,1	1,15	1,2	1,25	1,3	1,4	1,5	1,75	2
Verbrennungsgasmenge (trocken): V_{tr} [Nm^3/Nm^3 Brst]	6,312	6,629	6,952	7,28	7,610	7,941	8,273	8,937	9,603	11,27	12,93
Verbrennungsgasmenge (feucht): V_f [Nm^3/Nm^3 Brst]	7,683	8,010	8,338	8,67	9,002	9,335	9,668	10,33	11,000	12,67	14,33
Verbrennungsgaszusammensetzung (trocken)											
CO_2 Vol-%:	14,9	14,6	14,1	13,6	13,1	12,5	12,1	11,2	10,4	8,9	7,7
O_2 Vol-%:	0,4	1,1	2,0	2,8	3,5	4,3	4,9	6,1	7,2	9,3	10,8
N_2 Vol-%:	84,7	84,3	83,9	83,6	83,4	83,2	83,0	82,7	82,4	81,8	81,5
Verbrennungsgaszusammensetzung (feucht)											
CO_2 Vol-%:	12,2	12,1	11,8	11,4	11,0	10,7	10,3	9,7	9,1	7,9	7,0
H_2O Vol-%:	17,8	17,2	16,6	16,0	15,5	14,9	14,4	13,5	12,7	11,0	9,8
O_2 Vol-%:	0,4	1,0	1,6	2,3	3,0	3,6	4,2	5,3	6,3	8,2	9,7
N_2 Vol-%:	69,6	69,7	70,0	70,3	70,5	70,8	71,1	71,5	71,9	72,9	73,5
mittl. spez. Wärmekapazität c_p [kJ/Nm³K]											
0 °C	1,369	1,367	1,365	1,363	1,361	1,358	1,356	1,353	1,349	1,343	1,337
100 °C	1,386	1,384	1,382	1,379	1,377	1,374	1,372	1,368	1,364	1,356	1,350
200 °C	1,403	1,402	1,399	1,396	1,393	1,391	1,388	1,383	1,379	1,370	1,363
300 °C	1,421	1,420	1,417	1,414	1,411	1,408	1,405	1,399	1,395	1,385	1,378
400 °C	1,440	1,438	1,435	1,432	1,428	1,425	1,422	1,417	1,412	1,401	1,393
500 °C	1,459	1,457	1,454	1,451	1,447	1,444	1,440	1,435	1,429	1,418	1,410
600 °C	1,479	1,477	1,474	1,470	1,466	1,463	1,459	1,453	1,448	1,436	1,427
700 °C	1,499	1,497	1,493	1,490	1,486	1,482	1,478	1,472	1,466	1,454	1,445
800 °C	1,519	1,516	1,513	1,509	1,505	1,501	1,497	1,490	1,484	1,472	1,462
900 °C	1,537	1,535	1,531	1,527	1,523	1,519	1,515	1,508	1,501	1,488	1,478
1000 °C	1,555	1,552	1,548	1,544	1,540	1,535	1,531	1,524	1,518	1,504	1,494
1100 °C	1,572	1,569	1,565	1,561	1,556	1,552	1,547	1,540	1,533	1,519	1,508
1200 °C	1,588	1,585	1,581	1,576	1,571	1,567	1,563	1,555	1,548	1,533	1,522
1300 °C	1,603	1,600	1,596	1,591	1,586	1,581	1,577	1,569	1,562	1,547	1,535
1400 °C	1,618	1,615	1,610	1,605	1,600	1,595	1,591	1,582	1,575	1,559	1,548
1500 °C	1,631	1,628	1,623	1,618	1,613	1,608	1,604	1,595	1,587	1,571	1,559

Kapitel 5.13	5. Verbrennung
Arbeitsblatt Nr. 39	**Menge, Zusammensetzung und mittlere spezifische Wärmekapazität der Verbrennungsgase von Deponiegas (Hausmüll Bsp.1)**

Gaswärme-Institut e.V. Essen

Brennstoff	Deponiegas, Hausmüll Bsp. 1 (siehe Arbeitsblatt 08						
CH_4	61	C_4H_{10}	0	CO_2	39	H_2	0
C_2H_6	0	C_5H_{12}	0	O_2	0	CO	0
C_3H_8	0	C_{6+}	0	N_2	0		

Luftzahl :	1	1,05	1,1	1,15	1,2	1,25	1,3	1,4	1,5	1,75	2
Verbrennungsgasmenge (trocken): V_{tr} [Nm^3/Nm^3 Brst]	5,624	5,901	6,185	6,471	6,759	7,048	7,337	7,916	8,496	9,948	11,40
Verbrennungsgasmenge (feucht): V_f [Nm^3/Nm^3 Brst]	6,823	7,108	7,395	7,683	7,973	8,263	8,553	9,134	9,715	11,170	12,62
Verbrennungsgaszusammensetzung (trocken)											
CO_2 Vol-%:	16,9	16,5	16,0	15,3	14,7	14,2	13,6	12,6	11,8	10,1	8,8
O_2 Vol-%:	0,4	1,1	1,9	2,7	3,5	4,2	4,9	6,1	7,1	9,1	10,7
N_2 Vol-%:	82,7	82,4	82,1	82,0	81,8	81,6	81,5	81,3	81,1	80,8	80,5
Verbrennungsgaszusammensetzung (feucht)											
CO_2 Vol-%:	13,9	13,7	13,4	12,9	12,5	12,1	11,7	10,9	10,3	9,0	7,9
H_2O Vol-%:	17,6	17,0	16,4	15,8	15,2	14,7	14,2	13,3	12,5	10,9	9,7
O_2 Vol-%:	0,3	0,9	1,6	2,3	3,0	3,6	4,2	5,2	6,2	8,1	9,6
N_2 Vol-%:	68,2	68,4	68,6	69,0	69,3	69,6	69,9	70,6	71,0	72,0	72,8
mittl. spez. Wärmekapazität c_p [kJ/Nm^3K]											
0 °C	1,374	1,372	1,369	1,367	1,365	1,362	1,360	1,356	1,353	1,346	1,340
100 °C	1,392	1,390	1,388	1,385	1,382	1,379	1,377	1,372	1,368	1,360	1,353
200 °C	1,411	1,409	1,406	1,403	1,400	1,397	1,394	1,389	1,384	1,375	1,368
300 °C	1,430	1,428	1,425	1,421	1,418	1,415	1,412	1,406	1,401	1,391	1,383
400 °C	1,450	1,447	1,444	1,440	1,437	1,433	1,430	1,424	1,418	1,407	1,399
500 °C	1,470	1,467	1,464	1,460	1,456	1,452	1,449	1,442	1,437	1,425	1,416
600 °C	1,490	1,488	1,484	1,480	1,476	1,472	1,468	1,461	1,455	1,443	1,434
700 °C	1,511	1,508	1,504	1,500	1,496	1,492	1,488	1,481	1,474	1,461	1,451
800 °C	1,531	1,528	1,524	1,519	1,515	1,511	1,507	1,499	1,493	1,479	1,469
900 °C	1,550	1,547	1,543	1,538	1,533	1,529	1,525	1,517	1,510	1,496	1,485
1000 °C	1,568	1,565	1,560	1,555	1,551	1,546	1,542	1,534	1,527	1,512	1,501
1100 °C	1,585	1,582	1,577	1,572	1,567	1,562	1,558	1,550	1,542	1,527	1,516
1200 °C	1,601	1,598	1,593	1,588	1,583	1,578	1,573	1,565	1,557	1,542	1,530
1300 °C	1,617	1,613	1,608	1,603	1,598	1,593	1,588	1,579	1,571	1,555	1,543
1400 °C	1,632	1,628	1,623	1,617	1,612	1,607	1,602	1,593	1,585	1,568	1,555
1500 °C	1,645	1,642	1,636	1,631	1,625	1,620	1,615	1,605	1,597	1,580	1,567

Kapitel 5.14	5. Verbrennung
Arbeitsblatt Nr. 40	Menge, Zusammensetzung und mittlere spezifische Wärmekapazität der Verbrennungsgase von Deponiegas (Hausmüll Bsp.2)

gwi Gaswärme-Institut e.V. Essen

Brennstoff	Deponiegas, Hausmüll Bsp. 2 (siehe Arbeitsblatt 08)			
CH_4	43 C_4H_{10}	0 CO_2	31 H_2	0
C_2H_6	0 C_5H_{12}	0 O_2	3 CO	0
C_3H_8	0 C_{6+}	0 N_2	23	

Luftzahl :	1	1,05	1,1	1,15	1,2	1,25	1,3	1,4	1,5	1,75	2
Verbrennungsgasmenge (trocken): V_{tr} [Nm^3/Nm^3 Brst]	4,112	4,302	4,496	4,691	4,887	5,084	5,281	5,675	6,070	7,057	8,045
Verbrennungsgasmenge (feucht): V_f [Nm^3/Nm^3 Brst]	4,960	5,155	5,350	5,547	5,744	5,941	6,139	6,534	6,929	7,917	8,905
Verbrennungsgaszusammensetzung (trocken)											
CO_2 Vol-%:	17,3	16,9	16,3	15,7	15,1	14,5	14,0	13,0	12,2	10,5	9,2
O_2 Vol-%:	0,3	1,0	1,8	2,6	3,3	4,0	4,6	5,8	6,8	8,8	10,3
N_2 Vol-%:	82,4	82,1	81,9	81,7	81,6	81,5	81,4	81,2	81,0	80,7	80,5
Verbrennungsgaszusammensetzung (feucht)											
CO_2 Vol-%:	14,3	14,1	13,7	13,3	12,8	12,4	12,0	11,3	10,7	9,3	8,3
H_2O Vol-%:	17,1	16,5	16,0	15,4	14,9	14,4	14,0	13,1	12,4	10,9	9,7
O_2 Vol-%:	0,3	0,8	1,5	2,2	2,8	3,4	4,0	5,0	5,9	7,8	9,3
N_2 Vol-%:	68,3	68,6	68,8	69,1	69,5	69,8	70,0	70,6	71,0	72,0	72,7
mittl. spez. Wärmekapazität c_p [kJ/Nm^3K]											
0 °C	1,374	1,372	1,370	1,367	1,365	1,363	1,361	1,357	1,354	1,347	1,341
100 °C	1,393	1,391	1,388	1,385	1,383	1,380	1,378	1,373	1,369	1,361	1,355
200 °C	1,412	1,410	1,407	1,404	1,401	1,398	1,395	1,390	1,386	1,377	1,369
300 °C	1,431	1,429	1,426	1,422	1,419	1,416	1,413	1,408	1,403	1,393	1,385
400 °C	1,451	1,449	1,445	1,441	1,438	1,435	1,431	1,426	1,420	1,410	1,401
500 °C	1,471	1,469	1,465	1,461	1,457	1,454	1,45	1,444	1,439	1,427	1,418
600 °C	1,492	1,489	1,485	1,481	1,477	1,474	1,47	1,463	1,458	1,445	1,436
700 °C	1,512	1,510	1,506	1,501	1,497	1,493	1,49	1,483	1,477	1,464	1,454
800 °C	1,532	1,529	1,525	1,521	1,517	1,512	1,509	1,501	1,495	1,482	1,471
900 °C	1,551	1,548	1,544	1,539	1,535	1,531	1,527	1,519	1,513	1,499	1,488
1000 °C	1,569	1,566	1,562	1,557	1,552	1,548	1,544	1,536	1,529	1,515	1,504
1100 °C	1,587	1,583	1,579	1,574	1,569	1,564	1,560	1,552	1,545	1,530	1,519
1200 °C	1,603	1,599	1,595	1,590	1,585	1,580	1,575	1,567	1,560	1,545	1,533
1300 °C	1,618	1,615	1,610	1,605	1,599	1,595	1,590	1,581	1,574	1,558	1,546
1400 °C	1,633	1,629	1,624	1,619	1,614	1,609	1,604	1,595	1,587	1,571	1,558
1500 °C	1,647	1,643	1,638	1,632	1,627	1,622	1,617	1,608	1,600	1,583	1,570

Kapitel 5.15	5. Verbrennung
Arbeitsblatt Nr. 41	Menge, Zusammensetzung und mittlere spezifische Wärmekapazität der Verbrennungsgase von Deponiegas (Haus- u. Gewerbemüll Bsp.1)

gwi Gaswärme-Institut e.V. Essen

Brennstoff	Deponiegas, Haus- und Gewerbemüll Bsp. 1 (siehe Arbeitsblatt 08)			
CH_4	35 C_4H_{10}	0 CO_2	6 H_2	0
C_2H_6	0 C_5H_{12}	0 O_2	16,9 CO	0,1
C_3H_8	0 C_{6+}	0 N_2	42	

Luftzahl :	1	1,05	1,1	1,15	1,2	1,25	1,3	1,4	1,5	1,75	2
Verbrennungsgasmenge (trocken): V_{tr} [Nm³/Nm³ Brst]	5,120	5,368	5,621	5,877	6,135	6,393	6,651	7,169	7,688	8,984	10,28
Verbrennungsgasmenge (feucht): V_f [Nm³/Nm³ Brst]	6,203	6,457	6,713	6,971	7,230	7,489	7,748	8,267	8,786	10,080	11,38
Verbrennungsgaszusammensetzung (trocken)											
CO_2 Vol-%:	18,3	17,9	17,2	16,6	15,9	15,3	14,7	13,7	12,7	10,9	9,5
O_2 Vol-%:	0,4	1,1	1,9	2,7	3,4	4,1	4,8	6,0	7,0	9,1	10,6
N_2 Vol-%:	81,3	81,0	80,9	80,7	80,7	80,6	80,5	80,3	80,3	80,0	79,9
Verbrennungsgaszusammensetzung (feucht)											
CO_2 Vol-%:	15,1	14,9	14,4	14,0	13,5	13,1	12,6	11,8	11,2	9,7	8,6
H_2O Vol-%:	17,5	16,9	16,3	15,7	15,1	14,6	14,2	13,3	12,5	10,9	9,7
O_2 Vol-%:	0,3	0,9	1,6	2,3	2,9	3,5	4,1	5,2	6,1	8,1	9,6
N_2 Vol-%:	67,1	67,3	67,7	68,0	68,5	68,8	69,1	69,7	70,2	71,3	72,1
mittl. spez. Wärmekapazität c_p [kJ/Nm³K]											
0 °C	1,377	1,375	1,373	1,370	1,368	1,365	1,363	1,359	1,355	1,348	1,342
100 °C	1,397	1,395	1,392	1,389	1,386	1,383	1,381	1,376	1,372	1,363	1,356
200 °C	1,417	1,414	1,411	1,408	1,405	1,402	1,399	1,393	1,388	1,379	1,371
300 °C	1,436	1,434	1,431	1,427	1,423	1,420	1,417	1,411	1,406	1,395	1,387
400 °C	1,457	1,454	1,450	1,446	1,443	1,439	1,436	1,429	1,424	1,412	1,403
500 °C	1,477	1,475	1,471	1,467	1,462	1,459	1,455	1,448	1,442	1,430	1,420
600 °C	1,498	1,495	1,491	1,487	1,483	1,479	1,475	1,468	1,461	1,448	1,438
700 °C	1,519	1,516	1,512	1,507	1,503	1,499	1,495	1,487	1,481	1,467	1,456
800 °C	1,539	1,536	1,532	1,527	1,522	1,518	1,514	1,506	1,499	1,485	1,474
900 °C	1,559	1,555	1,551	1,546	1,541	1,536	1,532	1,524	1,517	1,502	1,491
1000 °C	1,577	1,574	1,569	1,564	1,559	1,554	1,549	1,541	1,533	1,518	1,506
1100 °C	1,594	1,591	1,586	1,581	1,575	1,570	1,566	1,557	1,549	1,534	1,521
1200 °C	1,611	1,607	1,602	1,597	1,591	1,586	1,581	1,572	1,564	1,548	1,535
1300 °C	1,627	1,623	1,617	1,612	1,606	1,601	1,596	1,587	1,579	1,562	1,549
1400 °C	1,641	1,637	1,632	1,626	1,620	1,615	1,610	1,600	1,592	1,575	1,561
1500 °C	1,655	1,651	1,646	1,640	1,634	1,628	1,623	1,613	1,605	1,587	1,573

Kapitel 5.16	5. Verbrennung
Arbeitsblatt Nr. 42	Menge, Zusammensetzung und mittlere spezifische Wärmekapazität der Verbrennungsgase von Deponiegas (Haus- u. Gewerbemüll Bsp.2)

Gaswärme-Institut e.V. Essen

Brennstoff	Deponiegas, Haus- und Gewerbemüll Bsp. 2 (siehe Arbeitsblatt 08)						
CH_4	36	C_4H_{10}	0	CO_2	28	H_2	0
C_2H_6	0	C_5H_{12}	0	O_2	5	CO	0
C_3H_8	0	C_{6+}	0	N_2	31		

Luftzahl :	1	1,05	1,1	1,15	1,2	1,25	1,3	1,4	1,5	1,75	2
Verbrennungsgasmenge (trocken): V_{tr} [Nm³/Nm³ Brst]	3,486	3,640	3,796	3,954	4,112	4,271	4,43	4,748	5,067	5,864	6,661
Verbrennungsgasmenge (feucht): V_f [Nm³/Nm³ Brst]	4,197	4,354	4,512	4,67	4,829	4,989	5,148	5,467	5,786	6,584	7,381
Verbrennungsgaszusammensetzung (trocken)											
CO_2 Vol-%:	17,7	17,3	16,7	16,1	15,5	15,0	14,4	13,5	12,6	10,9	9,6
O_2 Vol-%:	0,3	1,0	1,7	2,5	3,2	3,8	4,4	5,6	6,5	8,5	10,0
N_2 Vol-%:	82,0	81,7	81,6	81,4	81,3	81,2	81,2	80,9	80,9	80,6	80,4
Verbrennungsgaszusammensetzung (feucht)											
CO_2 Vol-%:	14,7	14,5	14,1	13,6	13,2	12,8	12,4	11,7	11,1	9,7	8,7
H_2O Vol-%:	16,9	16,4	15,9	15,3	14,9	14,4	14,0	13,1	12,4	10,9	9,8
O_2 Vol-%:	0,3	0,8	1,4	2,1	2,7	3,3	3,8	4,8	5,7	7,6	9,1
N_2 Vol-%:	68,1	68,3	68,6	69,0	69,2	69,5	69,8	70,4	70,8	71,8	72,4
mittl. spez. Wärmekapazität c_p [kJ/Nm³K]											
0 °C	1,375	1,373	1,371	1,368	1,366	1,364	1,362	1,358	1,355	1,348	1,342
100 °C	1,394	1,392	1,389	1,387	1,384	1,382	1,379	1,375	1,371	1,363	1,356
200 °C	1,413	1,411	1,408	1,405	1,402	1,400	1,397	1,392	1,388	1,379	1,371
300 °C	1,433	1,431	1,428	1,424	1,421	1,418	1,415	1,410	1,405	1,395	1,387
400 °C	1,453	1,450	1,447	1,443	1,440	1,437	1,434	1,428	1,423	1,412	1,403
500 °C	1,473	1,471	1,467	1,463	1,460	1,456	1,453	1,447	1,441	1,430	1,421
600 °C	1,494	1,491	1,487	1,484	1,480	1,476	1,472	1,466	1,460	1,448	1,439
700 °C	1,515	1,512	1,508	1,504	1,500	1,496	1,492	1,485	1,479	1,467	1,457
800 °C	1,535	1,532	1,528	1,523	1,519	1,515	1,511	1,504	1,498	1,485	1,474
900 °C	1,554	1,551	1,546	1,542	1,538	1,533	1,529	1,522	1,515	1,502	1,491
1000 °C	1,572	1,569	1,564	1,560	1,555	1,551	1,547	1,539	1,532	1,518	1,507
1100 °C	1,589	1,586	1,581	1,576	1,572	1,567	1,563	1,555	1,548	1,533	1,522
1200 °C	1,605	1,602	1,597	1,592	1,587	1,583	1,578	1,570	1,563	1,548	1,536
1300 °C	1,621	1,617	1,612	1,607	1,602	1,598	1,593	1,585	1,577	1,561	1,549
1400 °C	1,636	1,632	1,627	1,622	1,616	1,612	1,607	1,598	1,591	1,574	1,562
1500 °C	1,649	1,646	1,640	1,635	1,630	1,625	1,620	1,611	1,603	1,587	1,574

Kapitel 5.17	5. Verbrennung
Arbeitsblatt Nr. 43	**Menge, Zusammensetzung und mittlere spezifische Wärmekapazität der Verbrennungsgase von Generatorgas (Bsp. 1)**

gwi Gaswärme-Institut e.V. Essen

Brennstoff	Generatorgas Bsp. 1 (siehe Arbeitsblatt 08)						
CH_4	0	C_4H_{10}	0	CO_2	4	H_2	1
C_2H_6	0	C_5H_{12}	0	O_2	0	CO	25
C_3H_8	0	C_{6+}	0	N_2	70		

Luftzahl :	1	1,05	1,1	1,15	1,2	1,25	1,3	1,4	1,5	1,75	2
Verbrennungsgasmenge (trocken): V_{tr} [Nm³/Nm³ Brst]	1,479	1,51	1,541	1,572	1,603	1,634	1,665	1,727	1,789	1,943	2,098
Verbrennungsgasmenge (feucht): V_f [Nm³/Nm³ Brst]	1,489	1,52	1,551	1,582	1,613	1,644	1,675	1,737	1,799	1,953	2,108
Verbrennungsgaszusammensetzung (trocken)											
CO_2 Vol-%:	19,6	19,2	18,8	18,4	18,1	17,7	17,4	16,8	16,2	14,9	13,8
O_2 Vol-%:	0,0	0,4	0,8	1,2	1,6	2,0	2,3	3,0	3,6	5,0	6,2
N_2 Vol-%:	80,4	80,4	80,4	80,4	80,3	80,3	80,3	80,2	80,2	80,1	80,0
Verbrennungsgaszusammensetzung (feucht)											
CO_2 Vol-%:	19,4	19,1	18,7	18,3	18,0	17,6	17,3	16,7	16,1	14,8	13,8
H_2O Vol-%:	0,7	0,7	0,6	0,6	0,6	0,6	0,6	0,6	0,6	0,5	0,5
O_2 Vol-%:	0,0	0,4	0,8	1,2	1,6	2,0	2,3	3,0	3,6	5,0	6,2
N_2 Vol-%:	79,9	79,8	79,9	79,9	79,8	79,8	79,8	79,7	79,7	79,7	79,5
mittl. spez. Wärmekapazität c_p [kJ/Nm³K]											
0 °C	1,357	1,356	1,355	1,353	1,352	1,351	1,350	1,348	1,347	1,343	1,339
100 °C	1,380	1,378	1,377	1,375	1,374	1,373	1,371	1,369	1,367	1,362	1,357
200 °C	1,401	1,400	1,398	1,396	1,395	1,393	1,391	1,389	1,386	1,380	1,375
300 °C	1,422	1,420	1,418	1,416	1,414	1,413	1,411	1,408	1,405	1,398	1,393
400 °C	1,442	1,440	1,438	1,436	1,434	1,432	1,430	1,427	1,424	1,416	1,410
500 °C	1,463	1,461	1,458	1,456	1,454	1,452	1,450	1,446	1,443	1,435	1,429
600 °C	1,483	1,481	1,479	1,476	1,474	1,472	1,470	1,466	1,462	1,454	1,447
700 °C	1,503	1,501	1,499	1,496	1,494	1,492	1,489	1,485	1,482	1,473	1,466
800 °C	1,523	1,520	1,518	1,515	1,513	1,510	1,508	1,504	1,500	1,491	1,484
900 °C	1,541	1,538	1,535	1,533	1,530	1,528	1,526	1,521	1,517	1,508	1,500
1000 °C	1,557	1,555	1,552	1,549	1,547	1,544	1,542	1,537	1,533	1,524	1,516
1100 °C	1,573	1,570	1,567	1,565	1,562	1,559	1,557	1,552	1,548	1,538	1,530
1200 °C	1,588	1,585	1,582	1,579	1,576	1,574	1,571	1,566	1,562	1,552	1,544
1300 °C	1,601	1,598	1,595	1,592	1,590	1,587	1,584	1,580	1,575	1,565	1,556
1400 °C	1,614	1,611	1,608	1,605	1,602	1,600	1,597	1,592	1,587	1,577	1,568
1500 °C	1,626	1,623	1,620	1,617	1,614	1,611	1,609	1,603	1,599	1,588	1,579

Kapitel 5.18	5. Verbrennung
Arbeitsblatt Nr. 44	Menge, Zusammensetzung und mittlere spezifische Wärmekapazität der Verbrennungsgase von Generatorgas (Bsp. 2)

gwi Gaswärme-Institut e.V. Essen

Brennstoff	Generatorgas Bsp. 2 (siehe Arbeitsblatt 08)			
CH_4	2 C_4H_{10}	0 CO_2	12 H_2	18
C_2H_6	0 C_5H_{12}	0 O_2	2 CO	20
C_3H_8	0 C_{6+}	0 N_2	46	

Luftzahl :	1	1,05	1,1	1,15	1,2	1,25	1,3	1,4	1,5	1,75	2
Verbrennungsgasmenge (trocken): V_{tr} [Nm^3/Nm^3 Brst]	1,593	1,642	1,692	1,741	1,791	1,841	1,891	1,99	2,09	2,34	2,59
Verbrennungsgasmenge (feucht): V_f [Nm^3/Nm^3 Brst]	1,812	1,861	1,911	1,960	2,010	2,060	2,110	2,21	2,31	2,56	2,81
Verbrennungsgaszusammensetzung (trocken)											
CO_2 Vol-%:	20,9	20,5	20,0	19,5	18,9	18,4	18,0	17,1	16,3	14,5	13,1
O_2 Vol-%:	0,2	0,7	1,2	1,8	2,3	2,8	3,3	4,1	5,0	6,7	8,1
N_2 Vol-%:	78,9	78,8	78,8	78,7	78,8	78,8	78,7	78,8	78,7	78,8	78,8
Verbrennungsgaszusammensetzung (feucht)											
CO_2 Vol-%:	18,4	18,1	17,7	17,3	16,9	16,5	16,1	15,4	14,7	13,3	12,1
H_2O Vol-%:	12,1	11,8	11,5	11,2	10,9	10,7	10,4	9,9	9,5	8,6	7,8
O_2 Vol-%:	0,2	0,6	1,1	1,6	2,0	2,5	2,9	3,7	4,5	6,1	7,4
N_2 Vol-%:	69,3	69,5	69,7	69,9	70,2	70,3	70,6	71,0	71,3	72,0	72,7
mittl. spez. Wärmekapazität c_p [kJ/Nm^3K]											
0 °C	1,376	1,375	1,373	1,371	1,370	1,368	1,366	1,363	1,360	1,354	1,349
100 °C	1,399	1,397	1,395	1,393	1,391	1,389	1,387	1,383	1,380	1,372	1,366
200 °C	1,421	1,419	1,417	1,414	1,412	1,409	1,407	1,403	1,399	1,390	1,383
300 °C	1,442	1,440	1,438	1,435	1,432	1,429	1,427	1,422	1,418	1,409	1,401
400 °C	1,464	1,461	1,458	1,456	1,453	1,450	1,447	1,442	1,437	1,427	1,419
500 °C	1,485	1,483	1,480	1,476	1,473	1,470	1,467	1,462	1,457	1,446	1,437
600 °C	1,507	1,504	1,501	1,498	1,494	1,491	1,488	1,482	1,477	1,466	1,456
700 °C	1,528	1,525	1,522	1,519	1,515	1,512	1,509	1,503	1,497	1,485	1,475
800 °C	1,549	1,546	1,542	1,539	1,535	1,532	1,528	1,522	1,516	1,504	1,494
900 °C	1,568	1,565	1,561	1,558	1,554	1,550	1,547	1,540	1,534	1,521	1,511
1000 °C	1,586	1,583	1,579	1,575	1,572	1,568	1,564	1,558	1,551	1,538	1,527
1100 °C	1,603	1,600	1,596	1,592	1,588	1,584	1,581	1,574	1,567	1,554	1,542
1200 °C	1,619	1,616	1,612	1,608	1,604	1,600	1,596	1,589	1,583	1,568	1,557
1300 °C	1,635	1,632	1,627	1,623	1,619	1,615	1,611	1,604	1,597	1,582	1,570
1400 °C	1,649	1,646	1,642	1,637	1,633	1,629	1,625	1,617	1,610	1,595	1,583
1500 °C	1,663	1,659	1,655	1,651	1,646	1,642	1,638	1,630	1,623	1,608	1,595

Kapitel 5.19	5. Verbrennung	gwi Gaswärme-Institut e.V. Essen
Arbeitsblatt Nr. 45	Menge, Zusammensetzung und mittlere spezifische Wärmekapazität der Verbrennungsgase von Gichtgas (Bsp. 1)	

Brennstoff	Gichtgas Bsp. 1 (siehe Arbeitsblatt 08)						
CH_4	0	C_4H_{10}	0	CO_2	20	H_2	4
C_2H_6	0	C_5H_{12}	0	O_2	0	CO	20
C_3H_8	0	C_{6+}	0	N_2	56		

Luftzahl :	1	1,05	1,1	1,15	1,2	1,25	1,3	1,4	1,5	1,75	2
Verbrennungsgasmenge (trocken): V_{tr} [Nm³/Nm³ Brst]	1,411	1,44	1,469	1,497	1,526	1,554	1,583	1,64	1,697	1,84	1,983
Verbrennungsgasmenge (feucht): V_f [Nm³/Nm³ Brst]	1,451	1,48	1,509	1,537	1,566	1,594	1,623	1,68	1,737	1,88	2,023
Verbrennungsgaszusammensetzung (trocken)											
CO_2 Vol-%:	28,3	27,8	27,2	26,7	26,2	25,7	25,3	24,4	23,6	21,7	20,2
O_2 Vol-%:	0,0	0,4	0,8	1,2	1,6	1,9	2,3	2,9	3,5	4,9	6,0
N_2 Vol-%:	71,7	71,8	72,0	72,1	72,2	72,4	72,4	72,7	72,9	73,4	73,8
Verbrennungsgaszusammensetzung (feucht)											
CO_2 Vol-%:	27,5	27,0	26,5	26,0	25,5	25,1	24,6	23,8	23,0	21,3	19,8
H_2O Vol-%:	2,8	2,7	2,7	2,6	2,6	2,5	2,5	2,4	2,3	2,1	2,0
O_2 Vol-%:	0,0	0,4	0,8	1,2	1,5	1,9	2,2	2,8	3,4	4,8	5,9
N_2 Vol-%:	69,7	69,9	70,0	70,2	70,4	70,5	70,7	71,0	71,3	71,8	72,3
mittl. spez. Wärmekapazität c_p [kJ/Nm³K]											
0 °C	1,386	1,385	1,383	1,381	1,380	1,378	1,377	1,374	1,372	1,366	1,361
100 °C	1,417	1,415	1,413	1,410	1,409	1,407	1,405	1,401	1,398	1,391	1,385
200 °C	1,445	1,443	1,440	1,438	1,435	1,433	1,431	1,427	1,423	1,415	1,407
300 °C	1,472	1,469	1,466	1,463	1,461	1,458	1,456	1,451	1,447	1,437	1,429
400 °C	1,497	1,494	1,491	1,488	1,485	1,482	1,480	1,475	1,470	1,460	1,451
500 °C	1,522	1,518	1,515	1,512	1,509	1,506	1,503	1,498	1,493	1,482	1,472
600 °C	1,546	1,542	1,539	1,536	1,532	1,529	1,526	1,521	1,515	1,504	1,493
700 °C	1,569	1,565	1,562	1,558	1,555	1,552	1,549	1,543	1,537	1,525	1,514
800 °C	1,591	1,587	1,583	1,580	1,576	1,573	1,570	1,563	1,558	1,545	1,534
900 °C	1,611	1,607	1,603	1,600	1,596	1,593	1,589	1,583	1,577	1,564	1,552
1000 °C	1,630	1,626	1,622	1,618	1,614	1,611	1,607	1,601	1,595	1,581	1,569
1100 °C	1,648	1,643	1,639	1,635	1,632	1,628	1,624	1,618	1,611	1,597	1,585
1200 °C	1,664	1,660	1,655	1,651	1,647	1,644	1,640	1,633	1,627	1,612	1,600
1300 °C	1,679	1,675	1,670	1,666	1,662	1,659	1,655	1,648	1,641	1,626	1,614
1400 °C	1,693	1,689	1,685	1,680	1,676	1,672	1,669	1,661	1,655	1,640	1,627
1500 °C	1,707	1,702	1,698	1,693	1,689	1,685	1,681	1,674	1,667	1,652	1,639

Kapitel 5.20	5. Verbrennung
Arbeitsblatt Nr. 46	Menge, Zusammensetzung und mittlere spezifische Wärmekapazität der Verbrennungsgase von Gichtgas (Bsp. 2)

gwi Gaswärme-Institut e.V. Essen

Brennstoff	Gichtgas Bsp. 2 (siehe Arbeitsblatt 08)			
CH_4	0 C_4H_{10}	0 CO_2	23 H_2	2
C_2H_6	0 C_5H_{12}	0 O_2	0 CO	30
C_3H_8	0 C_{6+}	0 N_2	45	

Luftzahl :	1	1,05	1,1	1,15	1,2	1,25	1,3	1,4	1,5	1,75	2
Verbrennungsgasmenge (trocken): V_{tr} [Nm³/Nm³ Brst]	1,582	1,62	1,658	1,696	1,734	1,772	1,811	1,887	1,963	2,153	2,344
Verbrennungsgasmenge (feucht): V_f [Nm³/Nm³ Brst]	1,602	1,64	1,678	1,716	1,754	1,792	1,831	1,907	1,983	2,173	2,364
Verbrennungsgaszusammensetzung (trocken)											
CO_2 Vol-%:	33,4	32,7	31,9	31,2	30,6	29,9	29,3	28,1	27,0	24,6	22,6
O_2 Vol-%:	0,0	0,5	0,9	1,4	1,8	2,2	2,6	3,4	4,1	5,6	6,8
N_2 Vol-%:	66,6	66,8	67,2	67,4	67,6	67,9	68,1	68,5	68,9	69,8	70,6
Verbrennungsgaszusammensetzung (feucht)											
CO_2 Vol-%:	33,0	32,3	31,6	30,9	30,2	29,6	29,0	27,8	26,7	24,4	22,4
H_2O Vol-%:	1,2	1,2	1,2	1,2	1,1	1,1	1,1	1,0	1,0	0,9	0,8
O_2 Vol-%:	0,0	0,5	0,9	1,4	1,8	2,2	2,6	3,3	4,0	5,5	6,8
N_2 Vol-%:	65,8	66,0	66,3	66,5	66,9	67,1	67,3	67,9	68,3	69,2	70,0
mittl. spez. Wärmekapazität c_p [kJ/Nm³K]											
0 °C	1,400	1,398	1,396	1,394	1,392	1,390	1,388	1,384	1,381	1,373	1,367
100 °C	1,436	1,433	1,430	1,427	1,425	1,422	1,419	1,415	1,411	1,401	1,393
200 °C	1,468	1,465	1,462	1,458	1,455	1,452	1,449	1,444	1,439	1,427	1,418
300 °C	1,498	1,495	1,491	1,487	1,483	1,480	1,477	1,471	1,465	1,452	1,442
400 °C	1,527	1,523	1,518	1,514	1,510	1,507	1,503	1,496	1,490	1,476	1,465
500 °C	1,554	1,549	1,545	1,541	1,536	1,532	1,528	1,521	1,514	1,500	1,487
600 °C	1,580	1,575	1,570	1,566	1,561	1,557	1,553	1,545	1,538	1,523	1,510
700 °C	1,605	1,600	1,595	1,590	1,585	1,581	1,577	1,569	1,561	1,545	1,531
800 °C	1,628	1,623	1,618	1,613	1,608	1,603	1,599	1,590	1,583	1,566	1,551
900 °C	1,649	1,644	1,639	1,634	1,629	1,624	1,619	1,611	1,603	1,585	1,570
1000 °C	1,669	1,664	1,658	1,653	1,648	1,643	1,638	1,629	1,621	1,603	1,588
1100 °C	1,688	1,682	1,676	1,671	1,666	1,661	1,656	1,647	1,638	1,619	1,604
1200 °C	1,705	1,699	1,693	1,688	1,682	1,677	1,672	1,663	1,654	1,635	1,619
1300 °C	1,720	1,715	1,709	1,703	1,698	1,692	1,687	1,678	1,669	1,649	1,633
1400 °C	1,735	1,730	1,723	1,718	1,712	1,707	1,701	1,692	1,683	1,663	1,646
1500 °C	1,749	1,743	1,737	1,731	1,725	1,720	1,715	1,705	1,696	1,675	1,659

Kapitel 5.21

5. Verbrennung

Arbeitsblatt Nr. 47

Menge, Zusammensetzung und mittlere spezifische Wärmekapazität der Verbrennungsgase von Grubengas (aktives Bergwerk, Bsp.1)

Gaswärme-Institut e.V. Essen

Brennstoff	Grubengas, aktives Bergwerk Bsp. 1 (siehe Arbeitsblatt 08)						
CH_4	35	C_4H_{10}	0	CO_2	6,0	H_2	0
C_2H_6	0	C_5H_{12}	0	O_2	16,9	CO	0,1
C_3H_8	0	C_{6+}	0	N_2	42,0		

Luftzahl :	1,000	1,050	1,100	1,150	1,200	1,250	1,300	1,400	1,500	1,750	2,000
Verbrennungsgasmenge (trocken) : V_{tr} [Nm^3/Nm^3 Brst]	2,864	2,983	3,103	3,224	3,348	3,472	3,596	3,847	4,099	4,730	5,362
Verbrennungsgasmenge (feucht) : V_f [Nm^3/Nm^3 Brst]	3,540	3,664	3,788	3,913	4,038	4,164	4,290	4,543	4,796	5,428	6,061
Verbrennungsgaszusammensetzung (trocken)											
CO_2 Vol-%:	12,9	12,9	12,6	12,3	12,0	11,7	11,3	10,6	10,0	8,7	7,7
O_2 Vol-%:	0,8	1,4	2,0	2,6	3,2	3,9	4,4	5,5	6,5	8,4	9,9
N_2 Vol-%:	86,3	85,7	85,4	85,1	84,8	84,4	84,3	83,9	83,5	82,9	82,4
Verbrennungsgaszusammensetzung (feucht)											
CO_2 Vol-%:	10,5	10,5	10,4	10,2	10,0	9,7	9,5	9,0	8,5	7,6	6,8
H_2O Vol-%:	19,1	18,6	18,1	17,6	17,1	16,6	16,2	15,3	14,5	12,9	11,5
O_2 Vol-%:	0,6	1,1	1,6	2,2	2,7	3,2	3,7	4,7	5,5	7,3	8,8
N_2 Vol-%:	69,8	69,8	69,9	70,0	70,2	70,5	70,6	71,0	71,5	72,2	72,9
mittl. spez. Wärmekapazität c_p [kJ/Nm^3K]											
0 °C	1,363	1,363	1,361	1,360	1,358	1,357	1,355	1,352	1,349	1,343	1,338
100 °C	1,381	1,380	1,379	1,377	1,376	1,374	1,372	1,368	1,365	1,358	1,352
200 °C	1,398	1,397	1,396	1,394	1,392	1,390	1,388	1,384	1,381	1,373	1,366
300 °C	1,415	1,414	1,413	1,411	1,409	1,407	1,404	1,400	1,396	1,388	1,381
400 °C	1,433	1,432	1,430	1,428	1,426	1,423	1,421	1,417	1,412	1,403	1,396
500 °C	1,451	1,450	1,448	1,446	1,444	1,441	1,439	1,434	1,430	1,420	1,413
600 °C	1,470	1,469	1,468	1,465	1,463	1,460	1,458	1,453	1,448	1,438	1,430
700 °C	1,490	1,489	1,487	1,485	1,482	1,479	1,477	1,472	1,467	1,456	1,448
800 °C	1,509	1,508	1,506	1,504	1,501	1,498	1,495	1,490	1,485	1,474	1,465
900 °C	1,527	1,526	1,524	1,522	1,519	1,516	1,513	1,507	1,502	1,491	1,481
1000 °C	1,545	1,544	1,542	1,539	1,536	1,533	1,530	1,524	1,518	1,507	1,497
1100 °C	1,561	1,560	1,558	1,555	1,552	1,549	1,546	1,540	1,534	1,522	1,512
1200 °C	1,577	1,576	1,574	1,571	1,568	1,564	1,561	1,555	1,549	1,536	1,526
1300 °C	1,592	1,591	1,588	1,585	1,582	1,579	1,575	1,569	1,563	1,550	1,539
1400 °C	1,606	1,605	1,602	1,599	1,596	1,593	1,589	1,582	1,576	1,562	1,551
1500 °C	1,620	1,618	1,616	1,613	1,609	1,606	1,602	1,595	1,589	1,575	1,563

In den Arbeitsblättern 28 – 46 sind die dargestellten mittleren cp-Werte durch die wahren cp-Werte vertauscht worden. In der aktuellen Ausgabe wurde dieser Fehler behoben. Die richtigen Daten werden in den Blättern 28 – 46 eingesetzt und sind dann in korrekter Form im Downloadbereich verfügbar. Wir bitten diesen Fehler zu entschuldigen.

Kapitel 5.22

5. Verbrennung

Arbeitsblatt Nr. 48

Menge, Zusammensetzung und mittlere spezifische Wärmekapazität der Verbrennungsgase von Grubengas (aktives Bergwerk, Bsp. 2)

Gaswärme-Institut e. V. Essen

Brennstoff	Grubengas, aktives Bergwerk Bsp. 2 (siehe Arbeitsblatt 08)						
CH_4	60	C_4H_{10}	0	CO_2	6,0	H_2	0
C_2H_6	0	C_5H_{12}	0	O_2	17,0	CO	0,4
C_3H_8	0	C_{6+}	0	N_2	16,6		

Luftzahl :	1,000	1,050	1,100	1,150	1,200	1,250	1,300	1,400	1,500	1,750	2,000
Verbrennungsgasmenge (trocken) : V_{tr} [Nm^3/Nm^3 Brst]	4,777	5,006	5,239	5,475	5,715	5,956	6,198	6,685	7,174	8,399	9,627
Verbrennungsgasmenge (feucht) : V_f [Nm^3/Nm^3 Brst]	5,930	6,170	6,411	6,653	6,897	7,141	7,386	7,877	8,369	9,598	10,826
Verbrennungsgaszusammensetzung (trocken)											
CO_2 Vol-%:	12,3	12,3	12,0	11,7	11,4	11,0	10,6	9,9	9,2	7,9	6,9
O_2 Vol-%:	0,9	1,5	2,2	3,0	3,7	4,3	5,0	6,2	7,2	9,2	10,7
N_2 Vol-%:	86,8	86,2	85,8	85,3	84,9	84,7	84,4	83,9	83,6	82,9	82,4
Verbrennungsgaszusammensetzung (feucht)											
CO_2 Vol-%:	9,9	9,9	9,8	9,6	9,4	9,2	8,9	8,4	7,9	6,9	6,1
H_2O Vol-%:	19,4	18,9	18,3	17,7	17,1	16,6	16,1	15,1	14,3	12,5	11,1
O_2 Vol-%:	0,7	1,2	1,8	2,4	3,0	3,6	4,2	5,2	6,1	8,1	9,5
N_2 Vol-%:	70,0	70,0	70,1	70,3	70,5	70,6	70,8	71,3	71,7	72,5	73,3
mittl. spez. Wärmekapazität c_p [kJ/Nm^3K]											
0 °C	1,362	1,361	1,360	1,358	1,357	1,355	1,353	1,350	1,347	1,340	1,335
100 °C	1,380	1,379	1,377	1,375	1,373	1,371	1,369	1,366	1,362	1,355	1,349
200 °C	1,396	1,396	1,394	1,392	1,390	1,388	1,385	1,381	1,377	1,369	1,363
300 °C	1,413	1,412	1,410	1,408	1,406	1,404	1,401	1,397	1,392	1,384	1,377
400 °C	1,430	1,429	1,427	1,425	1,423	1,420	1,418	1,413	1,408	1,399	1,391
500 °C	1,448	1,447	1,446	1,443	1,441	1,438	1,435	1,430	1,425	1,415	1,408
600 °C	1,467	1,466	1,465	1,462	1,459	1,457	1,454	1,448	1,443	1,433	1,425
700 °C	1,487	1,486	1,484	1,481	1,478	1,476	1,473	1,467	1,462	1,451	1,442
800 °C	1,506	1,505	1,503	1,500	1,497	1,494	1,491	1,485	1,480	1,468	1,459
900 °C	1,524	1,523	1,521	1,518	1,515	1,512	1,509	1,502	1,497	1,485	1,475
1000 °C	1,542	1,540	1,538	1,535	1,532	1,529	1,525	1,519	1,513	1,501	1,491
1100 °C	1,558	1,557	1,554	1,551	1,548	1,545	1,541	1,534	1,528	1,515	1,505
1200 °C	1,574	1,573	1,570	1,567	1,563	1,560	1,556	1,549	1,543	1,530	1,519
1300 °C	1,589	1,587	1,585	1,582	1,578	1,574	1,570	1,563	1,557	1,543	1,532
1400 °C	1,603	1,602	1,599	1,595	1,592	1,588	1,584	1,577	1,570	1,556	1,545
1500 °C	1,617	1,615	1,612	1,609	1,605	1,601	1,597	1,589	1,582	1,568	1,556

In den Arbeitsblättern 28 – 46 sind die dargestellten mittleren cp-Werte durch die wahren cp-Werte vertauscht worden. In der aktuellen Ausgabe wurde dieser Fehler behoben. Die richtigen Daten werden in den Blättern 28 – 46 eingesetzt und sind dann in korrekter Form im Downloadbereich verfügbar. Wir bitten diesen Fehler zu entschuldigen.

Kapitel 5.23	5. Verbrennung
Arbeitsblatt Nr. 49	Menge, Zusammensetzung und mittlere spezifische Wärmekapazität der Verbrennungsgase von Grubengas (stillgelegtes Bergwerk, Bsp. 1)

gwi Gaswärme-Institut e.V. Essen

Brennstoff	Grubengas, stillgel. Bergwerk Bsp. 1 (siehe Arbeitsblatt 08)			
CH_4	60 C_4H_{10}	0 CO_2	8 H_2	0
C_2H_6	0 C_5H_{12}	0 O_2	0 CO	0
C_3H_8	0 C_{6+}	0 N_2	32	

Luftzahl :	1,000	1,050	1,100	1,150	1,200	1,250	1,300	1,400	1,500	1,750	2,000
Verbrennungsgasmenge (trocken) : V_{tr} [Nm^3/Nm^3 Brst]	5,548	5,821	6,099	6,381	6,664	6,948	7,232	7,802	8,373	9,800	11,229
Verbrennungsgasmenge (feucht) : V_f [Nm^3/Nm^3 Brst]	6,722	7,005	7,287	7,572	7,857	8,142	8,428	9,000	9,571	11	12,429
Verbrennungsgaszusammensetzung (trocken)											
CO_2 Vol-%:	11,5	11,3	11,0	10,6	10,1	9,8	9,4	8,7	8,1	6,9	6,1
O_2 Vol-%:	0,4	1,2	2,0	2,8	3,6	4,3	5,0	6,1	7,2	9,2	10,7
N_2 Vol-%:	88,1	87,5	87,0	86,6	86,3	85,9	85,6	85,2	84,7	83,9	83,2
Verbrennungsgaszusammensetzung (feucht)											
CO_2 Vol-%:	9,5	9,4	9,2	8,9	8,6	8,3	8,0	7,5	7,1	6,2	5,5
H_2O Vol-%:	17,5	16,9	16,3	15,7	15,2	14,7	14,2	13,3	12,5	10,9	9,7
O_2 Vol-%:	0,4	1,0	1,7	2,4	3,1	3,7	4,3	5,3	6,3	8,2	9,7
N_2 Vol-%:	72,6	72,7	72,8	73,0	73,1	73,3	73,5	73,9	74,1	74,7	75,1
mittl. spez. Wärmekapazität c_p [kJ/Nm^3K]											
0 °C	1,357	1,356	1,354	1,352	1,35	1,349	1,347	1,344	1,341	1,335	1,331
100 °C	1,374	1,373	1,371	1,368	1,366	1,364	1,362	1,358	1,355	1,349	1,343
200 °C	1,390	1,389	1,386	1,384	1,382	1,379	1,377	1,373	1,369	1,362	1,356
300 °C	1,406	1,404	1,402	1,399	1,397	1,394	1,392	1,388	1,384	1,376	1,370
400 °C	1,423	1,421	1,419	1,416	1,413	1,410	1,408	1,403	1,399	1,391	1,384
500 °C	1,440	1,439	1,436	1,433	1,430	1,427	1,425	1,420	1,416	1,407	1,400
600 °C	1,459	1,457	1,454	1,451	1,448	1,446	1,443	1,438	1,433	1,424	1,416
700 °C	1,478	1,476	1,473	1,470	1,467	1,464	1,461	1,456	1,451	1,441	1,433
800 °C	1,497	1,495	1,492	1,489	1,485	1,482	1,479	1,473	1,468	1,458	1,450
900 °C	1,514	1,513	1,509	1,506	1,503	1,499	1,496	1,490	1,485	1,474	1,466
1000 °C	1,531	1,530	1,526	1,523	1,519	1,516	1,512	1,506	1,501	1,490	1,481
1100 °C	1,548	1,546	1,542	1,538	1,535	1,531	1,528	1,521	1,516	1,504	1,495
1200 °C	1,563	1,561	1,557	1,553	1,550	1,546	1,542	1,536	1,530	1,518	1,509
1300 °C	1,578	1,575	1,572	1,568	1,564	1,560	1,556	1,549	1,543	1,531	1,521
1400 °C	1,591	1,589	1,585	1,581	1,577	1,573	1,569	1,562	1,556	1,543	1,533
1500 °C	1,605	1,602	1,598	1,594	1,590	1,586	1,582	1,575	1,568	1,555	1,545

In den Arbeitsblättern 28 – 46 sind die dargestellten mittleren cp-Werte durch die wahren cp-Werte vertauscht worden. In der aktuellen Ausgabe wurde dieser Fehler behoben. Die richtigen Daten werden in den Blättern 28 – 46 eingesetzt und sind dann in korrekter Form im Downloadbereich verfügbar. Wir bitten diesen Fehler zu entschuldigen.

Kapitel 5.24	5. Verbrennung
Arbeitsblatt Nr. 50	Menge, Zusammensetzung und mittlere spezifische Wärmekapazität der Verbrennungsgase von Grubengas (stillgelegtes Bergwerk, Bsp. 2)

Gaswärme-Institut e.V. Essen

Brennstoff	Grubengas, stillgelegtes Bergwerk Bsp. 2 (siehe Arbeitsblatt 08)				
CH_4	80	C_4H_{10} 0	CO_2 15	H_2	0
C_2H_6	0	C_5H_{12} 0	O_2 0	CO	0
C_3H_8	0	C_{6+} 0	N_2 5		

Luftzahl :	1	1,05	1,1	1,15	1,2	1,25	1,3	1,4	1,5	1,75	2
Verbrennungsgasmenge (trocken): V_{tr} [Nm^3/Nm^3 Brst]	7,076	7,437	7,806	8,180	8,556	8,934	9,313	10,072	10,832	12,735	14,639
Verbrennungsgasmenge (feucht): V_f [Nm^3/Nm^3 Brst]	8,636	9,011	9,387	9,765	10,145	10,525	10,906	11,668	12,43	14,334	16,239
Verbrennungsgaszusammensetzung (trocken)											
CO_2 Vol-%:	12,4	12,3	11,9	11,5	11,0	10,6	10,2	9,4	8,8	7,5	6,5
O_2 Vol-%:	0,5	1,2	2,0	2,8	3,6	4,3	5,0	6,2	7,3	9,4	10,9
N_2 Vol-%:	87,1	86,5	86,1	85,7	85,4	85,1	84,8	84,4	83,9	83,1	82,6
Verbrennungsgaszusammensetzung (feucht)											
CO_2 Vol-%:	10,2	10,1	9,9	9,6	9,3	9,0	8,7	8,1	7,6	6,6	5,9
H_2O Vol-%:	18,1	17,5	16,8	16,2	15,7	15,1	14,6	13,7	12,9	11,2	9,9
O_2 Vol-%:	0,4	1,0	1,7	2,3	3,0	3,7	4,3	5,4	6,3	8,3	9,8
N_2 Vol-%:	71,3	71,4	71,6	71,9	72,0	72,2	72,4	72,8	73,2	73,9	74,4
mittl. spez. Wärmekapazität c_p [kJ/Nm^3K]											
0 °C	1,363	1,362	1,306	1,358	1,356	1,354	1,352	1,348	1,345	1,339	1,334
100 °C	1,378	1,377	1,375	1,372	1,370	1,368	1,366	1,362	1,358	1,351	1,345
200 °C	1,394	1,393	1,390	1,388	1,385	1,383	1,380	1,376	1,372	1,364	1,358
300 °C	1,411	1,409	1,407	1,404	1,401	1,399	1,396	1,391	1,387	1,378	1,372
400 °C	1,428	1,427	1,424	1,421	1,418	1,415	1,413	1,408	1,403	1,394	1,387
500 °C	1,446	1,445	1,442	1,439	1,436	1,433	1,430	1,425	1,420	1,410	1,403
600 °C	1,465	1,464	1,461	1,458	1,455	1,451	1,448	1,443	1,438	1,428	1,420
700 °C	1,485	1,483	1,480	1,477	1,473	1,470	1,467	1,461	1,456	1,445	1,437
800 °C	1,504	1,502	1,499	1,495	1,492	1,488	1,485	1,479	1,473	1,462	1,454
900 °C	1,522	1,520	1,517	1,513	1,509	1,506	1,502	1,496	1,490	1,479	1,470
1000 °C	1,539	1,537	1,534	1,530	1,526	1,522	1,519	1,512	1,506	1,494	1,485
1100 °C	1,555	1,554	1,550	1,546	1,542	1,538	1,534	1,528	1,521	1,509	1,499
1200 °C	1,571	1,569	1,566	1,561	1,557	1,553	1,549	1,542	1,536	1,523	1,513
1300 °C	1,586	1,584	1,580	1,576	1,572	1,568	1,564	1,556	1,550	1,536	1,526
1400 °C	1,600	1,598	1,594	1,590	1,585	1,581	1,577	1,569	1,563	1,549	1,538
1500 °C	1,614	1,612	1,607	1,603	1,598	1,594	1,59	1,582	1,575	1,561	1,550

Kapitel 5.25	5. Verbrennung
Arbeitsblatt Nr. 51	**Menge, Zusammensetzung und mittlere spezifische Wärmekapazität der Verbrennungsgase von Kokereigas**

gwi Gaswärme-Institut e. V. Essen

Brennstoff	Kokereigas (siehe Arbeitsblatt 08)			
CH_4	25 C_4H_{10}	0 CO_2	2 H_2	55
C_2H_6	2,5 C_5H_{12}	0 O_2	0,5 CO	5
C_3H_8	0 C_{6+}	0 N_2	10	

Luftzahl :	1	1,05	1,1	1,15	1,2	1,25	1,3	1,4	1,5	1,75	2
Verbrennungsgasmenge (trocken): V_{tr} [Nm^3/Nm^3 Brst]	3,834	4,031	4,232	4,436	4,643	4,850	5,058	5,476	5,894	6,943	7,993
Verbrennungsgasmenge (feucht): V_f [Nm^3/Nm^3 Brst]	4,918	5,128	5,336	5,546	5,756	5,966	6,176	6,596	7,017	8,067	9,118
Verbrennungsgaszusammensetzung (trocken)											
CO_2 Vol-%:	8,6	8,6	8,4	8,1	7,9	7,6	7,3	6,7	6,3	5,3	4,6
O_2 Vol-%:	0,6	1,2	2,0	2,8	3,6	4,3	5,0	6,3	7,3	9,4	11,0
N_2 Vol-%:	90,8	90,2	89,6	89,1	88,5	88,1	87,7	87,0	86,4	85,3	84,4
Verbrennungsgaszusammensetzung (feucht)											
CO_2 Vol-%:	6,7	6,7	6,7	6,5	6,3	6,1	6,0	5,6	5,3	4,6	4,1
H_2O Vol-%:	22,0	21,4	20,7	20,0	19,3	18,7	18,1	17,0	16,0	13,9	12,3
O_2 Vol-%:	0,5	1,0	1,6	2,3	2,9	3,5	4,1	5,2	6,2	8,1	9,6
N_2 Vol-%:	70,8	70,9	71,0	71,2	71,5	71,7	71,8	72,2	72,5	73,4	74,0
mittl. spez. Wärmekapazität c_p [kJ/Nm^3K]											
0 °C	1,360	1,359	1,357	1,355	1,354	1,352	1,350	1,347	1,344	1,338	1,333
100 °C	1,372	1,371	1,369	1,368	1,366	1,364	1,362	1,358	1,355	1,348	1,343
200 °C	1,386	1,385	1,383	1,381	1,379	1,377	1,375	1,371	1,367	1,360	1,355
300 °C	1,400	1,399	1,398	1,395	1,393	1,391	1,389	1,385	1,381	1,373	1,368
400 °C	1,416	1,415	1,414	1,411	1,409	1,407	1,404	1,400	1,396	1,388	1,382
500 °C	1,433	1,433	1,431	1,428	1,426	1,423	1,421	1,416	1,412	1,404	1,397
600 °C	1,452	1,451	1,449	1,446	1,444	1,441	1,438	1,434	1,429	1,421	1,414
700 °C	1,470	1,469	1,467	1,465	1,462	1,459	1,457	1,452	1,447	1,438	1,431
800 °C	1,489	1,488	1,485	1,483	1,480	1,477	1,474	1,469	1,464	1,455	1,447
900 °C	1,506	1,505	1,503	1,500	1,497	1,494	1,491	1,486	1,481	1,471	1,463
1000 °C	1,524	1,522	1,520	1,517	1,514	1,511	1,508	1,502	1,497	1,486	1,478
1100 °C	1,540	1,539	1,536	1,533	1,530	1,527	1,524	1,518	1,512	1,501	1,493
1200 °C	1,556	1,554	1,552	1,549	1,545	1,542	1,539	1,532	1,527	1,515	1,506
1300 °C	1,571	1,569	1,567	1,563	1,560	1,556	1,553	1,546	1,541	1,529	1,519
1400 °C	1,585	1,584	1,581	1,577	1,574	1,570	1,566	1,560	1,554	1,541	1,532
1500 °C	1,599	1,597	1,594	1,591	1,587	1,583	1,579	1,572	1,566	1,553	1,544

Kapitel 5.26	5. Verbrennung
Arbeitsblatt Nr. 52	Menge, Zusammensetzung und mittlere spezifische Wärmekapazität der Verbrennungsgase von Konvertergas

Brennstoff	Konvertergas (siehe Arbeitsblatt 08)			
CH_4	0 C_4H_{10}	0 CO_2	16 H_2	2
C_2H_6	0 C_5H_{12}	0 O_2	0 CO	65
C_3H_8	0 C_{6+}	0 N_2	17	

Luftzahl :	1	1,05	1,1	1,15	1,2	1,25	1,3	1,4	1,5	1,75	2
Verbrennungsgasmenge (trocken): V_{tr} [Nm^3/Nm^3 Brst]	2,262	2,337	2,412	2,489	2,566	2,644	2,723	2,881	3,039	3,437	3,836
Verbrennungsgasmenge (feucht): V_f [Nm^3/Nm^3 Brst]	2,281	2,356	2,432	2,508	2,586	2,664	2,742	2,900	3,059	3,457	3,856
Verbrennungsgaszusammensetzung (trocken)											
CO_2 Vol-%:	33,9	33,3	32,6	31,9	31,1	30,3	29,5	28,0	26,6	23,6	21,1
O_2 Vol-%:	0,8	1,2	1,7	2,2	2,7	3,2	3,6	4,6	5,4	7,2	8,7
N_2 Vol-%:	65,3	65,5	65,7	65,9	66,2	66,5	66,9	67,4	68,0	69,2	70,2
Verbrennungsgaszusammensetzung (feucht)											
CO_2 Vol-%:	33,6	33,0	32,4	31,6	30,9	30,1	29,3	27,8	26,4	23,4	21,0
H_2O Vol-%:	0,8	0,8	0,8	0,8	0,7	0,7	0,7	0,7	0,6	0,6	0,5
O_2 Vol-%:	0,8	1,2	1,7	2,2	2,6	3,1	3,6	4,5	5,4	7,2	8,6
N_2 Vol-%:	64,8	65,0	65,1	65,4	65,8	66,1	66,4	67,0	67,6	68,8	69,9
mittl. spez. Wärmekapazität c_p [kJ/Nm³K]											
0 °C	1,401	1,400	1,398	1,395	1,393	1,391	1,388	1,384	1,379	1,370	1,362
100 °C	1,437	1,435	1,433	1,430	1,427	1,423	1,420	1,414	1,409	1,397	1,387
200 °C	1,470	1,468	1,465	1,461	1,458	1,454	1,450	1,443	1,437	1,423	1,411
300 °C	1,501	1,498	1,495	1,491	1,487	1,482	1,478	1,470	1,463	1,447	1,434
400 °C	1,530	1,527	1,523	1,518	1,514	1,509	1,505	1,496	1,488	1,470	1,456
500 °C	1,557	1,554	1,550	1,545	1,540	1,535	1,531	1,521	1,512	1,494	1,478
600 °C	1,584	1,580	1,576	1,571	1,566	1,560	1,555	1,545	1,536	1,516	1,500
700 °C	1,609	1,605	1,600	1,595	1,590	1,584	1,579	1,569	1,559	1,538	1,521
800 °C	1,632	1,628	1,623	1,618	1,612	1,607	1,601	1,590	1,580	1,559	1,541
900 °C	1,654	1,649	1,644	1,639	1,633	1,628	1,622	1,611	1,600	1,578	1,559
1000 °C	1,673	1,669	1,664	1,659	1,653	1,647	1,641	1,629	1,618	1,595	1,577
1100 °C	1,692	1,688	1,682	1,677	1,671	1,664	1,658	1,646	1,635	1,612	1,592
1200 °C	1,709	1,705	1,699	1,693	1,687	1,681	1,675	1,663	1,651	1,627	1,607
1300 °C	1,725	1,720	1,715	1,709	1,703	1,696	1,690	1,677	1,666	1,641	1,621
1400 °C	1,740	1,735	1,729	1,723	1,717	1,710	1,704	1,691	1,680	1,654	1,634
1500 °C	1,753	1,749	1,743	1,737	1,730	1,724	1,717	1,704	1,692	1,667	1,646

Kapitel 5.27	5. Verbrennung
Arbeitsblatt Nr. 53	Verbrennungsgleichgewichtstemperaturen von Brenngasen mit Luft

Gaswärme-Institut e.V. Essen

Verbrennungsgleichgewichtstemperaturen [°C] von Brenngasen mit Luft, p = 1 bar

Brennstoff	Luftzahl										
	1,00	1,05	1,10	1,15	1,20	1,25	1,30	1,40	1,50	1,75	2,00
Methan CH_4	1945,98	1910,35	1863,13	1812,57	1761,83	1712,26	1664,49	1575,13	1494,05	1322,94	1187,11
Propan C_3H_8	1989,18	1955,12	1910,10	1860,63	1809,94	1759,73	1710,87	1618,79	1534,87	1357,53	1216,97
Butan C_4H_{10}	1987,23	1953,15	1908,05	1858,47	1807,67	1757,34	1708,39	1616,17	1532,16	1354,76	1214,24
Nordsee-Erdgas H	1948,96	1913,71	1866,93	1816,64	1766,03	1716,50	1668,71	1579,24	1498,01	1326,52	1190,37
Misch-Erdgas H	1944,74	1909,41	1862,52	1812,21	1761,66	1712,25	1664,60	1575,44	1494,50	1323,65	1187,97
Russ. Erdgas H	1946,09	1910,50	1863,34	1812,82	1762,10	1712,55	1664,79	1575,44	1494,37	1323,27	1187,44
Holland-Erdgas L	1935,83	1900,38	1853,35	1803,09	1752,75	1703,63	1656,32	1567,85	1487,59	1318,13	1183,46
Verbund-Erdgas L	1934,41	1898,92	1851,83	1801,56	1751,23	1702,15	1654,87	1566,50	1486,33	1317,06	1182,54
Weser / Ems-Erdgas L	1930,45	1894,92	1847,79	1797,55	1747,30	1698,33	1651,19	1563,09	1483,18	1314,45	1180,33
Generatorgas 1	1358,37	1338,03	1316,33	1295,24	1274,80	1255,00	1235,82	1199,20	1164,75	1086,88	1019,01
Generatorgas 2	1666,13	1644,05	1614,54	1584,18	1554,20	1524,97	1496,62	1442,67	1392,32	1280,50	1185,47
Gichtgas 1	1219,98	1202,49	1184,74	1167,51	1150,77	1134,52	1118,72	1088,45	1059,81	994,53	936,97
Gichtgas 2	1428,01	1407,67	1384,11	1361,00	1338,55	1316,79	1295,73	1255,56	1217,85	1132,98	1059,42
Grubengas aktives Bergwerk 1	1977,47	1952,89	1920,55	1884,24	1846,13	1807,47	1769,01	1694,36	1623,98	1468,62	1339,52
Grubengas aktives Bergwerk 2	2010,50	1981,71	1944,11	1902,07	1858,09	1813,69	1769,76	1685,25	1606,55	1436,10	1297,69
Grubengas stillgelegtes Bergwerk 1	1863,98	1828,54	1781,73	1733,02	1685,02	1638,64	1594,20	1511,43	1436,41	1277,57	1150,61
Grubengas stillgelegtes Bergwerk 2	1902,72	1867,98	1821,61	1772,34	1723,17	1675,33	1629,31	1543,35	1465,36	1300,48	1169,12
Kokereigas	1978,34	1945,14	1901,48	1854,22	1806,28	1759,01	1713,09	1626,37	1546,88	1377,08	1240,63
Konvertergas	1911,33	1892,68	1867,74	1838,71	1807,10	1774,05	1740,36	1673,27	1608,67	1463,68	1341,85
Biogas Gülle	1845,82	1812,31	1767,28	1719,93	1672,99	1627,48	1583,80	1502,27	1428,25	1271,35	1145,74
Klärgas Abwasser Bsp1	1823,40	1790,20	1745,62	1698,99	1652,92	1608,34	1565,58	1485,80	1413,36	1259,60	1136,28
Klärgas Abwasser Bsp2	1878,47	1844,44	1798,79	1750,41	1702,23	1655,40	1610,37	1526,28	1449,97	1288,43	1159,48
Biogas Tierkörperverwertung	1912,39	1877,59	1831,16	1781,68	1732,20	1683,98	1637,57	1550,83	1472,13	1305,80	1173,51
Biogas Brennerei	1864,35	1830,57	1785,22	1737,29	1689,64	1643,38	1598,94	1515,95	1440,64	1281,09	1153,59
Deponiegas Hausmüll 1	1826,90	1793,69	1749,08	1702,36	1656,16	1611,44	1568,53	1488,47	1415,79	1261,52	1137,83
Deponiegas Hausmüll 2	1786,21	1754,31	1711,76	1667,73	1624,43	1582,59	1542,45	1467,42	1399,05	1252,98	1134,78
Deponiegas Haus- und Gewerbemüll 1	1807,31	1774,84	1731,17	1685,56	1640,53	1596,95	1555,14	1477,08	1406,12	1255,16	1133,73
Deponiegas Haus- und Gewerbemüll 2	1770,31	1739,87	1699,25	1657,25	1615,92	1575,94	1537,51	1465,51	1399,67	1258,20	1142,94

Kapitel 5.28

5. Verbrennung

Arbeitsblatt Nr. 54

Verbrennungsgleichgewichtstemperaturen von Brenngasen mit Sauerstoff

gwi Gaswärme-Institut e.V. Essen

Verbrennungsgleichgewichtstemperaturen [°C] von Brenngasen mit Sauerstoff, p = 1 bar

Brennstoff	Luftzahl										
	1,00	1,05	1,10	1,15	1,20	1,25	1,30	1,40	1,50	1,75	2,00
Methan CH_4	2779,92	2775,31	2769,27	2762,15	2754,21	2745,62	2736,54	2717,25	2696,94	2643,60	2588,34
Propan C_3H_8	2821,47	2815,53	2808,46	2800,56	2792,01	2782,96	2773,53	2753,83	2733,36	2680,38	2626,12
Butan C_4H_{10}	2823,03	2816,96	2809,80	2801,80	2793,18	2784,08	2774,59	2754,81	2734,27	2681,17	2626,83
Nordsee-Erdgas H	2779,93	2775,27	2769,21	2762,10	2754,19	2745,65	2736,62	2717,49	2697,34	2644,45	2589,66
Misch-Erdgas H	2775,43	2770,88	2764,91	2757,88	2750,03	2741,54	2732,56	2713,48	2693,38	2640,53	2585,71
Russ. Erdgas H	2779,64	2775,04	2769,00	2761,88	2753,94	2745,36	2736,29	2717,02	2696,73	2643,45	2588,25
Holland-Erdgas L	2765,58	2761,25	2755,47	2748,58	2740,86	2732,48	2723,58	2704,65	2684,55	2631,96	2577,17
Verbund-Erdgas L	2764,24	2759,95	2754,19	2747,33	2739,62	2731,25	2722,37	2703,45	2683,45	2630,75	2575,93
Weser / Ems-Erdgas L	2759,49	2755,32	2749,67	2742,89	2735,25	2726,95	2718,12	2699,30	2679,38	2626,79	2572,02
Generatorgas 1	1793,34	1802,24	1802,49	1799,33	1794,49	1788,70	1782,31	1768,51	1753,96	1716,47	1679,03
Generatorgas 2	2190,52	2196,13	2198,93	2199,69	2198,93	2196,98	2194,09	2186,14	2176,04	2144,68	2107,92
Gichtgas 1	1580,43	1587,72	1584,26	1579,02	1573,18	1567,07	1560,84	1548,21	1535,56	1504,38	1474,15
Gichtgas 2	1875,57	1884,41	1887,49	1887,36	1885,22	1881,73	1877,30	1866,49	1853,97	1818,79	1781,15
Grubengas aktives Bergwerk 1	2589,30	2588,99	2587,36	2584,68	2581,15	2576,95	2572,17	2561,27	2548,99	2514,30	2476,02
Grubengas aktives Bergwerk 2	2715,80	2713,09	2709,16	2704,28	2698,64	2692,39	2685,64	2671,00	2655,21	2612,64	2567,44
Grubengas stillgelegtes Bergwerk 1	2675,62	2673,24	2669,11	2663,66	2657,19	2649,92	2642,03	2624,84	2606,20	2555,93	2502,47
Grubengas stillgelegtes Bergwerk 2	2715,16	2711,97	2707,23	2701,32	2694,50	2686,97	2678,88	2661,39	2642,66	2592,51	2539,57
Kokereigas	2747,97	2744,77	2740,07	2734,20	2727,44	2719,97	2711,94	2694,61	2676,09	2626,74	2575,07
Konvertergas	2435,98	2438,53	2439,95	2440,44	2440,16	2439,21	2437,68	2433,19	2427,14	2406,95	2381,58
Biogas Gülle	2626,32	2625,12	2622,20	2617,97	2612,70	2606,62	2599,87	2584,84	2568,26	2522,42	2472,60
Klärgas Abwasser Bsp1	2592,97	2592,50	2590,23	2586,58	2611,85	2576,25	2569,95	2555,71	2539,81	2495,29	2446,36
Klärgas Abwasser Bsp2	2675,20	2672,91	2669,01	2663,89	2657,82	2650,99	2643,55	2627,28	2609,62	2561,69	2510,40
Biogas Tierkörperverwertung	2728,00	2724,53	2719,55	2713,42	2706,41	2698,70	2690,44	2672,67	2653,70	2603,11	2549,89
Biogas Brennerei	2653,68	2651,87	2648,41	2643,69	2637,99	2631,50	2624,38	2608,67	2591,51	2544,56	2493,97
Deponiegas Hausmüll 1	2597,55	2596,98	2594,63	2590,92	2586,12	2580,47	2574,12	2559,80	2543,83	2499,20	2450,22
Deponiegas Hausmüll 2	2519,27	2520,30	2519,31	2516,78	2513,05	2508,35	2502,88	2490,10	2475,46	2433,47	2386,42
Deponiegas Haus- und Gewerbemüll 1	2559,68	2559,94	2558,33	2555,29	2551,13	2546,06	2540,26	2526,93	2511,85	2469,03	2421,44
Deponiegas Haus- und Gewerbemüll 2	2471,51	2473,42	2473,21	2471,38	2468,29	2464,20	2459,29	2447,56	2433,87	2393,94	2348,68

Kapitel 6.1	6. Feuerungstechnische Wirkungsgrade	gwi Gaswärme-Institut e.V. Essen
Arbeitsblatt Nr. 55	Feuerungstechnischer Wirkungsgrad für $\lambda \leq 1$ (oben) und $\lambda \geq 1$ (unten) für Erdgas L ohne Luftvorwärmung	

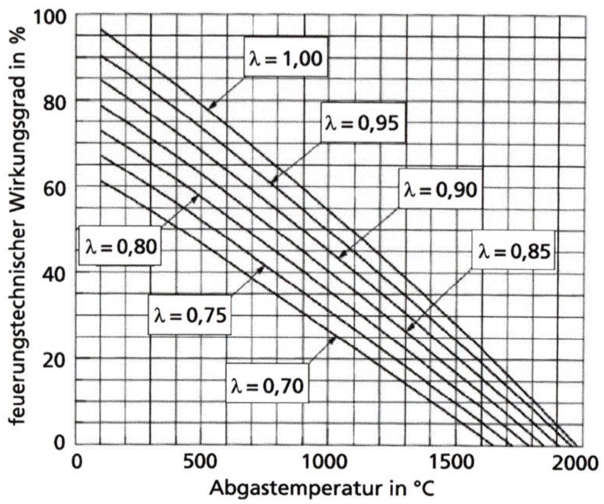

Anlieferungstemperatur des Brennstoffes = 20 °C
Anlieferungstemperatur der Luft = 20 °C
Wasserdampfbeladung der Luft = 1,39 %

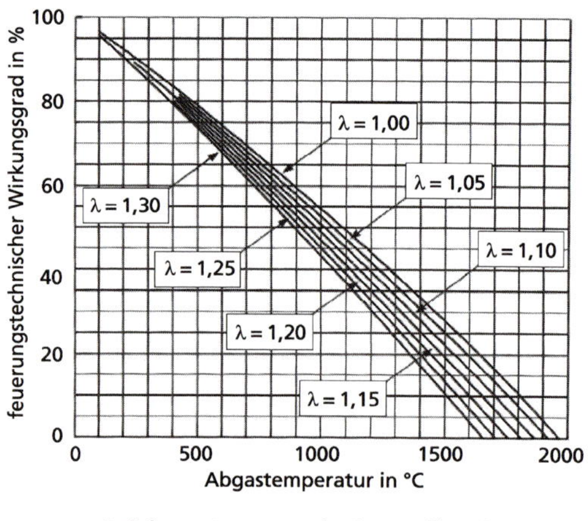

Anlieferungstemperatur des Brennstoffes = 20 °C
Anlieferungstemperatur der Luft = 20 °C
Wasserdampfbeladung der Luft = 1,39 %

Anmerkung: Die hier publizierten GWI-Arbeitsblätter wurden sorgfältig erarbeitet. Dennoch übernehmen Autor, Herausgeber und Verlag für die Richtigkeit und Vollständigkeit von Angaben, Begriffen, Formeln und Zahlenwerten sowie für eventuelle Druckfehler keine Haftung.

Download: www.gaswaerme-online.de

Kapitel 6.1	6. Feuerungstechnische Daten	gwi Gaswärme Institut e.V. Essen
Arbeitsblatt Nr. 56	**Feuerungstechnischer Wirkungsgrad und Wärmerückgewinnung durch Oxidatorvorwärmung und Sauerstoffanreicherung**	

Energieeinsparung als Funktion der Luftvorwärmung

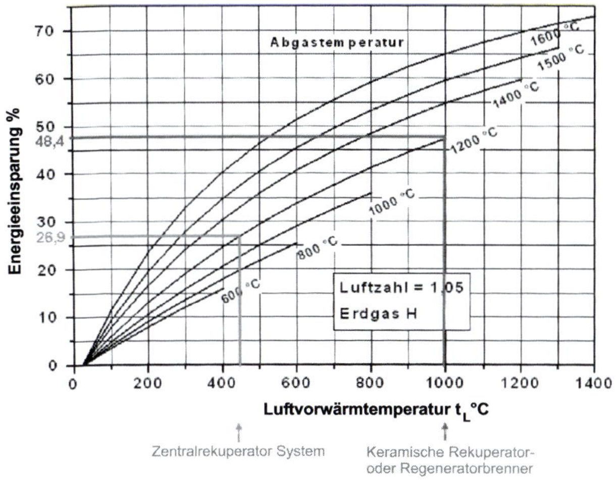

Feuerungstechnischer Wirkungsgrad als Funktion der relativen Luftvorwärmung und der Abgastemperatur

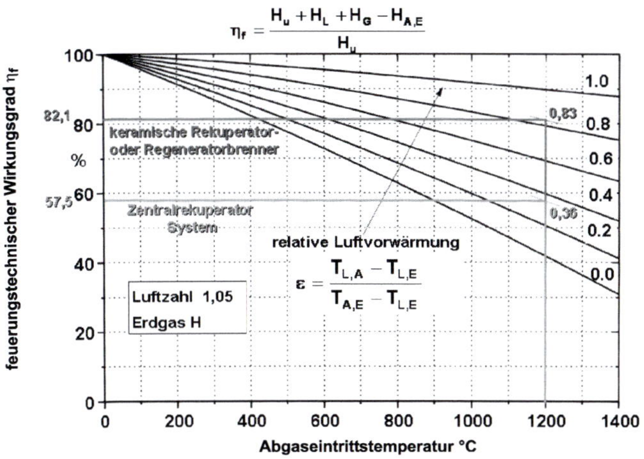

Einfluss der Oxidatorvorwärmung und Sauerstoffanreicherung

Kapitel 6.1	6. Feuerungstechnische Daten	
Arbeitsblatt Nr. 57	Feuerungstechnischer Wirkungsgrad und Wärmerückgewinnung durch Oxidatorvorwärmung und Sauerstoffanreicherung	gwi Gaswärme-Institut e.V. Essen

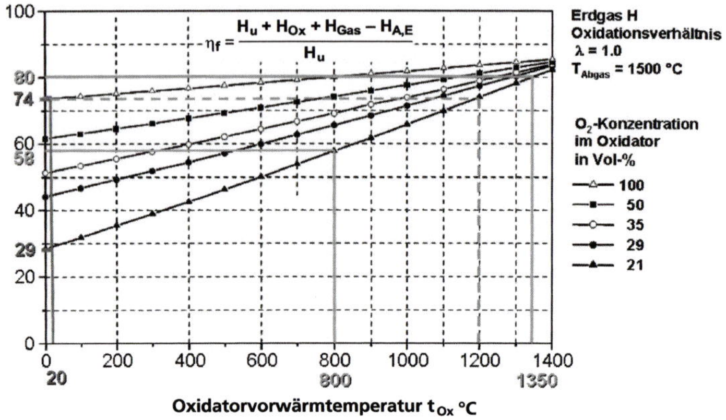

Brennstoffeinsparung durch Luftvorwärmung

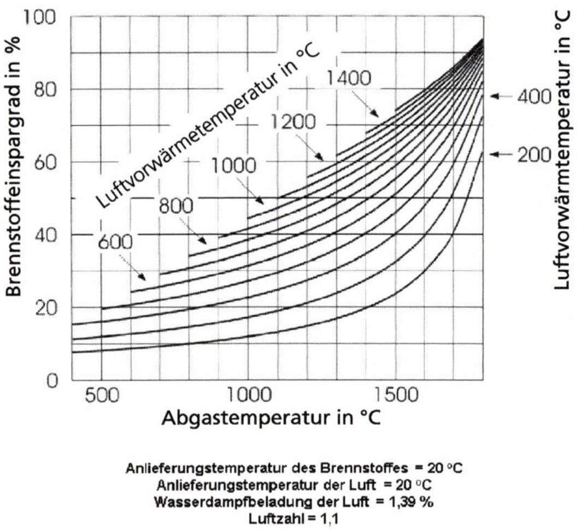

Adiabate Verbrennungstemperatur für Erdgas und Luft bei verschiedenen Luftvorwärmtemperaturen

Kapitel 6.1	6. Feuerungstechnische Daten	gwi Gaswärme-Institut e.V. Essen
Arbeitsblatt Nr. 58	**Feuerungstechnischer Wirkungsgrad und Wärmerückgewinnung durch Oxidatorvorwärmung und Sauerstoffanreicherung**	

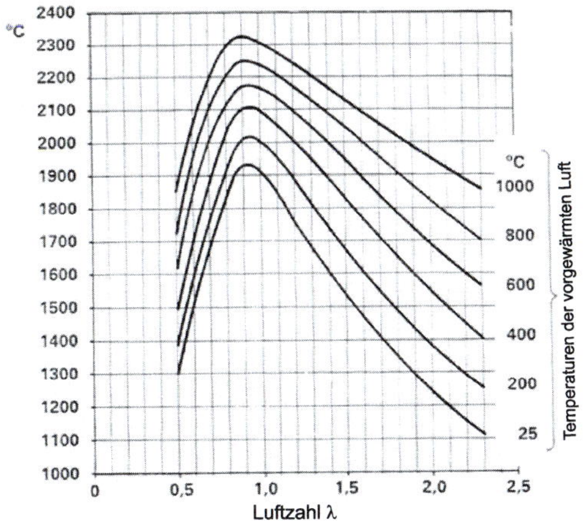

Adiabate Verbrennungstemperatur für Erdgas H und Luft bei verschiedenen Sauerstoffkonzentrationen im Oxidator

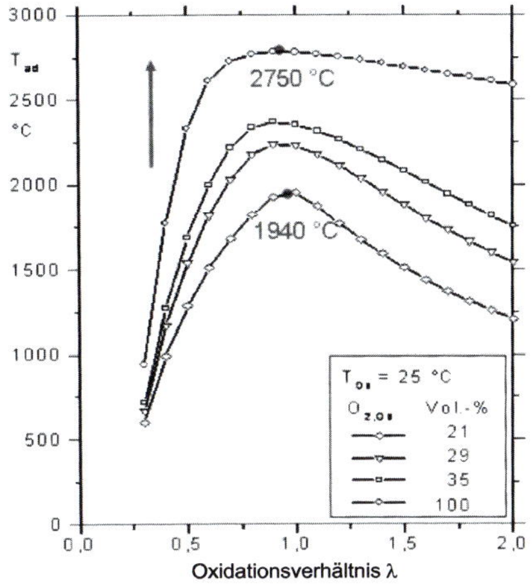

Anmerkung: Die hier publizierten GWI-Arbeitsblätter wurden sorgfältig erarbeitet. Dennoch übernehmen Autor, Herausgeber und Verlag für die Richtigkeit und Vollständigkeit von Angaben, Begriffen, Formeln und Zahlenwerten sowie für eventuelle Druckfehler keine Haftung.

Download: www.gaswaerme-online.de

Anhang
Weitere Informationen zum Fach

Weitere Informationen zum Fach

Fachzeitschriften

PROZESSWÄRME

PROZESSWÄRME ist das führende Fachmedium für industrielle Thermoprozesstechnik, Wärmebehandlung, Anlagenbau und -betrieb, Komponenten und Verfahren.

PROZESSWÄRME (vormals ewi – elektrowärme international und gwi – gaswärme international) berichtet neben den technologischen Aspekten detailliert über die relevanten Wirtschafts-, energiepolitischen und Nachhaltigkeitsthemen der Branche.

Das Branchenmedium veröffentlicht praxisnahe Erfahrungs- und Anwendungsberichte von renommierten Fachautoren und bietet der Fachwelt eine direkte und umfassende Informations- und Entscheidungshilfe über das gesamte Gebiet der Thermoprozesstechnik.
www.prozesswaerme.net

heat processing

Die Zeitschrift heat processing ist die englischsprachige, internationale Fachzeitschrift für das gesamte Gebiet des industriellen Ofenbaus, wärmetechnischer Anlagen und Prozesse sowie Forum für den Wissens- und Erfahrungsaustausch zwischen Anbietern und Anwendern der Thermoprozesstechnikbranche.

Wichtige Themenkomplexe sind Bau, Ausrüstung und Betrieb von Industrieöfen und industriellen Wärmebehandlungsanlagen, neue Verfahrens-, Mess- und Automatisierungstechnik in der Thermoprozesstechnik, Energieeinsparmaßnahmen und effizientes Energiemanagement an Thermoprozessanlagen, Werkstoffe und innovative Anwendungsbereiche, Normen und Richtlinien etc.

www.heat-processing.com

CST Combustion Science and Technology

Englischsprachige Fachzeitschrift, die über Entwicklungen auf dem Gebiet der allgemeinen Verbrennungsforschung berichtet und wissenschaftlich ausgerichtet ist.

Im Fokus stehen Studien sowie theoretische und experimentelle Entwicklungen aus dem Fach. Ein Austausch findet auch durch die veröffentlichten Kommentare zur Materie statt.
www.tandfonline.com/journals/gcst20

Combustion and Flame

Fachzeitschrift, welche die neuesten Forschungsergebnisse der Grundlagenforschung im Bereich der Verbrennungsforschung publiziert. Veröffentlicht werden sowohl experimentelle wie auch rechnerische und theoretische Untersuchungen.
www.journals.elsevier.com

Konferenzen und Tagungen

PROZESSWÄRME-Tagung „Brennertechnik an Thermoprozessanlagen"

Die PROZESSWÄRME-Tagung „Brennertechnik an Thermoprozessanlagen" greift aktuelle Fragen und Herausforderungen aus der Thermoprozesstechnik auf. Neben anwendungsorientierten

Fachvorträgen zu den Themen Brennertechnik, Messen – Steuern – Regeln und Energieeffizienter Ofen-betrieb teilen Experten aus Industrie und Forschung auch Erfahrungen aus der Praxis. Aber auch aktuelle Themen wie Energiewende und Auswirkungen der Energiepolitik auf die Branche werden diskutiert. Die jährlich stattfindende Fachtagung gibt sowohl Brenner-, Anlagen- und Komponen-tenherstellern als auch Betreibern von Thermoprozessanlagen und Lieferanten technischer Gase wichtige Impulse und neue Erkenntnisse zum Stand innovativer und effizienter Brennertechnik. Die Tagung wird veranstaltet vom Vulkan Verlag, vertreten durch die Zeitschrift PROZESSWÄRME, und der DBI Gruppe. Das Institut für Industrieofenbau (IOB) der RWTH Aachen ist wissenschaftlicher Träger der Veranstaltung.
www.prozesswaerme.net/brennertechnik

HärtereiKongress

Jährlich in Köln stattfindender Kongress mit Fachmesse. Die Teilnehmer kommen aus dem Bereich der Wärmebehandlung von Stahl.
www.hk-awt.de

PROZESSWÄRME-Tagung „HärtereiPraxis"

Die PROZESSWÄRME-Tagung „HärtereiPraxis" stellt die Praxisthemen der Wärmebehandlungsbranche in den Vordergrund. Die Tagung mit Fachausstellung ist die Informationsveranstaltung für Ingenieure und Techniker aus der betrieblichen Praxis sowie für Mitarbeiter aus der Fertigungsplanung, dem Einkauf, der Qualitätssicherung, der Konstruktion und Entwicklung.
www.haertereipraxis.net

Deutscher Flammentag

Der Deutsche Flammentag wird alle zwei Jahre ausgerichtet. Veranstalter waren die VDI-GET (Energietechnik), der DVV (Deutsche Vereinigung für Verbrennungsforschung) und die Deutsche Sektion des Combustion Institute. Die Konferenzsprache ist Deutsch. Ab 2019 wird der Flammentag von der Deutschen Vereinigung für Verbrennungsforschung (DVV) und der Deutschen Sektion des Combustion Institutes (CI) durchgeführt. Der VDI wird den Flammentag weiterhin als Träger unterstützen. Die Organisatoren streben zukünftig wieder eine stärkere Beteiligung der Industrie und eine stärkere Verzahnung von Wissenschaft und Anwendung an.
www.flammentag.de

Aachener Ofenbau- und Thermoprozess-Kolloquium

Die Veranstaltung findet alle zwei Jahre in Aachen statt und bietet eine gute Mischung aus Theorie und Praxis.
www.aotk.rwth-aachen.de

Forschungsinstitute, Forschungsvereinigungen und Verbände

VDMA Metallurgy

Der Fachverband Metallurgy im VDMA (Verband Deutscher Maschinen und) umfasst die Fachabteilungen Gießereimaschinen, Hütten- und Walzwerkeinrichtungen sowie Thermoprozesstechnik. Hier sind die Hersteller und Unternehmen, die Anlagen, Maschinen, Ausrüstung, Komponenten (z. B. Brenner) und Prozesstechnik für die Metallerzeugung sowie Metallverarbeitung liefern, orga-

nisatorisch zusammengeschlossen. Die Unternehmen entwickeln Thermoprozesstechnische Verfahren, planen und bauen Anlagen, Maschinen und Komponenten für die Stahl- und Eisenindustrie, NE-Metallindustrie, Automobilindustrie, Glasindustrie, Keramikindustrie u. v. m.
www.metallurgy.vdma.org

FOGI

Die FOGI – Forschungsgemeinschaft Industrieofenbau e.V. ist ein Verein, der es sich zum Ziel gesetzt hat, die Forschung im Umfeld der Thermoprozessanlagen zu fördern. Die Mitgliedsfirmen kommen zu diesem Zweck regelmäßig zusammen, um neue Forschungsthemen zu diskutieren und sich über Forschungsergebnisse, die an den beteiligten Instituten gewonnen wurden, zu informieren. Die Projekte werden dabei zum Teil aus Eigenmitteln und zum Teil mit Geldern der AiF – Arbeitsgemeinschaft industrieller Forschungsvereinigungen gefördert. Die FOGI bietet praxisbezogene Seminare an, die auch von Nicht-Mitgliedern besucht werden können.
www.fogi-ev.de

Gas- und Wärme-Institut Essen e.V.

Das GWI – Gas- und Wärme-Institut Essen e.V. ist ein Forschungsinstitut des Gasfaches und gleichzeitig ein Prüflabor des DVGW (Deutscher Verein des Gas- und Wasserfaches). Die Mitgliedsfirmen des GWI sind vorrangig Gasversorger und Stadtwerke, aber auch die Hersteller von Gasgeräten. Das GWI hat gut ausgestatte Labore und somit auch die Möglichkeit, größere Industriebrenner zu feuern und mit aufwendiger Messtechnik zu analysieren. Neben den Forschungsarbeiten für häusliche und industrielle Gasverwendung werden auch viele Seminare und Schulungen durchgeführt.
www.gwi-essen.de

BFI

Das VDEh-Betriebsforschungsinstitut (BFI) ist die Forschungsstelle des Stahlinstituts VDEh. Neben vielen anderen, ist die Feuerungs- und Gastechnik ein Arbeitsgebiet. Das BFI ist mit eigenen Brennerprüfständen und Messtechnik ausgestattet. Die Projekte sind oft sehr praxisnah und werden in enger Zusammenarbeit mit den Kunden aus der Stahlindustrie durchgeführt. Neben den Forschungs- und Entwicklungsaufgaben werden auch Schulungen und Seminare (Stichwort: Stahl-Akademie) durchgeführt.
www.bfi.de

IFRF

Die IFRF – International Flame Research Foundation ist eine Mitgliedervereinigung, die sich die Erforschung von Verbrennungsvorgängen zur Aufgabe gemacht hat. Schwerpunkte sind dabei die Effizienz und die Umweltverträglichkeit der Verbrennung. Diese Erkenntnisse sollen für die praktische Anwendung zugänglich gemacht werden. Dazu werden regelmäßige Konferenzen veranstaltet und die Vereinigung unterhält einen umfangreichen Internetauftritt, der zum großen Teil auch öffentlich zugänglich ist. Die IFRF versteht sich auch als Netzwerk mit Mitgliedern aus dem akademischen und industriellen Bereich. Wie es der Name schon ausdrückt, ist die IFRF stark international ausgerichtet und somit in vielen Ländern mit eigenen nationalen Vereinigungen vertreten. In Deutschland ist dies die DVV, die Deutsche Vereinigung für Verbrennungsforschung. Die IFRF unterhielt mehrere Jahrzehnte lang eine Forschungsstation in Ijmuiden, Niederlande, auf einem Stahlwerksgelände. Diese Forschungsstation und somit auch die Zentrale der IFRF wurden Ende des Jahres 2006 nach Livorno, Italien, und später nach Sheffield, UK, verlegt.
www.ifrf.net

Forschungsstellen der Gasversorger

Früher haben die Gasversorger oftmals große Forschungsstellen unterhalten. Ziel dieser Forschungsstellen war die Förderung des Brenngasmarktes vor allem auch im Hinblick auf den Wettbewerb mit elektrischer Energie. In den letzten Jahren wurden Forschungsstellen in vielen Ländern Opfer von Kosteneinsparungen. Von welchen Institutionen die wachsenden Aufgaben in diesem Bereich übernommen werden, muss die Zukunft noch zeigen.

Combustion Institute

Das Combustion Institute ist ein internationaler Verein von Fachleuten im Bereich der Verbrennung, die meistens in der akademischen Forschung tätig sind. Das Institut veröffentlicht „Combustion and Flame" auf Englisch, hat nationale „Sections" in vielen Ländern, die im lokalen Maßstab aktiv sind. So wird z. B. der oben genannte Deutsche Flammentag zweijährlich für deutschsprachige Teilnehmer veranstaltet.
www.combustioninstitute.de

DBU – Deutsche Bundesstiftung Umwelt

Die Stiftung fördert innovative, modellhafte Vorhaben zum Schutz der Umwelt. Auch im Bereich der Beheizung von Industrieöfen wurden in der Vergangenheit mehrere Projekte, vorzugsweise an mittelständische Firmen, vergeben. Neben der Förderung von Projekten vergibt die Stiftung Promotionsstipendien und verleiht jährlich den Deutschen Umweltpreis.
www.dbu.de

ZSW – Zentrum für Sonnenenergie und Wasserstoff-Forschung

Das in Baden-Württemberg ansässige Institut beschäftigt sich mit zukunftsgerichteten Energiefragen. Entwickelt und beurteilt werden unter anderem Speicher- und Wasserstofftechniken sowie Verfahren zur Gewinnung von synthetischen Brennstoffen.
www.zsw-bw.de

Universitäten

Nahezu alle technischen Hochschulen forschen auf dem Gebiet der Verbrennung. Bei den nachfolgend genannten Universitäten ist die Anwendung der Verbrennung in Industrieöfen häufig Thema von Forschungsaktivitäten und spiegelt sich auch in der Ausbildung der Studenten wider.

RWTH Aachen

Institut für Industrieofenbau und Wärmetechnik
www.iob.rwth-aachen.de

TU Bergakademie Freiberg

Institut für Wärmetechnik und Thermodynamik
Lehrstuhl für Hochtemperaturanlagen
https://tubaf.org/home

TU Clausthal-Zellerfeld

Institut für Energieverfahrenstechnik und Brennstofftechnik
www.ievb.tu-clausthal.de

Universität Magdeburg

Institut für Strömungstechnik und Thermodynamik
Lehrstuhl für Thermodynamik und Verbrennung
www.uni-magdeburg.de/isut

Karlsruher Institut für Technologie

Engler-Bunte-Institut
www.ebi.kit.edu/index.php

Fachmessen

Einen Überblick über relevante Messen gibt der Messekalender des VDMA unter **www.vdma.de** oder der Internetauftritt der Fachzeitschrift PROZESSWÄRME unter **www.prozesswaerme.net**

Es sollen jedoch an dieser Stelle einige wichtige Messen in Bezug auf den Industrieofenbau hervorgehoben werden. Darüber hinaus gibt es noch eine Vielzahl von Messen, häufig mit spezieller Branchenausrichtung.

GIFA / METEC / THERMPROCESS /NEWCAST

Unter dem Stichwort „The bright world of metals" finden die Fachmessen GIFA / METEC / THERM-PROCESS und NEWCAST alle vier Jahre in Düsseldorf statt. Die stark international ausgerichteten Messen sind die weltweit wichtigsten Ausstellungen für den Industrieofenbau, die Gießereiindustrie sowie die Metallurgiebranche.
www.tbwom.de

HärtereiKongress

Diese Messe wird jährlich im Herbst in Köln gemeinsam mit einem Kongress ausgerichtet. Veranstalter ist die Vereinigung der Wärmebehandler AWT (Arbeitsgemeinschaft Wärmebehandlung und Werkstofftechnik e.V.). Aussteller und Besucher kommen vorrangig aus dem deutschsprachigen Raum.
www.hk-awt.de

PROZESSWÄRME-Tagung „HärtereiPraxis"

Die jährlich stattfindende Fachtagung mit Ausstellung ist die Informationsveranstaltung für Ingenieure und Techniker aus der betrieblichen Praxis. Angesprochen sind Interessenten aus allen Bereichen der Wärmebehandlung, aus dem Maschinen-, Anlagen- und Vorrichtungsbau, aus der Automobilindustrie sowie aus der Stahlerzeugung, der Gießerei- und Umformtechnik.
www.haertereipraxis.net

Fachbücher zum Thema

Praxishandbuch Thermoprozesstechnik, Band I + II

Herausgeber: Herbert Pfeifer, Bernard Nacke, Franz Beneke; Vulkan Verlag
ISBN: Band I 978-3-8027-3085-6
ISBN: Band II 978-3-8027-3122-8

Das Praxishandbuch Thermoprozesstechnik, 3. Auflage, ist das Standardwerk für die Wärmebehandlungsbranche und somit ein „Must-Have" für jeden Ingenieur, Techniker und Planer. In Band I werden die Grundlagen, Prozesse und Verfahren der Thermoprozesstechnik behandelt. Band II beschäftigt sich mit der Anlagen- und Prozesstechnik. Die Bücher sind auch in englischer Sprache erschienen: Handbook of Thermoprocessing Technologies, Volume I + II.

Praxishandbuch Feuerfeste Werkstoffe

Herausgeber: Gerald Routschka, Hartmut Wuthnow; Vulkan Verlag
ISBN: 978-3-8027-3168-6

Das Praxishandbuch Feuerfeste Werkstoffe, erschienen in der 6., vollständig überarbeiteten und erweiterten Auflage, gibt dem Leser einen ausführlichen und detaillierten Überblick über Aufbau, Eigenschaften, Berechnungen und Begriffe bis hin zur Prüfung Feuerfeste Werkstoffe und liefert somit wichtige Tipps für die tägliche Arbeit und richtet sich an jeden, der beruflich in irgendeiner Form mit der Feuerfestindustrie bzw. der Thermoprozesstechnik zu tun hat. Das Buch ist auch auf Englisch erschienen: Handbook of Refractory Materials.

Handbuch Industrielle Wärmetechnik

Herausgeber: Herbert Pfeifer; Vulkan Verlag
ISBN: 978-3-8027-2972-0

Der Leser erhält durch das Handbuch Industrielle Wärmetechnik, 5. Auflage, einen ausführlichen Überblick über alle relevanten Grundlagen, Berechnungen, Begriffe und Prozesse der industriellen Wärmetechnik und somit wichtige Tipps für die tägliche Arbeit. Das Buch ist auch auf Englisch erhältlich: Handbook of Heat Processing.

VDI-Wärmeatlas

Herausgeber: VDI e.V., Springer Verlag
ISBN: 978-3-642-19980-6

Im Wärmeatlas finden sich sehr umfangreiche Diagramme, Tabellen und Anleitungen für alle Arten von wärmetechnische Berechnungen.

Verbrennung und Feuerungen

Von Rudolf Günter; Springer Verlag
ISBN: 978-3-642-88607-2

Ein Standartwerk, in dem sowohl theoretische wie auch praktische Aspekte vollständig dargestellt sind.

Industrial Burners Handbook

Herausgeber: Charles Baukal; CRC Press
ISBN: 978-0-8493-1386-8

Umfangreiches Buch über Industriebrenner in englischer Sprache mit Schwerpunkt auf Brennern für die petrochemische Industrie.

Aluminium und Aluminiumrecycling Band 1: Energie und Umweltschutz in der Aluminiumindustrie

Herausgeber: Christoph Schmitz; Vulkan Verlag
ISBN: 978-3-8027-3100-6

Schwerpunkt der in diesem Buch beschrieben Verfahren und Technologien ist die Sekundäraluminiumindustrie. Zum Verständnis von Energiesparmaßnahmen wird die Herkunft der verschiedenen Energieträger kurz erläutert. Aus dem gleichem Grund sind auch die Grundlagen der Wärmelehre dargestellt. In einem separaten Kapitel des englischen Buches „Handbook of Aluminium Recycling" wird ausführlich auf die eingesetzte Brennertechnik eingegangen.

Leitfaden Stahlsorten und Eisengusswerkstoffe

Von Karl Heinz Illgner; Vulkan Verlag
ISBN: 978-3-2992-8

In diesem Fachbuch werden die spezifischen Eigenschaften der heute verfügbaren Stahlsorten und Eisengusswerkstoffe übersichtlich zusammengefasst. Es dient somit als Leitfaden für die Aus-wahl von Stählen und Eisengusswerkstoffen. Dabei werden auch Anwendung, Verarbeitbarkeit, Wärmebehandlungsfähigkeit sowie Einstellbarkeit gezielter Eigenschaften thematisiert.

Wörterbuch Feuerfest und Feuerfestbau / Dictionary of refractories and refractory engineering

Von Gerald Routschka und Hartmut Wuthnow; Vulkan Verlag
ISBN: 978-3-8027-3131-0

Ein bewährtes Konzept mit neuen zusätzlichen Inhalten! So lässt sich die nunmehr 4. Auflage dieses deutsch-englischen Wörterbuchs beschreiben. Aufbauend auf dem Vokabular und dem vertrauten Konzept der vorherigen drei Auflagen wurden dem Wörterbuch im Vergleich zu den Vorauflagen noch einmal über 1.000 neue Begriffe aus dem Bereich der feuerfesten Werkstoffe, deren Prüfung und Verwendung und dem üblichen technischen Sprachschatz hinzugefügt.

Feuerfestbau

Herausgeber: Deutsche Gesellschaft Feuerfest- und Schornsteinbau e.V. (dgfs); Vulkan Verlag
ISBN: 978-3-8027-3163-1

In der vollständig überarbeiteten 4. Auflage des Fachbuches Feuerfestbau schreiben die Autoren ausführlich, nach welchen Kriterien feuerfeste Werkstoffe ausgewählt und mit jeweils angemessener Konstruktion und Ausführungsart eingebaut werden. Dabei wurden Öfen und Aggregate der Eisen- und Stahlindustrie, der Chemie und Petrochemie, der Kalk- und Zementindustrie, der Glasindustrie sowie in Kraftwerken und thermischen Abfallbehandlungsanlagen berücksichtigt. Das Buch ist auch als englische Ausgabe „Refractory Engineering" erhältlich.

Prozesswärme – Energieeffizienz in der industriellen Thermoprozesstechnik

Herausgeber: Franz Beneke; Vulkan Verlag
ISBN: 978-3-8027-3137-2

Eine Sonderpublikation der Zeitschrift „Prozesswärme". Der Band III fasst die Entwicklung der Jahre 2015 bis 2019 zusammen und bietet eine reich bebilderte Zusammenstellung von Fachberichten zum Thema der Energieeffizienz von gasbeheizten sowie elektrothermischen Prozessen. Autoren aus Forschung und Anwendung untersuchen und präsentieren Möglichkeiten der Energieeinsparung in Thermoprozessanlagen. Der Leser erhält einen Überblick über bewährte bis hin zu innovativen Methoden und somit einen komprimierten Stand der Technik.

Normen-Handbuch Industriebrenner

Herausgeber: Franz Beneke; DIN Deutsche Institut für Normung e.V.; Vulkan Verlag, Beuth Verlag
ISBN: 978-3-8027-2968-3

In dieser Normensammlung sind die wesentlichen EN-Normen für Industriebrenner und deren Komponenten zusammengestellt. Das Fachbuch gibt sowohl dem Brennerhersteller und/oder Anlagenhersteller eine kompakte Zusammenstellung der für ihn relevanten Normen der Brennertechnik. Dem Komponentenhersteller zeigt es die Anforderungen an seine Produkte für den industriellen Einsatz auf.

Prandtl – Führer durch die Strömungslehre

Herausgeber: Herbert Oertl jr.; Springer Vieweg Verlag
ISBN: 978-3-6580-8626-8

Ein Standardwerk, das immer wieder aktualisiert wird und die strömungstechnischen Vorgänge grundlegend behandelt.

Stahlfibel

Herausgeber: Stahlinstitut VEDh; Verlag Stahleisen
ISBN: 978-3-5140-0815-1

Die Stahlfibel vermittelt sehr anschaulich die verschiedenen Aspekte bei der Herstellung und Verarbeitung von Stahl.

Theoretische Grundlagen der Elektroprozesstechnik Teil 1

Von Ulrich Lüdtke und Dietmar Schulze ; Vulkan Verlag
ISBN: 978-3-8027-3139-6

Hauptanliegen dieses Buches ist es, die theoretischen Grundlagen der Elektroprozesstechnik zu vermitteln, die ein Elektrotechniker beherrschen sollte, wenn er sich mit der direkten technologischen Anwendung der elektrischen Energie auseinandersetzen muss. Schwerpunktthemen des ersten Bandes sind die Induktionserwärmung, die Kondensatorfelderwärmung, die Mikrowellenerwärmung, die Widerstandserwärmung sowie das Lichtbogenschmelzen.

Handbook of Burner Technology for Industrial Furnaces

Herausgeber: Joachim G. Wünning, Ambrogio Milani; Vulkan Verlag
ISBN: 978-3-8027-2983-6

In der Neuauflage des „Handbook of Burner Technology for Industrial Furnaces“ werden in den ersten Kapiteln die theoretischen Grundlagen der Verbrennungslehre, Strömungstechnik und Wär-meübertragung behandelt. In den folgenden Kapiteln werden die Brücken zur Brennertechnik geschlagen und Feuerungskonzepte besprochen, Schadstoffbildung und -minderung diskutiert sowie die Wärmerückgewinnung zur Verbrennungsluftvorwärmung als wichtigste Maßnahme zur Steigerung der Energieeffizienz erläutert. Im Kapitel „Industriebrenner“ werden anhand von ausführlichen Beispielen die wesentlichen Bauarten von Industriebrennern sowie deren Einbindung in die verschiedenen Ofenanlagenkonzepte vorgestellt. Abschließend folgen Kapitel über Normung und gesetzliche Vorschriften.

Anhang
Veröffentlichungen
Gaswärme International (1998-2017)
PROZESSWÄRME (seit 2018)

Gaswärme International – Veröffentlichungen (1998-2017)

www.gaswaerme-online.de

1998 – 47. Jahrgang

Ausgabe/Seite

Optimierung von Verbrennungsprozessen mittels eines Ionisations-Flammen-Managements
M. Herrs, R. Merker, R. Naumann, H. Nolte 2/113

Die experimentelle Bestimmung der Parameter der Impulsverbrennungsanlage
P. Horbaj, L. Lazic 4-5/248

Intensivierung und Berechnung von Vermischungsprozessen bei industriellen Gasbrennern
A. Isserlin 4-5/252

Betriebserfahrungen mit keramischen und metallischen Mantelstrahlheizrohren
A. Müller 4-5/257

Heizstrahlrohre mit NO_X-armen Gasbrennern
J. Tomeczek, J. Góral, B. Gradon 4-5/261

KATFLOX® – Ein innovatives Verfahren zur NO_X-armen thermischen Umsetzung N-haltiger Abgase
T. Domschke, C. Becker, J.-G. Wünning 4-5/272

Keramischer Rekuperatorbrenner, Grundlagenuntersuchung zur Entwicklung und Optimierung ...
M. Brune, M. Boß, M. Flamme, A. Lynen, J. A. Wünning, J. G. Wünning, H. J. Dittmann, M. Seltmann 6/332

Erdgas/O_2-Brenner, Versuche mit ... zur Substitution von Koks an einem Heißwind-Kupolofen zum Erschmelzen von Gußeisen
M. Künze, R. Gador, O. Frielingsdorf, T. Niehoff, F. Neumann, H. Mannek 7-8/375

Aluminium-Schmelzöfen, Energieeinsparung und Verfahrensverbesserung in ...
D. Jasper 7-8/384

Wobbeindex-Regelanlagen für sensible Thermprozesse in der Industrie
D. Stirnberg, P. Vatter 7-8/391

Regenerativbrenner, Einsatz von ... an Öfen der Stahlindustrie
K. Rixen, G. Andrejewski 11/603

COSTAIR-Brenner, Simulative und experimentelle Untersuchungsergebnisse zur Optimierung des ...
Teil 1: Simulative Vorgehensweise und Rechenergebnisse
A. Al-Halbouni 11/609

Meßgenauigkeit von Turbinenradzählern, Der Einfluß von Volumenstrompulsationen auf die ...
A. Brümmer 11/619

Flammenstabilität von Verbrennungsprozessen und Stabilitätsgrenze für industrielle Gasbrenner
A. Isserlin 11/624

Entwicklung eines gasbeheizten trägheitsarmen Wärmebehandlungsofens mit hohem Wirkungsgrad
M. J. Khinkis, H. A. Abbasi, A. E. Erinov, A. M. Semernin, V. A. Povarenkov 11/627

Verbrennungsoptimierung SCOT - Ist die Flamme erloschen?
Interview N. Burger, H. Henrich 12/663

1999 – 48. Jahrgang .... Ausgabe/Seite

Kosten- und umweltbewußtes Vergüten von Stahlplatinen mit höchster Produktqualität
H.-G. Bittner, E. Luh, G. Forster 4-5/244

Ein neues Low-NO_X-Verbrennungskonzept für Gasgebläsebrenner
F. Kleine Jäger, C. Dötsch, H. Köhne 4-5/300

Simulative und experimentelle Untersuchungsergebnisse zur Optimierung des COSTAIR-Brenners
Teil 2: Experimentelle Vorgehensweise und Meßergebnisse
A. Al-Halbouni 6/354

Analyse verschiedener Konzepte der Modellierung turbulenter Freistrahldiffusions-flammen
S. Kurtoglu, S. Wirtz, H. Kremer 6/379

Luftzahlkontrollierte Verbrennung durch Wobbeindexbestimmung
F. Durst, J. Glaß, K. Pickenäcker, D. Trimis, K. Wawrzinek 7-8/429

Verbrennungsoptimierung bei Gas-Spezialheizkesseln durch Gas-/Luftverbundsysteme
R. Merker 7-8/436

Entwicklung MINNOX® Ultra Low NO_X Kanalflächenbrenner
P. de Gooijer 11/635

Brennerkonstruktionen unter Verwendung keramischer Materialien
H. J. Dittmann 11/639

Weiterentwicklung der Brennereinheit in naturgasbeheizten Glasschmelzwannenöfen
S. N. Guschtschin, W. G. Lissijenko, W. B. Kutjin, J. W. Krjutschenkow 11/644

Entwicklungstendenzen im Regenerator- und Brennerbau für Industrieöfen
H. D. Jasper 12/707

Erfahrungen mit modernen Beheizungseinrichtungen beim Betrieb eines Durchlaufofens für Elektroband
U. Bonnet, U. Opitz 12/713

Betriebserfahrungen nach der Modernisierung der Beheizungseinrichtung an Kammeröfen für die Wärmebehandlung von Maschinenteilen
Zeller, M. Günsel, M. Waldmann 12/716

Reduzierung von Energieeinsatz und umweltrelevanten Emissionen bei Glasschmelzöfen
R. Nebel 12/722

Einfluß verschiedener Ausrüstungen an Tunnelöfen zum Brennen von Hintermauerziegeln auf Leistung, Energieverbrauch und Temperaturausgleich im Besatz
S. Vogt, T. Schmidt 12/728

2000 – 49. Jahrgang .... Ausgabe/Seite

Rekuperatorbrenner in keramischer Ausführung
W. Harbeck 4-5/201

Kontinuierliche Luftstufung: Ein neuer Weg zur Beherrschung des Verbrennungs- und Schadstoffverhaltenes von Gasflammen
A. Al-Halbouni 4-5/207

Flammenüberwaung, Grundlagen der ...
P. Martin, T. Albrecht 4-5/221

Druckverlust in Röhrenrekuperatoren
J. Tomeczek, T. Wisniewski 4-5/240

Erdgaseinsatz in der Keramikindustrie
K. H. Rudolph, T. Schmidt 6/294

100-t/h-Drehherdhofen für eine Block-/Grobstraße
J. Horsthofer, H. Oertel, A. Toriedt 7-8/372

Erdgasbeschaffenheit im Zusammenhang mit der Liberalisierung des Gasmarktes (Interview)
H. Kremer, N. Burger, H. Knappstein 9/419

Sicherheitsanforderungen, Die ... an Feuerungen und Brennstoffführungssysteme gasbeheizter industrieller Thermoprozessanlagen gemäß DIN EN 746-2
C. Brüggemann, M. Klatte, M. Meyn, K. Pokorny, K. H. Rudolph, G. Unsicker, P. Zangl 9/440, 10/508

Ermittlung von Wirkungsgraden und Norm-Nutzungsgraden
M. Imann 9/458

Charakteristik der Flammenstruktur, der Wärmeübertragung und der Schadgasbildung in Sauerstoff-Erdasflammen im Bereich 700 bis 1000 kW
N. Lallemant, F. Breussin, R. Weber, J. Haas, T. Ekman, J. Dugue, J. M. Samaniego, O. Charon, A. J. van den Hoogen, J. van der Bernt, W. Fujisaki, T. Imanari, T. Nakamura, K. Ino 10/516

Gasbrenner für Industriefeuerungen - Teil 1
K. H. Rudolph 12/617
Einsatz von Regeneratoren im Bereich von Thermoprozessanlagen
H. D. Jasper 12/624

2001 – 50. Jahrgang .... Ausgabe/Seite

Gasbrenner für Industriefeuerungen - Teil 2
K. H. Rudolph 4/169

Moderne indirekte Beheizungssysteme - Auswirkung auf die Auslegung von Industrieöfen
H. J. Dittmann 5-6/217

Konstruktion und Referenzen des Hochimpuls-Gasbrenners mit stufenweiser Luftzuführung
P. Horbaj, L. Lazic 5-6/248

Messung von Rußteilcheneigenschaften in turbulenten Flammen mit planaren, abbildenden Meßverfahren
H. Bockhorn, H. Geitlinger, B. Jungfleisch, T. Lehre, T. Streibel, R. Suntz 7/300

Quantitativer Nachweis von CO mit Laser-Spektroskopischen Methoden
S. Linow, D. Geyer, A. Dreizler, E. Hassel, J. Janicka 7/306

Struktur turbulenter Vormischflammen bei Zünd- oder Verlöschvorgängen
F. Dinkelacker, D. Most, A. Leipertz 8/366

Steuerung der Ofenraumatmosphäre in Tunnelöfen mittels Sauerstoffmessungen
F. Heinke 10/467

Anpassung erdgasbefeuerter Regenerator-Brennersysteme
H. D. Jasper 10/471

Erdgasbeheizte Anwärmsysteme in einer modernen Gießerei
H. Runkel, R. Gorski 10/475

2002 – 51. Jahrgang .... Ausgabe/Seite

TA Luft, Die neue ... und ihre Bedeutung für die Betreiber von Feuerungsanlagen und Industrieöfen
D. Büge 1/007

Optimierte Gasverbrennung
F. Sprenger 4/164

Korrelative Bestimmung von Wobbeindex, Heizwert, Luftbedarf und Gasdichte
F. Durst, D. Trimis, K. Wawrzinek 4/169

Planare Temperaturmessung am OH mittels LIF in technischen Verbrennungssystemen
U. E. Meier, W. Stricker, D. Wolff-Gassmann, J. Heinze 4/178

Industrieöfen, Moderne ... mit reduziertem Energieverbrauch
P. Schobesberger 5/207

Low-NO_x-Strahlheizrohr-Brenner für flüssige und gasförmige Brennstoffe
H. Köhne, F. Kleine Jäger, A. Munko, W. Diemar 5/213

Korrosion von Brennerbauteilen aus SiSiC in Abgasen aus kontaminierten Heizölen
S. Otto, G. Walter 5/222

Flamelet-Modell, Integration eines ... in einen CFD-Code zur Berechnung des NO_x-Reduktionspotentials durch Reburning
A. Al-Halbouni, A. Scherello, M. Brune, R. Giese, F. Burmeister 6-7/288

Entwicklungen in der mathematischen Modellierung von gasbefeuerten Öfen in der Hüttenindustrie
L. Lazic, P. Horbaj 6-7/298

Gegenüberstellung des feuerungstechnischen Wirkungsgrades von gasbeheizten Mantelstrahlheizrohren mit Rekuperatoren aus Keramik oder Stahl
S. Günther, J. Sun 8/348

Porenstrahler - Der neue Weg zur Infrarotstrahlung
D. Gruchot, R. Krieger 9/388

Verdrallung, Einfluss gleich- und gegensinniger ... auf das isotherme Strömungs- und Mischungsfeld eines luftseitig zweiflutigen Brenners
K. Merkle, H. Haessler, N. Zarzalis 9/395

Skalierung, Ähnlichkeitsbasierte ... turbulenter Gasflammen
Teil I: Strömung und Mischung, Reaktionskinetik
W. Leuckel, P. Schmittel, R. Weber 9/400

Erdgasflamme als Werkzeug
A. Guntermann 10/436

TA Luft, Die neue ... - Änderungen für ausgewählte Produktionsanlagen
H.-J. Kuhs 10/442

2003 – 52. Jahrgang .... Ausgabe/Seite

Verbrennungslose Gasbeschaffenheitsmessung mit Infrarot-Absorption
J. Kastner, P. Schley 3/145

Erdgasbeheizter Schleuderguss-Rohrglühofen
N. Bättenhausen 5/263

Brennstoffbeheizte Tiegelöfen - Technische und wirtschaftliche Aspekte
O. Irretier 5/268

BICR-Rekuperatorbrenner für direkte und und indirekte Beheizung
G. Wohlschläger 5/272

Wärmedämmung des Abgasführungsrohres von Rekuperatorbrennern - eine Nebensache?
G. Walter, H. Krause, A. Dög 5/276

Entwicklung und Optimierung von Flachflammenrekuperatorbrennern
M. Brune, U. Konold 5/281

Gas-/Flüssig-Brenner für Strahlheizrohre mit minimalen Emissionen
F. Kleine Jäger, H. Köhne, A. Munko 5/284

cib compakt Industrie Brenner im Brennpunkt moderner elektronik
M. Hauswirth 6/324

Variable Stufenbrennerlanzen für Glasschmelzwannen zur Steigerung der Effizienz und Minderung der NO_x-Emission
M. Malobabic, A. Scherello 6/343

Berechnung von Verbrennungs- und Vergasungsprozessen
J. Kozczka, P. Horbaj 6/353

Energetische und verfahrenstechnische Optimierung einer indirekt beheizten Drehrohrofenanlage
H.-J. Dittmann 6/364

Hochgeschwindigkeitsbrenner mit hoher Luftzahl
P. Horbaj 6/367

Einsatz von Scale-up-Kriterien und numerische Simulation zur Aufstellung von Brennersystemen für schwachkalorige Gase
A. Al-Halbouni, A. Giese 6/376

Indirekte Beheizung von Wärmebehandlungsprozessen mit Mantelstrahlheizrohren
H. Graf von Schweinitz 7/440

CO-Regelung - die bessere Alternative zur O_2-Regelung bei Gasfeuerungen
H. Weber 7/448

Erfahrungen mit Erdgas/Sauerstoff-Brennern an einem Kupolofen
J. Schäfer, M. Lemperle, T. Wieting, M. Wilczek, H. Strüning, O. Frielingsdorf 8/490

5 Jahre DIN EN 746 Teil 2, Praxiserfahrungen und Novellierung
C. Brüggemann 8/515

2004 – 53. Jahrgang .... Ausgabe/Seite

Entwicklung des Hochgeschwindigkeitsbrenners „ThermJet" mit reduzierter NO_x-Bildung
V. Smirnov, S. Stroup, D. Collier 3/139

Anwendung von scale-up Kriterien auf einen luftgestuften Gasbrenner – numerische und experimentelle Ergebnisse
A. Al-Halbouni, R. Giese 3/144

Temperatur-Messungen in turbulenten Drallflammen: Thermoelemente im Vergleich zu Laser-Raman-Streuung
W. Meier, X. R. Duan, P. Weigand, B. Lehmann 3/153

Abgasanlagen an Industrieöfen – bauliche und rechtliche Aspekte
T. Schmidt, D. Stehmeier, F. Göckener 3/159

Entwicklung eines Endogaserzeugers mit rekuperativer Gasbeheizung
P. Haase, R. Schumacher 5/270

Emissionsminderung durch moderne Brennerkonstruktionen
G. Balgar 6/320

Einsatz von Drehbettregeneratoren bei der thermischen Abfallverwertung
B. Henning, R. Jasper 6/323

Berechnete und gemessene Strömungsinstabilitäten in einer verdrallten Brennerströmung
P. Habisreuther, O. Petsch, H. Büchner, H. Bockhorn 6/326

Beheizung einer neuen Glüh- und Beizlinie für Edelstahlband mit kompakten Regenerativbrennern
W. Roth, L. A. Ruiter, K.-H. Kirchhoff 6/332

Charakterisierung der Wärmeübertragungsverhältnisse beim Einsatz von Flachflammenbrennern
R. Rakette, W. Harbeck, I. Riehl 6/335

Modernes Beheizungssystem mit Flachflammenbrennern am Walzwerksofen
G. Wohlschläger, C. Dossow 6/340

FLORIAN – Kamerabasiertes Diagnostiksystem zur Beobachtung von Flammen im UV-Bereich unter industriellen Einsatzbedingungen
A. Scherello, M. Werschy 6/343

Gasbeheizte Wärmebehandlungsanlagen für die Aluminium-Industrie
P. Olberts, A. Hanus 7/387

Umrüstung von Aluminium-Schmelzöfen auf regenerative Beheizung
R. Oldörp, B. Chalh-Andreas 7/390

Betriebserfahrung mit einem neuen rekuperativ beheizten Endogasgenerator
P. Haase, J. Kost 7/406

Anwendung der „Temperierten Flamme“ in Wärmebehandlungsöfen
N. Bättenhausen 8/469

Umstellung eines Porzellan-Brennofens auf Erdgas – Maßnahmen zur Optimierung der Prozessführung
G. König, R. Gorris, L. Wittenburg 8/497

2005 – 54. Jahrgang .... Ausgabe/Seite

Stand der Technik bei Brennersteuerungen und Flammenüberwachungen
M. Gasser 3/161

Technologietrends bei Brennersteuerungen für Thermoprozessanlagen
H.-D. Markus 3/166

Aufgaben und Anforderungen an den Feuerungsautomaten
A. Wanderer 3/169

CO_2-Regelung mit Miniatur-Sensor eröffnet neue Perspektiven in der Verbrennungstechnik
M. Völkel, F. Hammer 3/174

Nachrüstung bestehender Feuerungsanlagen mit O_2-(Lambda)Regelung
M. Kaden 3/178

Sensoren zur Erkennung wechselnder Brenngasbeschaffenheiten für industrielle Feuerungsprozesse
C. Storm 3/182

Verbrennung von niederkalorischen Gasen in Porenbrennern
S. Diezinger, P. Talukdar, F. von Issendorff, D. Trimis 3/187

Echtzeit-Brennwertmessung zur optimalen Prozessführung
M. Rösener, W. Droste 4/224

Möglichkeiten eines elektronischen Steuergerätes mit Brennstoff-/Luftverbundregelung bei Verbrennungsprozessen
H.-J. Altendorf 4/228

Industrielle Sauerstoff-Messung unter Luftmangel – ein Paradoxon?
K. Vogelei, M. Cascas-Savos, K. Hanzlik 4/233

Gasbeheizte Wärmebehandlungsanlage für Aluminium-Zylinderköpfe
A. Hanus 5/274

Praxiseinsatz einer neuen Generation von Low-NO_x-Deckenbrennern für die Stahlindustrie
M. Nisch 6/363

Herdwagenofen mit hoher Gasumwälzung zum Anlassen von großen Stahl- und Gussteilen
N. Bättenhausen 6/368

Erfahrungen beim Umbau von Rekuperator-Gasbrennern für höhere thermische Belastung
R. Rakette, P. Hiebsch 6/371

Schnellerwärmung von Stahlband mittels direkter Beheizung im Düsenfeld
U. Bonnet, K. Telger 6/374

Optimierte Regeneratortechnologie an industriellen Feuerungssystemen
B. Henning, P. Klatecki, R. Jasper 6/377

Low-NO_X-Schwachgasverbrennung mit flammloser Oxidation
R. Berger, M. Schmid, J.-G. Wünning 6/382

Schadstoffarme Weiterverwertung heizwertarmer Brennstoffe bei Anwendung in der Stahlindustrie
N. Schopf 6/386

Entwicklung und Optimierung von Oxy-Fuel-Rekuperatorbrennern
M. Brune, H. Köder 6/390

Energetische Optimierung von Thermoprozessanlagen (ETA)
M. Flamme, R. Giese, M. Brune, U. Konold 7/414

Direkte Befeuerung von Aluminium-Wärmebehandlungsanlagen
G. Wohlschläger, W. Liere-Netheler 7/446

Seitenbeheizter Herdwagenofen mit neuartigen Flachflammenbrennern
H. Kaczor, U. Bonnet 7/449

Wartung und Instandhaltung von Gasverbrauchseinrichtungen an Thermoprozessanlagen
H. Runkel, B. Gräfe 8/516

Beheizungssysteme für die Stahlindustrie
G. Wohlschläger, M. Wicker 8/525

2006 – 55. Jahrgang .... Ausgabe/Seite

Einsatz von Ersatzbrennstoffen in Kombination mit Gas bei industriellen Feuerungsanlagen
N. Schopf 3/173

Kosteneffizienter Einsatz von Mehrstoffbrennern für Erdgas und biogenen Brennstoffen am Beispiel der Holzindustrie
H.-J. Dittmann 3/277

Oxyfuel-Technik: Anwendungen und Betriebserfahrungen der flammenlosen Verbrennung
J. von Schéele, P. Vesterberg, O. Ritzén 3/186

Hochdynamische Flammtechnologie für geringe NO_X-Bildung in SER Strahlheizrohr-Brennern
V. Smirnov 3/190

Fortschrittliches Feuerungskonzept zur effektiven Verbrennung von schwachkalorigen Gasen
A. Al-Halbouni, H. Rahms 3/194

CIB - Compact-Industriebrenner mit moderner Elektronik
M. Hauswirth 3/197

Echtzeit-Gasbeschaffenheitsmessung auf Basis von optischen und thermischen Gaseigenschaften
J. F. Kastner, M. Halm 4/251

Erfahrungen mit optimierter Prozessführung durch Echtzeit-Brennwertmessung
M. Rösener 4/255

Luft/Gas-Verhältnisregelung an industriellen Beheizungseinrichtungen
K. Kroner, M. Wicker 4/263

Verbesserung der Effizienz bestehender Drehrohröfen durch Modernisierung mit zeitgemäßen Beheizungssystemen
C. Biedermann 5/330

Glasschmelzwannen als neues Einsatzgebiet für die flammenlose Oxidation
A. Scherello, U. Konold, G. Schwarz, B. Köster 6/391

Stetig geregelte Rekuperator-Hochgeschwindigkeitsbrenner für die Beheizung in P- und Doppel-P-Rohren
R. Rakette, W. Gombert 6/395

Offene Beheizung von Industrieöfen mit Rekuperatorbrennern
A. Munko 6/398

Energiesparende Beheizung eines Schachtofens mit modernen Rekuperator-Brennern
H. E. Kaczor, U. Bonnet 6/401

Neue Brennersysteme für Bio-Raffinerien
R. Berger, A. Schuster, J. G. Wünning 6/404

Sicheres Zünden und Überwachen von Gasflammen an industriellen Großbrennern in Dampfkessel- oder Thermoprozessanlagen
M. Gasser 6/408

Industrielle thermische Nachverbrennung mit innovativem Brenner-Managementsystem
T. Gnoss, R. Pilz, P. Sänger 6/411

Gasbeheizte Wärmebehandlungsanlage für Aluminium-Strukturbauteile
A. Hanus 7/461

2007 – 56. Jahrgang .... Ausgabe/Seite

Abwärmenutzung industrieller Prozesse durch Organic Ranking Cycle
K. Stahl 1/43

WEB basierte Visualisierung und Fernüberwachung für Industriefeuerungsanlagen
H.-J. Altendorf 2/120

Prozessoptimierung an einem Herdwagenofen durch Einsatz keramischer Rekuperatorbrenner
D. Mäder, R. Rakette, S. Schlager 3/181

Energieeffiziente Erzeugung von Heißluft mit Low-NO_x-Gasbrennern
A. Heijmans 3/185

Simultane Messung von Sauerstoff und oxidierbaren Gasbestandteilen zur Überwachung und Optimierung von Feuerungen
H. Weber 3/189

Reduzierter NO_x-Ausstoß an gasbeheizten Industrieöfen durch neuen SER-Brenner
T. Lewin 3/193

Oxyfuel-Verbrennung erfüllt neue Anforderungen an Schmelz- und Aufwärmprozesse
P. Vesterberg, T. Niehoff, R. Paul 3/196

Charakterisierung des Emissionsverhaltens und der Verbrennungsstabilität von Schwach- und Mittelgasen in Porenbrennern
S. Voß, Z. Al-Hamamre, D. Trimis 3/200

Experimentelle Untersuchung abgehobener verdrallter nichtvorgemischter Flammen
P. A. Fokaides, P. Kasabov, N. Zarzalis 3/205

Untersuchung eines Falles von Hochtemperaturkorrosion an einem M-Strahlrohr
K. H. Illgner, J. Sundermann 4/297

Regenerativ-Brennersysteme für Chargenöfen in der Stahlindustrie
J. Teufert, J. Domagala 6/411

Entwicklung eines schadstoffemissionsarmen Brennerkonzepts für Industriekessel-feuerungen
A. Al-Halbouni, H. Rahms, A. Giese 6/416

Kontinuierliche Weiterentwicklung von Low-NO_x-Brennern für den industriellen Einsatz
R. Robertz, M. Nisch 6/420

Regenerativbrenner für Doppel-P-Strahlheizrohre in einer Feuerverzinkungslinie
A. Georgiew, J. G. Wünning, U. Bonnet 6/425

„InnoGlas" - Innovative Heiztechniken zur Energieeinsparung und Qualitätsverbesserung in der Glasindustrie
D. Trimis 6/429

Moderne Beheizungseinrichtungen mit großem Regelbereich
W. Liere-Netheler 6/435

Hochtemperaturwolle und moderne Brennertechnik in der Wärmebehandlung
E. Tschapowetz, H. Wimmer 7/485

Einsparung von Brenngas in der Industrie durch optimale Brennereinstellungen
C. Schare 7/495

Hochtemperaturkorrosion an metallischen Strahlheizrohren in Abgasatmosphäre
H. Pohland vom Schloß, K. Lucka, H. Köhne 7/499

Steuerung, Regelung und Visualisierung eines regenerativen Brennersystems an einem Aluminium-Schmelzofen
M. Schaake, A. Kuhlmann 7/503

Effizienzsteigerung von Thermoprozessanlagen durch Sauerstoffeinsatz
M. Flamme, P. Grohmann 7/565

2008 – 57. Jahrgang .... Ausgabe/Seite

Hochtemperaturverbrennung mit geringer NO_x-Produktion in Glasschmelzöfen
N. Simpson 1-2/40

Einsatz von erdgasbeheizten Zündbrennern zur Absicherung einer Pyrolysegasverbrennung
H. J. Dittmann, N. Usdrowski 1-2/45

Nutzung kostenloser Entspannungsenergie zum Umwälzen von Ofenatmosphären durch Hochgeschwindigkeitseindüssystem
G. Waning, T. Mahlo, K. Waldmann 1-2/48

Energieeffizienz von Thermoprozessanlagen
F. Beneke 3/133

Energieeinsparung und NO_x-Minderung an regenerativ befeuerten Glasschmelzwannen durch verdünnte Verbrennung
A. Giese 3/139

Verbrennung von Spülgasen aus Industrieöfen
R. Berger 5/311

GlasFLOX®-Brenner zwei Jahre im Einsatz – ein Erfahrungsbericht
A. Giese, U. Konold, R. Mackh, K. Zirkelbach, B. Köster, G. Schwarz 5/321

Lufterhitzung durch direkte Beheizung mit Flächenbrennern
A. Heijmans 5/327

Industriebrenner mit kompaktem Brenner-Management-System in verschiedenen industriellen Anwendungen
P. Sänger, H. Bloeß 5/331

Experimentelle Untersuchung von Vermischungsvorgängen in einer Jet-in-Crossflow-Anordnung
C. Cárdenas, R. Suntz, H. Bockhorn 5/337

Entwicklung von Hochgeschwindigkeitsbrennern und deren Einsatz an prozessoptimierten Anlassöfen
R. Rakette, D. Lange, I. Riehl 5/445

2009 – 58. Jahrgang .... Ausgabe/Seite

Rekuperatorbrenner für Anwendungen in „single ended“-Strahlrohren
H. Bauer 1-2/19

Ultra Low-NO_x-Seitenbrenner für Wärmeöfen in Stahlwalzwerken
S. Baur, W. Högner, G. Heine, J. Domagala 1-2/22

Einsatz gasbefeuerter Flächenbrenner bei hohen Vorlufttemperaturen
G. Kraus 1-2/27

O_2- und CO-Reduktion an Feuerungsanlagen
G. Witte, U. Schmitz, T. Schütt 1-2/30

Hohe Energiedichte für Trocknungs- und Anwärmprozesse durch den Einsatz innovativer Porenbrennertechnologie
H. Schneider, R. Krieger 1-2/35

Brennertausch zur Emissionsreduzierung an Doppelflammrohrkessel
M. Wenzel, M. Nisch 1-2/39

Untersuchungen zum Verbrennungsverhalten von Kanalbrennern in Gas- und Dampfturbinenprozessen
M. Kösters, A. Al-Halbouni, K. Görner 4/221

Modernisierung und Effizienzsteigerung eines Mehrzweckkammerofens mit Rekuperatorbrennern und Strahlrohren aus APM
A. Mach 5/307

Energieeffizienter Betrieb von Erdgasbrennern
D. Mäder, R. Rakette, R. Lohr 5/313

Anwendung von Flachflammenstrahlungsbrennern in Schmiede- und Wärmebehandlungsöfen
J. Teufert, J. Srajer, J. Domagala 5/319

Energieeinsparung durch Verbesserung des direkten Wärmeeintrages an regenerativ befeuerten Glasschmelzwannen
A. Giese, B. Fleischmann 5/326

Intelligente Abwärmenutzung durch Dampferzeugung an Industrieöfen
R. Granderath 5/331

Verringerung der Abgasverluste und Emissionen durch neue Rekuperator- und Regeneratorbrenner
J. G. Wünning 6/423

2010 – 59. Jahrgang .... Ausgabe/Seite

Energieeinsparung durch Modernisierung der Beheizungseinrichtung mit modernen Rekuperatorbrennern
H. P. Gitzinger, M. Wicker, P. Ballinger 1-2/23

Effiziente Feuerungssysteme für Industrieprozesse mit besonderen Anforderungen
A. Al-Halbouni, F. Schmaus 1-2/27

Anwendung von Regenerativ-Brennern in Stahlerwärmungsöfen in Warmwalzwerken
W. Högner, M. Gehl, J. Teufert, J. Domagala 1-2/31

Schadstoffarme Verbrennung an Kesseln mit Umkehrfeuerraum
M. Wenzel 1-2/37

Detektion defekter Strahlheizrohre durch vollautomatisierte Heliumlecksuche
M. Wenzel 1-2/41

Entwicklung von Porenbrennern für industriellen Einsatz bei Hochtemperaturbedingungen
E. Reusse, V. Uhlig, M. Werschy, H. Süß, N. Gerlach. 1-2/47

Sichere Verbrennung durch Einsatz eines SIL 3-Flammenwächters
C. Wülker 4/245

Brennerentwicklung zur Minderung der NO_X-Emissionen bei der Verbrennung von N-haltigen biogenen Produktgasen
E. Tali, S. MacLean, A. Giese 5/361

Zuverlässige und schnelle CFD-Modellierung der flammlosen Oxidation
J. G. Wünning 5/369

Effiziente Feuerungssysteme für Industrieprozesse mit besonderen Anforderungen
A. Al-Halbouni, F. Schmaus 5/373

Hocheffiziente Beheizungssysteme für Aluminiumschmelzöfen
D. F. Whipple, J. Teufert, J. Domagala 5/341

CGM®-Glasschmelztechnologie für optimierte Prozesse im Ofen
M. Görisch 7-8/554

2011 – 60. Jahrgang .... Ausgabe/Seite

Effiziente Gasbeheizung von Industrieöfen
J. G. Wünning 1-2/25

Brenner- und Lanzenentwicklungen für industrielle Sonderanwendungen in der metallurgischen Industrie
A. Al-Halbouni, H. Rahms, B. Chalh-Andreas, F. Schmaus 1-2/29

Energieeffiziente Ofenbeheizung – Regenerative Wärmerückgewinnung mit Flachflammenbrennern
S. von Gersum, W. Adler, W. Bender 1-2/34

Effiziente Verbrennung für Industrieöfen mit der Sauerstoffverbrennung
R. Paul 1-2/39

Energieverbrauchs- und Emissionsminderung durch Einsatz von Regenerativ-Brennern
J. Teufert, S. Baur 1-2/43

Einsatzgrenzen rekuperativer Low-NO_X-Brenner im Betrieb mit niederkalorischen Gasen
D. Möntmann, M. Kleingries, H. Pohland vom Schloß, K. Lucka 4/307

Neuartige keramische Wärmeübertrager für Rekuperatorgasbrenner
D. Trimis, V. Uhlig, R. Eder et al. 5/381

Sicherheit und Verfügbarkeit von gasbeheizten Wärmebehandlungsanlagen. Teil 1: Sicherheit und sicherheitstechnische Maßnahmen für Anlagen
U. Wellner, D. Kutzner 5/387

Untersuchungen eines Mehrstoffbrenners zur energetischen Nutzung schwachkalorischer Gase
S. MacLean, A. Giese, D. Kutzner, H. Traxler 5/393

Gasbrenner mit geringem NO_X-Ausstoß bei hohen Verbrennungslufttemperaturen
V. Smirnov, A. de Pijper 5/397

Produktivitätssteigerung durch Hochgeschwindigkeitsgaseindüsung und Sauerstoff in Schutzgasöfen
A. Lugnet, G. Waning 6/499

Modellgestütztes Energieeffizienz-Monitoring an Industriefeuerungen
S. Gose, S. Schult, J. Sternberg 6/503

Sicherheit und Verfügbarkeit von gasbeheizten Wärmebehandlungsanlagen. Teil 2: Zusammenhang von Sicherheits- und Verfügbarkeitsbetrachtungen
U. Wellner, D. Kutzner 6/513

Untersuchungen zur Oxy-Fuel-Feuerung in Glasschmelzwannen
J. Leicher, A. Giese 7-8/617

Einsatz eines Regenerativbrennersystems für Aluminiumschmelzöfen
J. Schwabe, U. Wellner, D. Kutzner 7-8/623

2012 – 61. Jahrgang .... Ausgabe/Seite

Effiziente industrielle Brennertechnik durch Einsatz flexibler Feuerungsautomaten
U. Hofmann, P. Sänger 1/43

Mathematische Simulation von Regenerativen Brennern für spezifische Anwendungen
A. Funghini, W. Keck, H. Bauer 1/64

Effizienzsteigerung durch in-situ Sauerstoffmessung im Verbrennungsgas
Y. Boltz, K.-M. Winter 2/46

Vereinfachtes Modell zur Berechnung der Gasstrahlung in der Atmosphäre
N. Lorenz, E. Specht 3/46

BBM-Impulsbefeuerungstechnik mit integrierter LAMBDA Automatik
R. Kiem, T. Kiem 3/69

Effiziente Brennersysteme für Öfen in der Aluminium-Industrie
G. Reusch, J. Domagala 4/57

Bedeutung der flammlosen Oxidation für die Energiewende
J. G. Wünning 4/75

NO_X-arme Nutzung von Oxy-Fuel-Verbrennung mit stark N_2-haltigem Sauerstoff in der NE-Metallurgie
S. MacLean, J. Leicher, A. Giese, J. Irlenbusch 4/85

Infrarottrocknung mit Porenstrahlern in der Industrie
M. Angerstein 5/81

Neue Low-NO_X-Lösung für Hochgeschwindigkeitsbrenner
S. von Gersum, M. Wicker 5/85

2013 – 62. Jahrgang .... Ausgabe/Seite

Spaltstrombrenner im industriellen Einsatz
J.G. Wünning 1/35

Flexible Kaltbrennertechnologie für die Prozessluftерwärmung
A. Heijmans 1/39

Vormischende Wasserstoffbrenner zur Oberflächenbearbeitung von Glas
M. Görsich 1/45

Höhere Effizienz und Produktqualität durch vollvormischende Brennersysteme
E. Keim, J. W. te Nijenhuis 1/51

Praxistaugliche Brennerapplikationen unter Berücksichtigung der DIN EN 746-2
D. Mäder, R. Lohr, O. Schmiel Gamarra 2/51

Einsatz von regenerativen Brennersystemen im satzweisen Ofenbetrieb
E. Tschapowetz, H. Krammer, J. Geidies 3/69

Energieeinsparung durch Regenerativbrenner am Drehherdofen
T. Schmitz, J. Bauer, M. Schulte, A. Funghini, D. Petry 4/35

Anwendung von Regenerativ-Flachflammenstrahlungsbrennern in Schmiedeöfen
A. Molinek, G. Reusch, J. Srajer, J. Domagala 4/41

Entwicklung eines Mehrstoffbrenners für Heizöl-, Erdgas- und Schwachgasbetrieb
A. Giese, E. Tali 4/47

Überwachen von Gasflammen im Infrarotbereich
M. Mertgens, C. Wülker 4/55

Entwicklung eines Kombibrenners für den Kohlevergasungsprozess
A. Al-Halbouni, H. Rahms, B. Chalh-Andreas, A. Giese, A. C. Benim 4/67

Feuerungsautomaten und Brennermanagementsysteme in der Automatisierung
U. Hofmann, P. Sänger 5/77

Gasbeschaffenheitsänderungen: Lösungsansätze für industrielle Feuerungsprozesse
J. Leicher, A. Giese, E. Tali, M. Werschy, S. Franke, H. Krause, H. Dörr, M. Kunert 6/43

2014 – 63. Jahrgang .... Ausgabe/Seite

Untersuchung von Vormischbrennern zur Ausrüstung eines Bolzenanwärmofens
M. Schnitzler, G. Valder, H. Pfeifer 1/61

Energieeffizienz – Potenziale für gasbeheizte Industrieöfen
C. Sprung 3/37

Sensorische Verbrennungsoptimierung von Gasfeuerungsanlagen
F. Hammer 3/63

Energieeinsparung durch modulares Kontrollsystem für Regenerativbrenner
S. Baur, G. Reusch, D. F. Whipple 4/51

Vergleich der Messmethoden für zuverlässige Flammenüberwachung
M. Mertgens, C. Wülker 5/83

2015 – 64. Jahrgang .... Ausgabe/Seite

Abwärmenutzung an Strahlheizrohrbrennern
H. Runkel, B. Gräfe 1/59

Brenner mit niedrigem Stickoxidausstoß
S. Baur, H. Bauer, V. Jechiu 1/63

Leistungssteigerung von Banddurchlauföfen durch Oxy-Fuel-Brennertechnik
S. Schemberg, R. Eichler, H. Gripenberg 1/67

Mobile Gas-Brenneranlagen zum Aufheizen und Trocknen von Industrieöfen
M. Franke, M. Wiersig, M. Werschy 3/91

Überwachung und Steuerung von Verbrennungsprozessen
F. Hammer 4/45

Absicherung von Thermoprozessen mit moderner Gasmesstechnik
T. Haug, L. Schlichting 6/45

Brennersysteme zur Verwertung von Biomasse-Pyrolysegasen
A. Al-Halbouni, A. Giese, J. Leicher, K. Görner, D. Schillingmann,
H. Schillingmann, C. Hüwelmann 6/55

Regenerative Ultra Low NO_X-Gichtgasbrenner in der Praxis
K. Omerbegovic, D. G. Schalles, F. L. Beichner 6/63

2016 – 65. Jahrgang .... Ausgabe/Seite

Heißgaserzeuger für den Einsatz von niederkalorischen Gasen und Braunkohlestaub
L. Kühne, T. Neuhaus, H. Rahms 1/45

Flammenfreies Vorwärmen von Dauerformen im Druckguss
B. Ates 1/64

Sicherheitsgerichtete Brennersteuer- und Regelsysteme
K.-H. Kruse 1/73

Ofen- und betriebstechnische Maßnahme zur Steigerung der Energieeffizienz
D. Schröder 3/47

Zunderarme Wiedererwärmung von Metall-Halbzeugen mit Rekuperatorbrennern
C. Schwotzer, M. Schnitzler, H. Pfeifer 3/67

Zunderwachstum von Kupfer und Stahl bei direkter Befeuerung mit Brennstoffüberschuss
H. Ackermann, D. Diarra, J. G. Wünning 4/33

Beeinträchtigung von Wärmeübertragern in direkt befeuerten Thermoprozessanlagen durch Ablagerungen
S. Otto, W. Adler, B. Stranzinger, H. Ackermann, D. Kuckelberg, D. Diarra, G. Teneva-Kosseva, V. Uhlig, H. Krause, H.-P- Gitzinger 4/47

Energieeffiziente Gestaltung von Industrieöfen
F. A. Nolzen, B. Dickel 5/83

2017 – 66. Jahrgang .... Ausgabe/Seite

Hochgeschwindigkeitsbrenner mit Rippenrohr-Rekuperator für höchste Energieeffizienz
R. Rakette, D. Mäder, B. Neumann 1/41

Funktionale Sicherheit in der Feuerungstechnik
K.-H. Kruse 1/57

Schnelle Bestimmung des Brennwertes mittels eines neuartigen Gasbeschaffenheitssensors
A. Zajc, T. Ryll 1/63

LNG als Prozessenergie – die wirtschaftliche Alternative
T. Landmann 3/79

Mehrstoffbrenner für den simultanen Einsatz von flüssigen und gasförmigen Bio-Brennstoffen
M. Röder, A. Giese, A. Al-Halbouni, D. Möntmann, M. Grote, D. Diarra 4/37

Erhöhung der Lebensdauer metallischer rezirkulierender Strahlheizrohre
N. Schmitz, C. Schwotzer, H. Pfeifer 4/49

Trends in der Thermoprozesstechnik
H. Pfeifer 5/77

Dekarbonisierung von Industrieofenprozessen – ein wärmetechnischer Werkzeugschrank
G. Walter 6/61

Ende 2017 fusionierte die Zeitschrift gwi – gaswärme international mit der Zeitschrift ewi – elektrowärme international und bildete die neue Fachzeitschrift PROZESSWÄRME – Fachmedium für Thermoprozesstechnik.

PROZESSWÄRME – Veröffentlichungen (2018)

2018 – 1. Jahrgang .... Ausgabe/Seite

Moderne Gasbeheizungssysteme in Wärmebehandlungsöfen
J. G. Wünning 1/67

Entwicklung eines energieeffizienten Brenners mit reduzierender Schutzgasatmosphäre
N. Schmitz, C. Schwotzer, H. Pfeifer, J. G. Wünning, E. Cresci, J. Schneider 1/72

Reduzierung von CO-Emissionen durch Erdgas/Sauerstoff-Brennertechnologien
S. Schemberg, S. Rudig, M. Müller 1/81

Hybrider Rekuperator für den Einsatz erneuerbarer Energien im Industrieofenbau
C. Schwotzer, F. Scheck, H. Pfeifer, W. Bender 3/87

Brenner- und Injektor-Systeme für die Stahl- und Nichteisenmetallindustrie – Teil 1
F. Krause, A. Kemminger, N. Vogl, L. Voj, H.-J. Odenthal, M. Reifferscheid 4/57

Brenner- und Injektor-Systeme für die Stahl- und Nichteisenmetallindustrie – Teil 2
F. Krause, A. Kemminger, N. Vogl, L. Voj, H.-J. Odenthal, M. Reifferscheid 5/57

Optische Temperaturmessung in Feuerungsanlagen
A. Book 6/111

2019 – 2. Jahrgang .... Ausgabe/Seite

Mehrstoffbrenner für den simultanen Einsatz von flüssigen und gasförmigen Bio-Brennstoffen
Markus Röder, Dirk Möntmann, Anne Giese, Melanie Grote, Ahmad Al-Halbouni, David Diarra *1/47*

Globale Projektabwicklung zur Umsetzung nationaler Normen
Meinrad Grieshaber, Wolfgang Wesselkamp 2/69

Numerische Strömungssimulation zur Untersuchung von Fragestellungen aus der Gasanwendungstechnik
Jörg Leicher, Anne Giese, Klaus Görner 2/73

Bildbasierte Analyse von Mehrstoffbrennern bei industriellen Verbrennungsprozessen
Markus Vogelbacher, Patrick Waibel, Jörg Matthes, Mareike Hoyer, Hubert B. Keller 2/81

Wärmeübertragung in kontinuierlichen Bandanlagen am Beispiel einer Schlitzdüse
Maximilian Schleupen, Christoph von der Heide, Herbert Pfeifer 3/69

Retrofits an Kammeröfen mittels weiterentwickelter Plug & Play Rekuperatorbrenner
Dirk Mäder, Dirk Clever, Rolf Peekel, Reinhold Heizmann 3/75

„GasQualitaetGlas“: Lokale Erdgasbeschaffenheiten und Auswirkungen auf industrielle Gasverbraucher (Teil 1)
Jörg Leicher, Tim Schneider, Tim Nowakowski, Anne Giese, Klaus Görner, Bernhard Fleischmann,

Nils-Holger Löbe 3/81

Hybrid beheizte Öfen als Beitrag zur Energiewende
Herbert Pfeifer, Christian Schwotzer, Thomas Echterhof 4/71

Moderne Rollenherdöfen für verschiedene Anwendungsfälle und Endprodukte
Peter Wendt, Wolfgang Eggert, Holger Kehler, Erik König 4/83

Digitalisierung im Industrieofenbau - auf dem Weg zur Industrie 4.0
... Felix Aßmann, Simon Künne, Kunal Mody, Wilfried Schmitz, Günter Valder 4/91

Flexibler Feuerungsautomat für Dauerbetrieb im industriellen Einsatz
Ulrich Hofmann 4/119

Service als Profitcenter im Anlagenbau (Teil 1)
Christian Schare 4/127

Nachrüstung und Optimierung von Industrieofenanlagen
Sascha Bothen, Gregor Ferber, Malte Fließ, Holger Kehler, Erik König, Hartwig Thie, Peter Wendt 5/39

2020 – 3. Jahrgang .... Ausgabe/Seite

Zukünftige Beheizung von Industrieöfen
Joachim G. Wünning 1/39

Auswirkung einer Wasserstoffzumischung in Erdgas auf den industriellen Verbrennungsprozess
Anne Giese, Tim Nowakowski, Jörg Leicher 3/48

Auswirkungen von Wasserstoff und Erdgas-Wasserstoffgemischen auf Gasgebläsebrenner
Andreas Huber 4/31

Der Weg zu normenkonform und durchgängig sicher automatisierten Thermoprozessanlagen
Ulf Weißhuhn, Hermann Wübbels 5/47

Integrierte Sicherheit für Thermoprozessanlagen
Ulf Weißhuhn, Hermann Wübbels 7/56

Rekuperatorbrenner aus dem 3D-Druck zur effizienten Wärmerückgewinnung
Jens te Kaat, Bernd Feller, Dan-Adrian Moldovan, Marcel Fiehl, Tim Schneider, Anne Giese........ 8/27

2021 – 4. Jahrgang .... Ausgabe/Seite

2022 – 5. Jahrgang .... Ausgabe/Seite

Stichwortverzeichnis

Stichwortverzeichnis

W

Z

Inserentenverzeichnis